国家出版基金项目
教育部文科重点研究基地重大项目

叶朗 主编　朱良志 副主编

中国美学通史

先秦卷

HISTORY
OF
CHINESE
AESTHETICS

孙焘 著

江苏人民出版社

图书在版编目(CIP)数据

中国美学通史. 先秦卷/叶朗主编;孙焘著. —
南京:江苏人民出版社,2021.3
ISBN 978-7-214-23588-6

Ⅰ. ①中… Ⅱ. ①叶… ②孙… Ⅲ. ①美学史－中国
－先秦时代 Ⅳ. ①B83－092

中国版本图书馆 CIP 数据核字(2020)第 036313 号

中国美学通史

叶　朗　主编　朱良志　副主编
第一卷　先秦卷
孙　焘　著

项 目 策 划	王保顶
项 目 统 筹	胡海弘
责 任 编 辑	胡海弘
装 帧 设 计	周伟伟
出 版 发 行	江苏人民出版社
地　　　　址	南京市湖南路 1 号 A 楼,邮编:210009
网　　　　址	http://www.jspph.com
照　　　　排	江苏凤凰制版有限公司
印　　　　刷	苏州市越洋印刷有限公司
开　　　　本	652 毫米×960 毫米　1/16
印　　　　张	214.75　插页 32
字　　　　数	2 980 千字
版　　　　次	2021 年 3 月第 2 版
印　　　　次	2021 年 3 月第 1 次印刷
标 准 书 号	ISBN 978-7-214-23588-6
总 定 价	880.00 元(全八册)

江苏人民出版社图书凡印装错误可向承印厂调换

总　序

一

中国历史上有极为丰富的美学理论遗产。继承这份遗产,对于我国当代的美学学科建设,对于我国当代的审美教育和审美实践,对于21世纪中华文化的伟大复兴,有着重要的意义。近代以来,梁启超、王国维、蔡元培、朱光潜、宗白华等前辈学者对这份美学理论遗产进行了整理和研究,取得了重要的成果。20世纪80年代以来,学术界开始尝试对中国美学的发展历史进行系统的研究,出版了一批中国美学史的著作。我们试图在前辈学者和学术界已有研究成果的基础上,写出一部更具整体性和系统性的中国美学通史,力求勾勒出中国美学思想发展的内在脉络,呈现中国美学的基本精神、理论魅力和总体风貌。

二

我们在《中国美学通史》的写作中注意以下几点:

一、《中国美学通史》是关于中国历史上美学思想的发展史。美学是对审美活动的理论性思考,是表现为理论形态的审美意识,所以这部美学通史不同于审美文化史、审美风尚史等著作。

二、中国美学史的发展，在一定程度上体现为美的核心范畴和命题的发展史。一个时代美学的核心范畴和命题的形成和发展，反映那个时代美学的基本精神和总体风貌。这部通史重视研究各个时期的重要美学概念、范畴和命题，力求通过这样的研究勾勒出一个理论形态的中国美学发展的历史。

三、这部通史注意在历史发展过程中把握中国美学的内在逻辑线索，不同于孤立地介绍单个的美学家和单本的美学著作。

四、中国美学的一个重要特点是它不限于少数学者在书斋中做纯学术的研究，而是与人生紧密结合，与各个门类的艺术实践紧密结合，它渗透到整个民族精神的深处。因此，我们这部通史既注意在哲学、宗教等相关著作中发现有价值的思想，又注意发掘艺术理论、艺术批评中所蕴涵的丰富的美学思想，同时还注意到各个时代的社会生活中寻找美学理论与现实人生相互联结的各种材料，以更深一层地显示美学理论的时代特色。

五、这部通史注意新材料的发现，同时力求以研究者独特的眼光去发现和照亮历史材料中的新的意蕴。这部通史的写作还力求体现我们这个时代的时代精神。这部通史从上古时期的商代开始一直写到1949年，反映中国美学从上古时代到近现代的全幅波动，但并不意味着把它写成过往时代历史材料的堆积，我们力求使这部通史反映当代的理论关注点，反映当代的美学理论的追求，从而在某种程度上使它成为一部闪耀着当代光芒的美学史。

三

这部《中国美学通史》是由教育部文科重点研究基地北京大学美学与美育研究中心组织编写的。由叶朗任主编，朱良志任副主编。全书由江苏人民出版社出版。

这部美学通史共有八卷，分别是先秦卷、汉代卷、魏晋南北朝卷、隋唐五代卷、宋金元卷、明代卷、清代卷、现代卷。

　　这部书的著者以北京大学的学者为主,同时邀请了国内其他高校的一批有成就的中青年学者参加。本书从 2007 年启动,前后经过六年多时间。全书初稿完成后,又组织几位学者进行统稿。参加统稿的学者为:叶朗、朱良志、彭锋、肖鹰。统稿时对各卷文稿作了若干修改,其中对个别卷作了较大的修改。

　　这部美学通史被列入教育部文科基地重大项目,并获得国家出版基金资助,我们对此表示深深的谢意。本书编写过程中得到北京大学相关部门的帮助,很多学者参加过本书从提纲到初稿的讨论,在此一并表示谢意。

　　由于多方面的原因,全书还存在着很多缺点,敬请读者提出批评意见。

目　录

导　言

　　本卷论述中国美学史的起点，也是中国美学史的第一个思想高峰。

　　美学从属于哲学，是以理论思辨为特色的。哲学针对着整个宇宙、人生和思维形式来发问，提出的是关乎"存在""本体"等最一般的问题；美学则是针对着审美活动来发问，提出的是诸如"美"与"艺术"的概念、功能等一般问题。从关注的范围来看，美学要小于哲学，但从抽象的程度看，美学与哲学一样具有思辨的品格。

　　中国美学，正如中国哲学一样，在理论形态上与西方殊异，但从思维的性质看却有相通之处。早在先秦时，中国古人对精神世界的理性反思就已提到了高度抽象的层次，并且遵循着严格的理路。至于它们与西方哲学、美学的区别，不仅仅要放在美学史、艺术史当中，而且还要置于整个思想史、文明史的发展脉络当中来理解。中国美学史的研究，应着意梳理这一脉络，使得今人能在学理的进程中把握美学思想的流变。

一、中国美学的起始点

　　今人要透过数千年时空的阻隔，在幽眇而繁杂的文化宝库中追溯华夏审美意识和美学思想的源头,殊非易事。在这里,首先说明关于中国美学史研究和写作的两个起点:一个是历史起点,一个是理论起点。历史起点决定了"从何说起",而理论起点决定了"说什么"。

在古代中国,相对独立的审美活动和相应专门的美学讨论出现于魏晋时期,而中国美学思想的源头却要追溯到先秦时代。先秦诸子几乎没有专就审美和艺术活动发表过见解,但他们在思考一般的哲学问题、人生问题、社会问题的时候,已经触及美学当中的核心问题。后世的比较独立的美学思想或多或少地都是接着诸子思想在讲的。所以,中国美学史的历史起点是春秋末期的诸子思想,确切地说,是老子和孔子的学说。

要理解老子和孔子开创的道家和儒家的美学思想,中国美学史的开篇处首先还要考察作为"美学史前史"的商周礼乐文化。今天的研究者把地上的典籍与地下的器物对照研究,佐证了上古的礼乐文化是中国思想文化的母体的结论。卜祀燕饮、钟鼓玉帛的活动体现着中华文化独特的思维方式和审美意识。后世中国人对玉的欣赏、对饮食搭配的重视、对符号和数字的尊崇等等均肇始于由来难考的礼乐文章。后世的哲学、美学的思想发展是对这些早期观念、思维方式的深化和整合,而非抛弃或改换。基于这个认识,本卷不从考古发现的孤立的远古器物入手,而是从"文"与"化"的成熟系统开始,也就是从以周文化为重点的"三代"说起。对于三代器物文章,我们暂不细究器物的年代、形制、用途等等,而重在理解它们对于造就这种政教文化所具有的特殊意义。

先秦时代的审美融化在礼乐文化的整体之中。就其表现形式而言,古代礼乐似与我们今人理解的"艺术"相像:它有和谐的色彩、纹饰、音调、节奏等形式美的特质,也传达和陶冶着深厚馥郁的人情,又对社会上下起到教化的作用。这是美学史必要涉及礼乐文化的原因。然而,作为一种祭祀仪式、一种等级符号、一种技艺训练,甚至一种政治法律制度和军事外交规则,礼乐在当时的社会中又不能等同于今日所谓的"艺术"。今天的艺术不是政治制度,不是宗教信仰,不是日常行为规范,更不是科学技术,而中国最早的"艺术"则不然。"考诸古籍,春秋时人之论礼,含有广狭二义。狭义指礼之仪文形式,广义指一切典章制度。"①这里的"一切",很多都处于当今艺术的界限之外——它最初是带有巫术色彩的祭礼,其后是贵族阶层的仪礼、礼乐,然后再发展为礼俗、礼教、礼法,并抽象出了礼义,而且所有这些内涵都融贯不分。礼乐文化的高度整合的特点还决定了先秦思想的浑融性。关于音乐、舞蹈、诗歌、服饰、仪典等审美问题的思考都带有政治、教育、宗教的背景,甚至跟经济、军事问题交织在一起。我们也可以据此理解春秋战国时的"礼坏乐崩"对士人精神世界造成的颠覆性的冲击,切身感受那种无家可归的彷徨和痛苦。

意义的追问最容易在社会和人生的平滑运转出现裂痕之际进出,常伴随着意义虚无的荒谬感而发。老子、孔子的学说并非凭空产生,都因应着当时的最急迫的时代问题。正如后代的汉魏、隋唐、宋、明、清及近代,各有其时代的问题以及随之而起的思考重点、分析角度和解决思路,先秦的"礼坏乐崩"的时代问题决定了孔孟老庄的思考重点、分析角度和解决思路。

孔子在季氏那里看到八佾舞于庭,愤怒地说"是可忍,孰不可忍"。所以不可忍,绝不是因为舞者表演得不到位、不美,而是这种表演明目张胆地暴露出陪臣的骄妄。这种对礼乐的扭曲使用侵蚀着当时社会的统一信仰和政治秩序。老子用"上德""大言"标举美善的理想,以区别于那些屡为奸人所假的美善令名;看似尖刻地贬损"仲尼之徒"的庄子却大谈"礼之意",描画着真、善、美合一的"至德之世"。先秦思想家各有不同的立场和进路,又分享着相似相通的理论风格。他们都在反思礼乐对于人的心灵生活和社会秩序的意义,探索着精神世界的安顿处。

中国美学史的理论起点是对于"道"的哲学反思。

哲学的价值,并不在为世界提出一个唯一可靠的解释,而在于系统地追问、反思那些日常所见的现象背后的意义。孔子没有给我们留下系统的哲学著作,却从哲学的层面提出和思考问题。他精通礼乐文化,对礼乐意

---

① 萧公权:《中国政治思想史》,第100页,沈阳:辽宁教育出版社,1998年。

义的追问也最为痛切。"礼云礼云,玉帛云乎哉?乐云乐云,钟鼓云乎哉?"(《论语·阳货》)那被前人作为天经地义的事物接受下来的"礼"和"乐",难道就仅仅是一些器物、一套仪式吗?正如古希腊哲人要追问形式之下的"美"的本质,春秋时代的中国人也认识到,器物的外形、仪式的程序都只是礼乐的表象,而礼乐的意义则隐藏在它对于人的精神世界的作用之中。道家思想的追问则直取最究极的问题,如:自然与人世有无一个统一的法则?人是否能够领会和实现天地的法则?人的思维和语言在这种领会当中起到何种作用?西方古人把哲学定义为"爱智慧",中国古人则把对于宇宙人生根本意义的了解称作"闻道""知道"。对于"道"的求索提领着那些关于钟鼎威仪、琴瑟冶情、诗风乐教等等问题的美学思考。

"闻道"既是中国思想的终极目标,也引领着我们追述古人的思想演变过程。叶朗指出:"我们不能从'美'这个范畴开始研究中国美学史,也不能以'美'这个范畴为中心来研究中国美学史。……审美观照的实质并不是把握物象的形式美,而是把握事物的本体和生命。"①所谓"本体和生命",正是超越了美恶对立而周流不息的"道"。由此角度,我们才能够比较全面地理解中国美学的特殊问题,比如为何儒家和道家一致地反对"巧言令色"之"美",甚至道家还要更进一步张扬"丑"的价值?对"道"的自觉反思和独特表达,是中国哲学的特质,也是中国美学的特质。②

二、源头活水:先秦美学的风貌

在中国古代,一切现实的作为都指向"道",一切价值的创造都体现

---

① 叶朗:《中国美学史大纲》,第24—27页,上海:上海人民出版社,1985年。
② 在老子和孔子的思想中,对于"道"的表述都十分谨慎,但这并不意味着当时的人疏于思考"道"。《论语》记载孔子罕言性命天道,说明当时的思想界已经开始有了探讨"道"的要求,孔门弟子也迫切地要寻求答案。孔子以"闻道"作为生命的终极追求,却慎于一言以蔽之式的概括(这种态度也适用于"性""命""仁"等最关键的几个概念)。同样,《老子》全篇都是围绕着"道"展开的,却明白地指出"道可道,非常道"。儒家和道家对于最高秩序的领会和传达不约而同地"无言"。无言、不言正显示了中国古人在领会"道"方面的高度,而非他们思维不够发达的证据。

着"道"。春秋战国的士人们开启了对于道的思考和追求,并为后世继承。此时的诸子思想又有与后世不同的特点。诸子思想的特点是多样、自由,我们用"源头活水"来概括这个时代美学思想的风貌。

冯友兰认为,中国古代的学问有两个类型,一个是"子学",一个是"经学"。从汉到清,中国思想经历了一个漫长的"经学时代"。学者们在一个庞大的正统框架里展开注解经典的工作,在愈益精致的阐发中谋求新意,以期"致广大而尽精微"。与之相比,"子学"则充斥着自我做主的探索。从春秋到战国中期,生活的可能性几乎超过了后来的所有朝代,思想同样也异常活跃。"百家争鸣"中没有任何先入为主、不可动摇的定论,各种思想的可能性都可以充分地萌发和呈现。针锋相对的学说交相激荡,皆有圭角峥嵘的气象,从另一面看则又旁逸侧出,流衍多方,一派乱象。诸子思想的最大魅力,正在于它不是一部逻辑清晰的交响乐,而是万物并作、鼓乐齐鸣的"天籁"。《易·乾》曰"见群龙无首,吉",斯之谓也。

诸子思想虽然驳杂多端,却分享着"礼坏乐崩"的共同背景,并以"论道"为一贯的线索。春秋时期,人们怀念着美好的"三代",从不同的角度追问礼乐的意义;战国前期,原有的社会结构趋于消散,恢复贵族礼乐制度的可能性已经荡然无存,思想的探索却因此而直追天地人性之本原,并将最深刻的反思凝结在对于"道"的讨论中。后世的思想只要跟天地人心、性情境界、道器文质相关,就都能够与诸子的论道之学发生共鸣,并获得继续创新的契机。

"道"并不是一个虚无缥缈、玄远浑茫的概念。它的基本意义是"道路",指代人世的、自然的根本规律。道路在起始处是有方向、有条理的,即使到了必须无言、无象的境地,也有其不得不然的道理。中国古人善于以有形把握无形,以形而下的"器"彰显形而上的"道"。宗白华特别强调"器"对于中国思想文化的价值。这里的"器"主要是指礼器。礼器上面有丰富的生成意义的符号,使之超乎一般的物质用具而成为"道"的呈现者。"礼乐使生活上最实用的、最物质的衣食住行及日用品,升华进端庄流丽的艺术领域。……从最低层的物质器皿，穿过礼乐生活，直达天地境界，是一片混然无间、灵肉不二的大和谐、大节奏。"①具有节奏条理的形式和符号也正是中国审美意象的母体。

"道"是意义世界的条理。中国哲学和中国美学思考的指向，就是意义世界的生成过程。② 意义的指向是多方面的，"道"也有多方面的呈现。"道"普遍地存在于政治秩序、道德伦理以至技艺操作当中，美学则更多地关注"道"在审美意象中的实现方式。对人有意义的世界寄寓于每个人的意象世界当中。"人们是按照自己所看到的方式于其中的世界来塑造生活的。所以，对不同的人它就表现出不同的色调。对于一些人来说，它贫瘠荒漠、枯燥乏味、浅薄空疏；对于另一些人来说，它丰富厚实，趣味横生，意味深长。"③当人能够生成和谐的意象世界的时候，他的生活就合于"道"，是善的，也是美的。当大多数人的心中丧失了和谐，也就谈不上社会政治的和谐。在中国思想中，人与人、人与物的理想关系是在"道"中混一不分。天道信仰让人依托天地之廓大、自然之伟丽而领会生命的意义，在社会事功方面，"天道"以赫赫威仪驯化权力、柔化人心，以期长久的和平安宁。在这个理路中，我们可以了解审美教育在中国文化里的特殊地位。

人总在自己的意义世界把握宇宙人生，而浮沉升降、悲欢离合的枢纽就是"心"。这个道理虽然在明代王阳明的"心外无物"中才得到清晰

---

① 宗白华：《艺术与中国社会》（1947），《宗白华全集》第二卷，第 415 页，合肥：安徽教育出版社，1994 年。

② 这里的"意义世界"一词，乃是化用海德格尔的"意蕴"概念。海德格尔把"世界"解释为此在（Dasein）生存操劳的因缘总体。此在因生存筹划而对自己的存在和周围的存在者有所领会，并且赋予意义。意义的关联整体称为"意蕴"。海德格尔指出，世界对此在而言首先就是意蕴，意蕴在逻辑上先于每一种具体的意义。（《存在与时间》，第 18、32 节。）意义与意蕴的区别是，前者是具体的、有界限的，而后者则是一个较为宽泛的、不确定的（甚至还有审美意味的）整体性的概念。（彭锋：《诗可以兴：古代宗教、伦理、哲学与艺术的美学阐释》，第 294 页注，合肥：安徽教育出版社，2003 年。）本文用"意义世界"的概念，乃是用其意义关联整体的意思，不仅是一切意义的总和，而且也是一切意义所由出的依据。不过，海德格尔讨论的是作为个体的 Dasein 的"意蕴"，而本文所指的则更多的是文化共同体的意义世界。

③ 叔本华：《悲喜人生：叔本华论说文集》，第 3 页，天津：天津人民出版社，2007 年。

的表述,但深究人心的思想历程却可以追溯到春秋战国的诸子著述。孔子以"从心所欲""心不违仁"述说礼道,老子用"虚心实腹""浑其心""使民心不乱"诠释无为之法,楚简的"中心之忧""心贵""源心之性""动心"涉及人情与礼义的关系,直到孟子、庄子明确地将"心"作为境界修养的核心领域。孟子说,即使是美女西施,如果身上被浇上了污秽之物,人也要掩鼻而避,而貌丑的人只要心思诚恳,就能参与神圣的祭祀活动。① 庄子把形躯与"使其形者"区别开来,指出心不应为形躯所役,要"自事其心""游心",希望在"外于心知"的同时达到"莫逆于心"的境界。孟子把心比喻为"火之始燃,泉之始达",作为扩充善端的大人之学的基础。庄子用"心斋""用心若镜"来概括他的修养法门。战国后期,"心"已被认为是精神现象以至社会生活的归结之处,被赋予更多的社会意义。荀子说:"心忧恐,则口衔刍豢而不知其味,耳听钟鼓而不知其声,目视黼黻而不知其状,轻暖平簟而体不知其安。"(《荀子·正名》)《管子》说:"心安,是国安也;心治,是国治。治也者心也,安也者心也。"(《管子·心术下》)心是否安和,不仅仅是个人精神世界的问题,而且也是整个社会治乱的根本。早在先秦时代,中国思想就已经确立了以"心"为主题的传统。中国美学的研究不能无视和遮蔽这个传统。

《庄子·天下》中列举了当时的一些显学,比如墨家和名家的思辨。那些论辩时势和急于谋求解决方案的思想,大部分已湮没无闻,真正流传下来的则是检讨人性、人心、人情的思考。这些思想固然不全为美学的,正如先秦并无纯粹的美学思考,但它们也都跟美学的问题有关,开启了中国古代美学思想侧重境界、心性修养的传统。后世的感应论、境界论、重情说等等都以人心而非外在审美形式为旨归,而"外师造化,中得心源""美不自美,因人而彰"等命题则直接体现了以心为主的理论特点。

总之,先秦美学思想的特点是对于心灵境界的精微体认和自由灵动

---

① 孟子曰:"西子蒙不洁,则人皆掩鼻而过之。虽有恶人,斋戒沐浴,则可以祀上帝。"(《孟子·离娄下》)

的思想风格。宋明道学家爱用"源头活水"比喻澄明而活泼的心地,我们也可用"源头活水"对先秦美学做一个总的概括。

中国古代思想起自从心的源头追问"道"的要求,而在思想的逐步展开过程中又流衍为两个主要的方向,一个是儒家的入世教化的方向,一个是道家的出世游物的方向。"入"与"出"的关系是中国古代思想文化中的大关节,也造就了中国审美文化和美学思想风格的分野。

在先秦美学的范围内,"入"与"出"的关系体现为儒家与道家的关系。儒家和道家的思想都可以追溯到上古的巫觋传统。巫是沟通天人的桥梁。掌握天道以趋利远害,上达天意以教戒君民,是巫觋的共同功能。得道的理想状态是天人合一,但求道的人在庙堂职守上则分为二端,一为师保,一为卜筮。他们对于天与人各有侧重。对于"道"的理解和求"道"的道路上的不同,后来演化为儒道两家思想认识、实践方式乃至精神气质上的分歧。

道家源于史官,思想的着重点在"天"。具有史官智慧的人熟稔历史和典籍制度,善于在事变中窥知天意,见微知彰。道家中的入世派发挥其对于天时人事的洞见,为当政者出谋划策,流衍为兵家、法家、阴阳家、纵横家等。秦汉之际的黄老思想也与此有关。道家中的出世派则从特定的功利目标始,得见利害福祸的永恒转化,觉知荣华之不可据,转而以静观来获得内心的安宁。到了庄子,更进一步勘破一切利害是非的虚假无实,转生遗世之想,开出了中国思想中退隐遁世的一支。庄子的游戏名色、不为物累的观念对中国美学尤其影响深远。

儒家来自师保之官,思想的着重点在"人"。[①] 他们以代天发言为己任,长于劝谏、教化和惩戒,针对的对象上至天子下至庶民。儒家希望充分发挥礼乐的教化功能,用雅驯的声色滋味陶冶人情,以生活化的美育造就一个和乐的社会。先秦儒家经历了不同的阶段。周礼专设教育国子王侯的官职,制订了一整套六艺之教的制度。孔子在礼坏乐崩之际交

---

① 参见阎步克《乐师与史官:传统政治文化与政治制度论集》,第3页,北京:三联书店,2001年。

游国君大夫,力求用万世不变的人情之理发明礼乐的意义。战国乱世,孟子知肉食者不足为训,转而力挺社会中间阶层,寄望于士君子的自觉承担。战国后期的儒家逐渐倒向现实,一部分主张抑礼乐而扬法制,黜人情而尊威权,发展成为法家,一部分纳礼乐于术数,逐渐跟入世派的道家合流,为汉代整合性的意识形态打下了基础。

粗略而言,儒家重"人"而道家重"天",但"天"与"人"并不能截然分开。"天"总是人世之天,风雨云雷,日月星辰,山河大地;"人"也总是天地之中的人,"人情"与"风土"相连,人自身的情思也应和着阴阳四时的消息。儒家和道家也同样分中有合。在对待礼乐文化的问题上,儒家与道家同源而异流,看似到处对立,更深处则分享着相同的见识。《老子》批评"学则日益"导致思想变得刚强难化,但孔子的"学则不固"却恰恰是"柔"。孔子一生坚定地"立于礼",但"毋意、毋必、毋固、毋我""无可无不可""空空如也"已经明白地证明了他的"无为"工夫,只是"不言"而已。庄子鄙薄当世俗儒对待丧礼的刻板和虚伪,借助各种寓言故事指出真实的情感才是礼的根本,跟战国儒家的思孟学派也隐然呼应。

儒家和道家的思想方法也有相通之处。他们都警惕巧言令色,肯定真诚自然的情感,重视身体感知,从欣赏自然造化中汲取智慧等等。他们的相互攻击却并非水火不容。一流的思想家互相向着对方走向教条化、名利化之后的虚伪末流开火,因而可以在交锋中各自补偏救弊。诸子时代的这种自由论争令中国的思想系统变得富于弹性。在先秦美学的范围内,儒家与道家思想在《易传》中有一种交融的可能,在战国后期的象数体系当中又有另一种交融的可能。自此,儒道思想有如转圜无止的阴阳两极,为后世吸收佛学思想体系打下了基础。①

儒道冲和激荡的局面在中国美学中表现得尤其精彩。审美意象具

---

① 儒与道的关系并不能简单地用"互补"来归纳。"互补"建立在清晰的区分基础上,并暗示出两者具有某种分工的关系。实际上,儒家和道家思想各自都有系统性的反思,都能够自圆其说,不待对方来补阙,两者也并没有统一在一个更高的理论当中。本卷在论述两家思想时尽量避免概念、观点的横向比较,就是为了防范一种把它们标签化的简单做法。

有"情"和"景"两个要素①,儒家和道家思想对于审美意象的反思也贯穿着两对交相辉映的追求:其一是儒家的"深情"对道家的"无情",其二是儒家的"立象"对道家的"无象"。矢志教化世间的儒家要切磋琢磨美好的物象文采,以便顺导人情;意在出离浊世的道家则常观意象的流动不居,令心摆脱好恶起伏的烦恼。

儒家的审美修养厚于人情的体验和陶冶。自孔子始,复礼的重点在以美好的文采塑造君子的精神气象、行为习惯。楚简中提到的"美情",就是意在用中正、醇厚、婉转的音声形色来开显丰富雅致的情感,使君子能自发地向往文质彬彬的礼乐教养。相对而言,道家理想的情感体验是简淡、恬静。庄子以天眼俯瞰人间,经常发出"不近人情"的高论。他主张"有人之形,无人之情",赞赏一种喜怒不入于心,甚至呆若木鸡的境界。看似极端对立的深情和无情又交织在一起。孟子自得于"不动心"的工夫,而鼓吹"无情"的庄子则高扬庖丁解牛提刀四顾的喜乐。在面对自然中的造物时,哪怕是小鸟雀、小草花,庄子都怀有真诚的欣赏。对"哀莫大于心死"的生命困境,庄子又有着深广的悲悯,不可谓无情之人。后世美学思想逐渐区分了应物尽性的公情与喜怒爱憎的私情,逐渐明确了审美情感的属性。魏晋玄学对"圣人有情"的争论、宋明道学有关"天理人欲"的繁复辨析,都是在"深情"与"无情"的反复激荡下对战国人性人情论的发展。

"象"是带有多义性的隐喻性符号。取类比象的思维方式是华夏古文化创造的源泉。自上古带有巫术色彩的"文"开始,庞大繁复的符号体系既是文化建构的成果、社会教化的器具,也为中国的审美文化提供了丰富的"象"的资源。然而,文化的过分滋生的倾向也造成了人心的壅塞和世风的奢靡。

礼坏乐崩之际,儒家和道家共同面对重整意象世界的任务,又分别提出了不同方向的因应之道。向往礼乐秩序的儒家寄希望于普遍的美

---

① 叶朗:《美学原理》,第 55 页,北京:北京大学出版社,2009 年。

育。孔子复礼,始于诗而终于乐,其实质是用雅正的审美来规顺人欲,用活泼泼的意象创造打破拘泥僵化的道德观念。楚简时代的孔门后学更加精细地辨析意象,以期让典雅的意象与醇厚的情感相互引发。孟子还通过田苗、泉水、江河等意象助推其哲学思考,启发人心深处的善端。先秦道家则直接诉诸"无""虚"等观念来消解僵化的意象。老子标举"大象""大音",庄子则用大鹏、大椿、海神、蜗角之国等奇幻不经的意象碾碎一切名物的面具,让固执的思想和习俗显得那样可笑。所以,道家的"无象"并非"象"的反面,而是把意象的多义、自由推向极致的结果。在不同的时代里,先秦的老庄哲学和后来的玄学、禅宗思想都自觉地运用"无象之象",为层层积淀的思想文化扫除积弊。这些具有诗意的思想维护着中国人精神世界的健康和纯净,给中国的美学思考和艺术创作提供了高妙的启迪。

粗略而言,道家重"无",而儒家重"有",但其实儒家和道家的美学都各自有"象"与"无象"、"深情"与"无情"的方面。在入世教化与出世冶情的张力下,中国哲学、美学中的"无"并不是绝对的空无,而是能生出万有的灵虚之地;"有"也不是固化的形式名相,而是因时而化、流动不拘的形色文采。"有无相生"的局面在哲学、美学的思想演进中一再反复,愈转而愈见深广。

先秦诸子美学正处于这个宏大思想卷轴的开端处。

三、以时代问题引领思想经典的研究

先秦时代的历史记载粗略残缺,关于社会生活的材料更加稀少。研究先秦的思想史有两项困难,一个是材料的收集,一个是材料的解读。美学史的研究存在着同样的难题。

在材料收集的方面,文献的真伪和历史年代是先秦思想研究首先面对的大考验。在中国古代,把思想的著作权献给渺远的古圣人是一种风行的做法,比如晚周汉初的许多著作都贯以黄帝之名。而在 20 世纪"疑古"流风之下,学者往往又倾向把著作的年代往晚处说:原先认作西周的文献被说是战国的伪托,自古归为孔子手订的作品则被拉到汉代。随着考古工作的蓬勃进展,今天的情况又有不同。比如某种被学界认作汉代作品的文献在一个新发掘的先秦墓葬里出现了,原先的定论固然要被彻底推翻,建立在其上的一系列推断也要受到冲击甚至被推翻。关于《老子》成于汉代的说法就因为郭店楚简的发现而偃旗息鼓。当今出土文物越来越多,已经让我们有条件澄清一些具体的问题,但与全面、深入地了解那个时代的要求比起来,距离还很远。因为地下材料层出不穷,为先秦思想史做结论好像成了一项冒险活动。

诸子思想文献的形成并非出自一人一时。多数著作杂糅多方,历时逾百年,不像后世学者著述那样有明显的个人色彩。[①] 所以,不能因为出现了一些晚期的用语或者史实就轻率地将诸子文献断作后出,从其形成发展的主要思想语境中剥离出来。另外,"诸子之年代事迹,虽可知其大略,而亦不容凿求。……诸子中之记事,十之七八为寓言,即或实有其事,人名地名及年代等,亦多不可据,彼其意,固亦当作寓言用也"[②]。尤其《老子》《庄子》等说理著作,主旨既在人事自然中绅绎普遍的规则,则行文直指问题本身,有意地弱化了作者的身世经历背景。当研究者纠缠于过于细密的名物版本考证,反而背离了诸子立言的本意,况且许多新材料的价值也没有经历过时间的检验。老子针对人们精神外驰的现象告诫说"其出弥远,其知弥少"。这个告诫同样也适用于研究其思想文本本身的活动。

本卷美学史的着力之处,不在于新材料的发掘,而在于熟文本的新解读。从技术上来看,先秦的思想史是最难考证的。不论我们钻研了多

[①] 已有学者指出了这一现象:"治先秦之学者,可分家而不可分人。何则? 先秦诸子,大抵不自著书;凡所纂辑,率皆出于后之人。欲从其书中,搜寻某一人所独有之说,几于无从措手;而一家之学,则其言大抵从同。"吕思勉:《先秦学术概论》,第 23 页,昆明:云南人民出版社,2005 年。

[②] 吕思勉:《先秦学术概论》,第 24 页。

少出土材料,就把握当时思想文化的整体面貌而言,仍然是残缺的、偶然的。但这并不意味着古人的思想世界永不可接近。冯友兰说:"哲学是一个活东西。你可以用预制的部件拼凑成一部机器,但是不能拼凑成一个活东西,连一个小小的昆虫或一片草叶这样的活东西也拼凑不成。你只能向活东西供给营养,让它自己吸取营养。"①从活的思想的角度看,上古的礼乐文化并不必须等待考古发掘才能了解。越是久远的,就越是具有顽强的生命力,越可能在当下的生活当中找到体现。比如,以玉为神圣贵重的观念发端于华夏文明的新石器时代。直到今天,中国人仍以美玉为珍藏传家的宝物。又如,器物上的纹样在上古意义世界中占有举足轻重的位置,而中国传统艺术独具特色的线条表现手法即脱胎于钟鼎冠冕上的纹饰。直到今天,中国人的生活中随处可见的"卐"字纹、福寿纹、云纹等等还都是重要的精神文化的符号。自觉地反思这些文化现象的意义,就是像冯友兰说的,为思想补充营养。

　　学问是新意义的创造。我们理解的中国美学思想史的创新,主要就是在熟文献中不断发明新意义。经典文献本身的多义性为创新性的阐释提供了空间。春秋战国之际,杨朱墨翟的学说声势最强,《论语》《孟子》《老子》《庄子》等著作在当时并不十分突出。后人讨论先秦思想的重点却总是集中在孔、孟、老、庄几部经典。这些思想著作的旨归或有差异,但相同点是它们都具有意义的多样性和持续生发新意义的可能性。王夫之曾提出"六经皆象"的说法:"盈天下皆象矣。《诗》之比兴,《书》之政事,《春秋》之名分,《礼》之仪,《乐》之律,莫非象也。"(《周易外传》卷六)"象",是中国古人所长的意义建构方式,其特点就是意义的确定性与多向性的统一。这些思想经典能与不同时代的问题相感应,并给人提供新的启发。例如,先秦思想著作里并没有直接讨论今人十分重视的生态问题的篇章,但孟子曾用砍伐山林来比喻人心受到物欲遮蔽。这种联系将"人与自然"的问题引向了更深层的"人如何自处"的问题,为今天的人

①　冯友兰:《三松堂自序》,第 319 页,北京:人民出版社,2008 年。

开出了生态反思的新路向。孟子还将修德的方法归结为"养",对今人理解道德教育和审美教育的关系也有启发。总之,在时间的淘洗中,孔、孟、老、庄、易等作品总是历久而弥新,因此而成了经典。

中国的学问总是从时代的忧患中来,也只能立足于时代的忧患来理解。世间并没有一种脱离了人的整体精神面貌的"思想",也并没有一种可以脱离现实人生的忧患和追求的、最准确、最客观的"思想史"。庄子说"古犹今也",人只能从当世来理解古人,这并不是一种研究上的缺憾,反而是一个更加可靠的基础。孟子提出"以意逆志",就是要在"知其人""论其世"的前提下努力去把握古人立说的本意。[①] 后人之所以理解古人的忧患、追求和撰述,不仅仅要看了解了多少古人的问题,还要看是否能够反思自己遇到的新的时代问题,并汲取该时代当中的新的理论视角和表述方式。我们甚至可以说,我们对当今时代的问题把握得越全面,对古代思想的领会也就越深入。

本卷作者同意如下的观点,即"从物质的、技术的、功利的统治下拯救精神"已成为我们这个时代的要求、呼声和课题。[②] 本卷美学史的着力点,正是在以精神、心灵为主题来重新梳理先秦时代的美学思想史,着力关注传世经典文献中有关精神修养、心灵境界方面的内容。

中国古代思想史(包括美学史)基本围绕着精神、心灵的课题而展开,本卷美学史旨在接续这个传统而又探索新的解读。之所以能够求新,主要在于今天的思想文化建设已经具备了新的环境条件。

一百年前开始的民国时代,中国思想史在与西方学问的碰撞交织中进入到一个新的阶段。自汉代"独尊儒术"以降,儒家思想第一次从意识形态的桎梏中解放出来,道家思想也从"二氏之学"和神仙法术的定位中解放出来,开始面对一个更加宽广的精神文化的世界。通过蔡元培、胡适、汤用彤、冯友兰、熊十力、牟宗三、宗白华等思想巨匠,中国古代思想

---

① "说诗者,不以文害辞,不以辞害志;以意逆志,是为得之。如以辞而已矣。《云汉》之诗曰:'周余黎民,靡有孑遗。'信斯言也,是周无遗民也。"(《孟子·万章上》)

② 叶朗:《意象照亮人生——叶朗自选集》,第 4 页,北京:首都师范大学出版社,2011 年。

与大变局时代的问题感应,并与西方思想初步碰撞,形成了一批值得继承和发扬的学术遗产。就美学而言,蔡元培、朱光潜、宗白华等前辈学者们也做出了可贵的积累,今人必定要在他们的既有探索的基础上寻求创新,有所突破。

进入 21 世纪的十余年来,当代中国人的文化视野逐渐开阔,对待西方文化思想学术的态度,也从以前的仰视、斜视转为开放性地平视、正视。一些百年来根深蒂固的观念也开始出现松动。比如,以"现代"的立场看,"前轴心"的一切文化创造都是低级的、粗糙的(或美其名曰"朴素的")、迷信的,理性反思和个人主义的出现对于兴利除弊的改革来说必定是一个进步。然而,理性化和个人化的思想潮流虽然促成了哲学的突破,而给当时人造成的感受却主要是信仰塌陷导致的空虚感、惶惑感。同样,基于今人熟悉的价值观念,感官享受意味着人性的解放,而这在古人看来却恰恰反映着世风的沉沦。这些在以往的思想史研究中常常被忽略的差异,恰恰构成了进一步思想创造的空间。

新的学术视野也有助于今人更新对于先秦美学思想的认识。作为中国审美文化的母体,先秦的礼乐文化的特点是整全性。这种整全性首先表现为衣饰、礼器、车马、建筑等器物与音乐、歌舞等艺术活动的统一体,在人的感官中呈现为色、声、香、味、触的统一体。先秦的诸子思想的特点也是整全性,表现为审美与政治、信仰、思辨等整合不分。这种整全的特点,在以往专业分工的研究角度看来,是混沌未开的低级阶段。但在当今多学科交叉的研究思路中,整全性的特点已成为开启众多创造性工作的契机。学术的一时风尚固然不足以对经典本身有所增减,却能够让今人重新审视自己的传统。

以中国美学的角度说,用意象之"文"来照亮世界,就是"文明"。以意象为主题来研究诸子的美学思想,不断地启发后人从各个角度来接着前人讲,正体现了这些思想经典之于人类文明的长久价值。

四、本卷的写作脉络

中国古代思想从未像西方学术那样明确地划分本体论、认识论、伦理学、美学、艺术学、政治学等等,先秦思想尤其浑融不分。任何思想史必定要全面地梳理各家的思想系统。本卷美学史,重点讨论各家对于美学问题的观点,以及美学思想如何与该思想系统中的其他部分相联系。在写法上,本卷以思想家(著作)为划分章节的依据,又以美学问题为辅线,探究各家对相同或相似问题的不同角度的思考。

本卷美学史从丰富的礼乐文章开始讲起。自茫昧不可知的上古积累到文章彪炳的西周,礼乐文化是先秦诸子展开思想的基础,也启发着他们对于理想境界的反思和探寻。在美学思想方面,无论是作为审美活动本体的审美意象,还是作为意象生成过程的审美感兴,也都以礼乐作为孕育的土壤。本卷从礼器、汉字、《易》《诗》、周代乐教等方面简述古代礼乐的面貌,作为考察思想的前奏。需要说明的是,成形于诸子时代之前的《诗》与儒家学者对于"诗经"的解释并不等同,早在殷商即用为卜筮的《易》也与作为哲学阐释的《易传》不同。本章涉及的诗经与周易的内容,只就《诗》《易》的文本来分析。儒家解《诗》的部分将在孔子美学中涉及,而《易传》则放在战国美学部分专章讨论。

诸子思想的发生机缘是东周的礼坏乐崩。《诗》中呈现的黍离之忧,直接通向后来孔夫子的丧家之叹和庄子对于"故国"的追怀。在时代忧怀之中,思想家们展开了对礼乐文化的拨乱反正,以及对游乐、技艺、语言的主动反思,对于心灵境界的多方探寻,最终收归到对于天道的理解。孔子和老子都以"道"作为最高的范畴。本卷的第二和第三章即围绕老子的"无为"和孔子的"仁"展开他们的美学思想。孔子和老子对中国美学的意义,不仅在于提出了一些具体的观点、命题,更重要的还在于他们为中国古代美学设定了整体的价值目标、基本路径和核心概念,奠定了后世政治观、教育观与美学观的基调。

甫入战国,社会生活和文化氛围更加混乱。士人对于人生的苦乐、世事的沧桑有着更深细的领会,思想讨论的深度和广度都大大加强。杨朱崇情欲,墨翟重功利,孟子要开显礼教的意义,庄子则铺陈隐士思致。他们的相似点都是彻底地反思身体、情感问题,进而直追人的本性。"心"成了伦理、美学思想的中心概念,思孟学派的"诚"、庄子的"真"揭示了审美感兴的本质。沟通身与心、道与器的"气"也成为一个愈益重要的概念,具有十分丰富的内涵。在孟子、庄子和后来的荀子、稷下学派的美学思想体系中,"气"都是枢纽性的概念。与战国时代的乱象相对照,诸子百家展开了最为丰富的思想、最多样的创造。先秦美学在此时达到了高峰,也成就了整个中国美学史的第一个高峰。

战国后期,无论是社会政治还是思想界,都呈现出"分久必合"的态势。文化上,隐约可见一个更大的社会和思想结构,社会理想寄望于将来的"大同"。思想上,关于身心关系、家国关系、礼乐关系的讨论已不再继续深入,士人们倾向于从"天下"的大尺度来考虑问题,探索建立一种把天下万事万物都包纳其中的大的结构。

天人关系是中国古代思想的总框架。在这个框架里,上古以文采通天,殷商祭享赂天,西周则以德配天。从战国到汉代,思想界逐渐明晰了"心"与"天"的关系。作为对于《易》的哲学解释,《易传》通过意象分析,将圣人心性之德与天地生息之德联系起来。战国晚期到汉代的象数之学则把诸德纳入到具有明显结构性的象数框架之中。

最后需要说明一下本卷与秦汉卷之间的关系。汉代宇宙观念的庞大系统并不是凭空形成的,早在战国末期就已经有了基础。我们不能把汉代天人感应的宇宙观、价值观与战国思想断然割裂。这体现在思想史的写作上,就是对一些过渡性文献的把握。对于《易传》、《礼记》中的《中庸》等篇章,我们把跟孔孟老庄等思想直接相关的放在本卷,而明显具有天人交感、序秩理数意味的部分,则留待汉代讨论。诸如《吕氏春秋》《乐记》等著作,以及其他带有杂家色彩的文献,也统归到汉代。

第一章　春秋之前的意义世界

引　言

先秦美学史虽然是从老子、孔子说起，但要理解老子、孔子，不能不涉及他们之前的思想文化背景。本章关注的是作为美学史前史的"意义世界"。春秋战国时代的哲学反思所依凭的材料、方法和价值取向都要从这个精神世界的总体中寻找源泉。

自混沌初辟到文采彪炳，三四千年前的华夏大地见证了一条文明长河的发源和初起。层出不穷的出土文物，有助于今天的研究者拨开疑古的云雾，管窥当时的风貌。考古研究证明，夏代已有后世建筑、礼器的雏形，乐舞的形式、青铜器与陶器上的纹样等已与商周礼乐形成了有案可考的源流关系。[①] 即便如此，我们今天依然难以根据零散的墓葬器物为夏及以前的时代建构起一个稳定的整体面貌。《尚书·多士》云："唯殷先人，有册有典。"殷人给我们留下了相对成系统的文献资料，地下器物、文字的出土与传世书册的对照参验，使我们更有可能了解当时社会文明

---

① 朱志荣：《夏商周美学思想研究》，第42—46页，北京：人民出版社，2009年。

的概貌。本书以"文"作为贯穿的线索,审视殷周时期的华夏文明的意义世界,并以之为考察诸子美学思想的背景。

"文"最初的意义是作为图腾纹样的"纹",而后逐渐发展成为一个彰显着社会与信仰秩序的符号系统,被概括为"礼"。从美学的角度看,"文"是一种含有丰富意蕴的形式美。"文"可以"明"。明者,彰也,是意义的呈现。洋洋大观的符号系统彰显了人世的秩序,华夏民族是以拥有了高度的文明。"文"可以"化"。中国人对于"化"的理解,是通过美的形式作用于人的心灵,"春风化雨"并进而"教化四方"。"文"可以导向"雅"。雅者,正也,是对形式的约束和节制。和而不同,乐而不淫,发而中节等审美理想反映了中和典雅的文化品格。"文"因此而统摄了"艺"。艺术与技术紧密相关,这是中西皆同的,而中国的"艺"却要提升为蕴藉丰富、变化生动的"文",所以带有较为高贵的意味。在中国的艺术观念里,只有体现了"文"的"艺"(比如"文人画""文气")才能被人认同,反之则被诟病为"匠气"。这种艺术观念又带有华夏文化的色彩。

本章依据古人对于"文"的理解而粗略地划分为两个阶段,前三节主要涉及西周及周之前的上古文化。"文"在庙堂上和乡野中都处于自然得用的状态,中国审美文化、美学思想的诸多根深蒂固的观念都扎根于此。后两节主要涉及迄至孔子时代的东周文化,这时的人已经有意识地反思"文"的意义,在自觉把握和有为改良的同时,也面临着因为"理性"过于膨胀而给信仰世界、精神家园造成的冲击。

我们首先讨论在上古巫术仪式当中的通神歌舞与图腾纹样对于中国古代精神世界的意义。第一节的主题是与礼的原始形态——事神致福的通天巫术密切相关的"文",与之相关联的概念还有"物"与"象",还包括中国人使用至今的汉字。它们都源于通天纹样而成为彰显天人秩序的意义符号。这种用来彰明与协调意义世界的符号系统,使得华夏文明在源头处即有了一个韵律化的秩序观念,也为审美之"兴"提供了可靠的依凭。中国艺术创作和美学思想因之而虚灵无滞,避免了"物质"与"精神"的对立。

春秋以前的古代意义世界有"通天"和"接地"两大领域:其代表分别是朝堂秘守的《易》和集各阶层、各地域文化之大成的《诗》。它们都是贵族文化的组成部分,同时也是中国审美意象的渊薮。第二节,我们以《易》的卦爻辞为中心,分析贵族知识人如何借助一套可推衍的操作系统来把握"常"与"变"相统一的天人秩序。第三节讨论《诗》,阐述丰富多彩的"名物"与人的精神生活之间的联系,并涉及古代社会生活中的"风教"传统的由来和影响。就美学史的角度,《易》与《诗》具有顾盼呼应的关系。章学诚《文史通义·易教下》曰:"《易》之象也,《诗》之兴也,变化不可方物矣。"中国审美意象之灵动不拘正由此"变化"而来。以意象为核心的审美活动和以反思意象为核心的美学思考,都从《易》与《诗》这两个宝库中汲取养料。

第四节开始讨论周代士人对于"礼"的反思。在周代,天人关系的变革为思想的发展创造提供了条件。周代士人的"天"的观念包纳了真善美诸价值,是"天人之际"哲学和美学所由出的深厚的信仰土壤。[①] 一系列构成哲学反思根基的观念,如"天""名""和"等等也都在此时奠定了基本意义。周代的思想文化还为后世的文化创造提供了一个背景,即立足于人世的安宁而讨论意义世界中达到"和"的途径。就美学史而言,西周也为审美理想的发展树立了一个里程碑。丰富而有条理的礼乐之文成了思想和艺术的共同母体。"西周作为中国青铜时代的最高峰,其审美意识的发展进入了活跃的变革期,器物的审美创造原则,由凝重走向轻灵,由繁复走向简朴,由怪诞走向平易,由神魔的世界走向世俗的世界,并开始逐步形成理论形态。"[②]

第五节以反映士人阶层的思想意识的《诗·小雅》为主要参考,简要地讨论被后来人总结为"礼坏乐崩"的社会现象。春秋时代,踵事增华的

---

① 陈来指出,从上古到《左传》时代,我们见不到独创性的个人著述,许多开明之士的言论表达的无非是贵族社会的一般信仰(common religion)和他们作为精英集团成员的共同知识框架。陈来:《古代思想文化的世界》,第 12 页,北京:三联书店,2002 年。
② 朱志荣:《夏商周美学思想研究》,第 9 页。

功利追求撑破了统一的文物体系,上古的意义世界面临一场浴火重生的考验。"天"与"人"的初步分离一方面撕裂了上古意义世界的统一体,另一方面也给新的、自由的思想创造创造了条件。这时,一切"天经地义"的意识都遭遇到了深入的反思。重建精神家园的问题是当时士人所普遍面对的时代问题。人们从反思礼乐的功能出发,对一些伦理概念进行抽象的辨析。在哲学方面,士人开始追问语言和知识的可靠性,其中尤以"名"的意义受到广泛而持久的关注。在美学方面也出现了一些理论问题:首先,如何消除边界清晰的"名"给人心造成的割裂;其次,如何把人与天重新贯穿起来,寻求一个新的精神家园。

第一节　"象"与"兴":华夏美学的人文源头

先秦美学思想的基础是上古的巫觋文化。巫觋文化渺远难知,今人主要依据出土的神圣器物来追寻其面貌。器物之所以神圣,关键不在于那些罐、盆、盘本身,而在其为巫觋通天法术服务的功能。器物的形态、运用的场合和程序都有严格的规定,其上刻镂的图案纹路也不是一些随意的、无足轻重的装饰,而曾被看作是神秘力量的源泉。

有研究古文字的学者指出,甲骨文的"美"字,原为头上着饰物的人形。[①] 孔子也说,如果没有了毛皮的花纹,虎豹与犬羊看起来都一样了。(《论语·颜渊》)盘萦错杂、生动不居的条纹图案蕴藏着中国古人对于宇宙隐秘条理的认知,是中国审美意识和美学思想的源头。

一、巫为礼之源

古代中国是"礼仪之邦",承载着华夏初民之意义世界的"文"就体现在最早的"礼"中。

---

① 李孝定《甲骨文集释》、萧兵《楚辞审美观琐记》、王献唐《释每美》等,见朱志荣《夏商周美学思想研究》,第117页。

最早的礼不仅仅是一套像今天的迎宾、庆典之类的礼仪活动,更是一种笼罩在神秘氛围中的巫术活动。"巫术是原始宗教的一种行为仪式,其目的在于沟通人与神之间的联系,其与神沟通的主要形式便是以歌舞媚神降神,以及以前兆迷信为基础的占卜问神等等。史前时代的巫术歌舞正是古代宗教礼乐文化之源。"①《说文解字》云:"礼,履也。所以事神致福也。""事神致福"是关于礼之最初性质和目的的总概括,"事神"需要有相当的器物与仪轨的配合,是为"礼器"与"礼仪"的起源。

据王国维的考证,"古者行禮以玉,故《说文》曰:'豐,行禮之器。'其说古矣。"他将"豐"的上半部分作为"盛玉以奉神人之器"之象形,并与"奉神人之酒醴"联系在一起,统归为"奉神人之事"。(《观堂集林·释礼》)王国维的阐述说明"礼"包含两方面的内涵,一是器物的方面,二是行为的方面。在器物的方面,礼涉及事奉鬼神的器物,首先指具有不同的质地、色彩和形制、用途的玉器,其次也指祭祀用的牺牲、酒醴及彩陶、青铜等器皿,都有着超乎日常用途的神圣的意味。在行为的方面,"礼"主要是与鬼神交通感应的巫术歌舞活动、仪式。

礼的这两种含义也相互关联:器物从来都不是孤立地发挥作用,它们必然是在一定场合和氛围之中,作为敬神活动的必需用品而被编织到人的行为过程之中。"夫礼之初,始诸饮食。其燔黍捭豚,污尊而抔饮,蒉桴而土鼓,犹可以致其敬于鬼神。"(《礼记·礼运》)意思是说,祭祀之礼起源于向神灵奉献食物,人们将猪肉用黍稷燔烧并供神享食,凿地为坑而用手捧着酒祭献神,敲击土鼓作乐,期待以此将祈愿与敬意传达给鬼神。从这种最简朴的行礼过程当中也能看出器物与行动这两种含义是不可分割的,统一在具有特殊意义的仪式活动当中。

在二里头遗址出土的夏代陶器中,占比例最大的是酒器。殷墟出土的青铜器中,绝大部分也是制作精美的酒器。酒器的大量使用,除了体现出中国古代巫礼注重饮食的特点,也显示了中国古代农业、手工业的

---

① 谢谦:《中国古代宗教与礼乐文化》,第46页,成都:四川人民出版社,1996年。

发达和社会组织管理的规模。到了殷商时期，礼器的种类已大大增加，如食器有鼎、鬲、豆、敦等，酒器有爵、角、觚、尊等，水器有盘、盂、缶等等，不同种类、规格的礼器承载着多样的意义和功能。华夏先民将质料最难得、工艺最复杂的器物用于饮食器具，反映了他们对口腹享受的重视，以及推己之乐而及于鬼神的观念。"苾芬孝祀，神嗜饮食。"（《诗·小雅·楚茨》）以事神为核心的行为系统包含着丰富的形式并唤起敬畏感，塑造了先民的秩序观念。中国的审美意识即发端于这样的秩序观念当中。

从社会史的角度看，祭祀求卜的活动为社会协作、建立社会秩序和树立权威提供了支持。由村群过渡到国家的组织化是一个人事激增的过程，充满了小国寡民时代无法设想的成败荣辱、悲欢离合。增大的社会组织需要一种强有力的统合力量。不可测的气象和难以预料的灾异、兵争搅扰着人世间的安宁。社会组织越是庞大复杂，不可测因素造成的扰动就越是明显，社会的领导阶级因而需为之战战兢兢，如履薄冰。殷人卜辞中常提到自然神，其至高者"帝"或"上帝"可以"令雨""令风""令雷""降旱""降堇"等。人们将风雨云雷、怪兽神祇的形象刻画在礼器上，令危惧之情有所着落，并希求借助禳求之类的活动来驾驭风云不测、祸福无常的世界。另外，无论陶器、玉器还是青铜器，礼器的制作过程本身也都充满了变数，不可测的因素也左右着器物的成败。人在与礼器打交道的过程中寄托着怵惕敬畏之情，也在难得的成功中领略着天佑神助的快慰。

正如人类学者指出的，仪式化的巫术操作具有不可替代的社会功用和心理效果，"用某一特殊的、传统的、标准化的方法就可以控制自然及人类的力量信念，不但因其有生理的基础而具有主观的真实性，不但在经验上它实在可以使个人重新调整他的行为……可以促成人格的完整，对社会言，它也是一种组织的力量"。所以，巫术是上古时代"共同经营的事业里最有效的组织及统一的力量"。[1] 进而言之，在巫术操作的背后

---

[1] 马凌诺斯基：《文化论》，费孝通译，第 76、60 页，北京：华夏出版社，2002 年。

还有一套对于宇宙和人类由来、自然力的运作、人与自然的互动能力等等的神话式的解释体系。这个解释体系的出现代表着人的意义世界的成形,意味着人类心智的开拓。[1] 中国上古"绝地天通"的传说显示出华夏文明的神话系统趋于整合,初具规模了。

总之,华夏先民与鬼神往来酬酢的通天之礼是一种巫术活动。巫术活动是人们在扩大了的社会组织当中寻求社会整合的最初尝试,也是精神结构和文明系统发展成形的表征。所以,上古巫礼并非生产力极端低下的表征,而恰恰透露出了文明的曙光。

下面,我们将从器物与行为两个方面展开,讨论上古通天之礼作为中国美学、中国艺术之源头的思想意义。

二、文、物、象

"子曰:'大哉,尧之为君也。巍巍乎,唯天为大,唯尧则之。荡荡乎,民无能名焉。巍巍乎,其有成功也。焕乎,其有文章。'"(《论语·泰伯》)取法于天,以临万民,这是上古巫君的特质。孔子在此点出了"通天"与治民都离不开"文章",也就是发展到后来被称为"经礼三百,曲礼三千"(《礼记·礼器》)的文化系统。孔子认为文章之始在帝尧,《史记·五帝本纪》也以尧为"文祖"。[2]

尧之为君,孔子大之,原因即在于"文"之义大哉!

"文"最初的写法类似于"爻"字,《说文》云:"文,错画也,象交文。"错画为文,就是用不同形态的线条、色彩交错而成的纹样,敷于器物、服饰、旗帜以至身体之上。孔子认为,尧的伟大,就在于其"文章",用我们今天的话说,就是开启了一套能够协调人们行动和意识的符号系统。随着纹

---

[1] 陈嘉映:《哲学 科学 常识》,第 26 页,上海:东方出版社,2007 年。他还指出神话体系与理论体系之间的联系:"神话可以视作信史和整体理论解释的前奏。……宏大叙事必然包含不曾经验甚至无法经验的环节。神话用想象补足这些环节,理论则通过推理来补足。"同书,第 27 页。

[2] "《易·系辞》云:'黄帝、尧、舜垂衣裳而天下治。'象物制服,盖因黄帝以还,未知何代而具彩章。舜言己欲观古,知在舜之前耳。"(《尚书正义·益稷》)如果我们承认三代早期是礼乐文明的草创阶段,不妨权把尧作为先人探索制度和信仰文明的一个集大成的代表人物来看待。

样("文")的不断增益,彰显("章")了一个皇皇大观的意义世界,而且这个创制过程又让人觉得完全顺乎自然。"文之以礼乐"也是后来的儒家关于"成人"的规定:人的生活的条理、社会的秩序因"文"而"明",以"文"故"章(彰)"。"文"照亮("焕")了人的生活并将社会导向文明,而以天为范本的自然而然的"文"则是人文创造的最高境界。这开启了华夏文明对于文化创造的一贯立场。汉代的司马迁说:"达幽显之情,明天人之际,其在文乎。"(《史记·文苑列传》)清代的王夫之说:"文章著故万物诉然,而乐听其命。"(《周易外传》卷六)

就现有的材料看来,尧的详细事迹已不可考,就让我们结合其后继者们的"文章"考察与"文"有密切关联的两个概念:一个是"物",一个是"象"。

"物"最初的意思与"文"相近,并不像后来的主流用法那样指称"物体、物质"。[1] 有学者指出,"勿"最初表示花纹、颜色,后来推展为富有色彩的旗帜,意指古人据以辨别事物的纹样。[2] 描摹动植物的"物"还是族群之图腾。"古代之所谓'物'即图腾崇拜标志之遗风,贵族有物,士之受命者有物,庶民无物。"[3]《左传·隐公五年》记载臧僖伯的说法:"君将纳民于轨,物者也。故讲事以度轨量谓之轨,取材以章物采谓之物。不轨不物,谓之乱政。"这里突出了"物"与"法则"的联系。对于国君而言,"物采"的功能是"昭文章,明贵贱,辨等列,顺少长,习威仪也"。也就是说,"物"的主要功能是彰显人事的秩序,维护社会的协调运转。春秋大夫的理论解释虽不尽能把握上古"物"的本义,至少可见,中国的"物"字一开始就不是顽冥的、外在于人的"物质"(matter)、"质料"(substance)或"实体"(body),而是与人类这种"符号的动物"(卡西尔)息息相关的意义创造工具。春秋时代的士人说:"君子小人,物有服章。"(《左传·宣公十二

---

[1]《说文解字》释"物":"物,万物也,牛为大物,天地之数起于牵牛,故从牛,勿声。"王国维批评说,"许君说甚迂曲"。(王国维:《观堂集林·释物》)
[2] 刘兴均:《〈周礼〉名物词研究》,第 20 页,成都:巴蜀书社,2001 年。
[3] 杨向奎:《宗周社会与礼乐文明》,第 304 页,北京:人民出版社,1997 年。

年》)中国古人将"物"置于调整意义世界的功能当中来理解,是以"文物"与"典章"并提。

语言的发展要求有一个指称实体的词,"物"的意义随之逐渐地实体化,"物体""物品"等就成为其主流语义。"物"的非实体的意味以及创造和显现意义的功能转给了"象"。"象"也是具有社会功能的纹样:"予欲观古人之象,日、月、星辰、山、龙、华虫,作会宗、彝;藻、火、粉、米、黼、黻、绣绣,以五采彰施于五色,作服,汝明。予欲闻六律、五声、八音,在治忽,以出纳五言,汝听。"(《尚书·益稷》)郑注云:"会读为绘。……凡画者为绘,刺者为绣。"与玉器、饮食一样,服装、居处所绘画的文饰也承载着合政治、信仰、艺术为一的礼文化。将物象与纹样绘于衣裳、宗庙、彝樽等处,目的不是为了居室装饰和衣着美观,而是诉诸具有神圣意味的图腾纹章来"彰""明"人事的秩序。同样,错杂有致的五声八音也拥有通天地之灵性,供人"以此乐之音声,察世之治否"①。错杂的纹饰(物、象)、音声以及它们相互之间的配合,形成了一个庞大完备的体系,"以待国事",故《易传》曰"垂衣裳而天下治"。

从功能的角度看,礼仪是一种对人的意义世界的调整方式。早在春秋时代,就有人意识到了礼仪重器的本体在于其刻画物态、象征德性的诸般意义。《左传》记载,楚子帮周室解了一次围,周定王派大夫王孙满代表自己去犒赏,楚子趁机询问周王室保存的鼎的大小、轻重。这是对象征周政权的礼器的轻慢。王孙满在驳斥他时,提到了"物"与"象"的意义:

> 在德不在鼎。昔夏之方有德也,远方图物,贡金九牧,铸鼎象物。百物而为之备,使民知神奸。故民入川泽、山林,不逢不若,螭魅罔两,莫能逢之。用能协于上下,以承天休。桀有昏德,鼎迁于

---

① 音乐的秩序即蕴含于"六律、五声、八音"之中,在《周礼》中亦有规定:"大师掌六律六同,以合阴阳之声。……文之以五声……播之以八音。"疏曰:"文之者,以调五声,使之相次,如锦绣之有文章。"

商,载祀六百。商纣暴虐,鼎迁于周。德之休明,虽小,重也。其奸
回昏乱,虽大,轻也。……周德虽衰,天命未改。鼎之轻重,未可问
也。(《左传·宣公三年》)

青铜器本身即显示着对于资源的占有和利用程度,向天下人展示了
巨大的社会组织力、动员力。因此,"鼎"就作为"重器",成了凛然不可侵
犯的政权象征。① 然而,"器"的本质却在于用以"象物"的花纹。自然界
的草木动植因"文"而昭彰,涡旋纹、云雷纹氤氲其上,即便质感沉重的金
属也不掩其飞动。这种生命力因为能够全面地参与营造社会秩序而有
功于世。根据春秋大夫的总结,有国者借助丰富周全的纹样物象("百物
而为之备"),使民众在现实生活当中能够有效地识善别恶、趋吉避凶
("使民知神奸"),并促成社会上下的协调。也就是说,象征政权权威的
神器要被纳入到一个良好的教化系统当中才能有"重器"的意义,而自上
而下的教化活动要靠鼎上面的"文"来辅助完成。

青铜器的纹饰主要有写实动物纹、想象动物纹和几何纹三大类,以
几何纹辅翼动物纹。"动物纹样是殷商和西周初期青铜装饰艺术的典型
特征……至商代晚期(安阳期)和西周初期,动物纹样已变得极其复杂多
样。容庚所罗列的动物纹样有:饕餮纹,蕉叶饕餮纹,夔纹,两头夔纹,三
角夔纹,两尾龙纹,蟠龙纹,龙纹,虬纹,犀纹,鸮纹,兔纹,蝉纹,蚕纹,龟
纹,鱼纹,鸟纹,凤纹,象纹,鹿纹,蟠夔纹,仰叶夔纹,蛙藻纹等。安阳青
铜器上常见的纹样还有:牛、水牛、羊、虎、熊、马和猪。以上的动物明显
分为两类,一类是写实的动物……另一类则并不见于自然界,只能用古
文献中神话动物的名称来命名。"②另外,器物的造型也常有动物的形象,
如卣的提梁上有龙首、犀首等,又如觥饰有羊头、牛头、龙头等,有时器物
的全体就是动物的形象,最典型的是作为酒器的爵。《说文》谓爵字乃
"象雀之形",段玉裁《说文解字注》解释为:"首、尾、喙、翼、足俱见,爵形

---

① 张光直:《考古学专题六讲》,第 109 页,北京:文物出版社,1986 年。
② 张光直:《美术、神话与祭祀》,第 38 页,沈阳:辽宁教育出版社,2002 年。

即雀形也。"爵的实际器物也是雀的象形。形态不一的酒爵仿佛一只只
轻盈的鸟儿,尖足点地,双翼方展,昂首天外。

几何纹多为抽象的线条纹样,如雷纹、云纹、绳纹、圆圈纹、花纹等,
云雷纹的基本特征是连续的"回"字形线条——用柔和回旋的连续线条
组成的是"云纹",而方折角的回旋线条是"雷纹"。几何线纹也从描摹具
象的纹样变化而来,或规整有序,或流动不拘,显示着先民看待世界的基
本方式。动物纹、几何纹等还常形成特定的组合。饕餮纹常与夔纹、鸟
纹等纹样搭配出现。夔纹的小巧简洁与饕餮的威武恰成对照;鸟纹的活
泼则冲淡了饕餮的狰狞可怖。各种几何纹也常交错互补,如圆形的乳丁
纹、涡纹等常与方形的雷纹间隔出现,动静有秩。

礼器纹样的形式丰富而多有变化。以鹰纹为例,"有些鹰纹形状整
个纹样左右对称,双翅展开上卷,翅上有鳞纹,足部有折现纹,头部变形
极似鹰;有的双翅展开,翼稍下卷,爪部毛羽翻卷;有的似鹰纹的简化,形
同'亚'字;有的似鸷鹰伫立的侧影,有足、身、翼等;有的似鹰的侧视,有
钩状嘴和夸张的眼睛,颈部羽毛翻卷;有的则环目怒睁,呈左右对称的三
角弧线纹,鹰翅的翎毛显得劲健有力"[1]。又如,兽角是最能刻画兽首特
征的地方,故在纹饰设计上得到了最大限度的强调,兽角样式有羊角形、
牛角形、T形、矩形、菱形等,形态有双向内卷、角端外翻等,有的还在其
上饰有云纹、菱纹。

灵兽异鸟的纹样指示着往来于天地间的灵物与神力,吞吐云川的线
条让有限的物体形象成为全幅天地的象征。纹样把日常的用物提升为
神圣而光辉的图腾,也是中国艺术意象的鼻祖。宗白华在对比中西造型
艺术时,指出西方"雕刻的对象'人体'是宇宙间具体而微,近而静的对
象。进一步研究透视术与解剖学自是当然之事。中国绘画的渊源基础
却系在商周钟鼎镜盘上所雕绘大自然深山大泽的龙蛇虎豹、星云鸟兽的
飞动形态,而以卍字纹、回纹等连成各式模样以为底,借以象征宇宙生命

---

[1] 王小勤:《先商图案艺术举隅》,《南艺学报》,1983 年第 3 期。

的节奏。它的境界是一全幅的天地,不是单个的人体。它的笔法是流动有律的线纹,不是静止立体的形相"①。《诗》云:"委委佗佗,如山如河,象服是宜。"(《鄘风·君子偕老》)人的精神气质可以放大到山河的层面,依靠的就是衣饰上磅礴的纹样。

郭璞在《注〈山海经〉叙》中指出,"圣皇原化以极变,象物以应怪,鉴无滞赜,曲尽幽情"。物象纹样的创造有两方面的作用:一为认识世界,二为情感的发露、情绪的疏导。

"知神奸"意味着纹样是人们趋吉避凶的指导。这并不是通过写实的方式完成的。我们很难想象在一个(或一组)鼎的图案中会包含有足够多的关于吉凶利害的信息。礼器上的纹样造型总体倾向于抽象变形:作器者用夸张、简化、组合等方式突出所绘之物的动态特征,或者杂糅各种物象而组合为各种虚拟生灵(如龙、饕餮等)。古人并不是要通过模仿具体事物的外貌以指导趋避,而是通过构造"象"来提高人的思维创造的能力——正因为诸般"不似",方能解放人的心智,让人在面对丰富多变的世界时,"游魂灵怪,触象而构",帮助人们在这个复杂的世界中随机应变。

早期的动物纹样常以怒目巨口示人,多非优美温良之品。这种"狞厉之美"诚然与人心中对于奥妙未知之境的恐惧有关,却并不一定像有学者认为的,具有威吓观者的用意。② 首先,这些礼器都秘藏于庙堂之内,庶人和低级贵族无缘得观,也就说不上被威吓。其次,从审美的角度看,可怖的形象并不意味着威怖的效果。文学艺术中描摹恐怖场景并非为了让人害怕,反而要生成意象将人心中本有的无形的恐惧给形象化、可见化。情绪一旦脱离不可测度的意识深渊,变得可以为人观照和掌握,其烈度也就大大地被削弱了。

---

① 宗白华:《论中西画法的渊源与基础》,《宗白华全集》第二卷,第 104 页。
② 李泽厚认为,古代青铜器上的各种兽面纹饰"都在突出这种指向一种无限深渊的原始力量,突出在这种神秘威吓面前的畏怖、恐惧、残酷和凶狠"。李泽厚:《美的历程》,第 44 页,北京:中国社会科学院出版社,1984 年。

上古纹饰造型的意义已湮灭于历史的风尘中,然而其内在的精神却并不曾在华夏大地上消亡。直到今天,房檐上的兽象、门前的石狮乃至衣帽、器物上的几何纹饰,都与数千年前蜿蜒在器物、车马、衣冠上的"文"保持着隐约的关联。

"文"照亮了华夏文明的源头。重审"文"与"物"联用的意义,也有助于打破今人对于"物"的实体化的理解。20世纪之前西方古典哲学和神学以"物"为死的"质料",本身没有生发意义的能力,所以总需要有一个"精神"去规整它、促动它。而在中国古代思想中,"物"却是与意义生成过程联系在一起的,人们俯仰观察天地万物,不是去关心沉甸甸、硬邦邦的"物甲"(借用朱光潜的说法),而是集中于有生命、有情趣的"物乙"的意义。正是由于植根于生成意义的符号土壤,中国思想、艺术当中的"物"才会虚灵不滞,不会被幽暗、沉重的"质料"给束缚住,不会形成诸如"精神"与"物质"、"形式"与"质料"等二元对立的哲学、美学概念。"物色""事物"这些至今仍然使用的词语都标示出此"物"虚灵的、活泼泼的面相。当代学者评《诗》中名篇《豳风·七月》也说:"诗中其实没有对物的纯粹的欣赏……诗之'为物也多姿',而由这多姿之物展示出一个纷繁的世界,更由这可见之纷繁而传达出一个可会可感、深微丰美的心之世界。'物象',归根结底表达的是'心象'。"①

由于中国古人总是倾向于从"文""象"的角度去理解"物",中国传统艺术的描摹方式即以多样的、动态的线条见长。米开朗基罗说,一个好的雕塑作品,就是从山上滚下来也滚不坏,因为它是一个坚实的团块。西方的传统绘画也要在二维平面上,运用光影塑造出一个个三维的团块。中国艺术则不然。无论是雕刻、绘画,还是建筑、戏曲,都致力于用飞动的线条、节奏来打破任何可能出现的团块。"中国画法以抽象的笔墨把捉物象骨气,写出物的内部生命……乃能笔笔灵虚,不滞于物,而又

---

① 扬之水:《诗经名物新证》,第80页,天津:天津教育出版社,2007年。

笔笔写实，为物传神。"①抽象的笔墨、虚实莫测的线条最初的源头就在上古彩陶青铜之"文"、衣裳音律之"象"。宗白华说："东晋顾恺之的画全从汉画脱胎，以线纹流动之美（如春蚕吐丝）组织人物衣褶，构成全幅生动的画面。而中国人物画之发展乃与西洋大异其趣。西洋人物画脱胎于希腊的雕刻，以全身肢体之立体的描模为主要。中国人物画则一方着重眸子的传神，另一方则在衣褶的飘洒流动中，以各式线纹的描法表现各种性格与生命姿态。南北朝时印度传来西方晕染凹凸阴影之法，虽一时有人模仿，然终为中国画风所排斥放弃，不合中国心理。中国画自有它独特的宇宙观点与生命情调，一贯相承，至宋元山水画、花鸟画发达，它的特殊画风更为显著。以各式抽象的点、线渲皴擦摄取万物的骨相与气韵，其妙处尤在点画离披，时见缺落，逸笔撇脱，若断若续，而一点一拂，具含气韵。以丰富的暗示力与象征力代形相的实写，超脱而浑厚。"②

三、象形字

除了礼器上的花纹，还有一类特殊的"文物"，它们同样产生于先民藉物象通天的时代，却并没有掩埋于地下，而幸运地绵延至今。这活生生的文物就是汉字。

与纹章乐舞一样，中国的古文字也是古人取法天地人事而创造的"象"，而不是简单地记录语言的工具。从远古"结绳而治"到初具规模的甲骨文，都是集体（氏族、部落的上层巫师们）使用的整套的符号系统，用以记录那些关系着整个氏族、部落的生存秩序的重大历史事件、经验和发明，尤其承载着人世的价值和信仰。

现今发现的成系统的文字可溯至殷商时代。商代文字是一个由陶文、甲骨文和青铜器金文（钟鼎文）顺次形成的连贯的系统，以后两者为主。甲骨文是巫觋文化的产物，在商代居于主流；金文属于礼仪文化的

① 宗白华：《论中西画法的渊源与基础》，《宗白华全集》第二卷，第 101 页。
② 同上书，第 102—103 页。

载体,到周代始发展完善。此时期的文字尚不属于书法艺术作品,但影响了中国审美意识的形成和发展。表现有二:一为文字的构造方式,体现出意象营构的思维特色;二为文字的书写方式,直接影响了后世书法艺术的面貌。

汉字的构造方式被称为"六书"(即"象形""指事""会意""形声""转注""假借"),传达出中国古人看待世界的思维特点。

在"六书"中,象形和指事最为古老。容庚指出,甲骨文中的象形字往往把一个事物的最富有特征的部分加以强化突出,如"羊角像其曲,鹿角像其歧,象像其长鼻,豕像其竭尾,犬像其修体,虎像其巨口……因物赋形,恍若与图画无异"。[①] "日"满而"月"亏,"山"象峰峦,"本"指树木之根,中国古人用最简洁的方式强化了事物的最富意蕴的那个点。这些概括是如此准确和凝练,以至于被认为是自然本身向人垂现的象。

以象形和指事为基础,会意、形声、转注、假借关联到了更为复杂、抽象的自然观念与人事观念。日月为明,止戈曰武,人相人偶,仁者人也,义者宜也……关于信仰的、国事的、伦常的、身心的诸般观念,以及它们之间相互生发、绾结的脉络,都通过"六书"彰显出来。人可以凭藉这个文字系统来望文知义。[②] 后世人可以用"形训""声训"来理解经典,也可借由此意义勾连的条理来调整自己的思想和行为。仓颉造字时"天雨粟,鬼夜哭"的传说描画了汉字的伟力,识文断字长期以来被看作超凡俗、登圣域的一道门槛。直到近世,"敬惜字纸"的传统和画符驱鬼的法术依然传达出国人对于文字的敬畏之心。汉字之所以被认为具有神秘的力量,正是在于它是一个自足的符号系统,本身就有彰显秩序的能力。

"六书"扩大、明朗了中国人的意义世界。数百年的历史文献,读来

---

① 容庚:《甲骨文字之发见及其考释》,《国学季刊》,1924 年 1 卷第 4 期,转引自朱志荣《夏商周美学思想研究》,第 205 页。

② 福柯说:"事物的性质、它们的共存、它们借以联系在一起和交流的方式,只是它们的相似性。这个相似性只有在从这个世界的一头贯穿到另一头的符号网络中才是看得见的。"[法]福柯《词与物——人文科学考古学》,莫伟民译,第 47 页,北京:三联书店,2001 年。

几无障碍，甚至一片两三千年前的断简也可以为后人提供丰富的信息。中华文明的经验因为汉字的创造而能够历经时间的洗刷，不断地积累和传续。汉字本身也是一个有情趣、有生机的世界。人用心地观察汉字，就是在观一种活泼泼的象，也就是在欣赏艺术作品。比如"旦"，上面是太阳象形的符号，下面是地平线，一轮朝阳割破天际，冉冉升起，从中人们可以体会到生机健旺的欣喜；又如"莫"，它是"暮"的本字，描绘了黄昏的景象——太阳就要落下去了，掩映在丛林之中；又如"麗（丽）"是并偶的意思，像两只鹿并排在山中跑。在中国艺术中，六朝的骈体文、建筑的对联、京剧舞台上成对出场的文官武将，都来源于这种骈俪之美。① 依靠"六书"的构造法，汉字至今仍然在中国人的生活世界当中生发着新意义，是华夏人民的心灵世界的依托。

汉字的书写方式包括单字的结构、篇章的布置以及行笔的动势。汉字的字形、篇章均具有长短、大小、疏密、朝揖、应接、向背、穿插等结构规律，也是一种通向艺术创作的"文"。作为中国书法艺术的渊薮，殷商时期的甲骨文和金文已初具书法艺术的三要素，即线条、结体和章法。它们笔画式的线条、方形的结体和纵势的章法布局为后世的汉字书法艺术奠定了基础。②

汉字以长方体为主、方正之中又有奇变的字形特征是由殷商时期的甲骨文奠定的。就其书法造型而言，甲骨文的笔画虽然只有横竖转折，与后世书法相比显得粗糙，但已初现间架结构了。后世的艺术家予之骨、筋、肉、血，愈发变化无穷，仪态万方。

汉字书法的谋篇布局也可溯自甲骨文的书写方式。邓以蛰指出，甲骨文字"行次有其左行右行之分，又以上下连贯之关系，俨然有其笔画之可增可减如后之行草书然者。至其悬针垂韭之笔致，横竖转折安排之紧凑，四方三角等之配合，空白疏密之调和，诸如此类，竟能给一段文字之

---

① 以上两个例子引自《诗意的符号：汉字》，叶朗、朱良志《中国文化读本》，第 74 页，北京：外语教学与研究出版社，2008 年。
② 朱志荣：《夏商周美学思想研究》，第 225、193 页。

全篇之美观"①。另外,在殷商甲骨文中,就已随着世运的变迁,有了依雄伟、谨饬、颓靡、劲峭、严整的顺序递次变化的书风。②

除了静态的结构,汉字的书写过程还隐有一股动势。沈尹默说:"我国文字是从象形的图画发展起来的。象形记事的图画文字即取法于星云、山川、草木、兽蹄、鸟迹各种形象而成的。因此,字的造型虽然是在纸上,而它的神情意趣,却与纸墨以外的自然环境中的一切动态,有自然相契合的妙用。"③将动象寓于可见的线条纹章,合时间于空间,是中国诗书画同源的根据。宗白华以"舞"作为中国书法的精神象征和中国艺术的最高形态,也正是基于这种联系。

总之,汉字与器物、旗帜、衣冠上的花纹徽标一样,都是彰显上古意义世界的"文"。与其他书写方式相比,汉字书法"通过结构的疏密、点画的轻重、行笔的缓急,表现作者对形象的情感,发抒自己的意境"。④ 中国文字的书写法因之突破了单纯的技艺而逐渐进入审美的视野,以至塑造了这个民族的思维习惯、表达方式乃至文学艺术的特色。

四、通神之兴

作为物象的纹样形式并不是静态的图案,而内含着一股动能。这是因为它们总是要编织在特定的行为活动当中方才具备意义。在沟通天人的神圣活动当中,不仅各种用具器物获得不同于日常用具的意蕴,人的精神也超乎一般日常的状态。我们再从"兴"的角度概括"象"的精神内涵。

> 夔曰:"戛击鸣球,搏拊琴瑟以咏。祖考来格。虞宾在位,群后德让。下管鼗鼓,合止柷敔,笙镛以间,鸟兽跄跄。箫韶九成,凤皇

---

① 邓以蛰:《邓以蛰全集》,第 257—258 页,合肥:安徽教育出版社,1998 年。
② 董作宾:《甲骨文断代研究例》(1933),转引自朱志荣《夏商周美学思想研究》,第 222 页。
③ 沈尹默:《书法论丛》,第 17 页,上海:上海教育出版社,1979,转引自朱志荣《夏商周美学思想研究》,第 211 页。
④ 宗白华:《中国书法里的美学思想》(1962),《宗白华全集》第二卷。

来仪。"夔曰:"於! 予击石拊石,百兽率舞,庶尹允谐。"帝庸作歌曰:
"敕天之命,惟时惟几。"乃歌曰:"股肱喜哉! 元首起哉! 百工熙
哉!"皋陶拜手稽首,飏言曰:"念哉! 率作兴事,慎乃宪,钦哉! 屡省
乃成,钦哉!"(《尚书·益稷》)

在这一段话里,我们看到了一个比较完整的巫礼活动。神圣的仪式
是在舜的庙堂之上和之下分两部分进行的。堂上奏乐要鸣玉磬①,击搏
拊,鼓琴瑟,歌咏诗章;堂下则吹竹管,击鼗鼓,吹笙击钟。不论上下,都
是合乐用柷,止乐用敔,演奏过程总称戛击。器物与演奏活动统一于仪
式。其中器物以玉为尊,琴瑟在堂,钟簴在庭,也有上下之别,体现了通
神仪式在规范现实的人事方面的作用。

这两部分音乐各有神秘的感应效果:在庙堂上的降神之乐的感召
下,"祖考来格,虞宾在位,群后德让"。现实的人彬彬有礼,各自就位,祖
先神也到场躬逢其盛,人神其乐融融。在这里,神明并不是孤立、静止地
存在于某处的对象性的实体,相反,人的巫术活动倒成了神灵出现的前
提。查勒认为,从婆罗门经书到《奥义书》的吠陀文献中的某些章节,"实
际仪式变得比它所供奉的诸神还要重要。仪式不再只是向上祈求好感
的行为,在人们的心目中,它本身就变得具有了宇宙论意义上的重要性,
那些诸神远远不再是祭祀仪式所供奉的对象,而仅仅同其他人一样,只
是此项重要活动的参与者而已"②。作为巫术活动的音乐演奏可以产生
出巫术信仰的对象,同理可知,在审美活动中也自然会产生出审美的
对象。

堂下之乐则体现了人与诸生灵的沟通。张光直指出,在中国古代,
动物因为担当了与祖先神沟通的使者而具有神性。③ "笙镛以间,鸟兽跄
跄。"一般的鸟兽在笙和大钟奏出的节奏中相率而舞,"跄跄"者,《礼》谓

---

① 孔疏:"《释器》云:'球,玉也。''鸣球'谓击球使鸣,乐器惟磬用玉,故球为玉磬。"
② 史华兹:《古代中国的思想世界》,程钢译,第50页,南京:江苏人民出版社,2003年。
③ 张光直:《商代文明》,毛小雨译,第191页,北京:北京工艺美术出版社,1999年。

"行容惕惕",是谨守规则的样子。更具意味的是"箫韶九成,凤皇来仪"。雄曰凤,雌曰皇,是鸟与麟、龟、龙并谓四灵。《易·渐·上九》:"鸿渐于陆,其羽可用为仪。"是仪即为"有容仪",即为礼的体现。神鸟在雍容恢宏的乐曲当中翩翩而至,通过展示其优雅的仪态而为神圣的巫礼增色;人们恭敬事神的礼意也因凤凰的出现而得到了天神的确认和嘉赏。在这样的氛围当中,"百兽率舞,庶尹允谐"。人与动物、平民与官长达成了谅解,一片和乐的景象。

中国古代的音乐、舞蹈艺术源于这类"戛击鸣球,搏拊琴瑟以咏"的巫礼。舞、無、巫,在古代是同一个字。王国维的《宋元戏曲史》指出:"歌舞之兴,其始于古之巫乎!……古代之巫,实以歌舞之职以乐神人者也。"①刘师培也说:"三代以前之乐舞,无一不原于祭神。钟师、大司乐诸职,盖均出于古代之巫官。"②《说文解字》云:"巫,祝也,女能事无形以舞降神者也。像人两袖舞形。"令孔子心向往之的"风乎舞雩"也是一种求雨的巫舞,后来才被注入了越来越多的人文意义。

通神歌舞的最终目的是"率作兴事"。这里的"兴"与我们今天的兴起、振兴、兴旺等等用法基本一致。现实事业之兴往往需要通过一个中介来完成,那就是情感状态上的感兴、兴奋。《尔雅·释言》释"兴"为"起也";甲骨文中的"兴"是象形字,象众手托盘而起舞之形,也即取其中的"起、举"义。陈世骧明确释"兴"为"上举欢舞","乃是初民合群举物旋游时所发出的声音,带着神采飞逸的气氛,共同举起一件物体而旋转"。③"上举"就是"降升上下之神",使舞者的精神与神沟通、交流乃至合一;"欢舞"则引起了"股肱喜哉!元首起哉!百工熙哉!"的效果。在这里,情感状态的悦乐与人事活动的振作兴盛是紧密地联系在一起的。所以,"兴"首先指示出一种精神的愉悦、振奋和提升,然后才意味着事功方面

---

① 王国维:《宋元戏曲史》,第1页,上海:华东师范大学出版社,1995年。
② 刘师培:《舞法起于祭神考》,见刘梦溪主编《中国现代学术经典·黄侃刘师培卷》,第790页,石家庄:河北教育出版社,1996年。
③ 转引自彭锋《诗可以兴:古代宗教、伦理、哲学与艺术的美学阐释》,第52、65页。

的创造和开展。① 这可以看作是为上古"事神致福"之礼的功用补充了一个心理的解释。

歌舞之"兴"意味着人达到了与神同体的神秘状态,这是巫术仪式的共性。② 中国的巫礼又有其个性,就是"兴"与"象"的结合。中国的巫有两个含义,一是舞,二是筮数,巫礼依靠乐舞之"兴"与作为礼乐文章的文、物、象来沟通天人。兴偏重概括处于特定氛围中的精神提升过程,近于"礼"的沟通神灵的意义;而物象则是共同意义世界的生成工具,主要体现于"礼"的器物用等和周旋度数。当然,兴与象的分别其实是勉强的。实际上,不论在沟通天地鬼神的巫术活动当中,还是在后来的审美活动当中,它们都无法明确分开。③

就其高度兴奋的精神状态和超凡体验而言,中国巫礼的"兴"与世界各地的萨满巫术、柏拉图的"迷狂"以至尼采所谓的"酒神精神"之类有颇多相像。然而萨满歌舞通神往往是一种彻底的迷狂,整个过程很少有确定的秩序可言,所以尼采要把古希腊悲剧里的"酒神精神"与象征理性秩序的"日神精神"区别开来。中国古代文化中的歌舞通神展示的是空间里的时间,它有一定的节奏和秩序。④ 所以,中国巫觋的通神术一方面遵循了交感巫术的通则,另一方面又是通过"数"来实现的,不同于那种盲目无序的生命冲动。"箫韶九成,凤凰来仪"就是一个很好的例子:孔疏指出,普通的鸟兽只要听到各种乐器错落有致的音响就可以雀跃舞蹈,

---

① 在古汉语当中,"兴"主要有以下几种用法:(1) 不接宾语、纯为主语之动作的纯内动字,如夙兴夜寐。(2) 接宾语,但宾语仍可以作施事者的次内动字,如兴师动众。(3) 接宾语,宾语不可以作施事者,但也不是需协力共举之重物,即次外动字,如兴利除害。(4) 接宾语,宾语不可以作施事者,且是需协力共举之重物,即纯外动字,如大兴土木。在先秦文献中,以(1)为最多,(4)为最少。所以,把兴理解为模拟性的表演活动中的举、起,比理解为现实劳作中的举、起要更加妥当。见彭锋《诗可以兴》,第57、58页。
② 彭锋:《诗可以兴》,第171页。
③ "巫是主体,无是对象,舞是联结主体与对象的手段,巫、无、舞,是一件事的三个方面。因而,这三个字,不仅发一音,原本也是一个形。"庞朴:《一分为三——中国传统思想考释》,第276页,北京:海天出版社,1995年。
④ 彭锋:《诗可以兴》,第180页。"兴是带有宗教色彩的歌舞活动中的托盘而舞,所突显的是乐舞的四个基本要素:上举、盘游、呼声与节奏。"同上书,第61页。

而凤凰是一种神鸟,必待"箫韶九成"方至,因为"九"为数之极,具有神圣的意味。早在夏代,庙堂音乐即以"九"来标明结构,如《九韶》《九招》《九代》《九辩》《九歌》等。后世的中国音乐歌舞也无不以器物、人员、时间场地等的"数"为表演与欣赏的重点。正因为有"文"、有"数",中国的"通天"即在一定程度上有了可操作、可重复的规则,这样,通天的巫术方不仅限于遵循弗雷泽所谓的"交感律"与"接触律"的直觉的、神秘的操作,而有了被人在哲学层面上进行抽象、演绎的可能。

"兴"反映了中国古人对宇宙的独特把握:生命过程的确是神秘不测的,但中国上古的巫觋乐舞总是寓明确可把握的节奏、规则于萨满活动之中,让通神的激昂情感和神秘操作服从于天地的秩序,将个体生命融入整个宇宙的生命律动之中,以此来超越日常时空之束缚。正如宗白华所说:"世界上唯有最生动的艺术形式——如音乐、舞蹈姿态、建筑、书法、中国戏面谱、钟鼎彝器的形态与花纹——乃最能表达人类不可言、不可状之心灵姿式与生命的律动。"[1]中国乐舞的独特之处即在于甚少日神与酒神的分裂。表现在情感状态上,由感兴引发的"喜、起、熙"并不是无节制的狂喜,高昂的情感始终处于理智的控制范围之内,包容有想象、理解、认知诸因素。这种通神歌舞的节奏体现的是人类生命活动的最基本的秩序感。动作、音乐当中的节奏感使人能够在一定程度上预知未来,"敕天之命,惟时惟几",自然界的神秘和不可知就因为乐舞活动而暂时被人突破了,人们从中获得一种把握住时间川流的快乐。在这个意义上,即便是作为具有浓厚功利和神秘色彩的巫术,在精神活动形式的根源部位上,却也都与审美的活动相通。"兴"与"象"的结合构成了中国艺术精神的基底。

"兴"的这种特点也决定了中国艺术门类的交融关系。在古希腊人看来,诗歌与(视觉)艺术是完全不同的两类精神成果。艺术以确定的"技艺""规则"为标志,而诗歌乃是基于灵感的精神创造,象征着突破技

---

[1] 宗白华:《论中西画法的渊源与基础》,《宗白华全集》第二卷,第99页。

巧限制的自由，是一种出神忘情的"迷狂"。诗来自神圣的天赋，其地位更接近于哲学，要远远高于雕刻、绘画等视觉艺术。柏拉图区分第一等诗人和第六等诗人的依据就在于此。[①]　在中国古代的《诗》的传统中，我们却看不到精神情感的抒发（兴）与形式的、技艺的训练（象）之间的割裂，因为"兴"带有着形式韵律所保证的基本的秩序感。

第二节　易象与意象

《易》是中国古人用以理解世界、把握人生的一套实用的操作系统。《易》从人的生存和命运的角度揭示了天人关系，指导人合理地应对世事的变动。宗白华说："易之卦象，则欲指示'人生'在世界中之地位，状态及行动之规律、趋向。此其'范型'为适合于人生之行动的。"[②]作为上古天人之学的精髓，《易》以广大悉备的象数模型刻画了天与人的应和方式。上古独占知识的贵族阶级把《易》作为其生存活动的参考。他们借占筮活动来认识形势和做出决断，并了解吉凶祸福的意义。在《易》中贯穿的一阴一阳之道、乾坤生化之理，对于中国哲学特质的形成，尤其对于今人的精神世界的再创造都有特殊的启发。

根据产生的时代和操作思路的不同，《易》的术数体系分为"连山易""归藏易"和"周易"。今人主要讨论的是"周易"。"周易"分为"易经"和"易传"两部分。《易经》是上古传续下来的实用性的卜筮手册，《易传》则是一部形成于战国时代的系统地反思易理的哲学著作。我们在后面会专章讨论《易传》的思想，这里仅限于阐释《易经》的哲学和美学的意义。

一、人世戏剧的模型

《易经》是一部上古流传下来的卜筮操作手册。它的操作方式深刻

---

① 塔塔尔凯维奇：《西方六大美学观念史》，刘文潭译，第87、88页，上海：上海译文出版社，2006年。
② 宗白华：《形上学》，《宗白华全集》第一卷，第627页。

地塑造了中国人"立象"的思维方式。这种思维方式要在具体的时空环境、人事情境中形成"真""善"和"美"的意义。情境化思维的主要工具是"象",在《易经》中主要是卦爻的"象"和"辞"。

《易经》的六十四个卦象都是阴爻(--)与阳爻(—)排列组合的结果。即出现八个基本卦象,分别指示着天地、水火、风雷、山泽这些成对出现的自然物象。八卦再交叠,即成六十四卦。经由相对简便易行的操作,求卜者可以在六十四卦、三百八十四爻的范围内,找到对于当下境遇的解释和对未来决断的指引性提示。所以,《易经》的卦、爻象跟图案、文字一样,也是一种古人呈露意义的"文"。

为了便于求卜者了解卦象、爻象的涵义,《易经》为每一卦、每一爻提供了解释性的卦辞、爻辞。如《颐》的六五爻"不可涉大川"和上九爻"利涉大川",既是对渡江河(这在古人生活中是件难抉择的大事)时机的具体建议,也对一切涉险前进的人事境况给出了指示。有的爻辞本身就把比喻的意旨点出,如《大过·九五》"枯杨生华,老妇得其士夫",并给出了"无咎无誉"的结论。

大多数的卦爻辞是从自然或人世现象中提取出来的场景,如卦辞"密云不雨,自我西郊"(《小畜》)、爻辞"履霜,坚冰至"(《坤·初六》)、"过涉灭顶"(《大过·上六》)等等。有些爻辞带有社会习俗的印记,如多次出现的"匪寇,婚媾"(《屯·六二》《贲·六四》《睽·上九》),或与上古的抢婚风俗有关。少部分卦爻辞还借用了殷商的历史典故,透露了《易经》产生的时代背景,如多次提到"丧羊于易"(《大壮·六五》)、"丧牛于易"(《旅·上九》),就记载了殷先王亥被有易氏夺取牛羊的往事,还有"高宗伐鬼方"(《既济·九三》)的战事和"帝乙归妹"(《归妹·六五》),即商王帝乙被迫与周文王通婚的史实。不过,这些史实一旦进入到了《易》的语境,就会逐渐虚化掉其具体的意指,而与那些一般性的卦爻辞一样,成为某些普遍情境的指示牌。

《易经》的"象"与"辞"里的各种各样的物象,如风、雷、雨、大川、树林、栋梁、井、鼎、茅草、牛羊等等,一旦进入到《易》的意象体系,就溢出了具体物件本身的意义,而成为一些隐喻体,用于描摹人世间的各种事物流变、行为事态以及心理情志。冯友兰对于中国艺术的一个解释也能用来说明易象的奥妙。他说:"善画马者,其所画之马,并非表示某一马所有之特点,而乃表示马之神骏性。……不过马之神骏性,在画家作品上,必藉一马以表示之,此一马是个体;而其所表示者,则非此个体,而是其所以属于某类之某性,使观者见此个体底马,即觉马之神骏之性,而起一种与之相应之情,并仿佛觉此神骏之性之所以为神骏者,此即所谓藉可觉者以表示不可觉者。"①在这个例子里,"马"就是一种"象",只要带有"神骏性"的事物(甚至当今时代的越野车),都可以归于"马之象"。这样,易象就具有了多义性、可扩展性的特点。每一个生活中的切近事物都可以成为隐喻体,成为一个个富有包孕性的"意象核"。人间万事万物的意义都可以勾连于、附着于这些意象核上,由此,人可以以其所知而知其所不知。有学者指出,《易经》"是提供象的语汇的源泉,这种象使我们能够对变化中的、我们的生活条件,加以透彻地思索,并且能够对这些变化中的条件作出适当的反应"。②

　　为了帮助人们应对变化多端的情境,《易经》的卦爻辞都具有多义性。比如,卦辞里的"见"常有两层意思,一层意思是"看见""发现",另一层意思是"出现""显现"。《乾·九二》的"见龙在田,利见大人"究竟是指人在旷野中发现了一条龙,还是龙自顾自地显现在那里? 进而,这究竟意味着利于一个人去谒见大人,还是说一位有望成为大人的君子到了该显露自己德才的时候? 答案是开放的。《易经》的卦辞允许人根据不同的境遇而有不同方向的理解。卜问者主动参与到意义的生成过程中去,并没有扭曲客观事物的面貌,反而正是用这种方式成就了世界万物的意义。

　　易象还是一个庞大的、周流通变的体系。互卦、对卦、覆卦、错卦、综卦等卦象的变化方式把不同的"意象核"勾连在一起,隐喻着更加复杂的

① 冯友兰:《三松堂全集》第四卷,第 170—182 页,郑州:河南人民出版社,1986 年。
② 安乐哲:《自我的圆成:中西互镜下的古典儒学与道家》,第 117 页,石家庄:河北人民出版社,2006 年。

场景。《易经》把世间百态呈露于以图形、数字构建起来的象数体系当中，既包纳万有，因时而变，又提纲挈领，化繁为简。

易象囊括了人世间的各种境遇。《易》中一些卦象涉及对特定的活动领域的概括，如战争（师）、诉讼（讼）、婚嫁（咸）、求学（蒙）等等。这是较浅近的理解，其实，各种活动、境遇之间是互通和流动的。境遇是人所遭遇的主客观处境的总称。境遇并不能完全由人选择和掌控，但又不排除人的努力，后来的儒家以"命"概括之。《易》的每一个卦象，都好似一幕戏剧，有的悲壮，如"明夷"，有的盛大，如"观""大有"；有的无奈，如"无妄""大过"，有的和悦，如"谦""临"；有突如其来的转折，如"离"，也有漫长的坚守，如"屯"。时移世易，具体的布景可能不同，但人总是剧中人，剧中的忧喜也从未改变。《易》以意象的形式，把人间的各种境遇总括起来，让人根据自己的实际处境反思剧情的意义。孔子曾经感叹说"加我数年，五十以学易，可以无大过矣"（《论语·述而》）。孔子五十而知天命，《易》有助于人了解天命。

易象呈现了中国古人心目中的世界面貌。宗白华说："'象'如日，创化万物，明朗万物。"[1]张彦远在《历代名画记》中转述颜光禄的话说："图载之意有三：一曰图理，卦象是也；二曰图识，字学是也；三曰图形，绘画是也。"当今学者亦指出："八卦是因理而取，画是因趣而取，文字则是因义而取。"[2]所谓"理"是人们从多变的世事中总结出来的普遍化的道理，较之名词概念的涵义和事物的形貌要抽象一些。但是，卦、字、画既然都是出于"图"而昭明"象"的，《易》的理也就蕴藏了识（概念涵义）与趣。如果说柏拉图式秩序的理想呈现形式是几何图形，那么中国古代意义世界的理想秩序则具有艺术化的形态。寓秩序于艺术之中的观念最早即来自《易经》的卦象体系。

二、阴阳对待的动态之美

作为中国审美意象的源头，所有的易象都生于"一阴一阳"的参合互

---

[1] 宗白华：《形上学》，《宗白华全集》第一卷，第 628 页。
[2] 朱志荣：《夏商周美学思想研究》，第 212 页。

动。这决定了此种"象"具有如下几方面的特点。

首先，不同因素的差异和对待是一切"象"成立的基础。前面指出，"文"原为两纹交错，指示着相异因素在交合、互动中生发意义。在《易经》中，阳爻和阴爻是最基本的相异因素，指示两种最基本的动势。阳性刚健有力，富于主动进取、积极创造的活力，阴性多柔，沉静收敛而长于守护。两相配合，阳为阴灌注了生命的活力，阴则以休息呵护之功涵养了阳气的生机。孔子说"一张一弛，文武之道"，也是阳与阴和谐配合的结果。这是中国古人所欣赏的一种美。而在两相敌对的情况下，阳主躁动而阴多邪僻，或睽离闭否，或冲击交争，都是阴阳不调的表现。这大多表现为与阴阳和合之美相对立的丑。和谐与争战，恒在交替运动之中。阳与阴的不同组合，以及这些组合的反复叠加，形成了范围天地、曲尽人事的卦象体系，喻示着现实人生与精神活动的种种情态。

中国古代思想凡言天地，必归于人事。性别关系是人事当中最明显、最重要的一对阴阳关系。中国古代以男为阳，以女为阴，恒以德言之。古人论人之美，多不在外部的形貌、体格、身材，而在容色言谈举止当中呈现出来的内在品质和内在力量。阳之德为刚，在勇于担当和积极地创造，大刀阔斧，勇往直前；阴之德为柔，在甘于辅翼和稳妥地呵护，柔韧细腻，周到全面，使创造性的工作趋于圆满。中国人对性别关系的理解也本乎阴阳之理。阴阳统一于生养的事业，所以中国古人但言夫妇，不言男女。阳与阴各自发挥其所长，补对方之所短，共同实现生养之功，平等之义寓于其中。

阴与阳所以能够配合，是因为它们并不是相互外在、各自独立的因素。阴能涵摄阳的动势，以配合其创造，阳亦需回护阴之劳绩，方得其养护，此即所谓阴中含阳，阳中有阴。再结合"时"与"位"，母子、父子、婆媳、兄弟、姑嫂……家族人事的一切关系都有其阴阳对待，也都是从一夫一妇、一阳一阴的屈伸往来中渐次推衍出来。中国人的一切悲欢离合的戏剧莫外于此。故《中庸》云："君子之道，造端乎夫妇。"

苟能经受住复杂局面的考验，阴阳各成其大，若进一步配合，则达乎天地。阳可以辉光万丈,为文明的积累推陈出新;阴可以坚贞和包容,默默成就化育万物之功。阴阳和合之美本乎人世的功业,进而配天地的文采。中国的"龙"与"凤"的意象即是对阳刚与阴柔之象的理想化呈现。龙能兴云布雨,凤则含章可贞,皆神异吉祥之灵物,盘桓天地间。"龙凤呈祥"渐成为中国古代最有代表性的审美理想之一。

龙与凤是中国古代的器物上的常见造型。夏代陶器上已经有了龙形纹。在二里头出土的陶片上即有龙纹,其上可见鳞甲、眼睛和利爪。湖北曾侯乙墓出土的龙凤佩饰,纳龙凤造型于一体,集合了阴刻、阳刻、接榫、镂雕等工艺,形象构思奇巧。

其次,易象的意义依托于一个整体的、有机的象数系统。《易》本乎一阴一阳的生发,没有哪一卦、哪一爻不与六十四卦、三百八十四爻的整体相关联,也没有任何两个卦、爻之间是彼此无关的。中国人由此相信万事万物处于一个"牵一发而动全身"的网络之中。所以,要理解《易经》的一个卦象、爻位的意义,不仅要看其自身的情况(比如是阴还是阳),而且一定要考虑其状况与其环境(context)是否协调,是否"当位""应时"。易理多以"当位"为吉,以"位不当"为凶,同样,阴阳能够上下配合感应为吉,否则为凶。

对于吉凶的断定原则也蕴涵着中国古人对于"和"的理解。"和"是对于整体系统的协调运转状态的一种概括。一方面,"和"内在地要求差异。史伯云:"和实生物,同则不继。以他平他谓之和,故能丰长而物生之。"(《国语·郑语》)任何一方独大的状态都是不稳定的,"以他平他"就是不同因素、功能之间的协调互补,在相互制约中达到系统整体的平稳有序。另一方面,"和"又要求在歧异因素之间的互动中避免直接的对立与激烈的摩擦,所以"和"常与"温"并提。《论语》载孔子"温而厉",朱熹推崇"温和冲粹之气",都刻画了异质因素之间互动的理想方式。

"和"也意味着人与环境的良性互动。《左传》云"和实生物",《国语》云:"夫有和平之声,则有蕃殖之财。"(《周语下》)俗语所谓"和气生财"即由此衍化而来。良好的自组织环境为生物的生长壮大和事业的兴旺开展创造了条件。中国人自古以堪舆术来测知天地间的信息与人事之间的交互作用。他们既希望找到利于家国兴旺的时空位置，也强调人心和平之"德"、因德外化之"乐"对于整体环境的影响。他们甚至认为人心的道德力量可以扭转外在环境的不利方面。这种意识浸入中国古代的艺术创作，从诗词、文章到山水画、扇面以至印章都讲究"布局"，以疏密有秩、流通无碍的"和气"为贵。

再次，《易》所蕴涵的整体系统不是一种静态的、超时间的完满结构，而是寄寓于在自组织过程中的动态平衡。阴阳的对待是中国人把握世界的最基础的结构。阴阳对待实现于阴阳的流动之中。[①] 中国古人在艺术中领会这种动态的结构。以书法为例，"书道之秘只在阴阳。古往今来书家将阴阳之理贯彻于书势、书体结构、点画、墨线等一切方面。如在用笔上方是阳，圆是阴；用墨上，燥为阳，湿为阴；结构上，实为阳，空为阴……从而形成了一开一合的内在运动之势。在字的空间结构上，朝揖、避就、向背、旁插、覆盖、偏侧、回抱、附丽、借换等，都是其表现。阴阳二法，就是变汉字相对静止的空间为运动的空间。有了阴阳，才有了回荡的空间"[②]。中国古代的易、术、艺所依凭的思维方式，皆以流动的结构、因应不测的系统观念见长。这种广义的艺术不仅令人的心性易归于平和，对培养创造性思维也颇具意义。[③]

动态平衡在《易》中的一个表现是吉凶涵义的永恒转化。《易》中的各个卦象描摹的是不同情境下的吉凶之象。有的卦是凶象，如否、剥、蹇、损

---

① "对于他们［中国传统思想家］说来，用恰当的隐喻来理解宇宙，与其说是物理学的，倒不如说是生物学的。所争论的问题不是永恒的、静止的结构，而是生长和转化的动态过程。"杜维明：《存有的连续性：中国人的自然观》，载于彭国翔、张容南译《儒学与生态》，南京：江苏教育出版社，2008 年，第 101 页。

② 朱良志：《中国美学十五讲》，第 183 页，北京：北京大学出版社，2006 年。

③ 当代的前沿科学研究越来越倾向于以结构、模式、系统的思维来观察复杂的宇宙现象、生命现象和意识现象。"在 20 世纪晚期思想中，一个重要的转变就是从机械化约主义转向一种新的整体主义取向。……混沌理论（chaos theory）和复杂性理论（complexity theroy）发现并研究从未被怀疑过的系统组织自身的方式。因此，现在'自组织'概念与东亚的'自然'概念非常相似，其演变进程与一种深度的内在模式相一致，它取代了机械的观念去解释宇宙和生命自身的起源。"见迈克尔·凯尔顿（Michael C. Kalton）《拓展新儒学传统：21 世纪的问题与观念重构》，载于彭国翔、张容南译《儒学与生态》，第 79 页。

等,有的卦则为吉,如乾、泰、复、益、升等。然而,中国古人并不倾向于树立纯粹的吉凶模型,反而要强调变易造成的"物极必反"的局面。这表现在卦象当中,就是卦象总体为吉者,最后一爻反而多半不吉,如《乾》之上九"亢龙有悔",《复》之上六"迷复,凶。有灾眚。用行师终有大败,以其国君凶;至于十年,不克征",《益》之上九"莫益之,或击之,立心勿恒,凶",等等。反过来,卦象凶者,最后一爻反而多吉,如《否》之上九"倾否,先否后喜",《蹇》之上六"往蹇来硕,吉。利见大人",《损》之上九"弗损益之,无咎,贞吉,利有攸往,得臣无家",等等。[①] 各卦之间的变化也通过转化而达到吉凶的平衡,最明显的如否极泰来、剥尽而复,都是前卦凶而后卦吉,反之亦然。

《易》之"泰"卦九三曰"无平不陂,无往不复","益"卦上九曰"莫益之,或击之","剥"卦上九曰"硕果不食"等都暗示了中国人对于"满则溢""全则毁"的警惕和对天道不测的敬畏。这些智慧在《老子》当中得到了进一步的概括和提炼。《老子》中的"不欲盈"(十五章)、"大巧若拙"(四十五章)、"圣人被褐而怀玉"(七十章)、"光而不耀"(五十八章)等等,也都在提醒着人们要避免艳冠群芳、光彩照人的状态,警惕"最大""最美"的名号。在《易经》和《老子》的影响下,"登高必跌重""月盈则亏"等等具有启示意义的日常现象逐渐成为中国人观察自然和人事的基本观念之一。在中国古代的审美思想中,举凡"最高""最大""最强""最美"都不是值得欣羡的状态,"圆满""至高"在艺术作品当中大多付诸虚写,保留在未实现的状态之中。

近代美学的一系列基础性观念溯源于古希腊哲学。古希腊哲学的理想范本是几何学、逻辑学、数学等"超时间"的学问。[②] 这种哲学理想在

---

① 劳思光:《新编中国哲学史》第一卷,第63、64页,桂林:广西师范大学出版社,2005年。
② 杜威在《经验与自然》中反思了西方哲学在追求哲学抽象与追求"不变"的努力之间的密切关联。他指出:"永久的东西能使我们安定,它给予我们宁静,可变化的和正在变化的东西是一种不断的挑战。在事物发生变化的地方,我们就感觉到有所危迫。它是使人烦扰不安的一个威胁。……哲学,即概括的思维,沉湎于荒诞的追求一种在理智上获得绝对概括通则的点金石……或者(如亚里士多德所理解的)把它理解为在一切时间上始终同一的东西,或者把它当作是和时间没有关系的、超时间的东西。"杜威《经验与自然》,傅统先译,第20页,南京:江苏教育出版社,2005年。

审美方面的表现就是追求简洁可把握的形式以获得一种稳定的秩序感。西方人好把园林里的植物裁剪成队列一般的几何形状，或以数学的思维方式来创作音乐和建筑作品，都是这种"形式"的外化。而在《易》中，阴阳之间的平衡是动态的。《易》的卦爻形式所模仿的天道往复中充满了"变数"，不能被套进一个固定的、可重复的公式当中。永恒变易是中国美学思考的基础性观念。两种基础性观念的差别造成了中西美学在思维方式、价值理想等方面的巨大歧异。我们在后面讨论老子、孔子美学的时候都会反复涉及这个问题。

在《易经》的影响下，中国人倾向于把审美情感寄托于动态的"游目"当中。宗白华指出，中西绘画艺术在透视法上的区别，及其背后的空间意识、世界观念等更为深层的差异，都呈露了不同文化中艺术意象之"情"的特点。他说："西洋画在一个近立方形的框里幻出一个锥形的透视空间，由近至远，层层推出，以至于目极难穷的远天，令人心往不返，驰情入幻，浮士德的追求无尽，何以异此？中国画则喜欢在一竖立方形的直幅里，令人抬头先见远山，然后由远至近，逐渐返于画家或观者所流连盘桓的水边林下。《易经》上说：'无往不复，天地际也。'中国人看山水不是心往不返，目极无穷，而是'反身而诚'，'万物皆备于我'。王安石有两句诗云：'一水护田将绿绕，两山排闼送青来。'前一句写盘桓、流连、绸缪之情；下一句写由远至近，回返自心的空间感觉。这是中西画中所表现空间意识的不同。"①一个是驰情不返之"求"，一个是盘桓往复之"游"，其情不同，其景之显现也不同。

动态平衡的另一个表现就是一种错落驳杂的、"非完美"的形式美。

中国的艺术观念、美学思想愈溯之古远，愈见出寓秩序于驳杂的意识。"物"之古义通"文"，端在于成分之杂驳错落。王国维曰："古者谓杂帛为物，盖由物本杂色牛之名，后推之以名杂帛。……由杂色牛之名，因之以名杂帛，更因以名万有不齐之庶物，斯文字引伸之通例矣。"（王国维

---

① 宗白华：《中西画法所表现的空间意识》，《宗白华全集》第二卷，第148页。

《观堂集林·释物》)"错杂""不齐"即蕴有意义生成的空间,以此符应无限丰富的物象。在《关雎》描画的士女往还图中,流水中的"参差荇菜"就是一个烘托了"活泼泼"之氛围的背景式的意象。为了这种具有生机的氛围,中国古代的工艺也好运用错落参差的线条、纹样,与之相比,整整齐齐、正圆正方的形式多让人联系到胶结刻板,非中国古人所喜。

整齐的形式暗示了一个掌握绝对权力的规划者,而错杂的秩序却是由每一个参与者共同造就的。这在《易经》的乾卦中体现得最为明显。喻示"大人之德"的《乾》见六爻全阳,无主可从,所以该卦的"用九"特别点出一个断言:"见群龙无首,吉。"群龙毕至造成了"无中心"的局面,大人君子在交游中各自呈现着自己独有的美好,并愉快地欣赏他人的嘉言懿行。"无首"的结构看似松散,却蕴含着丰富的自我提升的可能性。

崇尚错杂和独行的特点甚至造就了中国艺术组织形式的特点。一个突出的例子就是中国古代的合奏乐队与西方交响乐队的区别。由于每一件乐器(正如每一位乐手)都是独一无二的,不可能在一个统一的制式中服从一个数学化的规则,中国古乐的合奏也就是多个个体的不可重复的配合与交流,而非一个团队在统一指挥下的协同行动。所以,"群龙无首"的状态乃是一种有利于促进萌发、激荡的发生结构。[1] 早在漫不可考的时代,《易》的卦辞就已经为中国人的思想打下了这样的基础。

总之,在动态平衡、错落有致的秩序观念中,《易经》推崇一种独特的"群龙无首"之美。这体现了中国古代文明在思想、艺术、生活诸多方面特有的一种自由观、平等观,是了解中国艺术、中国美学之特色的切入点。

第三节 《诗》:名物与风情

如果说《易》主要涉及的是上古的圣人"通天"的问题,接下来的问题

---

[1] 张祥龙:《孔子的现象学阐释九讲——礼乐人生与哲理》,第38—40页,上海:华东师范大学出版社,2009年。

就是如何把这种文化的创造贯彻到普通人的社会日常生活中去,也就是"接地"。这主要是由《诗》承担的功能。在农业文明的世界观念中,"天"的特点是气象万千,象征着自然人事的变幻莫测;而"地"的特点则是安稳有序,象征着农业社会的稳定。各地风土物情之殊异,又促成了"十里不同风,百里不同俗"的文化多样性。中国文化广大的包容性,审美意象的丰富性,正是得自于这片精神文化的"大地"。在《诗》中,殊方异俗、礼文赫赫的社会生活面貌由品类繁庶的"名物"表现得淋漓尽致;而朝野四方的精神生活,又因为"兴"的提升和"风教"的沟通而变得生气勃勃。

一、《诗》之名物与精神家园

《诗》是一种面向贵族士人的文化教材,是贵族、士人交往酬酢的文化资源库。《诗》分《风》《雅》《颂》三个部分。《风》多是由朝廷的采诗官收集、整理的各地乐调。《雅》即所谓"中原正声",主要是贵族阶层的作品,其中又依据音乐节奏繁简的不同分为《小雅》和《大雅》。在内容上,《小雅》多表达大夫士人对于周君的感念,《大雅》则主要记述周王朝缔造、发展之历史。《颂》是宗庙乐歌,包括对于先君的追述,对时君的赞美等。① "诗三百"的形成过程历经数百年,是文化积累的产物。限于篇幅,我们在本章暂以《诗》为整体的讨论对象,而不细分其中的时代、地域方面的差别。

《诗》是一部上古文化生活的大百科全书,是上古华夏民族生活世界的瑰丽画卷。《诗经》是中国历史上最早的诗歌总集,不是一时一地之作,也不是个人的作品。它包括了宗教诗、史诗、叙述诗、抒情诗等多种样式。它还具有广大的时空跨度:作品的形成时间从西周初年到春秋中叶,绵延数百年;作品所涉及的地理区域包括今天的陕西、山西、河南、山东、湖北等。作品的主人公,既有先王圣贤、王官贵族,又有下层士人、小吏、耕夫、村妇、征人、旷男怨女,等等。《诗》的广纳包容的特点对美学史

---

① 聂石樵主编:《诗经新注》,第 3 页,济南:齐鲁书社,2000 年。

的研究具有重要的意义。在文学艺术中普遍传播的那些信念,往往构成了任何一种个人思想的基调。正如杜威所言:"在一个社会中所流行的文学、诗歌、仪式、娱乐和消遣等艺术,供给了那个社会以主要的享受对象,它们的水平和风格对于当时这个社会的理想和行为的方向,比任何其他方面都起着较大的决定作用。它们提供了据以判断、考虑和批评生活的意义。从一个旁观者看来,它们为对那个社会所过的生活进行批评性的评价提供了材料。"①我们今天的人,不仅可以依据《诗》所呈现出来的材料对当时的精神生活"进行批评性的评价",也能够据此批评性地审视古人的批评。

我们在这里选取两个入手点:一个是《诗》的"名物",一个是作为《诗》之功能的"风教"。

《诗》当中描写了大量关于自然与人事众物之"名"。有学者归纳,《诗》的名物分为人工名物和自然名物两大类。人工名物有车马类、服饰类、建筑类、乐器类、饮食器类、兵器类等。自然名物有草、木、鸟、兽、虫、鱼和日、月、风、雨、山、川等。从它们和周人的关系来看,不仅有和生活息息相关的名物,如车马、建筑、乐器、黍、稷、稻、粱等,还有很多离生活相对较远的名物,如隼、鹤、鸨、鹡鸰等鸟,蜉蝣、草虫、蠋(野桑蚕)、莎鸡(纺织娘)、伊威(鼠妇)等昆虫。名物的种类特别多:自然名物方面,动物109种,植物143种,内含草类85种、木类58种;人工名物方面,据明人冯复京《六家诗名物疏》的统计,有服饰类(包括玉石)共约90种,建筑类84种,日常器物类(包括食器、盛物器、渔具等)60种,舟车类55种,等等。《诗》名物的丰富性还不仅表现在种类数量上,更表现在对于名物的多侧面的描写上,仅以对鸟的描写为例,《诗》写了鸟的鸣叫,如雎鸠之"关关"、仓庚之"喈喈"、鸣雁之"雝雝"、鹤鸣于九皋;写了鸟的动作,如"鹑之奔奔,鹊之强强""燕燕于飞,差池其羽""鸳鸯在梁,戢其左翼""鸿雁于飞,肃肃其羽""鴥彼晨风,郁彼北林""弁彼鸒斯,归飞提提";写了鸟

---

① 杜威:《经验与自然》,第132页。

的色彩,如"交交桑扈,有莺其羽""莫赤匪狐,莫黑匪乌";写了鸟的活动
地点,如"关关雎鸠,在河之洲""有鹜在梁,有鹤在林""肃肃鸨羽,集于苞
栩""绵蛮黄鸟,止于丘阿";写了鸟的特性,如"维鹊有巢,维鸠居之""于
嗟鸠兮,无食桑葚""鸤鸠在桑,其子七兮"。另外,还写了有关鸟的神话,
如"天命玄鸟,降而生商",以及鸟与时节的关系,如"七月鸣鵙",等等。①

《诗》之名物,以草木鸟兽虫鱼为大端,种类总计在 250 种以上。孔
子也特别强调了《诗》让人"多识于鸟兽草木之名"的功能。纳兰成德指
出:"六经名物之多,无逾于诗者。自天文地理,宫室器用,山川草木,鸟
兽虫鱼,靡一不具。学者自非多识博闻,则无以通诗人之旨意,而得其比
兴之所在。"(《毛诗名物解·序》)所以,所谓"识名"并不仅限于一般认识
意义上"识别",而更重要的在于进入一个古代的意义世界。由此我们不
难理解《诗》当中的一些不厌其烦的刻画描写:"颜色字本身已有能表示
颜色深浅程度(如朱深于赤,玄为六染,缁为七染)或较复杂的颜色(如玄
是黑而有赤),而一字兼表物、色,更见简练,例如五色备谓之'绣',绣又
指绣有彩色花纹的衣物;黑与青谓之'黼',指古代礼服上黑色与青色相
间的花纹;黑与白谓之'黼',指古代礼服上绣有黑白相间的斧形花纹,在
'常服黼冔'中借代指这种礼服;'璊'是红色的玉,'瑳'是白色的玉,'玖'
是黑色的玉石;'羖'是公羊,'卢'是猎犬,有说都是黑色。至于马,因毛
色及其所在位置的不同,就分有二十多个名称。"②一首祭祀马神的乐歌
咏唱道:"駉駉牡马,在坰之野。薄言駉者,有骊有皇,有骊有黄,以车彭
彭。"(《鲁颂·駉》)高大雄壮的马匹,放牧在郊野,有黑马带着白胯,还有
黄白色相杂,也有纯黑和黄赤的毛色……

"识名"通于古人的信仰世界。涂尔干从人类学的角度指出,氏族社
会对于亲属关系的确认并不依据血缘,而"仅仅是由于他们拥有相同的

---

① 以上有关名物数量统计及名物描写举例出自吕华亮《〈诗经〉名物的文学价值研究》,第 26—
27 页,合肥:安徽大学出版社,2010 年。
② 谢耀基:《〈诗经〉颜色字的运用》,《诗经研究丛刊》第三辑,第 108 页,北京:学苑出版社,
2002 年。

名字"。这些名字多来自动物、植物界,而用来命名某一特定氏族集体的动植物物种就被称作图腾。① 周文化已相当程度上超出了图腾崇拜的阶段,但毕竟去古未远,鸟兽草木的意义仍然要溢出其指涉的具体的动植物,而昭示着古人精神生活的文理。这个意义上的"多识于鸟兽草木之名",就是指人可以凭借《诗》融入到古文化长期积累而成的意义世界当中,拓展其与天地鬼神相沟通的能力。就美学的方面来说,多识名物,则是增加对于"意象"的把握能力,提高情感的表现力和思想的涵摄力。《诗》因而具有一种广罗万象的色彩:既非供人学习知识的动植物手册,也不限于今人理解的仅供欣赏、消遣的"文学作品",而是"情"与"景"、"象"与"名"、个人吟咏与社会意识、日常用物与信仰世界等等融合无分的代表。

《诗》对名物的刻画将尘世中的情趣与哀愁化入意象,穿越两千多年的历史尘嚣而直呈当下。我们以《豳风·七月》为例。这是一首用名物来承载时间韵律和情感色彩的诗。它用"爰求柔桑""采蘩祁祁"写春天的仕女的愁绪,用"载玄载黄,我朱孔阳"写夏日少妇"为公子裳"的温情,用"八月剥枣,十月获稻""九月肃霜,十月涤场"写农人播获的劳绩,用"嗟我妇子,曰为改岁"写岁末回首的感叹,并用"朋酒斯飨,曰杀羔羊""称彼兕觥,万寿无疆"呈现腊祭除夕的欢庆。所以,有人说,《七月》"每一章都以月令唤起,看来全是赋,多半却是兴"。②

《七月》以"七月流火"的星象来赋事起兴,尤显家园之廓大,人天之亲近。顾炎武指出:"三代以上,人人皆知天文。'七月流火',农夫之辞也。'三星在天',妇人之语也。'月离于毕',戍卒之作也。'龙尾伏辰',儿童之谣也。"(《日知录》卷三〇)星天是上古人的生活的刻度,也是他们的谣谚的源泉。《诗》最擅长以"天之时""物之时"成就"人之时"。"桃之夭夭,灼灼其华"点明了"宜其室家"(《周南·桃夭》)的欢喜,"日之夕矣,羊牛下来"引发了妇人对"君子于役"(《王风·君子于役》)的叹息,深秋

---

① 爱弥尔·涂尔干:《宗教生活的基本形式》,第 133 页,上海:上海人民出版社,1999 年。
② 扬之水:《诗经名物新证》,第 29 页。

蟋蟀的鸣声点缀着农人的陋屋(《豳风·七月》),也引发了士人"今我不乐,日月其除"(《唐风·蟋蟀》)的忧思⋯⋯《诗》极善于把天地万物的意义编织进人的生活当中,以"象"(具有时令性、地域性的众多名物)来成就"意"(或"志")。人的情感表达也因之而化入了名物的流变,变得平实深致,哀而不伤。孔子对于诗教的理解,首重"可以兴",点出了《诗》之于人的精神生活的最突出的价值。

就社会文化的层面上说,名物的纷繁细致还反映了《诗》是周代贵族文化的重要组成部分。即使在《国风》里,贵族文化的典雅也受到了普遍的崇尚。这集中体现在《诗》对于"威仪"的强调上。"威仪"直接表现为贵族对于周身用物的讲究,如身体要著有文采的衣裳,出行要有华美的座驾,"四牡孔阜,六辔在手。骐骝是中,騧骊是骖"(《秦风·小戎》),还要居处于规整的宫室,使用精美的器物,等等。《诗》中常把贵族的风度气质之美与其服饰文采、玉饰形色联系在一起来品评,如"彼都人士,狐裘黄黄。其容不改,出言有章"(《小雅·都人士》),"皎皎白驹,在彼空谷。生刍一束,其人如玉"(《小雅·白驹》),等等。又如《郑风·羔裘》,从不同的角度用"比",以华美的羔裘映衬"彼其之子"的人格美:"羔裘如濡"把质地的光润与君子"舍命不渝"的品格联系在一起;"孔武有力"既言"羔裘豹饰"的雄美,也指代"邦之司直"的勇气;"羔裘晏兮,三英粲兮"则以裘衣整体的鲜盛之貌比拟"邦之俊杰"的气象。《诗》开启了以美物"比德"的文化传统。

《诗》的威仪并不一定实写当时贵族,而带有理想化的、情感化的成分。《诗》的积累跨越了道德礼制由盛而衰两个阶段,其中的诗作意旨大都带有鲜明的时代烙印。汉代传《诗》者已经注意到了这个问题。《毛诗大序》首先提出了"变风""变雅"的概念。郑玄的《诗谱》正式把《诗》划分为正、变两类,并和具体的历史时期及其文化状况关联起来:"《诗》之正经"为产生于文王、武王、周公、成王之时的《国风》之"二南"、《小雅》的《鹿鸣》至《菁菁者莪》、《大雅》的《大王》至《卷阿》以及《颂》;除此而外,产生于懿王、夷王至陈灵公之时的《国风》(即十五《国风》中除去"二南"所余下的十三种），皆为"变风"，《小雅》的《六月》以下和《大雅》的《民劳》以下，则为"变雅"。"正"是在美好的礼乐制度熏陶下产生的，其特点是"安以乐"；而"变风""变雅"则是在政教衰坏的背景下产生的，其特点是"怨以怒"。"如果'变风'来自于一个道德败落的阶段，那么道德败落就自然显现其中；这样一来，这些诗歌的伦理规范价值就变得可疑了。为解决这个问题，《诗大序》断定'国史'是'变风'的作者。这样一来，我们就可以把'变风'视为有德之人对道德败落问题做出的反应，而不仅仅是道德败落的显现。"[1]这种反应随情境的不同，可以较委婉，也可以很激烈，可以是内积的"怨"，也可以是外发的"刺"，但"变风""变雅"都寄寓着诗作者们对"正"的吁求。也就是说，"变"的动向是朝着"正"，最终也要归于"正"。到了中国传统美学的总结阶段，"正"与"变"的关系成为清代诗学的重要课题。

二、《诗》的风情与风教

《诗》时代的贵族文化并不与民间社会割裂，而是贯彻着引领和教化的责任。我们在这里尤其要强调带有地域色彩的"风情"与作为广义的审美教育的"风教"对于中国美学思想传统的意义。

就自然事物而言，"风"是无形无象的气息流动，对人而言又具有明确可感的性质：或温润，那是春天的和畅之风，或刚劲，则是秋天的肃杀之风，或夏天般濡热，或如寒冬的冷冽刺骨。风有时来势汹汹，有时悄然渗透。风是自然界最常见、最变幻莫测的现象，也是自然与人世沟通的最普遍的方式。风是诗意之源，中国人每以"风月"言情事，以"风云"论政事，以"风雨"喻人世悲欢。

农业社会尤其对风敏感，风带着天地之间的消息，指示着雨与旱、寒与暖，并与收成的丰与歉、人世的得失与福祸隐隐相联。上古文化中的

---

[1] 宇文所安：《中国文论：英译与评论》，王柏华、陶庆梅译，第49页，上海：上海社会科学院出版社，2003年。

"风"跟巫觋信仰有关。据张光直的考证,商代甲骨文中,风与凤为同一个字。殷商卜辞称凤为帝之使者,而青铜艺术中的动物亦可张口成风,为巫师升天助一臂之力。① 风还带有地域的信息,在"十里不同风,百里不同俗"的农业文明里,社会与自然是高度融合的,有什么样的地土,就有什么样的人群。所以,自然的"风土"与社会的"人情"总联系在一起,或称作"风情"。从美学的角度看"风情",就是一种带有地域文化色彩的生活之美。

"风"从自然界空气流动的现象中获得"流通""疏通"的基本意义,而在社会文化的层面上则为意义的"交流""沟通"和"创造"。古人十分重视"风闻言事"。言论没有准确的来处,却有明确的意义,没有固定的形式,却像风一样把人裹挟起来,让人不能无视其存在。中国人将拥有巨大影响力、支配力的惯常习俗称作"风气"。风气有良好的,也有恶劣的,是可以腐化的,也可以经过教养而转变。通过施教而转化"风气"的活动被称作"移风易俗",其最重要的途径之一就是艺术,而《诗》的"国风"(汉以前称"邦风")大多可以看作是经士人整理改良过的各邦国知识阶层里的流行艺术。

《诗》之"风"反映了周人的艺术观念和政教原则。在周代,"风"与音乐紧密地联系在一起。周人扬弃了殷人的巫觋文化,发展出了与八方对应的"八风"的观念,并与指代着八种自然之声、八种音乐风格的"八音"相对应——因为音律的确定也来源于竹制律管中的"风"。周王室派遣乐官访查各地的"风",目的是"观风知俗",考究邦国之社情及王朝政教之得失。这种传统推广开来,逐渐也成为一般贵族、士人评价社会风气的指标。《左传·襄公二十九年》记载了"季札观乐"。季札是吴国的公子。他到鲁国访问时,欣赏与品评了保存于鲁国的周雅乐及各地风诗。鲁国乐师演奏完《诗》中的《周南》《召南》后,季札赞叹说堪为教化之始基;听完《卫》的演奏,他感慨卫康叔、武公的"忧而不困"的德行;季札还

---

① 张光直:《美术、神话与祭祀》,第 54 页。

由《齐》观其泱泱大国的风范,由《豳》中观"乐而不淫"的周公之德,也由《小雅》观周德之衰与先王遗民的情愫。季札在发表对这些乐风的评价时,都以"美哉"开头,有时还要加一两个字作为总的评点,比如称《卫》"渊乎",赞《齐》"泱泱乎",说《魏》"沨沨乎"等等。

季札评乐所用的"美哉"与美学里作为正面审美价值的"美"不完全相同。季札也为"其细已甚,民弗堪也"的《郑》给出了"美哉"的评语,同时指出,这种过于靡细的音乐(也就是孔子说的"郑声淫")对民众的心志产生了不良的影响,已带有这个国家早早灭亡的征象。可见,季札评乐提到的"美"只意味着乐曲形式的优美。优美的形式可以给人心造成正面的影响,比如"勤而不怨""思而不惧""大而婉"等,也可以因为其在某一方面过于突出而造成负面的效果,比如"其细已甚",或者进一步还会损害艺术形式之美。季札听了《陈》后无一句赞语,直指其音乐中暴露出的僭妄之情,而自《郐》以下更以不予置评来表明态度了。这也体现了先秦士人对于艺术之"形式"与"内容"互动关系的认识。他们认为,中正平和、无过不及的艺术形式可以在人心中产生平和安定的情感效果,过分追求美感,或突出某一特性的声色刺激往往导致情感的邪僻不正,其积聚的效应可能会腐蚀社会风气,甚者则鼓动骄奢淫逸之风而导致亡国。中国古人以辨别乐声之正邪兴衰而察知国家兴衰的征兆,强烈反对"靡靡之音""亡国之音"的批评传统都可以在季札观乐中找到根苗。

在艺术形式上保持中正的要求,反映在季札评乐所用的正面评语里,即一种以"A而不a"或"A而B"为特征的互补结构。他对《颂》的赞扬集中反映了这种互补结构的多面性:"直而不倨,曲而不屈,迩而不逼,远而不携,迁而不淫,复而不厌,哀而不愁,乐而不荒,用而不匮,广而不宣,施而不费,取而不贪,处而不底,行而不流。"从曲调形式到情感表现,方方面面都达到了中和,才能够成就"五声和,八风平,节有度,守有序,盛德之所同"的效果。我们在后面阐述周代乐教思想的时候还会详细分析"A而不a"与"A而B"结构的美学意义。而在这种内在互补的和谐形式之上,尤有更高的境界,如季札对《陶箫》的评语:"大矣,如天之无不帱也,如地之无不载也!"音乐到了这一步,已经到了"极高明而道中庸""民无能名焉"的程度,不论往哪个方向用力都会出现偏斜,也无法用言辞来概括,所以季札叹曰"观止矣"。"观止"的意思是审美经验已经到达高峰,臻于完满了。

　　季札观乐的言论给我们呈现了古人对于审美机制与道德价值之统一性的认识,也可以看作是一种带有政治、道德指向的艺术批评。艺术虽然固有其形式的规律和评价的标准(比如"美"),但艺术形式的价值却并不独立存在,观"艺"与观"德"总要联系在一起。"德"与"艺"的统一才是古人着重推崇的。"美哉"之后的"渊乎""泱泱乎""沨沨乎"等等评语,既是指涉形式的,也是关乎情感效果的,既是评价艺术意象的,也是指代道德风貌的。艺术与道德统一在对于人格美、风俗美的呈现之中。这种人格美、风俗美往往不以"美"为名。比如季札称《秦》为"夏声",反映着"周之旧"的风貌;又如赞扬《唐》"思深哉",其乐曲含有"忧之远"的情怀,可断为"令德之后";而《大雅》的"广哉"、《颂》的"至矣哉"更是意味着至高的精神境界。它们都没有"美哉"的评语,却在审美价值上具有比"美"更高的地位。

　　作为自上而下、上下互动的沟通方式,"风"是一种带有高超艺术水准的政治文化,"观"则体现了中国美学思想的特点。《易》中的《观》卦,上巽风而下坤地,《象传》释为"中正以观天下"。"观"包含了圣王与万民的互动关系:既是圣人主动地观万民("先王以省方,观民设教"),又是被天下万民所"观"("圣人以神道设教,而天下服矣"),其理想的结果是"下观而化",即社会风俗因教化而得到了改善。以今天哲学的角度看,"观"的特点是主客不分和知行不分,这也是中国古代艺术创作和教化思想的特点。

　　"风"还提示了中国早期艺术创作的非个人化的特点。美学史家指出,在西方美学里,"诗歌的概念自古便被分为两类:一类被视作技艺,一类被视作预言"[1]。前者完全是依据固定规则的"模仿性艺术",等同于工

---

[1] 塔塔尔凯维奇:《西方六大美学观念史》,第121页。以下关于诗歌观念的介绍参见该书第三章。

匠的劳作,也就是柏拉图所谓的"第六等诗人";而"第一等诗人"与哲学家一样,是通过"迷狂""灵感"而通达那个超越性的、神圣的理念世界。"第一等诗人"的诗完全是精神的创造物,对于人的(与肉体相对的)灵魂有着强烈的影响力。到中世纪,这种诗歌自然被归为上帝启示的成果。而近代的诗歌则是"个性""自由"的象征。总之,神启的意味和个性的色彩是这种诗歌观念的两个方面,诗处于二元世界的高级一端。与之相比,《诗》虽有神秘色彩,却表现于不知所自而又盛衰可彰的"风"。《诗》没有明确的作者,每个人皆可对意义世界的积累有所贡献,任何一个"天才"的个人创造都不能垄断天地的文章。

"观风"对于中国美学有两方面的影响。

其一是体现了贵族的、庙堂的文化对于多样的地方文化的尊重。动植名物的博物知识和"风土人情"的民俗具有封闭、同质的"地方性",而放在文化共同体的广大范围内,则又呈现出最广大、最自然的多样性。[①]就其内部观之,"百姓日用而不知",无所谓美,但就"采风"而言,各地的民俗与气候、物产交融不分,一起构成了带有浓厚的地域特色的"风情"。华夏文明的画卷就是由这样丰富的、原生的"风情"构建起来的。"乐操土风"(《左传·成公九年》),艺术的功能就是要凝练、升华这些基于各地风情的民俗意象,并且进一步还要像风一样沟通不同地域的文化,使之有新的创造。所以,周代的贵族文化一方面是扎根于大地的,带着淳厚的味道,而另一方面又因为文化的包容性而具有"洋洋大观"的风貌。

其二,"观乐"具有认识功能、艺术评鉴和道德反省的多重意义,尤其突出艺术对民俗、民风的主动改良作用。季札所观之各国风诗是各地文化、政治、道德的晴雨表,也是影响民风政治走向的催化剂,所以他要寓褒贬于品评,寄政教于艺术。作为一种现实的政治观念,风教传统随着贵族文化的消逝而逐渐湮没,而作为一种极具生命力的文化意识,却在中国历史上不曾间断过。宗白华曾说:"文学是民族的表征,是一切社会

––––––––––––––––––––

[①] 刘华杰:《天涯芳草》,第243页,北京:北京大学出版社,2011年。

活动留在纸上的影子；无论诗歌、小说、音乐、绘画、雕刻，都可以左右民族思想的。它能激发民族精神，也能使民族精神趋于消沉。就我国的文学史来看：在汉唐的诗歌里都有一种悲壮的胡笳意味和出塞从军的壮志，而事实上证明汉唐的民族势力极强。晚唐诗人耽于小己的享乐和酒色的沉醉，所为歌咏，流入靡靡之音，而晚唐终于受外来民族契丹的欺侮。"①每当风化绮靡之际，总有文化人出来讥刺。所以，在孔子晚年的文化贡献中，"删诗"与"作春秋"实际上是同一性质的工作。

最后，我们来概括一下"风"的多重意义：其一，自然之风候；其二，音声之风情、精神之风貌；其三，社会文化之风俗、风尚，三者存在着广泛的联系。正如自然界的风是天与人的沟通，"风教"是社会意义上的官（施教者）与民（受教者）的沟通，是主客统一的"观"的结果。在古代"诗教"的文化传统中，"风"也意味着文化人与民间社会的互动关系。儒家追求的"上以风化下，下以风刺上"的政教理想，就体现在《诗》的"风"当中。总之，中国古代的"风教"传统充分地尊重了地域文化的多样性，又体现了士大夫阶层的文化创造，是儒家艺术欣赏、艺术批评思想的源泉。

第四节　音乐化的天道秩序

西元前 11 世纪末，周武王灭商，建立周朝，建都于镐（今陕西西安西南）。周王室推行基于血缘的宗法制，辅以礼乐文化，巩固王权。西周末，逐渐离心的诸侯国开始违反和僭越礼制的规定，出现了礼坏乐崩的迹象。整个东周时代，不断发展的生产力、不断扩张的野心和不断升级的战事，在彻底撕破原先秩序的同时，也促成了思想的解放和活跃。以诸子争鸣为标志的中国"轴心时代"就此拉开了序幕。

王国维谓"中国政治与文化变革，莫剧于殷周之际"（《殷周制度论》）。在政治方面，周人确立了以血缘宗法为基础的等级制度，其理想

---

① 宗白华：《唐人诗歌中所表现的民族精神》，《宗白华全集》第二卷，第 122 页。

是"纳上下于道德,而合天子、诸侯、卿大夫、士、庶民以成一道德之团体"(《殷周制度论》)。在为王朝政教立下了可靠的秩序原则的同时,周人也依靠繁复的器物和仪典令礼乐制度变得文采昭彰。郁郁周文还奠定了诸子百家的思考基础。不论看似多么奇诡的言论、多么严峻的挑战和质疑,都没有越出周礼政教的范围。

在思想文化方面,天人关系的变革是其大者。如果说周代礼制的创新意义是在社会层面上造就了一个"道德之器械"(《殷周制度论》),那么礼制背后的"天"则不妨名为"信仰之器械"。作为一个在历史上逐渐生成的中国哲学概念,"天"最初是决定有国者福祉得失的赏罚者,后来是个人命运和家国盛衰的主宰者,最终则成为整个世界与人心的统一秩序的代称。《礼记·表记》云:"殷人尊神,率民以事神,先鬼而后礼","周人尊礼尚施,事鬼敬神而远之"。周人不再把天下太平的希望寄托在鬼神的护佑上,而是要在人间建立和维护一种各守其分、各安其位,又能协调相处的关系。人与天的交往方式,也由对于鬼神的赠贿仪式转换为敬天之威、体天之德、赏天之趣。这其中寄寓着道德的和审美的"和"的理想。

为了实现"和"的理想,周代的礼乐教化试图将政治、道德与广义的艺术融合在一起,在人心中强化一种音乐化的秩序感。儒家的温柔敦厚、中正平和的审美理想就扎根在这种秩序感当中。

一、人文与天道

《诗》曰:"天命靡常。"(《大雅·文王》)周人对天道的变化有着深切的领悟,他们要在祸福莫测的世界中为"旧邦"开展"新命"。周人认识到唯有内修其德,才配得天帝的眷顾。他们为道德的修养而创制了洋洋大观的礼乐文化,用繁复细密的文化之"器"来领会和模仿天地之"道",以保其德行,延其福祚。

周代礼乐文化的本质是统治阶级的自我约束和自我教化。周代礼乐文化在形式上的主要特征有二,一是丰富而又有结构的符号设计,二是严格的等级区分。春秋大夫说"器以藏礼"(《左传·成公二年》)。所谓"藏",就是把整饬有序的"礼"具体化在衣饰、器物、钟鼎、车马、宫室等的尺寸、颜色、数量、组合方式等当中。

周人用严格的冠服制度来区分身份等级。冠包括在不同场合下使用的冕、弁、胄。《周礼》规定:"王之吉服,祀昊天、上帝,则服大裘而冕,祀五帝亦如之。享先王则衮冕,享先公、飨、射则鷩冕,祀四望、山川则毳冕,祭社稷、五祀则希冕,祭群小祀则玄冕。"弁是皮帽。《诗·卫风·淇奥》云:"会弁如星。"皮子接缝处装饰的玉石像星星一样闪耀。胄在作战时使用,充当头盔。

周礼对于服色的讲究就更多了。与冠相匹配的冕服也专属于祭祀等隆重场合。周礼通过纹饰的种类和衣服的质料来区分等级:天子的纹饰有日、月、星辰、山、龙、华虫、宗彝、藻、火、粉米、黼、黻,共十二章,诸侯大夫依次递减;衣料则依由高到低分别为锦、帛、缟、皮、麻布。周礼对颜色、质料的搭配,以及各自应用的场合也有规定。《论语·乡党》记载符合礼制的颜色搭配是"缁衣,羔裘;素衣,麑裘;黄衣,狐裘"。有无冠冕,作何服色,如何搭配等等,正如军队里的帽徽和肩章一样,让人一目了然它们指代的身份等级和场合。

在周代,玉器、青铜器仍然是庙堂重器,但它们在礼制中的意义和运用的方式,则随着思想文化的转变而与前代有所不同。一个显著的表现是单件器物向器物组合的演变。西周时,青铜鼎出现了成套的列鼎,即形制、花纹相同而大小依次从奇数排列的鼎的组合,写实性的单件玉器也逐渐被成组的玉佩饰取代。这类玉佩多由多件玉璜、玉兽和各种质料、颜色的管、珠串联而成。玉佩本身的形制已然繁复,还要编制在一套声威赫赫的行为动作当中:"古之君子必佩玉,右徵角,左宫羽,趋以采齐,行以肆夏,折还中规。进而揖之,退则扬之,然后玉锵鸣也。故君子在车则闻鸾和之声,行则鸣佩玉。"在周代墓葬出土实物中,玉璜、玉珠常与玛瑙珠、玛瑙管、绿松石、琉璃珠、水晶等串成长长的佩饰。河南三门峡上村岭西周虢国墓二〇〇一号大墓出土的一件七璜佩,二百多颗绿松石、玛瑙珠双行排列,连缀起刻着鸟纹、龙纹的七枚玉璜,从墓主人的颈项直垂挂到膝下。① 佩有这样华丽而沉重的玉饰,人的步态举止就要轻缓舒徐,动止有度。《诗》曰:"仲山甫之德,柔嘉维则。令仪令色,小心翼翼。"(《大雅·烝民》)可见,周人不再依靠特定的器物来通神,而是强调对于君子的道德修养的意义。

西周玉器、青铜器的象征对象由神及人,也反映了周人的审美意识的变迁。较之殷商的青铜器纹饰,西周铜器上的波曲纹、重环纹、窃曲纹等几何纹增多,兽面纹、鸟纹等动物纹逐渐消失,代之以简单优美的线条。附着在纹饰上的神秘气氛被装饰功能冲蚀殆尽。② 形式美所呈现的意义不再指向虚空中的鬼神,而是逐渐转向嘉言令行的君子和淑女。"有匪君子,充耳琇莹,会弁如星。""有匪君子,如金如锡,如圭如璧。"(《诗·卫风·淇奥》)"君子至止,黻衣绣裳。佩玉将将,寿考不亡。"(《诗·秦风·终南》)美玉本身也渐成为美好人格的象征。

西周时代逐渐发达起来的驷马车也是贵族身份和威仪的象征。车上一切显著的部位都各有装饰。比如装在车辀上用来缚轭驾马的横木叫做"衡",周典制所谓"错衡""文衡"就是指具有纹饰的衡木。郭家庄殷代车马坑出土的车衡末端,已经有了云雷纹铺地、浮现夔龙纹的三角铜饰;洛阳庞家沟西周墓发现的衡末铜饰,形状像矛,矛叶宽薄的翼上有十对桃形的镂孔,矛脊下还有悬挂垂饰的直纽;河南辉县战国晚期墓的衡末饰则运用了更为奢华的金银错工艺。又如西周车上常用的鸾铃,分为上下两部,上部是镂出一圈小光芒的扁球形铜罩,内含一颗铜丸,下部是一个套在轭首的镂空方座。车行,铃便随着振动作响。《大戴礼·保傅》云:"居则习礼文,行则鸣佩玉,升车则闻和鸾之声,是以非僻之心无自入也。"即便马笼头上也装饰有纵横交错的络,上面饰有十字形的四通铜泡或兽面小铜佩件;马额前眉心处有一枚格外鲜亮的铜饰,《诗》中作"镂锡",还常铸有字。③

---

① 扬之水:《诗经名物新证》,第 387 页。
② 朱志荣:《夏商周美学思想研究》,第 325 页。
③ 扬之水:《诗经名物新证》,第 280—291 页。

周礼发挥了由来已久的饮食文化,不仅将炊具器皿发挥成了辉煌的礼器,食物的内容也极尽丰富。以《仪礼·公食大夫礼》记载的酱为例,就有韭菜酱、肉酱、菖蒲根酱、麋骨肉酱、蔓菁酱、鹿骨肉酱,上大夫还有蜗牛肉酱、葵菜酱等。各种酱都有相对应的食材,其严格的程度甚至上升到了礼的层面,所以《论语·乡党》记录孔子饮食的规矩就有"不得其酱,不食"。《礼记·内则》还详细规定了饭食的种类、作料和烹饪方法,如牛肉配稻米,雁肉配麦饭,春季宜用牛油煎调羊羔、小猪肉,秋季要用鸡油煎调小牛、小鹿肉等等。① 周礼将物产的取用与时间、空间结合起来,给人的生活造就了一种不可移易的秩序。

士人的繁缛文饰是其身份高贵的象征,也是对其言行举止的有力约束。人们会像评价其衣饰用物一样来关注其仪态、举止是否符合理想的标准。周礼规定,贵族教育要包含"六仪"的内容。六仪也叫六容,乃所谓"祭祀之容,宾客之容,朝廷之容,丧纪之容,军旅之容,车马之容",也就是贵族在各种正式场合的容貌仪容的规范性训练。对于女性,也有专门的"妇容"的训练。② 如果人只有奢华的服饰器物而没有与之相应的气质风度,则会被人耻笑甚至呵骂。《鄘风·相鼠有皮》甚至把"仪"作为贵族阶级之所以为"人"的必要条件,声言"人而无仪,不死何为"。这固然揭示了贵族文化开始剥蚀的现实,但也表明了《诗》时代的周代士人对于威仪的严苛态度。

周礼为中国传统文化确立了讲究规格等级的思维习惯。一切颜色、声音、大小、数量等等,都或隐或显地与泛政治化的符号联系在一起,暗示了一种不可冒犯的权威。"是以清庙茅屋,大路越席,大羹不致,粢食不凿,昭其俭也。衮、冕、黻、珽,带、裳、幅、舄,衡、纮、紞、綖,昭其度也。藻、率、鞞、鞛,鞶、厉、游、缨,昭其数也。火、龙、黼、黻,昭其文也。五色比象,昭其物也。钖、鸾、和、铃,昭其声也。三辰旗旗,昭其明也。夫德,

① 参见彭亚非《郁郁乎文》,第 133、134 页,郑州:河南人民出版社,2000 年。
② 见《周礼·地官司徒·保氏》和《周礼·天官冢宰·九嫔》。

63

俭而有度,登降有数,文物以纪之,声明以发之,以临照百官。百官于是乎戒惧而不敢易纪律。"(《左传·桓公二年》)"度""数"代表着周礼的等级制,被认为是天经地义不可逾越的法则,"昭"则是用那些繁复的礼文形式来彰显秩序。最能体现礼制等级性的是礼仪结构中无处不在的"数"。比如乐舞的人数编制,"天子八佾,诸公六,诸侯四",天子的舞蹈队列为八纵八横,共六十四人,王公六六三十六人,侯爵四四一十六人。乐舞的规模、遍数、所用的器械以至演奏的曲目,都有着不容僭越的等级规定。

周礼还有一个"礼不下庶人"的原则。礼文上的等级制是统治阶级内部的事,平民没有必要也没有能力来承担诸多复杂的礼文。平民的衣料是无装饰的麻织品,称作"褐"。战国之前的战事也没有他们的份,所以平民无需冠冕,一律戴头巾。这类规定在限制了平民向社会上层流动的同时,也使其免除了许多安稳生活之外的劳烦和意识形态方面的辖制。

周代礼乐文化为中国的审美意识注入了强烈的政治色彩。一切声色享受的背后,都或多或少地牵涉到等级地位的意识。从衣着、佩饰、居处、座驾到欣赏的音乐,甚至人际交往时的语言神情都有根据身份等级而定的规则。彝器的铸造也要有规定的名目,如封赏、纪功、诰命、征讨等,而不能由着人的审美爱好随心而行。审美从属于政治,服务于政治。[①] 这种世俗功利的指向和严苛细密的规定固然是自由的审美精神的对立面,却无可避免地成为理解中国审美活动的必要条件。不了解繁缛严密的礼制规定,就不能真正地了解鼓吹冲淡虚无的道家美学,也不能领会后来中国哲学之"玄远"、中国艺术之"荒寒"等反拨性创造中所包含的精神价值。

在思想层面上,周礼将可见的"器"与不可见的"道"联系了起来。如前述,"器"固然是周礼中可见的、有形的部分,却并非坚硬顽冥的物质实

---

① "美是一种政治特权,因此同时也就是一种政治授权。不能显示和象征这种特权与授权的美是不允许存在的。纯粹的审美追求就是冒犯和违禁,就是对礼制的挑战,将受到严厉的惩罚。审美成了一种政治行为,而且只能是政治行为。"彭亚非《郁郁乎文》,第584页。

体。器物的意义在于运用的过程,比如有一种盛水的欹器,特点是随着里面水位不同而改换重心:空无水的时候是倾斜的,装满水则会倾倒,只有当水位不高不低的时候,才会保持中正的状态。这种器皿不是为了盛水,而是象征中正之德的礼器,用以劝诫君王。庄子还常以器物的制作过程来说明得道的方法和状态。《周礼·考工记》云:"天有时,地有气,材有美,工有巧。合此四者,然后可以为良。"一件器物的制作,承载着天地时空、物料材质和人工技巧等多方面的信息。这种"器"的实质是富有条理结构而又活泼生动的"文",也可以是人与物相辅相成的行为过程。总之,"器"的内在动势、规律,就是不可见的"天道"。"道"贯彻在"器"的创造或运用之中,"器"则将"道"外化为可见的形象或动作,其间并无二元世界的对立与隔阂。

周礼所呈现的"道"是稳定秩序之"常"与永恒创新之"变"的统一。如果说自足结构的普遍象征是"圆",那么"圆"的呈现方式适足以体现不同文化的理想秩序的面貌。古希腊人以规整静止的正圆形作为稳定和谐的象征,中国古人则要在"天圆"与"地方"的配合中见出"道"。"天圆地方"并非指天地的形状,而是以圆主动而方主静,或指代流变不拘与规整有序这两种运动方式,或以"圆"喻示时间化的韵律而以"方"喻示空间化的结构。就方与圆两种形式而言,方为基本的轨则,圆为完满的实现,所以圆是"天道"的最终象征。中国文化所褒扬的圆润、圆满、圆融等等也都是在寓灵变于规矩的行动中呈现出来的。

早在夏代的礼器纹饰上,华夏先民就已引入了动态的圆。殷商器物崇尚神秘,以方正、尖锐的造型为主,但细部仍是游龙蜿蜒。西周器物的形式美充分突出了"尚圆"的意识。西周的陶器、青铜器的造型,普遍减少棱角,多用流畅的曲线。这种变化,将柔美之文与肃穆之质结合起来,淡化了殷商礼器那种狞厉威严的色彩,突出其和谐稳重的特征,使西周的诸礼器呈现出一种"温而厉""威而不猛"的中和之美。

"圆"在青铜器铭文字体的形式结构中也有体现。由于避免了甲骨材料对于刻画布局的约束,刻在铸模上的金文线条可以粗大圆转,字与字之间也可以整齐排列。这为书法艺术的发展打开了广阔的空间。西周的金文书法文字架构趋于均衡,线条以圆润曲致为多,在稳定当中亦有动感,刚柔相济。篇章布局方面,殷商铜器铭文只有寥寥数字与纹样交杂,到了西周,青铜器上出现了数十字以至数百字的长篇作品,谋篇组织的水平也大大提高。如康王的《大盂鼎》,严格地遵循一字一格的规范,整齐有序;《虢季子白盘》则突破了横平竖直的成法,通过变形的手段,让方块字与浑圆的器型协调起来;《格伯簋》还设计了留白,具有疏密错落的审美风格,或为中国艺术虚实相间之理念的上游。① 从这些金文书法作品当中,我们不仅可以见出匠心独运的单个创作,更能由此见出西周文化那种规整而不失灵活的总体气象。

周人的礼仪活动也体现了"圆"。在《仪礼》中,升降、进退的动作循上下、左右、东西、南北而行。《礼记》记述君子行礼的场面云:"右徵角,左宫羽;趋以《采齐》,行以《肆夏》;周还中规,折还中矩;进则揖之,退则扬之;然后玉锵鸣也。"(《礼记·玉藻》)各种音声光彩止仪容相配合,形成了一个周旋进退的秩序。周旋之礼甚至渗透在军容战阵当中。《诗》的"左旋右抽"(《郑风·清人》)描写了周人的战斗情景。周代的战争形式是车战。当两辆马拉的战车相对交锋时,是各向左方转弯,让站在车中的武士有足够的空间以戈矛相刺击。车战对御者的要求是"进退中绳,左右旋中规"(《吕氏春秋·适威》),而攻击手则应抓住两车交会的短暂时机完成四次刺击的动作。这种演兵的场面还被编入到舞乐《武》当中,以威服天下。孟子说:"动容周旋中礼者,盛德之至也。"(《孟子·尽心下》)

动态的"圆圈"后来还成了中国古代思想和艺术的摹象。源于宋代的太极拳擅长用动态的"圆圈"将凌厉化于无形,风水学说讲究"曲者有情",中国的舞蹈艺术更以腾挪转圜为长。我们在前面提到,中国艺术之"兴"的最初是上古巫礼中的旋转而舞,在人文化、艺术化的漫长历程中,尽管风格历经沿革,但"圆"一直是其主流。有论者描述了中国舞蹈艺术

---

① 以上几个青铜器铭文的例子见朱志荣《夏商周美学思想研究》,第328—333页。

中的"圆"："舞蹈亦作圆周运动,如'胡旋婀娜'、'廻翔崍峙'、'左旋右转'、'上下盘旋'等,具体说其转圈动作有:平转、蹲转、跪转、空中转、盘腿转、风火轮、旋子、蹦子、小翻、大翻、点步翻、跑圆场等,真是大圈套小圈,小圈联大圈,一圈套一圈。欧阳予倩说:'舞蹈是转圈的艺术'。我国传统舞蹈艺术有一个特征,就是寓形于队伍图案之中,如二龙戏珠、白鹤亮翅、八仙庆寿、力镣八门、黄河九曲、蛇蜕皮、五瓣梅、双葫芦、玉如意、鲤鱼跳龙门等,又形成太极曲线,或两仪、三才、四象、五行、六爻、七星、八卦等图形。不论从外到内,围绕一个中心环转,或一线到底,四面八方均匀对称,或呈米字形、九宫形图案,但皆未离八卦轨迹和太极环形运动的雏形。"[1]

　　总之,取法天地的周代礼乐文化塑造了中国先秦时代及至后世的哲学和美学的观念。"常"与"变"统一于"道"。隐幽的"天道"唯有通过一种宽泛意义上的审美活动来把握,所以中国的思想与艺术难分,哲学与美学交融。作为中国美学思想的两大源头,儒家和道家都源于上古通神之士。随着周文化的变迁,其思想逐渐人文化、系统化,但并不脱离其早期的母体。儒家用其道德的、审美的涵养工夫来沟通天人,虽天命靡常而不改其"为天地立心,为生民立命"(张载语)的志业,终成世间教化的主体力量。道家则用冷静超脱的眼目观道,察其出入有无之几,善守归根复命之常,将是非成败做戏梦观,塑造了中国文学和艺术的形而上特色,两家旨趣和观点的激荡和融通更成就了中国美学的丰富面貌。

二、成均之教

　　与天地相配的音乐不仅体现着大自然的秩序,而且深植于人心固有的秩序。周人已经有意识地用音乐教育来维护自己的德行。在周代,从上古继承下来的以"文"为中心的通神仪式开始转为政治、伦理的制度与教育方式。周公"制礼作乐"的实质,就是神圣秩序的政治化、人伦化,即

---

[1] 邹学熹:《易经易学教材六种》,第 160 页,北京:中医古籍出版社,2006 年。

树立以贵族宗法制为核心的礼乐文化。周人立乐教之旨,是要在丰富而真实的人情发露中实现人世间的秩序。

周代宗法制度以王室为中心。在天人相参的信仰背景下,周天子是人事秩序的总枢纽:他是名分之所出,天命降临人间的唯一承担者。周礼的实质是宗法贵族制为公卿大夫设定的交往轨范。这种轨范表现为一套复杂严格的器物品秩和周旋揖让的活动形式,并逐渐成为一个统摄政治、信仰、社会、日常生活等方方面面的等级制度和教化系统。在周礼的等级体系当中,有王、公、侯、伯、子、男的宗法身份序列,也有公、卿、大夫、士、庶人、工商的政治身份序列。《周礼》规定:"以玉作六瑞,以等邦国。以禽作六挚,以等诸臣。"(《周礼·春官》)就是以不同种类的玉圭和动物为礼器,充当以上两类身份的标志。此即所谓"名位不同,礼亦异数"(《左传·庄公十八年》)。这种宗法制体现在文化教育领域,则是礼乐文化。

孔子说"乐云乐云,钟鼓云乎哉"。可见当时人一提到礼仪中的音乐,首先想到的就是钟鼓。鼓是全世界各个文明都普遍存在的乐器,而钟则为中国古文明所独有。周代礼乐文化的物质载体上,体现着高度的社会组织力量。西周早期,出现了最有代表性的甬钟。这种钟型的特点是截面似枣核,侧边的两条锐棱对钟壁的振动形成了限制。因为有了这种特殊的限制,甬钟可依敲击位置不同而有两种振动模式,发出两种不同的音。乐钟上还铸有乳枚,可以对高频振动起到加速衰减的作用。演奏乐曲的时候,各钟声之间的叠混时间短,泛音频率值下降,音质便格外纯净、清晰。随着技术的提高,每组编钟的数目也逐渐增多。如战国早期的曾侯乙,墓葬配置的编钟有八组,计六十五枚,总音域达到五个八度,中部音区有三个重叠声部,十二个半音齐备,可以演奏和声复调与旋宫转调的多种乐曲。这种双音钟的铸造工艺十分精密。在设计与铸造的过程中,任何一种因素的改变,都会引起预设频率的变化。这也反映了当时铸造工艺的水准和社会音乐文化的高度。[①]

礼乐文化的功能之一是贵族的教育，尤其是道德教育。当时的道德教育多是以艺术教育的形式表现出来的。

> 帝曰："夔，命汝典乐，教胄子，直而温，宽而栗，刚而无虐，简而无傲。诗言志，歌永言，声依永，律和声。八音克谐，无相夺伦，神人以和。"夔曰："於！予击石拊石，百兽率舞。"（《尚书·舜典》）

"击石拊石，百兽率舞"显示出乐教与巫礼的继承关系。上古之人用诗、乐、舞合一的仪式来通天降神。其中，声谓宫、商、角、徵、羽五声；律谓六律、六吕，象十二月之音气，[②]与天人共有之阴阳二气相应。中国古代的音乐取法于节气星历中蕴藏的岁时节奏。宗白华说："四时的运行，生育万物，对我们展示着天地创造性的旋律的秘密。一切在此中生长流动，具有节奏与和谐。古人拿音乐里的五音配合四时五行，拿十二律分配于十二月（《汉书·律历志》），使我们一岁中的生活融化在音乐的节奏中，从容不迫而感到内部有意义有价值，充实而美。"[③]

上天的日升月降、寒来暑往好似无声的天籁，人间钟鼓所奏的声律与人的吟唱结合在一起，则是昭彰天人秩序的"象"。作为通天使者的动物就在音乐的感召下翩然起舞。这是古人对通天乐舞的一般理解，然而此段话对沟通人神之机理的解释却有着鲜明的周文化色彩，不似舜帝的口吻。[④]这里着重强调了创造音乐是为了"教胄子"，也就是教育天子和贵族子弟。《孔传》谓："胄，长也，谓元子以下至卿大夫子弟。"《周礼》亦规定："大司乐掌成均之法，以治建国之学政，而合国之子弟焉。"成均之

[①] 扬之水：《诗经名物新证》，第305—309页。
[②] 《周礼·太师》云："太师掌六律、六吕以合阴阳之声。阳声黄钟、太簇、姑洗、蕤宾、夷则、无射。阴声大吕、应钟、南吕、林钟、仲吕、夹钟。"《汉书·律历志》云："律有十二，阳六为律，阴六为吕。"郑玄云："律述气也，同助阴宣气，与之同也。"又云："吕，旅也，言旅助阳宣气也。"
[③] 宗白华：《中国文化的美丽精神往哪里去？》（1946），《宗白华全集》第二卷，第404页。
[④] 今天的考古证据表明周以前没有概括德性的抽象术语。"我们遍翻卜辞，不能发现一个抽象的文字，更没有一个道德智慧的术语。"侯外庐等：《中国思想通史》第一卷，第18页，北京：三联书店，1951年。

法即乐教。郑司农云:"均,调也。乐师主调其音,大司乐主受此成事已调之乐。"周代音乐教育的主要目的是让接受教育的公卿子弟能够在政事中团结协作,各种组织功能不互相冲突。

周人期待针对贵族的音乐教育能够在人心中产生"合"的效果。他们认识到行为功能上的协调来自内心德性的健全,所以要通过和谐的音乐培养公卿贵族不走极端的思维习惯,比如"直而温,宽而栗,刚而无虐,简而无傲"。意思是,正直者容易流于过分严肃,所以要加强其温和的一面;宽宏者经常不拘小节,所以要更加重视庄严谨敬。果断的人要防止粗暴,直率的人则需避免傲慢。借助音乐施行的道德教育并不是追求某一种德——如柏拉图认为的,好的音乐应该令人在逆境中更加勇猛或者在顺境里更加聪敏——而是致力在人的内心里达成各种德的协调或者互补,最终达到外在行为上的相互包容与配合。

《周礼》对"大司乐"之职掌的规定是:"以六律、六同、五声、八音、六舞大合乐,以致鬼神示,以和邦国,以谐万民,以安宾客,以说远人,以作动物。"这好像是对音乐的现实功能过于大胆的期待。其实,周人虽然也追求与天地鬼神相契合的状态,但显然不是诉诸通天巫术来达成现实的效果。周人倾向于诉诸教育统治者,以其道德上的和平为祈天永命的中介。具体来说,就是以音律之"象"的协调("谐")感生贵族成员内心之"和",进而谋求与诸侯邦国、广大民众、外族远国等在行为、组织功能上的"合"。这种礼乐文化表面上仍重视奉事鬼神,但实际上已经围绕着"人"的道德而展开。

用艺术的形式化解人内心的冲突,从而达到道德教育的目标,这当中有深厚的哲学意味。黑格尔对悲剧快感的来源有一种独特的解释。他认为,理想的悲剧是表现两种对立的"普遍力量"之间的冲突和调解。每种普遍力量,比如忠诚、孝顺,都带有理性和伦理上的普遍性,也可以看做是一种"德";它们之所以有时会相互冲突,就是由于双方都是片面的、不完善的。站在更高一层的立场来看,代表片面之德的人物遭受痛苦或者毁灭,反而有助于矛盾的化解,体现了一种更大的"德"。然而,在极重视和平稳定的中国人看来,伏尸遍野的悲剧场面远不是让人乐意接受的解决方式。不论在艺术还是现实当中,类似的冲突最好是通过"A而不a"(如"刚而无虐")或"B而C"(如"直而温")的方式化解。A代表了一种正面的、积极的,至少是可以允许的情感;一旦它越出了合理的边界,变得激烈难遏或泛滥无制,则成了消极的、负面的a。①

后来孔子的道德教育也以"中道"为圭臬。他曾对子路说:"好仁不好学,其蔽也愚;好知不好学,其蔽也荡;好信不好学,其蔽也贼;好直不好学,其蔽也绞;好勇不好学,其蔽也乱;好刚不好学,其蔽也狂。"(《论语·阳货》)孔子强调的是,即使仁、知、信、直、勇、刚等德行,如果偏离了中道,也会各自走向"过"(愚蠢、狂傲、悖乱等)。a是片面的,所以会与另一个片面的德(d)产生冲突,a(虐)与d其实都已经不是德了。这就否认了任何一种德的绝对普遍性,强调任何"正确"都是有条件、有尺度的。真理再走一步就是谬误,难在恰到好处。"B而C"则是对"而不"结构的发展:两种看似对立的德各自成为防止对方走向极端的解药。只要不妄图以"普遍化"来消灭异己,对立的性格、气质、功能乃至利益、信仰等等,在宽广的心胸当中不仅能够并存,"无相夺伦",而且通过相互制约会各自得到保持和提高。

在"A而不a"和"B而C"的思维和行为方式中体现了一种"和"的智慧。"和"不是一个具体的德目,而是对诸品质、德行之间关系的表述。

《左传·昭公二十年》记载了晏子以饮食之道解释"和"。他说,"齐之以味,济其不及,以泄其过。君子食之,以平其心"。宴饮的目的不是为了追求感官的刺激,而是为了心志的平稳中正。"和"的目的是"平","平"的表现是"淡"。老子说:"道之出口,淡乎其无味。"理想的饮食口味一定是清淡的,却并非寡淡无趣。平淡中和的口感却是鱼肉等主料配合以水、火、酰、醢、盐、梅等辅助手段,并且精准地拿捏火候的结果。在中

---

① 庞朴就"中庸之道的表现形式"总结了四种形式:"A而B""A而不A′""不A不B"和"既A又B"。见庞朴《中国文化十一讲》,第126—131页,北京:中华书局,2008年。

国自古至今的饮食文化里,没有哪一种材料可以凭其本身的质地、滋味单独地成就一种美食。林语堂说:"整个中国的烹调艺术是依靠配合的艺术。"[1]精于烹调的人,要借用各种辅料的配合来约束主料,去其褊狭激烈之气,反而使其更好地呈现其独特的味道。非"知味"者不能领略其出乎自然而又高于自然的妙处。

中国古来有食医相通的传统。中医学也以"和"为理解健康与诊治病患之根本原则。中国古人所理解的健康,乃是脏腑、气血、身心等等方面的总体平衡调和的状态,而汤药对于疾病的疗治,也无非是用药性之偏来纠正气血、体质之偏。为了最大限度地调动"君药"的能力,各具偏至的药物本身也要同烹饪一样配伍,用"君臣佐使"的团队力量来达成"A而不 a"或"B而 C"的效果。这就不难理解,为什么儒家古圣贤伊尹,既是佐君治世的能臣,又精于烹饪,还被尊为"汤药之祖"。我们不说伊尹是个掌握了很多技能的全才,因为食、医、乐、治等等活动之间原本并无分别。它们是同一种智慧在不同领域的运用。

解释完了"和如羹"的道理,晏子又把饮食与音乐联系在一起:"声亦如味,一气,二体,三类,四物,五声,六律,七音,八风,九歌,以相成也;清浊、小大、短长、疾徐、哀乐、刚柔、迟速、高下、出入、周疏,以相济也。君子听之,以平其心。"音乐是用声音之"和"作用到心绪,使人体察各种因素的相成相济的一面,动态地维护其最佳的配合。后来的《大学》八条目把"修身"一路扩充到"平天下",也是因为中正平和的智慧可以在不同的层面上递次发挥出来。放在中国美学的视野里,无论饮食、医药、修身乃至治国平天下,做到极致的时候都是音乐化的。

总之,周代的"成均之教"可以看作是周宗室内部施行的一种具有政教功能的艺术教育。这种教育开创了中国艺术的一个发展方向。宗白华说:"中国艺术有三个方向与境界。第一个是礼教的、伦理的方向。三

---

[1] Yutang Lin, *My Country and My People* (New York: John Day, 1935), pp. 338—390. 张光直引用了这个说法,并从考古学的角度对此作了补充,见《中国青铜时代》,第 335 页,北京:三联书店,1999 年。

代钟鼎和玉器都联系于礼教,而它的图案画发展为具有教育及道德意义的汉代壁画(如武梁祠壁画等)、东晋顾恺之的女史箴,也还是属于这范畴。"①不过,此时的音乐教育还不能算是严格意义上的审美教育,而是属于道德教育。其一,严格的身份限制和明确的政治诉求与美育的自由精神尚有距离;其二,这种乐教主要诉诸道德心理,而没有涉及人在整体情感状态上的兴发,以及无意识层面的人格塑造。从理论上看,这里的艺术教育重视的是"德"的平衡,而非"情"的疏导,所以更接近于伦理学,而非美学。② 真正的美育,要到孔子的诗教和乐教那里方才出现。

第五节　"文"的蜕变

《诗》云:"高岸为谷,深谷为陵。"(《小雅·十月之交》)《毛传》谓:"言易位也。"随着各诸侯国领土扩展、人民繁衍,宗法体制下的尊卑之序受到了越来越大的挑战。自共和行政开诸侯摄行王政的先例,到繻葛之役王师败绩、楚子问鼎等等事件,都显露了王政渐衰的趋势。③ 无论在实权还是形式上,王室和公卿都已逐渐被架空,大夫们利用一切机会冒犯周礼的品秩规定。在日益奢华的器物和声色渐隆的仪典背后,周代礼乐文化所代表的统一的知识、信仰体系开始崩坏,原本协调的各种行为和观念之间横生隔膜。

尊卑失序的趋势也体现在文化领域。起初,所有的"通天之学"(包

---

① 宗白华:《略谈敦煌艺术的意义与价值》(1948),《宗白华全集》第二卷,第419页。

② 关于道德教育与审美教育之间的区别和联系,叶朗认为:"德育是规范性教育(行为规范),在规范性教育中使人获得自觉的道德意识,美育是熏陶、感发(中国古人所说的'兴'、'兴发'、'感兴'),使人在物我同一的体验中超越'自我'的有限性,从而在精神上进到自由境界。"叶朗:《美学原理》,第413页。

③ "周以'宗法封建制'立国……至社会经济发展,'宗法'世族日以扩大,其间'小宗'逐级化为'大宗',各'君'其土,各'子'其民,此'共和行政'以后周人之'宗法'统治网开始解体之征也。"童书业:《春秋左传研究》,第87页,北京:中华书局,2006年。人事愈繁,实权愈易被下层管理者削夺,而社会变动的速度与规模也越大。所以孔子说:"天下有道,则礼乐征伐自天子出;天下无道,则礼乐征伐自诸侯出。自诸侯出,盖十世希不失矣。自大夫出,五世希不失矣。陪臣执国命,三世希不失矣。"(《论语·季氏》)

括礼乐文化的绝大部分知识)都是为周王室垄断的,依据贵族成员不同的身份而设定家族相传的官守、学识、爵禄。在东周社会规模扩大、权势下移的潮流中,贵族的社会地位已经开始岌岌可危,其行为、观念也开始分化。许多公卿大夫子弟日益骄奢无德,中下层的大夫、士人乃至平民各自从自己的视角、观念、利益出发来解读古文化。学术散落一方面让那些曾经的官守知识更趋于明白和实用,另一方面,思辨和攻讦也消解着古礼作为统一秩序的力量。逐渐加强的理性化的趋势给礼乐文化和士人的思想、情感都造成了不小的冲击。[①] 中国人的意义世界自此开始全面经受着痛苦的转型与重建的过程。"礼坏乐崩"即是对这一过程的概括。

一、奢华与彷徨

周礼以繁复细密著称,高级贵族享用成组的玉佩、鼎器,其下又有各式冠服、车马、宫室等等。精湛的工艺与器、衣、乐、舞、建筑合一的行礼过程相得益彰。然而,一个系统越是庞大严整,越是脆弱易毁。宏大的场面、声威赫赫的形式原为昭彰秩序而设,后来反而成了觊觎之心的刺激物。

从不可考的远古,经过夏商两代的积累,庙堂器物在西周到达了它的顶峰,并随着礼坏乐崩而走入沉寂。礼坏乐崩不一定意味着礼仪、礼器的丧失,反而常常表现为文饰名物的无节制发展。

与"八佾舞于庭"一样,礼器在僭越的风气中处境越来越尴尬。按照礼制,青铜器的使用,从尺寸、形制、数量到应用的场合都有着严格的规定。但在礼坏乐崩的时代,规定得越严格,越能挑动人们逾越界限的冲动。用陶器仿制的青铜器成了东周器物的一个景观。它们的制造成本

[①] 这个"理性"与西方启蒙时代以降的用法有些不同。陈来指出:"从西周到春秋发展起来的理性化的思潮,其特点是,这一理性不是体现为注重技术文明或科学知识的用以改造自然世界的理想,而是一种政治的理性、道德的思考、实践的智慧。"陈来:《古代思想文化的世界》,第12页。

较低，又能满足摆排场的心理。一发不可收的仿制品简直是对礼制的讽刺。庄子尖锐批评"以礼饮酒者，始乎治，常卒乎乱，大至则多奇乐"（《庄子·人间世》)，大概就是针对这一类现实情况而发的。

在礼制之外寻求享乐的愿望比僭越的冲动更加持久。随着国力日强，见识日广，欲求大而敬畏心少的诸侯大夫们将礼制的细密演变成了违礼的繁华。表现在审美风尚上，东周的衣冠器物的一大特色是突破礼制的限制，如齐景公"衣繡黻之衣，素绣之裳，一衣而五采具焉，带球玉而冠且，被发乱首，南面而立，傲然""为巨冠长衣以听朝"。景公有一双鞋，"黄金之綦，饰以银，连以珠"，重得都抬不起脚来。(《晏子春秋·内篇谏下》)

同样的趋势也体现在玉器的沿革当中。早在西周时期，玉器就已经分化出了雅俗两种倾向。雅者是严格按照礼器规定所制的器物，而俗器则是逸出礼仪系统之外的日常把玩之品。以玉器为代表的世俗奢侈品的生产，不仅不会因为社会的动荡而受干扰，反而由于诸侯国君乃至大夫陪臣的无约束的欲求而大大进步了。在此时期的墓葬中，世俗化的用具大大增多，如玉梳、玉牌、玉笄、玉扳指、玉带钩、玉剑饰等。最突出的例子是铜镜。现今发现最早的铜镜属于商代，西周时还很少，形制也很简单，春秋时的铜镜开始饰有鸟兽纹，而目前出土的绝大多数铜镜属于战国时代，尤以楚地为多，装饰也非前代可比，如河南洛阳金村东周王室墓葬出土的铜镜，运用了多种工艺技法，还绘有富有动感的图案。[①]

奢侈的需要和发达的工艺催生出了一些礼制之外的玩物。这些器物不为敬神，主要在于娱人。《韩非子》说宋国有一个象牙雕刻艺人，用三年的时间为宋国国君雕刻了一枚玉树叶。该玉雕具有清晰的叶脉和自然逼真的色彩，放到真的树叶当中很难辨认出来。尽管这类故事可能是寓言，但时人能杜撰这样的寓言，也是以相当的工艺水准为基础的。各种"玩意儿"脱离了形制规定的束缚，工艺上的创造也更加自由。巧妙的设计辅以金属镶嵌、玉石镶嵌、镂雕、刻花、彩绘、磨光、贴金、错金银等

---

① 参见彭亚非《郁郁乎文》，第 452 页。

技术,令东周的器物真正具有了炫目的外观和珍宝的气派。在给人感官刺激的同时,也为诸侯贵族自高身价提供了凭据。

世俗的冲动体现在刻绘的内容上,神异的怪兽和花纹逐渐隐退,骑射、宴饮、乐舞、生产生活等场景开始出现在彩陶、铜器和砖瓦上。汉代丰富多彩的画像石正是其流衍。甚至连装饰性的花纹也褪尽了神秘气息,旋涡状的谷纹、贝纹、卷云纹皆取自自然界中的物象形态,六角形蒲纹的创意则来自人工编织物的形式,人世的色彩越来越浓厚了。

在礼制严格的时代,象征国家权力的器物竭力突出"重",造型要朴拙,花纹强调冷峻威严。个人化的享受则相反,造型要求"轻""巧",装饰注重华美俏丽。

"轻"体现在一些设计上,比如佩饰中的龙形,已由短肥威严逐渐拉长、蜷曲,并以 S 形象征动势,突出其轻灵自由的神韵。又如,有的铜鼎也一改敦实沉稳的面貌,拉长的足部使得下部空间变大,这样就有了"虚"的意味。进而,有些鼎的足部还饰有生动的动物图案或造型,仿佛随时可以绝尘而去。后来的宫殿、宝塔多安置于须弥座上也是为了让其整体显得轻盈。宗白华指出,中国古代的建筑、器物工艺常把生气勃勃的动物形象应用到设计当中,就是为了体现一种生动之美,显示"活"的意味。①

"巧"就是善于把不同的元素组合起来,取得令人叹服的奇妙效果。东周的器物制作以巧见长。如河南淮阳平粮台 16 号墓出土的金柄玉环首、河南信阳长台关 1 号墓出土的错金银嵌玉铁带钩、山东曲阜鲁故城乙组 58 号墓出土的鎏金嵌玉铜带钩、广东肇庆北岭松山 1 号墓出土的金柄玉杯等均为镶嵌工艺的代表作;又如产生于战国中期的漆衣陶器,在黑漆的底色上装点有红、黄、蓝、绿、金等彩绘。这种漆器的器形脱胎于铜器,而装饰的华美精致又远胜于铜器。不胜枚举的器物饰品不仅显示了东周巧艺达到的水准,而且也证明中国古代文明在物质文明方面的

---

① 宗白华:《中国美学史中重要问题的初步探索》,《宗白华全集》第三卷,第 454 页。

造诣丝毫不逊于留下了庞大奇伟的宗教建筑的西方世界。

华美器物的代表作是东周早期的莲鹤方壶。这是一件巨大的青铜酒器,长颈、垂腹、圈足。壶颈以龙形兽为耳,器身四角有虺龙攀援而上,基座亦为巨口吐舌的虬龙支撑,蜿蜒的蟠螭纹遍布器物外表。壶冠有如双层盛开的莲瓣,展翅欲飞的仙鹤挺立在莲花中央。壶身上的神兽与顶部的仙鹤上下呼应,掀起一股向上的动势,仿佛要脱离沉重的器物,令人有升腾欲飞之想。宗白华特别指出该器物的审美意义是"证明早于孔子一百多年前,就已从'镂金错采,雕绘满眼'中突出一个活泼、生动、自然的形象,成为一种独立的表现,把装饰、花纹、图案丢在脚下了"。这是一时代的精神象征,"表示了春秋之际造型艺术要从装饰艺术独立出来的倾向。尤其顶上站着一个张翅的仙鹤,象征着一个新的精神,一个自由解放的时代"[①]。

东周器物还带有比较明显的地域色彩。春秋中期以后,楚地的器物、服饰、装饰风格等开始反作用于中央诸国。如青铜礼器上繁缛的浮雕花纹和立雕状的附加装饰,就是先在楚器上出现,然后流风遍及中原的。又如,《国语·周语》记载,陈灵公及其大臣头戴着来自楚服的"南冠"寻欢作乐。秦灭楚后,也曾以南冠赏赐近臣。又如陶器的器型,秦国的甀、盆等显得质朴实用,而楚地风格则修长高挑。再如青铜铭文的风格,中原晋、郑、卫等国的字体端方劲美,秦地朴拙扁横,吴楚则修长秀丽,时有鸟篆。[②] 地域文化的凸显背后是诸侯国自主权的提升。这在造就了中华文化的多元面貌的同时,也暗示了周代统一的礼乐文化的式微。

繁华满眼遮蔽了礼器威仪原有的意义,东周贵族已经失去了周初人对于"天命"的怵惕之心。《诗》中悲叹:"凡百君子,各敬尔身。胡不相畏,不畏于天。"(《小雅·雨无正》)贵族们丧失了对"天"的敬畏,最关心

---

① 宗白华:《中国美学史中重要问题的初步探索》,《宗白华全集》第三卷,第 451 页。
② 朱志荣:《夏商周美学思想研究》,第 342、373、381 页。

的是怎样满足自己的欲望。"不吊不祥,威仪不类""人之云亡,心之悲矣"。(《大雅·瞻卬》)作为社会表率的天子和上层贵族都没有了尊贵的样子,大家不知道什么才是榜样,心里很悲哀。一旦不再敬畏"天",人的野心就无法收敛。诸侯大夫对礼乐的态度从暗中僭越到半遮半掩,到了孔子前后的时代,鲁大夫的家臣已经可以毫无顾忌地在自己的宅院里演奏专属天子的八佾之舞了。

东周的文化状况凸显了自由的两面性。因为摆脱了礼制的约束,社会功利的追求、贵族的奢华生活和后来的诸子争鸣才成为可能。然而,自由的另一面是失去依靠。与礼乐制度一道被打翻在地的是"天"的庇佑。曾经神圣的物象失去了临照秩序的光辉,无论多么强大的生产力都无法缓解无常的命运给人的压力,无论多么华美的装点都无法换来内心的安宁。风尚越华奢,内心越焦躁。

而对那些在旧文化中浸淫已久的人来说,一旦从庞大的文化架构当中脱离出来,首先涌来的是无家可归的焦虑,而不是解放的欢欣。敏感的士人在对于"故国"的追念和悲叹之中抒发心中的忧患。

> 彼黍离离,彼稷之苗。行迈靡靡,中心摇摇。知我者谓我心忧,不知我者谓我何求。悠悠苍天! 此何人哉?
>
> 彼黍离离,彼稷之穗。行迈靡靡,中心如醉。知我者谓我心忧,不知我者谓我何求。悠悠苍天! 此何人哉?
>
> 彼黍离离,彼稷之实。行迈靡靡,中心如噎。知我者谓我心忧,不知我者谓我何求。悠悠苍天! 此何人哉?(《诗·王风·黍离》)

这是一首追思故国的哀呼,孑影独步,怅然若失。黍与稷是周人用以奉献宗庙、祈天永命的作物。如今长势依旧,自顾自地春华秋实,上天对周王朝的眷顾却已经无可挽回了。徘徊流连,怎不让人触目伤怀? 或以为我忿忿于鼎革之际的利害得失,或以为我别有谋划计议,有谁能引为知己,同销那深沉难解的家国愁绪啊!

"悠悠苍天! 此何人哉?"诗中反复吟咏着天与人的疏离。韩愈说

"穷极呼天",此时的周人日益感觉到旧秩序的日暮途穷,却望不见新的道路。士人们忧虑的,是礼坏乐崩之际的"人"该何去何从。《左传》曰:"诸侯无归,礼以为归。"(《左传·昭公四年》)《诗》云:"人而无礼,胡不遄死。"(《诗·墉风·相鼠》)在宗周社会里,"人"是归附于礼乐架构的,非此不能解释其意义,不能为其生活建立条理,不能与他人合适地交往。文化人类学者指出:"在一切文化中,简单而主要的食品都得经过相当烹饪的手续,吃时有一定的规则,在一个团体之中,及遵守着种种礼貌、权利及禁忌。……因为人类已经娇养惯了,若他一旦失掉了他的经济组织及他的工具,他可以立刻饿死,正和失掉他的食料一般。"①昔日无所不包的天人秩序,不仅仅是影响贵族生活的一个因素,而就是这生活本身;不是为人安排的一种游戏规则,而是所有规则赖以成立的基础。一旦这个基础动摇了,整个生活的指向,乃至真、善、美的意义都没有了依凭。

有人讥评孔子如"丧家犬",其实在信仰失落时,无人能免此患。在《诗》中可见,东周的士人纷纷对彷徨不定的世道发出了哀叹。"邦靡有定,士民其瘵。"(《大雅·瞻卬》)少了对强国、权臣的约束,邦国内外动荡不安,人心惶惶不可终日。"我瞻四方,蹙蹙靡所骋。"(《小雅·节南山》)"圭璧既卒,宁莫我听。"(《大雅·云汉》)礼乐既失,人孤零零地站在天地间,不知何之,祭祀不灵,呼告无处。这种感受近于西方当代哲学家所谓的"荒谬感"。加缪说:"一个哪怕可以用极不像样的理由解释的世界也是人们感到熟悉的世界。然而,一旦世界失去幻想与光明,人就会觉得自己是陌路人。他就成为无所依托的流放者,因为他被剥夺了对失去的家乡的记忆,而且丧失了对未来世界的希望。这种人与他的生活之间的分离,演员与舞台之间的分离,真正构成荒谬感。"②

丧失了精神家园的荒谬感无法通过理性的分析而释怀。诗人们的"心忧"不是一味地自怜自艾,其中蕴藏着对自己进退出处的思索。在社

① 马凌诺斯基:《文化论》,第27页。
② 阿尔贝·加缪:《西西弗的神话——论荒谬》,杜小真译,第6页,北京:三联书店,1998年。

会文化的层面,普遍的焦虑感、荒谬感就成为当时人对社会、人生、自然进行深入思考的契机。

二、理性化的两面

今人经由文献可以比较容易地了解孔孟、老庄、《左传》的思想,对春秋之前的思想却难以进入。《左传》中的进步言论所针对的那些有关占卜、禳救的观念,只显露为荒诞可笑的迷信。这说明,《左传》所记录的历史时代发生了一次重大的思想转折,或者说,中国人的思维方式发生了某种跃迁。这种转折或跃迁,就是一个理性思维取代了神话思维的过程。

人类学者指出,每个文明在其早期都有神话。在神话中,自然万物(包括人的身体)、各种生命和无生命现象之间通过隐喻的、诗性的、感应的方式勾连在一起。神话的最大作用是为人提供一个统一的世界图景,不仅将人类生产生活中的诸多经验组织起来,还要解释那些处于日常经验之外而又常被追问的重大问题,比如,世界的起源、人类的起源、本民族的起源以及重大历史事件的缘由,等等。隐喻的、诗性的、感应的神话思维与推理的、逻辑的理性思维分属两套不兼容的心智系统。[1]

在中国古代,《山海经》是上古神话保存较多的一部经典,今人研究起来却困难重重。表面上看,困难来自史料的不足。但有关《山海经》的史料阙如的背后却是思维观念的歧异:这部典籍早就被儒生们贴上了"荒诞不经"的标签。《山海经》是神话,而春秋时代以降的各家各派则是广义的哲学。即便是从上古流传下来的《诗》《易》《书》等典籍,春秋以降的人们的理解角度也跟这些经典产生时候的理解角度不同。两者之间横亘着的思维方式的鸿沟,略似于一个人的成年与自己的童年之间的

---

[1] 陈嘉映:《哲学 科学 常识》,第26—30页。陈嘉映还指出,神话观念在科学化的时代也没有完全消失,而是潜在人们的意识(甚至包括科学思维)的底层,成为"认识原型"。见同书,第32页。

鸿沟。

在理性化的趋势中,曾令古人惶恐的彗星、陨石以及各种气候、动植物的怪异现象,此时已被一些大夫士人认为不值得紧张了。[1] 我们在第一节引用《左传》中的"在德不在鼎"的言论说明:人们在理解神器与国祚之间关系时,已抛弃了感应的思维,开始用带有鲜明春秋特色的话语来解释了。周大夫王孙满强调作为王权象征的"鼎"的权威和力量系于王朝统治者的德行,而非鼎这件礼器本身的轻重。他用理性的态度在作为器物的鼎与该器物所指示的意义之间做出了区分。正如研究者指出的,"鬼神观念和文化中不断渗入道德因素,把崇德和事神联结在一起,成了春秋贤大夫们的共同信念"[2]。这个转变的另一面是:上古通天之"文"的意象全面褪去了不可侵犯的神秘光环,好古之士不得不诉诸理性化的解释来维护它们所承载的社会秩序。然而,理性解释越是谨细周全,反而越加速了神话崩解的过程。[3]

理性思维的一个重要表现是以逻辑化的言语来组织思想。在《左传》中,有德还是无德、天命的归属,开始更多地依靠语言的判断来完成。知识判断的基础是"名"。"名"因而成了万事万物相互勾连的纽结。在中国文化中,"名"尤其跟政治秩序相关联。[4] "夫令名,德之舆也;德,国家之基也。"(《左传·襄公二四年》)《周礼》当中涉及"名物"的用例多使用"辨其(或某某之)名物"的句式。[5] 这与群臣"辨方正位"、大司马"设仪辨位以等邦国"、小司徒"辨其贵贱、老幼、废疾"等等一样,皆为官府权责之所系。

---

[1] 如昭公二十六年的"齐有彗星"、僖公十六年的"陨石于宋五"、昭公元年的"晋侯有疾"、庄公十四年的"内蛇与外蛇斗"等等。

[2] 陈来:《古代思想文化的世界》,第14页。

[3] 陈嘉映:《哲学 科学 常识》,第32页。与西方相比,这个崩解的过程还远不能与近代科学之于古代神话的那种彻底的颠覆相提并论,神话思维在语言、器物、制度中还有大量的遗留,与理性思考混融在一体。这种混融,正是塑造了中国独特的象数思维的原因之一。

[4] 春秋时代的周人已概括出名与礼器、礼制、政治之间的关系:"名以出信,信以守器,器以藏礼。礼以行义,义以生利,利以平民,政之大节也。"(《左传·成公二年》)

[5] 刘兴均:《〈周礼〉名物词研究》,第18页。

名不仅是静态的概念,也是作为动词的"命名"。命名是人对社会共同意义世界的主动干预。在中国,这种干预也主要指向政治活动。史传记载了一个"桐叶之封"的故事。周成王年幼的时候,曾经把一片桐叶削成玉珪的样子,对弟弟开玩笑说:"用这个来封你。"周公(一说是史官史佚)马上郑重地过来道贺。成王辩说那仅是游戏而已。周公的答复是"天子不可戏"。于是,成王的弟弟果真被封在唐这个地方了。在这个略显荒唐的事件中,周公无情地剥夺了天子以封赏为玩笑游戏的权利。因为在游戏或艺术活动当中,人可以自由地为事物赋予意义,可以与现实不相干。但权力容不下游戏。周公要着意维护"封"这一行为的绝对权威性,即天子赋予事物(不论它实际是玉珪还是树叶)以特定意义的不可置疑的能力。这实在是比维护一块领地紧要得多的事情。桐叶之封的事件也表明:早在周初,器物之"文"本身就已经不如命名行为更为重要了。

东周时代的孔子认为,政治的首要原则是"正名"(《论语·子路》)。"名"已从上古带有神秘化的"文"当中凸显出来,成为规范、调整意义世界的主导手段,也意味着礼走向了政治化、日常化。哈贝马斯指出:"动机一般化和价值一般化越是向前发展,交往行动就越多地脱离具体的和流传下来的规范行动模式。随着这种脱节,社会统一的负担越来越强烈地从一种宗教依赖的意见一致,过渡为语言意见一致的形成过程。"①在中国古代,"宗教依赖的意见一致"表现为文物体系的"天经地义"的权威,而"语言意见的一致"则体现在人们对"名正言顺"的判断和追求上。"言有尽而意无穷"的物象让位给了边界清晰的"名",意义的生成因而更加直接和清晰,更能适应大规模人事组织的需要。然而,"名"的清晰也带来了隐忧。

周礼的文章、物象都脱胎于天人不分的巫礼。礼文能够照亮人间的

---

① 哈贝马斯:《交往行动理论·第二卷——论功能主义理论批判》,洪佩郁、蔺菁译,第238页,重庆:重庆出版社,1994年。

秩序,依靠的是从整体上编织一个容纳万有的意义世界。到了宗法制受到冲击的春秋时期,现实当中的名实不符的问题,以及为原有的秩序寻求辩护或改进的愿望,都使天人之间的微妙关系无法持续。在人伦政治的规则与天地阴阳四时的神圣秩序之间,在逐渐明晰的社会分工与万物生杀的自然功能之间,一切都被理性话语对应得头头是道,同时又是非丛生。天与人的"合一"不是在整体的层面完成,而是人们把天依照人事的理性分割为"震曜杀戮"与"生殖长育"等专门的功能,再以刑罚威狱与温慈惠和分别"合"之。① 清晰有余、意蕴不足的"名"已不再具有"创化万物,明朗万物"的能力,也渐渐削弱了"天"作为统一信仰的功能。

前面提到的春秋士人的"黍离之忧"就是理性化趋势的一个面相。在理性的言说判断之下,天与人之间的隔阂不断扩大,整一的世界图景开始碎裂。

天人分裂的趋势早在郑大夫子产提出"天道远,人道迩"时已经显现出来。到《庄子·天下》指出"道术为天下裂"的时候,以"天"为象征的统一信仰体系已经在歧异多端的解读和争论中濒于瓦解了。理性化的"名"可以促进人们对于世事的自觉意识,却不能给人的精神提供家园般的熟悉和安定的感觉。一旦社会普遍地失去了对于天的信仰,贤大夫们对于"德"的阐释、判断,都不能守护意义生成之源,反而越分别善恶,离开"大道"就越远。在这个思想背景下,我们可以理解先秦士人追寻精神家园的渴望。

由于失去了神圣光环的护佑,这个理性时代的"名"屡屡被野心家上下其手,文奸饰佞。如何在名实分离的现实当中重新把握意义世界,成了诸子时代的人们要面对的大问题。孔子说"天下有道,则庶人不议"(《论语·季氏》),显示出了两个迹象:其一,在官学解体、"私学"兴起的

---

① 《左传》当中常有类似这样的言论:"夫礼,天之经也,地之义也,民之行也。……为君臣上下,以则地义;为夫妇外内,以经二物;为父子、兄弟、姑姊甥舅、婚媾姻娅,以象天明;为政事、庸力、行务,以从四时;为刑罚威狱,使民畏忌,以类其震曜杀戮;为温慈惠和,以效天之生殖长育。"(《左传·昭公二五年》)

春秋时代,人们已经比较普遍地评判善恶和天命的归属。在求道的资格上,已经没有了贵族与庶人的身份区别。其二,天人秩序已经不再是一个"日用而不知"的思想行为体系,而开始变得需要讨论。这样的讨论所涵盖的范围越大,思想的深度也就越大,也就越接近了宽泛意义上的哲学。

在哲学思考中重新建立统一秩序的努力集中体现在先秦思想家对"道"的反思和言说中。哲学的最高范畴是"道",美学的最高追求也是把握"道",解释"道"。老子对于"无""妙"与"大象"的讨论、孔子提出的"吾道一以贯之""朝闻道,夕死可矣",都把思想的归宿命名为"道"。比较而言,儒家倾向于重新发挥"名"的作用,以文质彬彬的君子统合名实,道家则流露出十足的保留态度,倾向于消泯"名"的界限,并由此发展出了老、庄两个略有不同的方向。

除了对于名相的理性思辨,先秦思想家们对于审美体验的深刻反思,也是探索意义世界的方式。美学的讨论,反映了带有巨大惯性的隐喻思维在理性化的思想舞台上主张自身权利的努力。这种努力时常表现为思想家们展开的对知识、理性的反省和批判。其应用的概念包括了老子的"柔"、孔子的"木讷"、庄子的"梦"、孟子的"气"以及"身""情"等观念,进而涉及知识、语言、艺术、意义交流、体验等等美学方面的题目。这些思想都重在发挥精神的、体验的作用,破除有边界的知识、理性对"道"的割裂。与政治、伦理观念相比,我们在美学的方面可以更多地看到儒道两家的相通之处。

总之,东周初的理性思潮伴随着盛行于士人中的黍离之忧,开启了一场毁坏与新生并存的危机。这场危机在思想领域向人提出了以往不曾考虑的问题,产生了正负两个方面的效应:其一是对于天道与人事的彻底的反思,其二是对于精神家园的企望。这两方面交织在一起,凝成了郁不可解的忧思,为中国的"轴心时代"的到来蓄积了巨大的势能。

第二章 《老子》美学

传统的观点以作为周王朝史官的老聃为老子,但确切地说,"老子"是以老聃为代表人的一个具有相似哲学观点的思想家群体。这个群体开创了被后世人称作道家的学派,他们的思想汇入今本《老子》当中。

老子的思想方法是"观象"。老子善于从大自然的生命现象中发现普遍的物理和事理,并提炼为哲理以用于人世。老子以"象"打通天人,造就了一种独特的哲学言说的方式。

老子的思想取向是"无为",意在去除人为的知识欲望对于自然的遮蔽。"无为"的一个表现是"知止"。"知止"所针对的是人世间的各种欲望。这些欲望包括人们对于财富符号、权力符号(如"五色""五音""驰骋畋猎""难得之货"等)的无休止的贪婪,也包括对于事功的过于热切的追求,还包括对于知识、语言的过分依赖。中国美学长于厘清审美与欲望的界限,老子的"知止"观念就是中国审美心胸理论的源头。

"无为"在审美文化上的表现是为审美意象引入了"大象"的观念。老子以刍狗、飘风、骤雨、草木、马、弓等喻象,指出一切事物的意义都在永恒的流动之中。唯有婴儿、愚人、谷、水、朴等意象才可以引人由有限达于无限,超离于流动之外。中国古典美学中的意境理论蕴藉多方,也源自于老子的"淡""虚"的观念。

老子美学是中国美学思想史的开端,也跟儒家美学思想具有深刻的关联。老子与孔子最大的相通之处,即在价值理念层面上对于欲望的警惕和对于"生"的呵护。老子提倡"知止",孔子对"巧言令色"的排斥,对"正名""克己复礼"的强调,也是"知止"。《老子》强调"慈",反对一切伤生好杀的意识形态,与孟子的"王道"亦通。①

老子的思想具有多面性,其美学方面的精粹为战国时代的庄子大大地发扬。庄子美学是以成为先秦美学的高峰。

第一节　老子概说

一、"老子"与史官

要讨论老子的思想,首先遇到的一大难题就是"老子"的面貌模糊不清。不仅老子的身份事迹包裹在传说的云雾当中,《老子》诞生的时代也是一桩谜案。历史上有孔子问道于老子的记载,不会全无实据,而《老子》书中有"绝圣弃知""绝仁弃义"之类的言论,却又像针对儒墨而发,似乎应该在儒墨大兴之后,而且像"万乘之国""取天下"之类的话,也决非孔子时代所有。但既然战国中期的庄子常称引《老子》之语,那么这部书的产生年代又不应特别靠后。②《老子》的时代不明,固然有历史久远、文献错讹的因素,但恐怕还与道家哲学崇尚"无名"的风气有关。③ 我们这里的讨论,并不试图解决而是要合理地面对这些悬案。

"老子究竟是什么人"也包含了许多谜团,大致包含如下的问题:首

---

① "夫慈以战则胜,以守则固。天将救之,以慈卫之"(六十七章),与孔子称许管仲之"仁"及孟子说的"如有不嗜杀人者,则天下之民皆引领而望之"(《孟子·梁惠王上》)是一致的。
② 张荫麟:《中国史纲》,第 142—143 页,北京:商务印书馆,2003 年。
③ "道家诸子之学,如果渊源于对周政不合作之遗民,则可推想老子之'犹龙',庄生之'寓言',与其他诸子之行迹难考,殆由其本人故布疑云,以资韬隐,与儒墨之求显名者大异其趣。"萧公权:《中国政治思想史》,第 42 页。

先,老子有无其人? 其次,如果有老子其人,他是哪个时代、什么身份的人? 先秦的子书,往往是某一学派著作的汇编。虽号称为某子,并不意味着全书都是这一学派的开创人自己著作的。一部先秦的子书之中,常有许多后人陆续添上去的篇章,而且在一篇之中也可以有许多后人陆续添上去的段落。① 如果我们在某本书的某篇中发现有战国晚期乃至汉代的用语,并不能因此判定这本书就是晚周和汉代人的著作。《老子》在漫长而复杂的流传中,语词和表述方式历经添换,但其主旨大体沿袭不变,其文本主要形成于某个时代,其思想却不局限于特定的时代。我们认为,"老子"可能源于某个实有的人,却不必确指一个特定的个人,当是一个持有相似见解和表述方式的群体的总称,用我们今天的话来说,近乎"学派"。所以,下文凡称"老子"处,皆是对那个《老子》作者群的人格化的指称;凡言"老子认为",皆指"老子学派"的一般主张。至于某句话是否确系历史中"老聃"这个人所言,本文则不求其甚解。

作为历史中的一个特定的人,老子原名叫李耳,或称老聃。老子是别人对他的尊称。李耳曾是周朝的史官。据《史记·孔子世家》记载,孔子青年时曾拜谒过这位史官,向他请教有关礼的问题。对于理解老子的思想而言,老聃的个人性格面貌不如其史官的职业特点更有意义。在中国古代,史官不仅仅是一个记录和保存历史档案的角色,更重要的职责是通过整理历史故实,发现和总结自然、人世的规律,供当政者参考借鉴。② 王国维指出,早先的史官还是具有枢要地位的王朝重臣,掌握着当

---

① 吕思勉指出:"子为一家之学,与集为一人之书者不同。……先秦诸子大抵不自著书。今其书之存者,大抵治其学者所为,而其纂辑,则更出于后之人。"吕思勉:《先秦学术概论》,第22页。

② 阎步克指出:"史官往往具有君主顾问的身份,这应与称'史'者熟知典籍密切相关。"因为史官掌管的图书典籍"与重器相若,与大政相干"。阎步克:《乐师与史官:传统政治文化与政治制度论集》,第38、39页。王博也说:"具有史官身份的老子不是生活在历史里的人,而是直接生活在当下的政治和权力世界中。老子说话的对象从来就不是普通的庶民,而是拥有权力的天子或者侯王。"王博:《权力的自我节制:对老子哲学的一种解读》,《哲学研究》,2010年第6期,第46页。

时知识体系的总汇。①

史官有一个绵延积累的职业素养和特有的思考角度,其思想可以超越特定的时空范围。作为学派的"老子",可能源于春秋时期观兴废记得失的史官群体,在其后的发展中还可能包括战国时期为各国国君出谋划策的平民游士,甚至还有汉初鼓吹黄老政治的智囊集团。这类人对于历史经验的总结有些相似性,其语录体的文风也大体沿袭。从《老子》文本的时间上看,或许有后世(战国、汉代)逐渐添补的段落或名词,但其主要的观点和思路则出于春秋或更早的史官智慧。

在《老子》中,史官智慧的主要体现是对于天人变化之"道"的概括。在贵族政治的高层,人事的变化迅疾而难测。《左传》云:"社稷无常奉,君臣无常位,自古以然。故《诗》曰:'高岸为谷,深谷为陵。'"(昭公三二年)春秋时代开始暴露出的(包括社会、政治、思想各方面的)乱象,使这种史官可以站在更高的层面上反思兴衰的规律。他们的反思得出了"无为"的结论,比如"民莫之令而自均"(三十二章)、"以无事取天下"(五十七章)、"治人事天"(五十九章)、"为无为,事无事,味无味"(六十三章)等。《老子》的主要关怀仍是人世的安宁,其态度是有为进取的,但这种有为并不是当时汲汲追求霸业的暴发户的作为,而是探寻"善建者不拔,善抱者不脱,子孙以祭祀不辍"(五十四章)的"长生久视之道"(五十九章)。这种史官的追求在汉代司马迁的自述中有一个精要的概括:"究天人之际,通古今之变。"观天知变的理想,是中国儒家和道家最为接近的追求,也塑造了中国古人在审美、艺术创作和美学反思等方面的路向。

二、老子思想的旨趣

在外国人翻译的中国典籍当中,《老子》的译本最多。一个原因是老

---

① "史为掌书之官,自古为要职。殷商以前,其官之尊卑虽不可知,然大小官名及职事之名多由史出,则史之位尊地要可知矣。《说文解字》:事,职也,从史省声。又,吏,治人者也。从一从史,史亦声。"又,"自《诗》《书》彝器观之,内史实执政之一人,其职与后汉以后之尚书令、唐宋之中书舍人、翰林学士、明之大学士相当,盖枢要之任也。"王国维:《观堂集林》,第269、271页,北京:中华书局,1959年。

子的哲学达到了高度抽象的程度,可以最大限度地跨越文明、时代的界限;另一个原因是人们对其解释的角度可以非常多。对我们来说,这两点既是理解老子思想的难点所在,也是老子思想的魅力所在。

《老子》的文本虽然看似散杂,其实仍然具有一个完整的思想体系。《老子》的一以贯之的主线索是"无"。作为史官,老子可以说是当时天人知识的集大成者,同时还是各种神秘技术(如占卜、祭祀等)的把关人。但在《老子》的文本中,除了批判性的言论之外,甚少见到老子提到那些被尊为神物的图书典籍和通天法术。① 后文将提到,老子提出"抱一为天下式"(二十二章)已超越了史官职业所特有的功利化、知识化、技术化的思维模式,转而从"道""一"等哲学整合的角度来理解天道秩序,并把"道"的面貌概括为"无"。所谓"无",并不是绝对的"虚无",而是无规定、无限定,即老子说的"无名"。他说"道隐无名"(四十一章),意思是,道的作用是不可用边界清晰的命名、定义、判断等方式规定出来的。

老子言"无"并不以宇宙论为开端。史官关注的首先不是自然世界、物质世界,也不是完全抽象的"逻辑世界",而主要地是由现实名器构成的"意义世界"。作为人类的意义世界的纽结,"名"既是人世秩序的意义基础,也是一切声色利欲的催化物。春秋时代"名不正"的乱象促使老子反思"名"的意义,了解这个世界的意义构造的机理。他说:"始制有名,名亦既有,夫亦将知止,知止不殆。"(三十二章)针对名器的"知止",是老子哲学的大纲领。

理解老子的"无"可以有多种进路。有所谓君王南面之道,如"治大国,若烹小鲜"(六十章)、"以正治国,以奇用兵"(五十七章)等;也有修身进德之道,如"玄牝之门,是谓天地根。绵绵若存,用之不勤"(六章)、"骨弱筋柔而握固"(五十五章)等;还有心性修养之道,如"致虚极,守静笃。万物并作,吾以观复"(十六章)、"少思寡欲,绝学无忧"(十九章)等;还包

① 如"前识者,道之华,而愚之始"(三十八章)大概是针对占卜的,"天下神器,不可为也,不可执也"(二十九章)大概针对作为礼器的所谓"重器"而言。由史官的身份来看,老子对这些"神物"的批评,并不是站在一个旁人的视角笼统地否定之,而是"入乎其内"之后的扬弃和提升。

括我们今人研究的复杂系统的自组织功能。这些方面也不是相互孤立的，如"专气致柔，能如婴儿乎"（十章）既可以从修身养气的方面看，也可以从心性审美的角度理解，还可以在生命物理的层面上阐释。老子的哲学犹如缀满宝珠的网罗，振动其中任何一颗，其他的珠子也会相应而动。

后世的思想家还常把老子与其他思想流派联系在一起，每种联用的方法都突显出了老子思想的一个侧面，如汉初崇尚"黄老"，司马迁的《史记》中"老（聃）"与"韩（非）"并提，魏晋时人大谈"老庄"，唐以后的思想界则言"佛老"。这种在不同的语境中持续运用的状况并不是对于老子"本来面目"的歪曲，因为老子思想的经典价值正是在持续的运用当中方才呈现的。多种的解释角度证明了老子思想的丰富性和生命力。

如何理解老子的"无"，还涉及如何理解儒道两家关系的问题。就先秦的《老子》而言，最突出的是老子与孔子的关系。这包含有两方面的问题：其一是老子与孔子在历史时代上谁先谁后，其二是老子的思想与孔子的思想是对立还是互补。这两方面也是有关联的。史传记载孔子曾经问礼于老子，今人或有质疑。除了质疑老子这个人是否真实存在之外，另一个主要的质疑理由就是老子批判了孔子特别崇尚的"礼""学"等。这种观点认为，老子的思想应该看作是孔子思想的"反题"。就具体的语句来看，《老子》当中确有一些带有"反题"的色彩，不排除在其流传过程当中加入了某些对于儒学末流的批评，但就整个思想的旨趣而言，老子与孔子都正面地回应时代提出的问题，只是角度和解答的倾向性不同而已。

无论在时间上，还是在价值上，都不必在孔子和老子之间强分先后和高下。不过，就哲学和美学思想史而言，把老子作为叙述美学史的开端。这有以下的考虑：从思想的来源上说，老子所秉持的观念源出于周王朝的史官，其由来较"释古开新"（冯友兰语）的孔子思想为早；从理论上说，《老子》的特点在于高度提炼、概括，而这种概括又是以"象"的形式实现的，更充分地体现了先秦哲学的运思特点；从对于中国美学的意义而言，《老子》当中囊括了所有中国美学思想的萌芽。老子提出和阐发的一系列概念,如"道""气""象""有""无""虚""实""味""妙""虚静""玄鉴""自然"等等,对于中国古典美学形成自己的体系和特点,产生了极为重大的影响。中国古典美学的元气论、意象说、意境说和审美心胸理论,也都发源于老子的哲学和美学。① 因此,我们说中国美学的起点是老子。

本章的脉络如下:从《老子》首章对"道"的言说开始,讨论意义世界的"有无相生"的规律及其在中国美学、艺术中的体现。接下来,通过分析"柔"的涵义,揭示老子的"生命之道"。"柔"意味着人要尊重生命原本的韵律,只有符合天道而自主地驾驭生命,才是长久的、真正的强大。为了涵养生命,人需要去除各种欲望对于生命意义的戕害。接下来的两章分别从正反两方面讨论了老子的审美心胸的思想。老子针对符号化的声色欲望提出了"为腹不为目"的主张,提倡回归真实的体验;老子还在此基础上提出了"涤除玄鉴""观复""观身""抱一"等,成为后世中国美学的"虚静""静观"观念的渊薮。"无为"的精神落实在个人修养上,是"大智若愚"的面貌,这也概括了道家人格美的理想;而在社会层面上,则是"不言之教"的政治主张。我们重点分析老子的"小国寡民"的内涵,探讨一种真淳的社会存在的可能性。

三、《老子》美学的意义

从中国美学史的角度来看,老子的"无"主要涉及意象生成的原理,包括"名"与"象"之间转化与互动的哲学问题。老子以"虚、无"破除功利名相的桎梏,概括意象生成的法则,并由此推广至人生境界的提升。这是其美学思想的价值。

老子提倡"无为",主张"为道日损"。"为道"也是一种"为",但其指向却是"无为",可以说是"无所为而为"。如何才能无为而为? 老子提出了"损之又损"的心性工夫论。老子所说的"损"并不是减损和消耗,而是"去除遮蔽"。从美学的角度了解"损",也就是"敞开""打通"。"损"使人

---

① 叶朗:《中国美学史大纲》,第 23 页。

打破了僵硬的思维方式和狭隘的眼光,精神更加自由,心胸更加开阔。"为道日损"概括了中国审美意象生成的原理和功能。

哲学诞生的标志,就是把世界观念纳入到一个高度抽象统一的思想体系当中。道家的圣人因为损去了各种遮蔽而能在不同的活动、思想之间打通。在老子这里就是俯瞰全体的"一",由"一"以至于"独立而不改,周行而不殆"的"道"。由此整合的"一"落实为对审美活动的理论反思,进而作用为精神的修养,则为中国美学奠定了基础。

这里还要提一下老子的美学与老子思想的其他侧面之间的关系。

一方面,老子没有专门的美学思想。老子没有像后世的美学家、艺术批评家那样,针对具体的美学问题发表过观点,他的美学思想是贯穿在其思想整体当中的。对于老子思想的整体,可以有不同的解释角度,每一个解释角度都有其他角度不能替代的合理性,而且每一个角度也都不能完全孤立于其他角度而存在。所以,讨论老子的美学,不仅要重视他涉及美丑的概念、礼乐的批评等方面,还要借鉴其身心的、政治的乃至兵法的方面。参考的角度越是广泛,对某一特定角度的理解也就越是深入。这也是老子思想的"朴""一"的内在要求。

另一方面,从美学的角度把握《老子》,对于理解老子的思想具有特别的意义。冯友兰说,以"无"来描述"道"是哲学里的一种"负的方法",就是"讲形上学不能讲"。[1] "道"固然不能用通常的逻辑的方式来讲,但也并非一定"不能讲"。老子运用了大量的显示哲理的"象"("上善若水""复归婴儿"等)来言道,哲理化的意象令"不可说"的"道"自己呈现出来,"负"中又自有"正"。[2] 自此,虚化的、艺术化的"象"逐渐开显出了中国哲学与艺术的独特的思维方式。在这个意义上,美学的进路又是理解老子

---

[1] "真正形上学的方法有两种:一种是正底方法;一种是负底方法。正底方法是以逻辑分析法讲形上学。负底方法是讲形上学不能讲,讲形上学不能讲,亦是一种讲形上学的方法。"冯友兰:《三松堂全集》,第五卷,第 173 页。

[2] 彭锋:《冯友兰"人生境界"理论的美学维度》,载于《北京大学学报(哲学社会科学版)》,1997年第 1 期,第 60 页。

思想的不可或缺的角度。

第二节　大象无名

"名"是先秦哲学反思的重点,"道"则是老子哲学的核心概念。在《老子》首章,老子从天道的角度来审视"名"的本质和功能。

> 道可道,非常道。名可名,非常名。
>
> 无名,天地之始;有名,万物之母。(一章)

《老子》首章即把"道"与"名"并提,以"名"作为天地万物的始基。这并不是说物质世界产生自"名",而是因为有了"名",浑莽一片的物质才彰显出各自的意义。也就是说,世界因为命名的过程而具有了意义,被人的心灵"照亮"了。[①] 正如亚当为万物命名的寓言暗示的,命名行为也使得人成了这个草木葱茏、气象万千的世界的主人。在中国哲学当中,命名行为却并不是一劳永逸的任务。老子特别强调为世界赋予意义的"名"是"有名"和"无名"的统一。人要主动地观照"有"与"无"的特点,了解其相互作用、相互转化之道。美也就寄寓其中。

一、有无相生

《老子》的首章接下来说:

> 常无,欲以观其妙;常有,欲以观其徼。此两者,同出而异名,同谓之玄。玄之又玄,众妙之门。(一章)
>
> 反者道之动;弱者道之用。天下万物生于有,有生于无。(四十章)

---

① 叶朗的《美学原理》以"照亮"来定义"美"的生成过程,他说:"柳宗元说的'美不自美,因人而彰',海德格尔说的'人是世界万物的展示口',萨特说的'由于人的存在,才有(万物的)存在'、'人是万物借以显示自己的手段',意思都很相似。这些话的意思都是说,世界万物由于人的意识而被照亮,被唤醒,从而构成一个充满意蕴的意象世界(美的世界)。"叶朗:《美学原理》,第72—73页。这里用命名来解释"照亮",是在一个扩大的意义上借用此概念的。

"徼"的意思是明晰。在逻辑学上,概念的内涵和外延都要有明确的边界。在人事方面,君臣父子的名分也基于明晰的边界。边界是一个概念具备特殊规定性的前提条件,名分所具有的特殊规定就是"有"。老子要求人们观察一切名分的边界,以了解世间一切事物的特殊的意义和功能。不过,对于"名"来说,只有"有"还是不够的。因为"名"之所以成立,总由于人生和社会在不断生成着意义。社会总在变动,语言、符号随之新陈代谢,"名"也不能不发生相应的变化。孔子感叹"觚不觚"(《论语·雍也》),例示了"名"的流动。我们在《诗》中看到了洋洋大观的名物,也在《左传》中见到名器膨胀带来的危机。名既流动,明晰的边界即无可把持,一切确定的"有"必然要回归到混沌的"无"。老子让人从"无"出发,观察一切名分边界的变动不居。人在变幻莫测当中领会的是"妙"。

中国美学重"妙"甚于"徼"。中国古人评鉴一件工艺作品、一首诗、一个比喻,最高的赞语往往是一个"妙"字。你再深入地追问,要他解释确定的理由,他只能拒绝,因为任何语言的追索都无法还原当时一刻的独特情境。这就是"妙不可言"。绝大多数的中国思想家在逼近高妙之境时,也总是首肯"欲辩已忘言""只可意会,不可言传"。"反者,道之动"的原则看似简单,却实在难以通过数学化的公式来把握;"无中生有"也不能诉诸概念化的语言,而只能以艺术的方式呈现——只有诗化的言语、书画的笔墨才能曲尽其"妙"。

"有"和"无"并不是对立的,它们统一在"玄"当中。"玄"本是一种色彩的名字。《说文》曰:"玄,幽远也,黑而有赤色者为玄。象幽而入覆之也。"在幽远而不能确凿描述的玄色当中,"有"与"无"混而为一,却以"无"为更加根本的特征。"无"并不等于没有,而是指事物处于未成形、未显化的状态。这个意义的"无"意味着最大的可能性,能随时化现为任何可以被视作"有"的颜色、形态和功能。"名"之彰显是"有生于无",而"名"之废黜则是"无生于有"。这里的"生"是某种特定意义的构成,而从对立的角度来看,又可以说是其相反意义的解构。老子用"有无相生"指示了意义的永恒流动的实情,提示人去重视那些未成形、未显化的事物。

"有无相生"指出了一切界限("名")的暂定性、非实在性,是中国哲学思想的一大特点。在万物的广泛联系中,任何一个"有"都不独立存在,都要在与其内外环境的互动过程当中获得其规定性。一切不在场的事物都默默地成就着当前在场的独立个体的意义[1];任何一个进入思考视野的"在场"的确定意义都不孤立成立,都要联系到其背后的动态的意义网络。"在场"是"有",是"实";"不在场"是"无",是"虚"。这个"不在场"并不是"缺席",而是像一出戏剧的幕后人员一样,不仅默默地支持着、成就着前台的精彩,而且随时与台上的表演发生着密切的互动。

"无名"是一种世界观,也是人生观,塑造了道家的道德意识和审美观念。老子指出,不为人知、不恃己功的"德"是最高的道德。他把这种"生而弗有"的德行称作"玄德"(十章),就是保有生生之德的同时不外化为嘉令之"名"。老子说:"知我者希,则我者贵,是以圣人被褐而怀玉。"(七十章)儒家经典《中庸》也说:"君子之道,黯然而日章。"两段话都指出:最为美好的品质当内敛于质朴的言行之中,圣贤君子没有夺目的光环。

"有无相生"在中国美学中体现为"虚实相生"的原则。虚实关系要放在意义生成的过程当中来看。在艺术形式的创造方面,"虚"("无")成就了"实"("有")的意义,又令这种意义不是那样死板,而给人留下了想象与再创作的空间。这在中国审美意识中的渊源可谓久远。早在夏代,陶器纹饰的形式布局已经可以见出虚实相生的意味,它们"时而把纹饰刻画在圆腹中,颈肩部与下腹部全部留白,突显出圆腹的浑厚饱满;时而把纹饰布置在下腹部,上部留白,装点出器物的沉稳凝重;时而全身磨光,錾部留纹,给器物平添几分精致神气;许多盉、爵喜欢在腰部留纹,加深了它们的腰部内收效果,更显轻盈秀气。空白的沉静与纹饰的装点变化相配合,动静交杂、虚虚实实地谱写陶器的变奏"[2]。

---

[1] 张世英以"不在场"来解释人的精神境界当中的"无"的价值。他说:"一个人当前的境界,即现在出场或在场的东西,只能靠不出场,不在场的东西来说明。"张世英:《天人之际——中西哲学的困惑与选择》,第278页,北京:人民出版社,1995年。

[2] 朱志荣:《夏商周美学思想研究》,第57页。

宗白华还用虚实关系解说中国舞蹈、绘画艺术的妙处。他说:"中国画很重视空白。如马远就因常常只画一个角落而得名'马一角',剩下的空白并不填实,是海,是天空,却并不感到空。空白处更有意味。中国书家也讲究布白,要求'计白当黑'。中国戏曲舞台上也利用虚空,如《刁窗》,不用真窗,而用手势配合音乐的节奏来表演,既真实又优美。中国园林建筑更是注重布置空间、处理空间。这些都说明以虚带实,以实带虚,虚中有实,实中有虚,虚实结合,这是中国美学思想中的核心问题。"①

在老子哲学的影响下,中国古人在观察任何现成、定型的事物的时候,总会留意那些尚未成形的方面。"有生于无"在美学上还体现为"势"的观念。老子说:

> 道生之,德畜之,物形之,势成之。(五十一章)

万物之"有"的生成过程并不是偶发的、跳跃的。在依"道"的流转并转化为有形之"物"并具备了相应的机能("德")以前,各方面的条件即已经形成了一个"不得不如此"的局面。这个局面通常就是造就该事物的"势"。从消长过程的整体("道")来看,一个事物所生灭的"势"甚至比这个具体事物本身的形态和属性更值得重视。中国兵法的高明处,即在于擅长发现和安排"势",以立于"不败之地"。《孙子兵法》说:"激水之疾,至于漂石者,势也","势如扩弩"(《兵势》)。猛力的流水、拉开的弓弩,都指示了一种出乎自然的必然性,并让人在主观上也预感到大变在即。

重"势"也造就了中国艺术、美学的特色。在中国山水画中,观赏者不仅要看具体的人物、房屋的描绘,而且还要观"山势""水势"。同样,在艺术家描绘一个动态的场景的时候,也不是将最激烈、最饱满的场景表现出来,而是擅于造成一个"蓄势待发"的局面。黄庭坚论观画之"韵",以友人画李广骑射为例:"观箭锋所直,发之,人马皆应弦也。伯时笑曰:

---

① 宗白华:《中国美学史中重要问题的初步探索》,《宗白华全集》第三卷,第454—455页。

'使俗子为之,当作中箭追骑矣。'"叶朗用此例指出,宋代美学重视"韵",即要求审美意象"有余意",具体地说,就是"行于简易闲澹之中,而有深远无穷之味"。[①]"势"与"韵",都是"妙"在美学上的具体表现。

在艺术创作、欣赏和美学反思中,"造势"的观念并不为中国所独有。[②] 但是,这种观念在中国的美学中相当常见而且自觉,可以归为老子的贡献。

总之,中国美学中的"无""虚"是"不在场"的无限的"有"。这种"无"能让当前"在场"的"有"的意蕴更加丰厚,而不是取消了意义之后的绝对的空无(nothingness)。老子的"无名""无言"为中国人奠定了一种观念:思考到了微妙处,总要为天意难测、日新其德留出一个"意在言外"的空间,概念名相仅是一个指示月亮的指头而已。由此,中国哲学之极处便是美学。

二、对待之妙

老子的"道"概括了"文"(意象)的生成过程。这个过程遵循着"对待"和"变易"的基本原则,但更突出了流动不拘的实质。"有无相生,难易相成,长短相形,高下相盈,音声相和,前后相随。恒也。"(二章)界限既因"名"而立,则世界依此剖判为二,相对而成。有圣贤,即有大盗;有文雅,即有粗野;有虚崇礼教,即有名士放旷;有赵子昂之媚,即有书坛尚丑之风。这种对待结构的最简约的概括即是"阴阳",阴阳双方因为两相对待的结构而立名。处于对待关系当中的任何一种规定性,都不能脱离

[①] 叶朗:《中国美学史大纲》,第 307—311 页。

[②] 在西方美学中,莱辛曾经从艺术批评的角度,以"最富于暗示性的""顶点前的顷刻"来解释《拉奥孔》以造型艺术描绘动态的原理(朱光潜对此类"化静为动"的手法有比较深入的分析,见《西方美学史》上卷,第 311 页,北京:人民文学出版社,1962 年)。杜威也曾在其实用主义哲学中提出过类似"势"的思想,他说:"最明显的地方就是最紧张和具有尚未决定的可能性的地方,最是游移不定的地方也就是最光亮的地方。它是生动的但是不清晰的;它是紧迫的,迫切地表示着面临困境,但又是不明确的,除非它已经被处理了而不再是当前的焦点。"杜威:《经验与自然》,第 223 页。

与之相对立的另一方而单独存在。

依据"对待"而建立的规定性必定是有限的：一方面，它们是不自足、不确定的，另一方面，两个极端之间可以随时转化。"祸兮福之所倚，福兮祸之所伏。孰知其极？"（五十八章）究竟从哪里可以为价值、功用求得确定无疑的意义？老子回答说："其无正也。正复为奇，善复为妖。人之迷，其日固久。"（五十八章）人对于"美""丑"的分别并非绝对的，甚至某些语境会消泯其界限。这在庄子那里有更精辟的阐发，我们留待后文讨论。

对待之理是在"名"的流动中实现的，其中即有"反"的意义：

反者，道之动。（四十章）

天之道，其犹张弓欤？高者抑之，下者举之；有余者损之，不足者补之。天之道，损有余而补不足。（七十七章）

不论高和下，还是有余和不足，阴阳两端都是在某个特定的时机开始向着与之相对的一方趋进，自发地回归一种平衡的状态。这就是"反"（"返"）。道家由"反"而推出了人的处世之道。"夫物或行或随；或嘘或吹；或强或羸；或载或隳。是以圣人去甚，去奢，去泰。"（二十九章）"保此道者，不欲盈。夫唯不盈，故能敝而新成。"（十五章）物无常态，总是在动静、强弱、成败等等两极之间摇摆，而圣人却可以自觉地以"反"的原理自我裁抑，以此规避盈满所导致的损害，获取更大的进益。

然而，盈或不盈主要在于人的心境和态度，并没有一个客观的标准。有的人名闻王侯、富可敌国，仍然未满，有的人稍稍有了一点成就，就算是满了。老子否定一切确定不移的标准或目标，以免滞涩意义的流动，这在美学中也体现为那个不可把捉的"妙"意。

顾恺之说："四体妍媸本无关乎妙处，传神写照正在阿堵中。"谢赫说："若拘以体物，则未见精粹，若取之象外，方厌膏腴，可谓微妙也。"苏轼说："求物之妙，如系风捕影。"姜夔说："非奇非怪，剥落文采，知其妙而不知其所以妙，曰自然高妙。"严羽说："盛唐诸人惟在兴趣，羚羊挂角，无迹可求。故其妙处，透彻玲珑，不可凑泊，如空中之音，相中之色，水中之月，镜中象,言有尽而意无穷。"①司空图的《二十四诗品》还发明了以诗的审美意象来解说美学概念的方式,例如,他用"采采流水,蓬蓬远春。窈窕深谷,时见美人"解释"纤秾",用"月出东斗,好风相从。太华夜碧,人闻清钟"解释"高古",用"天风浪浪,海山苍苍。真力弥满,万象在旁"解释"豪放",用"筑室松下,脱帽看诗。但知旦暮,不辨何时"解释"疏野",等等。理论、批评与诗境在"妙"的名义下融为一体,不能说是精确,却又不可不谓之准确。

作为一种哲学思考,老子对于"道"的论述不能不明确,但在明确的同时也显示了思想之"妙"。他说:

> 道之为物,惟恍惟惚。惚兮恍兮,其中有象;恍兮惚兮,其中有物。窈兮冥兮,其中有精;其精甚真,其中有信。(二十一章)

"道"作为"物",具有恍惚不明的面貌特征,却不是一团混沌(chaos),而是蕴涵着意义世界的最确凿的条理。在中国古代的思想体系中,"物"最初并不是实体,而是彰显着世界意义的"文"与"象"。从《易》的卦象可知,"文"的创制是取法天地自然之象的,在变动当中见其简易之法。《老子》提出的"道"则是对"文"的进一步抽象:一方面示以恍兮惚兮、玄之又玄的"无",另一方面却能够生成"有",在致广大而尽精微的物象中呈现真切可信的条理。所以,"道"的玄微并不意味着人不能把握"道",只是把握的方式不能是逻辑的、分析的,而是取象比类的、创造性地整合的,也就是审美的方式。

三、假名与"大象"

老子哲学的最终关怀并不止于追求趋益避损,而是超越损益、祸福的循环。他说:

> 天地不仁,以万物为刍狗;圣人不仁,以百姓为刍狗。(五章)

"刍狗"是先民在宗教仪式里用的道具。在祭祀时,这种用草捆扎成

---

① 以上诸人论"妙"的说法皆转引自叶朗《中国美学史大纲》,第36—37页。

的偶像具有神圣的光环,被人顶礼膜拜。一旦仪式结束,刍狗立即沦为毫无价值的弃物。偶像的神圣性是在祭祀仪式上被临时赋予的,它有赖于特定的时空条件、仪式场景和器物系统,并最终体现在人的精神活动所产生的氛围之中。如果剥离了特定的场合、特定的人和活动,把刍狗作为一件孤立的物品来看,它毫无特别的意义。

"刍狗"的比喻揭示了"名"对于整体的意义世界的依附性。对于春秋时代的贵族("百姓")而言,守护"名"的意义是政治和思想的双重课题。① 以史官的智慧来看,身份高贵者皆是由于社会的、历史的复杂时势使然,如同祭祀当中的刍狗,并非秉有高贵的本质属性。对于天地与圣人而言,"万物"与"百姓"的意义也都像刍狗一样,不能脱离自然与历史大环境而独立地具有实在的、永久的价值。一切名位、福祉的"有"必将复归于"无",或者更进一步说,"有"在实质上也就是"无"。

出于这种洞见,"圣人不仁"就是不偏好任何一种特定的、具体的意象("有"),不论它们一时看起来多么美好高贵。一切美都可能成为生命的桎梏,自由比美更重要。这个意义的"不仁"在庄子那里得到了极大的发挥,并流衍为中国美学、艺术的一大传统。

万物百姓既为暂名,圣人则将"名"的边界投入到万有未分的浑莽之中。老子以"朴"喻示。

> 道常无名。朴虽小,天下莫能臣。侯王若能守之,万物将自宾。
> （三十二章）

---

① 老子这里的"百姓"与"万物"都与贵族有关,意义与我们今天所用的均有所不同。春秋以前的时代,庶民无姓,有土有官爵的贵族才有姓氏,因此称之为百姓。《左传·隐公八年》:"天子建德,因生以赐姓,胙之土而命之氏。"意思是,天子立有德者为诸侯,根据其祖先所生之地而赐与姓,并且分封土地和赐与氏。所以,"百姓"是贵族的通称。《尚书·尧典》:"平章百姓"。"百姓"也有"百官"的意思。《诗·小雅·天保》:"群黎百姓,遍为尔德。"《毛传》曰:"百姓,百官族姓也。"《国语·楚语下》:"百姓、千品、万官、亿丑。""百姓"之地位尚在"千品""万官"之上。春秋后期至战国,宗族制逐渐破坏,许多有姓氏的贵族变成了平民,"百姓"才逐渐泛指平民、庶民。老子此处,"百姓"解为"贵族"较平民更妥。我们在前章还指出,"物"不仅指称自然的事物,在上古还是具有神圣意味的图腾。所以,"百姓"是贵族之名,"万物"是贵族之象,是其福祉的保护神。

朴散则为器,圣人用为官长。故大制不割。(二十八章)

"朴"的本义是尚未雕饰的木头。《说文》云:"木素也。"段玉裁注:"素犹质也,以木为质,未雕饰,犹瓦器之坯然。"人以此指代"无文"的情态。"朴"与"玄"处于一个层面上,都是老子为指示"道"而立的喻象。在文化的发展中,"朴"随时都可能附加上人为的形式,从而成为具体的"器"(比如鼎、瓠)。"器"对应着人世间的"名",所以可以用为官长之象。上古圣君"垂衣裳而天下治",用上衣下裳的服饰与纹样指示天地的秩序;老子却强调"大制不割",即最高级的礼乐形式反而是朴质无文的。只有抹去了斑斓的色泽纹样,取消掉一切有意制作的痕迹,重器才不会被人窃取和扭曲。

老子说,"化而欲作,吾将镇之以无名之朴"(三十七章)。"作"就是名器在不断完备的过程中变得复杂化、固定化的倾向,圣人总是能够及时发现并且制止这样的倾向。这是对于礼乐文化有了高度反思之后才能有的智慧。在哲学、美学上提倡"朴"也常常意味着一种反拨,针对的是文化过分熟烂、形式日益矫揉的风尚。中国的画论贵"老""枯""古""拙"而贱"熟""肥""媚""巧",同样都是在中国美学、艺术学当中体现出来的"镇之以无名之朴"。

无文之"朴"是一种特殊的"大象"。"大象"不可凭借任何确定的声音、颜色、味道、质地、功用来把握。

视之不见,名曰夷;听之不闻,名曰希;搏之不得,名曰微。此三者不可致诘,故混而为一。其上不皦,其下不昧。绳绳兮不可名,复归于无物。是谓无状之状,无物之象,是谓惚恍。迎之不见其首,随之不见其后。(十四章)

在以康德的批判哲学为代表的近代哲学和美学传统里,很难设想一个"对象"没有任何边界、形色、性质,既无法规定也不可言说。老子则以"惚恍"示人的"象"喻"不可道"之"道"。惚恍之象使得"视之""听之""搏之""迎之""随之"等等主客对立的探索方式都失效了。这在知识论上是一个悖论,是一场噩梦,而在审美活动、美学思考当中却恰恰是一种解放,是一种提升。宗白华说:"尤其是在宋、元人的山水花鸟画里,我们具体地欣赏到'追光蹑影之笔,写通天尽人之怀'。画家所写的自然生命,集中在一片无边的虚白上。空中荡漾着'视之不见、听之不闻、搏之不得'的'道',老子名之为'夷'、'希'、'微'。在这一片虚白上幻现的一花一鸟、一树一石、一山一水,都负荷着无限的深意、无边的深情。"①

"朴"既象征着最大限度的可能性、整合性,而在"朴"的不可把捉的意义上,老子又称之为"小","朴虽小,天下莫能臣"(三十二章)。与此相似的是对于"玄同"的描述:"不可得而亲,不可得而疏;不可得而利,不可得而害;不可得而贵,不可得而贱。故为天下贵。"(五十六章)此"不可得"即意味着不能被归为任何有形有象的属性,不能被执为任何固定不变的标准。最后,圣人对于"朴"本身也不执以为美。

> 执大象,天下往。……道之出口,淡乎其无味,视之不足见,听之不足闻,用之不足既。(三十五章)

老子用"淡乎无味"喻示"道"本身不是一个认识的对象,而是一切认识的条件。《管子》谓:"凡道,无根无茎,无叶无荣。万物以生,万物以成,命之曰道。"(《管子·内业》)不能说中国美学就是崇尚"淡味"的,中国艺术的高妙之处在以端庄流丽寄寓淡雅,在墨色氤氲当中呈现绚烂。与"道"相连的"淡"不是一种具体的味道,而是一切具体味道的基底。如果把"淡"作为一个审美的对象,或者关于审美的一种确定的标准,反而就让老子的"淡"也流于对象化、现成化了。

"淡"不是一种具体的味道,"大象"也并非一种形态意义上的"大"。老子立"大象"以消解人们对于"象"的对象化、现成化的狭隘理解。"大×不×"是《老子》中常见的言说格式,比如"大方无隅;大器晚成;大音希声;大象无形"(四十一章)。我们前面分析过侧重于儒家风格的"×

---

① 宗白华:《中国艺术意境之诞生》,《宗白华全集》第二卷,第371页。

而不×"(比如"乐而不淫,哀而不伤")。"×而不×"维护了某一具体德性的中庸状态,避免其由于"过"而成为某种弊病;"大×不×"则直接否定了任何一种具体规定的自足性、确定性,最终落实为"无状之状,无物之象"这样一种自我反对的规定。"大×不×"是对一切现成样态的否定,并以此体现了"无"。

"执大象"的"大"既然超乎对象化的规定,也就不再是与"小"相对的"大",而是"至大无外"的"大",意味着意义世界的整体性。老子论"道"即是在这样的整体层面上进行的。

> 有物混成,先天地生。寂兮寥兮,独立而不改,周行而不殆,可以为天地母。吾不知其名,强字之曰道,强为之名曰大。大曰逝,逝曰远,远曰反。(二十五章)

天地是人的世界当中最大的"名",与天地相对应的"乾""坤"是对阴阳功能的总概括的"象"(这在《易传》中有详细的论述);"道"指称的则是阴阳未分的一种生发、流转的功能,所以居于阴阳二分之先。这不是时间上在先,也不是逻辑上在先,而是功能上在先。"道"意味着没有确定的分别,所以表现为寂寥的相貌;"道"是整全的,没有与之对立的事物,所以"独立";"道"是一切变动成立的基础,它本身并无所谓改变,所以"不改",它支持着阴阳造化的运转而没有穷竭之时,所以"周行而不殆"。

"道"的"大"成就了中国艺术重视气韵的整体流通的特点。宗白华说:"中国画的光是动荡着全幅画面的一种形而上的、非写实的宇宙灵气的流行,贯彻中边,往复上下。古绢的黯然而光尤能传达这种神秘的意味。西洋传统的油画填没画底,不留空白,画面上动荡的光和气氛仍是物理的目睹的实质,而中国画上画家用心所在,正在无笔墨处,无笔墨处却是飘渺天倪、化工的境界。(即其笔墨所未到,亦有灵气空中行)这种画面的构造是植根于中国心灵里葱茏絪缊,蓬勃生发的宇宙意识。"[1]

---

[1] 宗白华:《中国艺术意境之诞生》,《宗白华全集》第二卷,第371—372页。

"大象"也与中国美学的"意境"观念相通。叶朗认为,中国美学的"意境"概念也是审美意象的一种类型,但这是一种特殊的意象。意境"一方面超越有限的'象'('取之象外'、'象外之象'),另方面'意'也就从对于某个具体事物、场景的感受上升为对于整个人生的感受。这种带有哲理性的人生感、历史感、宇宙感,就是'意境'的意蕴。我们前面说'意境'除了有'意象'的一般的规定性之外,还有特殊的规定性。这种象外之象所蕴涵的人生感、历史感、宇宙感的意蕴,就是'意境'的特殊的规定性。因此,我们可以说,'意境'是'意象'中最富有形而上意味的一种类型"①。

第三节 生命之道

"柔弱"与"刚强"是老子哲学当中的一对有代表性的概念,是对"无"与"有"的关系的诠释。如果说"无中生有"概括了万物生发的根本机理,那么"柔"则是对"无"的生发功能、形态的比喻性概括。《老子》把"柔"作为"生"的规定。

> 人之生也柔弱,其死也坚强。草木之生也柔脆,其死也枯槁。故坚强者死之徒,柔弱者生之徒。是以兵强则灭,木强则折。(七十六章)

对于生命而言,最大的特点莫过于"柔"。春天是一年当中最生机蓬勃的时期,藤蔓舒达,卉木抽枝,其共同的特点是柔而韧;到了秋天,万物肃杀,枝枯叶凋,由柔韧转为了刚脆,生机也就随之隐伏。人的身体也是这样。幼年时,骨正筋柔,肌肉和皮肤富有弹性;进入中老年则腰腿僵硬,屈伸不灵。再看诸侯列国的历史,凡自恃强力的集团,总是自取灭亡。老子由此上升到理论的层面指出:"柔弱"有利于事物的成长、发展,而"刚强"则会扼杀生机。我们今天或许可以解释为:"柔"意味着生长、

---

① 叶朗:《欲罢不能》,第 117 页,哈尔滨:黑龙江人民出版社,2004 年。

变化的潜能,意味着应时而变的可能性,所以是生命力的根本。老子的美学思想就是要引人破除一切固执,回归婴儿般的柔弱。

一、婴儿之柔

老子以"婴儿"立象,解说"柔"的可贵。

> 常德不离,复归于婴儿。(二十八章)
>
> 含德之厚,比于赤子。毒虫不螫,猛兽不据,攫鸟不搏。(五十五章)

从字形上看,"兒"字强调了婴儿尚未闭合的囟门,喻示着初生的婴儿向着最广大的可能性开放。

与婴儿般的柔弱相对立的是"壮"和"老"。

> 物壮则老,谓之不道,不道早已。(五十五章)

强壮有力固然为人向往,却也意味着缺乏继续生长的余地。老子称之为"不道",即背离了生成、发展的趋向。这有两方面的含义。首先,"如日中天"的强盛提示着即将走入衰败,也就是"老"、"已"(灭亡)。出于这种意识,老子指出了得与失的辩证法:"持而盈之,不如其已;揣而锐之,不可长保。金玉满堂,莫之能守;富贵而骄,自遗其咎。"(九章)"盈之""满堂"说明没有进一步发展的空间,必然开始走下坡路;"锐之"则暗示了生存的基础被削弱,看似有力却根基不稳,呈现岌岌可危之象;如果这时不知退守固本,甚至还一味骄横临人,难免自尝苦果。其次,"其死也坚强"中的"死"不必确指肉体生命的死亡,还意指人被生存境遇打磨得顽固不化,失去了通过学习而自我提升的可能。《易》之"益"卦上九曰"立心勿恒,凶",《论语》中的"毋意,毋必,毋固,毋我"都意在反对固守自我的态度,跟老子贵柔的思想是一致的。

在中国古代的艺术学中,与"坚强"相应的一个断语是"熟"。朱良志以中国的画论为例说:"中国艺术厌恶熟,认为熟就会俗、甜、腻,这样的艺术有谄媚之态。艺术太熟了就会为成法所拘,一切似乎都在人定之中，天心则无从着地。郑板桥有诗道：'四十年来画竹枝，日间挥洒夜间思。冗繁削尽留清瘦，画到生时是熟时。'[1]忽视规矩法度固然"言之无文，行而不远"；但一旦完全适应了既有的规则，在越来越可控、越来越圆滑的操作之中，人则会失去突破前人和自我局限的可能性，不知不觉中即背离了"道"。

一种艺术流派、风格每每遭遇同类的困境：一种文体初创之时往往开人眼目，稍稍发展则杰作丛出，而在以后漫长的时间里则辗转因袭，流于俗滥，直到被另一种标新立异的风格取代。所以，不论工艺、辞赋、书画还是道德、经营、谋略，凡是体现了生命的创造力的活动都需要与既定的规则保持着恰当的距离，既不要太远，也不要太近。宋人吕本中提倡用"活法"把"死蛇弄得活泼泼的"。他说："学诗当识活法。所谓活法者，规矩备具，而能出于规矩之外；变化不测，而亦不背于规矩也。是道也，盖有定法而无定法，无定法而有定法。知是者，则可以与语活法矣。"[2]可见，这里的"活法"不是否定规矩法度，而是否定对于规矩的僵化保守。这是一种以打破规则来维护规则的自觉意识。这种自觉意识的源头正是老子在对比"柔"与"刚"、"婴儿"与"老"之中展开的思考。

然而，在中国艺术当中却推崇另一种意义的"老"。"中国艺术推崇老境，画家说：'画中老境，最难其俦。'画以老境为至高境界。园林创作以老境为尚。清袁枚说，他的随园最得老趣。老境为书法之极境，南唐李后主是一位书法家，他说：'老来书亦老，如诸葛亮董戎……以白羽麾军。不见其风骨，而毫素相适，笔无全锋。'老境将机锋荡尽，唯存平和，如诸葛亮用兵，不动声色。董其昌说，书法的极境是'渐老渐熟，乃造平淡'。"[3]这种"老"也意味着扬弃了拘执，返归拙朴、平淡。

臻于妙境的"老"与最稚嫩的创作活动有相似之处。凡是涉及一定形式、技术的创作活动，比如语言、绘画、歌唱等，幼儿阶段的作品都是稚

---

① 朱良志：《真水无香》，第 97 页，北京：北京大学出版社，2009 年。
② 吕本中：《夏均夫集序》，《四部丛刊》，《后村先生大全集》卷九五《江西诗派》引。
③ 朱良志：《真水无香》，第 104 页。

嫩的,技术上是粗糙的,却也常常带有可贵的朴拙。一个民族的艺术创作历程也经常会追溯到这种文化的幼儿时代。中国的文学每当需要开新局面的时候,总要回溯到《诗》。这种现象不是偶然的。西方艺术也要从古希腊以至古埃及、巴比伦甚至原始艺术当中寻找灵感。老人与幼儿都或多或少地疏离于社会既有的规则、秩序,以此激发起创新的活力。老人的长处在于具备了丰富的经验,充分地了解现有规则的既有价值和缺憾,可以理性地寻求突破,其短处在于大多比较缺乏阳健的活力;幼儿则正相反——他毫无经验可言,全凭一团旺盛的生命力在动作,却处处合乎天机。老子认为,一旦唤醒生命原本具备的"气",人就可以像婴儿一样与刚健的天道合德。所以,婴儿般的无知无识是一个超理性的更高的境界,不可追求,但并非不可达到。

二、专气致柔

老子用"气"对"柔"的观念做了进一步的阐发。他认为"致柔"可以让人重焕"婴儿"般饱满的生命力。

> 专气致柔,能如婴儿乎?(十章)

"气"是中国哲学特有的概念之一。自然现象中的气不拘于任何固定的形态,并且可以在不同的实体之间流通。思想观念中的"气"的基本特点也就是流动性、弥散性。[①] 气的流通性质启发中国人在思想上打破主客、身心、彼此的对立,从万有相通的角度看待意义的流转生灭。

气息的流通以恒定、不紊乱为贵,首要条件是具有畅通无阻的空间。"气"是以与"柔"有着密切的联系。"柔"居于"无"与"有"之间,凭借各种形式的空隙生发意义。老子对"空隙"的作用认识得十分透彻。他说:

> 三十辐,共一毂,当其无,有车之用。埏埴以为器,当其无,有器

---

① 关于"气"的解释,历来众说纷纭,这里暂不展开。我们仅从无形、流动、流通等最基本的属性来理解"气",以此分析"柔"的涵义。

之用。凿户牖以为室，当其无，有室之用。故有之以为利，无之以为用。（十一章）

这所谓的"用"不是就"体用"而言，而是就"利用"而言，即一切功能的交汇点、承担者。器物的功能之所以彰显，就是因为它们有运转的空隙。这个"空"不是与人无涉的物理空间，而是指向人的生存活动的存在空间。生命个体处处不能离空隙，时时通过空隙而与大自然进行着气息的沟通。[①] 这个思想在《庄子》里得到了发挥。庄子说，"道不欲壅"，耳目要空虚，才能通彻，心智也要空彻澄明，壅塞则不能通达万物。庖丁只有顺着骨节筋肉之间的空隙才能游刃有余地解牛。庄子还类比说，在家庭的封闭环境里面，如果婆媳之间没有周旋的空间，彼此的情绪就会摩擦生火，发生冲突；同样，人的内心如果没有空明的场地，平日里积累的知识、思虑、情绪也会自相扰攘。这就是普通人为什么需要时常到大自然中去，借森林、高山之助而生成一个旷远的审美的世界的原因。人可以通过审美活动打破狭隘的心灵空间，让生命的灵气流动起来。[②] 在这个意义上看，用审美活动为精神世界保留一点空隙，简直成了人生的第一要务了。

中国美学重虚灵而轻实体，尚"通"而避"塞""壅""滞"，都是为了给活泼泼的"气"寻求流动的通路。虚灵通透是"致柔"的必要条件。宗白华是以强调中国诗画的"空间意识"。他说："中国画中的虚空不是死的物理的空间间架，俾物质能在里面流动，反而是最活泼的生命源泉。一切物象的纷纭节奏从他里面流出来！……唐诗人韦应物的诗：'万物自生听，太空恒寂寥。'王维也有诗云：'徒然万象多，澹尔太虚缅。'都能表

---

① 中国哲学中的"气"也是首先与生命活动联系在一起的。在相对粗浅的层面上，"气"表现为生命体的可见的呼吸作用，而其更加精微的层面则涉及生命体自身功能的运转机制，以及与天地自然的不可见的能量、信息的交换。

② "室无空虚，则妇姑勃谿；心无天游，则六凿相攘。大林丘山之善于人也，亦神者不胜。"（《庄子·外物》）

明我所说的中国人特殊的空间意识。"①这样的空间所以具有泉源一般的生发能力,概由于它实为宇宙气息的交汇场地。

《老子》以"专"来联系"气"和"柔"。"专气致柔"有不同的解说角度。一种解说角度把"专"解释为专精、纯粹;另一种角度则把"专"训为"抟"。两种角度都可以讲得通。

先看第一种解释角度。道家认为,爱恶的情绪会壅塞气息的自然流动,"专气"就是精神的纯一不杂,不受后天意识的干扰。老子通过观察婴儿,指出了"专气"的方法:

> 未知牝牡之合而朘作,精之至也。终日号而不嗄,和之至也。
> (五十五章)

婴儿的内心没有情欲与喜怒,他的无欲无求、无知无识令其生命力能顺应天机而自然勃发。这是中国古代哲学、美学特别向往的状态。不论修炼家还是艺术家,凡是与身心的创作活动有关的人,都特别重视涵养一种天真纯粹之"元气"。涵养的方式,主要就是从后天的俗务熏染当中洗涤身心,回归到赤子的原本状态。

"专气致柔"的"专"还可以解释为"抟",有更强的动态。我们今天说"一团和气","抟"就是"团"的动词形式。"抟气"是人通过高超的协调力,让各种气息的流动维持在平衡、和谐的状态。

"抟气致柔"可以联系到老子的"冲气"观念。

> 道生一,一生二,二生三,三生万物。万物负阴而抱阳,冲气以为和。(四十二章)

后人对《老子》这一章的解释有许多角度。以意象构成的角度,本章可以看作是对于意义生成过程的完整描述。如果说"道"是一切流转功能的总概括,那么,它必然要实现于构成意义的过程当中。这个过程的起点是一个混沌不分的"无"的状态。在中国哲学当中,"无"是事物的无

---

① 宗白华:《中国诗画中所表现的空间意识》,《宗白华全集》第二卷,第439页。

限定(indefinite)、无形式(formless)的状态,是万有未分的"一"。无分别、无规定的"一"进而可以判分阴阳。阴阳是一切分别的总概括,故称为"二"。但是,仅仅有分别还不能构成意义,"道"的最精妙的生成机理在于"三"。

要理解那个生成万物的"三",让我们先回顾在第一章讨论过的"文"。"文"的古字像"爻",《说文》云"错画为文",包含了两方面的意思:其一,只有存在着两个相异的因素才能构成意义;其二,只有当存在着分别、对立的两个因素之间有了交点、交集,才能构成一个意义的整体。这两点同时具备,有分有合,才能形成一个"和而不同"的局面。这里的"三"产生于二气相交之处。① 这个意义的"三"并非静止的交集,而象征着动态的交融("抟"),所以又与"参"相通。"参"有介入、参与的意思,如《易传》所谓"参天地之化育"。老子的"冲气"可以看作是对"三"或"参"的一种说明:由于"冲气",万有之名的暂定界限被一定程度地消解掉了,人能够从宇宙万象的流动感中体味出"妙"。

以"抟气""冲气"解释"三","三生万物"即表示了宇宙自然的一种自组织、自维持的"生"的过程。构成("生")万物意义的条件是阴阳。因为能"三(参)",阴阳之间的互动减低了对立、对抗的成分,增加了和谐、共生的意趣。② 所以能"三",是由于流动的"气"把阴阳两种功能联系在一起了。

气的流动、冲和表现为"负阴而抱阳"。老子通过富有身体感的"负"和"抱"暗示了阴阳二气的亲密性。中国人常说"阴中有阳,阳中有阴""阴阳互根""阴阳和合",阴阳虽然是相异的功能,但能够因为相互交融、配合、共生,使创新的过程具备了自维持、自组织的能力,所以"三生万物"。这个"三"并非确数(先秦晚期至汉代的人们更加重视"五"),而表

① 庞朴:《中国文化十一讲》,第144页。
② 安乐哲将"一"理解为万物间相关性的总和,"二"则代表差异,而"三"就概括了既不可化约为单一秩序又存在着连贯和一致的多元性。安乐哲:《自我的圆成:中西互镜下的古典儒学与道家》,第71页。

示具有整一性的"多"。具有内在协调性的多造就了"和","和"合于生命之"道"。阴阳二气如此生生不已,化育万物。

在老子哲学里,"三"不仅意味着创造了新局面,而且意味着原先相互对立的"二"取得了和解,所以能够源源不断地生成万物。由"二"而生"三",是老子提倡的"柔弱";能"二"不能"三",则是老子反对的"刚强"。张载说:"有象斯有对,对必反其为。有反斯有仇,仇必和而解。"(《正蒙·太和》)"有对"即由"一"而判分阴阳。有分别即有对立,对立双方很可能出现仇隙,但既然两者处于一个共同体之内,矛盾终会因阴阳和合而解。反之,如果人没有找到或根本不承认阴阳两方面存在着相通点,或者不承认两者毕竟处于一个共同体之内,那就会停留于非此即彼、"你死我活"的对抗思维。结果就是冯友兰指出的"仇必仇到底"。我们将会看到,中国的道家和儒家思想从不同的角度倡导了象征着多元的"三",反对刚硬对立的"二"。

在美学讨论中,人们有时以"氤氲"来描述"三"或"冲"。"冲"在今天的用法当中(比如"冲击""冲突""冲动"等)较多激荡的意味,而中国美学当中的"冲虚""冲淡"等说法,似乎都不是激烈的互动作用,其实却是由极动而返至静的高层次的激荡。中国的山水画时常氤氲着一种冲淡的云气,而非西洋油画般的鲜明的明暗对比。中国艺术背后的思想背景,就包含了抟气化氤氲、冲虚以生物的道家理念。

三、真正的强大

老子的哲学思想长于对生命过程的整体审视。生命的特征是寻求生长、发展,实现自身的潜能和价值。"生长"可以看作是一个变得逐渐强大的过程。生命皆以强大盛壮为美善,人类之审美意识亦不外此规律。不过,不同时代、不同阶层、不同民族的人类文化对于什么才是强大,如何达到强大,却有着不同的思维方式和行为方式。老子由"柔弱胜刚强"的原理导出了"不以兵强天下"的主张,也奠定了其有关审美评价标准的独特观念。

"上古竞于道德,中世逐于智谋,当今争于气力"(《韩非子·五蠹》),动物界的丛林法则积淀到了人类历史当中,争斗、杀戮逐渐成为社会生活的常态,也催生出了各个文明中以兵器为神物的观念。文人以最大的激情把战争渲染为壮丽的诗篇,狂热的群众把杀人如麻的指挥官崇奉为英雄。与此相反,老子从"天道"的角度指出"反者道之动,弱者道之用"(四十章)。"反"概括了"道"的作用原理,而"弱"则概括了"生"的机理。人把握天地生息的规律,故能在柔弱中见出强大,而不像动物界中以弱肉强食显示强大。正因为老子看重"强",他才一再强调"柔弱胜刚强"(三十六章)、"守柔曰强"(五十二章)、"善有果而已,不以取强"(三十章)。即使是破敌如摧枯拉朽,也要点到为止。更进一步,在战胜对面敌人的同时,人还要以仁爱之心战胜自己内心的愤恨、野心和狂妄,所以说"自胜者强"(三十三章)。

老子认为,人的心志状态决定了人与自然的关系是指向生养,还是指向死亡。他以马匹为喻:

　　天下有道,却走马以粪。天下无道,戎马生于郊。(四十六章)

马匹是古代重要的畜力工具,能够大大地拓展人的力量。人们是用马匹来耕地还是打仗,全在于人类社会是否"有道",也就是人把天地赐予人类的力量(比如火药)用于建设性的事业还是破坏性的行为。兵器的历史与人类使用工具的历史同样长久,尤其在冷兵器时代,兵器与生产、生活工具几乎就是一体的。同样的工具,对待的态度不同,用法就不同,意义也就不同。不能说工具本身是恶的,而是作为武器的"兵"所体现的杀伐之气有悖于生命之"道"。从短期看,崇尚强力的无道者处处占先,赢取了巨大的利益;但从长远看,其行为却给人类也包括争霸者自己带来长远的灾难。如果人们对于各种工具、技术和力量(包括人力、畜力、自然力),不是从杀伤的角度来利用,而是尽量追求其对于生命的滋养,这就是"天下有道"的表现。

老子把兵器称作"不祥之器",强调武备乃"不得已而用之"(三十一章)。同时代的军事思想家孙武也说:"百战百胜,非善之善者也;不战而屈人之兵,善之善者也。"即使不得已而争战,也要运用智慧,减少杀戮,"全国为上,破国次之"。老子并不是一概反对用兵,反对的是由兵争而引发的对生命的轻贱态度。老子尤其反对歌颂武装、美化战争的嗜血的审美观。他说:"胜而不美。而美之者,是乐杀人。夫乐杀人者,则不可得志于天下矣。"(三十一章)因为任何名义的战争都是对生命的绝对意义上的伤害,并不值得欢呼。所以,即使打赢了一场艰苦的战役也不值得欢庆,"杀人之众,以悲哀泣之,战胜,以丧礼处之"(三十一章)。乐生好德,反对"嗜杀人"的意识形态,是先秦儒道两家最能发生共鸣的观念之一,与阴谋诡诈、冷酷刻毒的申韩之术截然两途。

老子以"水"立象,为天下人指示了何为真正的强大。①

> 天下莫柔弱于水,而攻坚强者莫之能胜,以其无以易之。弱之胜强,柔之胜刚,天下莫不知,莫能行。(七十八章)

作为德之"象","水"与"气"一样,都是老子领悟"道"的方法。天下至柔至弱的莫过于水,但影响万物生长、改变世界面貌的强大力量也是水。水虽然柔弱之极,一旦其蕴涵着的强大力量爆发起来,任何有为有形的东西都不能抵挡。人类对于水的力量有一种深沉的恐惧感。一切强力文明引以为傲的成果在漫天洪水面前都不堪一击。华夏民族在文明的草创阶段也遭遇过洪水的威胁,但大禹摒弃了蛮力对抗的思维,通过疏导解决了洪水之患。这不仅是一个工程思路的问题,更反映了一种智慧的思维方式:以如水般柔顺的方式来应对水患。老子借助"水"之德,指出了柔弱与强大之间的微妙关联:由涵养生命而具有广大的渗透力、改造力、包容力,才是真正的强大。

水的力量来源于它在细微的空隙当中持久而缓慢地作用。老子说:

> 天下之至柔,驰骋天下之至坚。无有入无间,吾是以知无为之

---

① 中国古人普遍以"水"之象为德行之师、宣教之法,而不是从宇宙生成的物质意义入手。孔子说"知者乐水",孟子以"水之就下"解说德政与性善,庄子以"止水"为心镜之喻。在老子这里,"水"更多地用来解说"柔""弱"的哲理。

有益。(四十三章)

水可以慢慢地磨平一切坚硬的棱角,却不表现为激烈的对抗。所以能够如此,是因为水的特性是"无有入无间",在一切细小的缝隙当中默默地改变着力量的对比。《庄子》里"庖丁解牛"的故事用诗意的描述发挥了老子的这个意思。庖丁解牛无数而刀刃无伤,庄子的解释也是"以无厚入有间"。其中的关键不在刀刃的锋利,而在人的心地足够柔软和细微。"柔"的极致则为水。水没有固定的形状,象征着圣人没有丝毫不能割舍的利害,没有任何固执不化的情结。如水之人有强大的渗透力,可以自动地、平等地覆盖一切所过之处,无微不至,无坚不摧。

老子由观水之象,总结了他的"无为"思想:

天之道,利而不害;圣人之道,为而不争。(八十一章)

水有"处下"之德。"水善利万物而不争,处众人之所恶,故几于道。"(八章)道以"反"为动的方式,"贵以贱为本,高以下为基"(三十九章)。水流趋下,能成就也能削剥一切尊高者,而真正强大的主导者则有江海一般广大的包容性,众望所归。由此可见中国文化所认定的强大,不着眼于个别物种的适者生存主义,而着眼于整个生态系统的整体利益。着眼于个体存续的竞争主义必然强调弱肉强食;而着眼于整体生存环境的人,则强调生生之德。水成就了天地万物的生,但其自身却无所谓"生",更不会为了成就自己而侵夺他物。这就是老子提倡的圣人之德,也是圣人之美。

第四节 审美心胸(一):知足者富

老子美学在审美心胸的问题上,强调审美活动有助于人与欲望、知识拉开距离,增进心境的平和。本章从两个方面来讨论。本节主要讨论老子美学中有关于去除欲望、知识之患的"负"的方面,下一节则讨论其正面的"静观"思想。两者都是突出了审美体验之于人的精神生活的价值,但就其内心修养的层次而言,疏离于功利符号的"减法"是审美的前提条件,而静观则意味着较高层次的审美状态。

老子美学最引人注目之处就是反对一般意义上的"美"。他说:

> 五色令人目盲;五音令人耳聋;五味令人口爽;驰骋畋猎,令人
> 心发狂;难得之货,令人行妨。(十二章)

老子指出,强烈的感官刺激会让人的耳目口体的感知变得偏差不正
("爽"是偏差的意思),而纵情驰骋的娱乐更会让心绪放逸难收,奢侈品
的诱惑让人的行为偏斜。这种观念似乎反对了一切被我们今天称作"审
美享受"的活动,理由是它们给了人们太多的刺激。

其实,老子并非反对审美,反而在维护审美。

《老子》所针对的声色田猎活动具有特定的社会背景,不能等同于今
人的艺术欣赏活动。前面提到,"五色""五音""五味"是从先王遗制中发
挥出来的礼乐之文。春秋战国时代的普通人还没有条件受到"五音""五
色"和"驰骋畋猎"的诱惑。东周礼坏乐崩之际,礼乐文化失去了其原有
的政教功能,比如"八佾舞于庭"之类,不是形式上不美,而是成了野心家
们肆欲逞强的工具,反增乱象。老子在这个意义上指出"五色""五音"
"五味"等礼文的局限性,以至提出"夫礼者,忠信之薄,而乱之首"(三十
八章)等看似极端的主张。

其实,不仅老子在批评"文",儒家也未尝没有意识到声色追求的危险。
《国语》记载了春秋时代的贤大夫的告诫:"夫乐不过以听耳,而美不过以观
目。若听乐而震,观美而眩,患莫甚焉。"就是说,声色悦乐不能超过人心所
能承受的限度,否则就会导致祸患。"患"在政治上的严重后果是:"有狂悖
之言,有眩惑之明,有转易之名,有过匿之度。出令不信,刑政放纷,动不顺
时⋯⋯"①(《国语·周语下》)感官与心灵上的"眩"会导致统治者的言行

---

① 儒家把耳目与心术、治道直接联系在一起。"夫耳目,心之枢机也,故必听和而视正。听和则
聪,视正则明。聪则言听,明则德昭,听言昭德,则能思虑纯固。以言德于民,民歆而德之,则
归心焉。⋯⋯若视听不和,而有震眩,则味入不精,不精则气佚,气佚则不和。于是乎有狂悖
之言,有眩惑之明,有转易之名,有过匿之度。出令不信,刑政放纷,动不顺时,民无据依,不
知所力,各有离心。上失其民,作则不济,求则不获,其何以能乐?"(《国语·周语下》)

失当。居上位者不顾民心国力的条件限制而追求铺张奢华,必定导致政令乖戾、民心尽失。因失德乱政而丢失政权,正是中国人最为忌惮的事。

除了政治现实的考虑,就一般的美学意义而言,声色犬马的享受也不能等同于审美活动。声色刺激取消了审美活动所必需的心理距离和精神空间,让意义生成的过程变得狭隘,并由于狭隘而趋于极端。"目盲""耳聋""口爽""心发狂"即是一个由感官壅塞而心灵逐渐偏斜、弊浅的过程。近代的王国维用"眩惑"指示老子揭示的现象。王国维指出,艺术的功用在于"使吾人离生活之欲",而周昉、仇英画的美人图、《西厢记》和《牡丹亭》中的一些章节却是勾起人欲的"眩惑","徒讽一而劝百,欲止沸而益薪"。所以,"眩惑之于美,如甘之于辛,火之于水,不相并立者也"①。由声色刺激导致的"眩惑"既不是美学上的"美",也不是美学上的"丑",而是在审美意义的美与丑之外,是审美的反面。从老子到王国维,中国古代的美学家们反对的,并不是美学意义上的"美",而恰恰是"美"的反面。反对眩惑之"美"正是为了成就真正的审美。这也是老子"正言若反"的一个例子。

老子指出的对于"五色""五音""五味"等的享受,与近代西方人对"艺术品"(绘画、音乐等)的审美欣赏不同。近代人的审美活动依据的是"美"的观念,我们今天依据西方美学的观念所理解的"美"与中国古代人的理解并不相同。

在由古希腊思想奠定的美学传统里,声音、颜色、形体都属于"形式美"的范围。和谐的比例、恰当的形式常常直接就等同于"美"。美学史家指出:"美乃是一个歧义多端的概念,就其最广义而言,这个字可以用来表示使人产生快感的任何事物······就其狭义而言,它通常被用来表示一类均衡、清晰与形式之和谐。"②古希腊人因此而崇尚几何,其热切赞赏的艺术作品,无论音乐、建筑、雕塑还是哲学思想,几乎都是几何的化身。

---

① 王国维:《红楼梦评论》,《静庵文集续编》。
② 塔塔尔凯维奇:《西方六大美学观念史》,第 31 页。

他们的女神雕像之"美"，与"真""善"一样，是超越于混乱的现世之上的理想世界在人间的投影，具有高贵以至神圣的意味。这种纯形式的"美"并不属于中国古人的审美意识。中国人对声色形体的欣赏不像西方的形式美那样纯粹而且神圣。比如宋玉的《登徒子好色赋》描述美人："眉如翠羽，肌如白雪，腰如束素，齿如含贝。"又如《诗》的《卫风·硕人》的描绘："手如柔荑，肤如凝脂，领如蝤蛴，齿如瓠犀，螓首蛾眉。""柔荑"是初生的荑草、"凝脂"是凝固的油脂，"蝤蛴"是蝎子之类的昆虫，都是自然事物之名，而不是具有超越意义的数学比例。

名的现实性往往伴随着功利性。老子提醒人们警惕"五色""五音""五味"对于心灵的壅塞，是由于这些形式与直接的功利活动难以割舍。道家圣人体道往往要超越具体的形式及其背后的功利化的"名"，道家美学所规定的审美活动正是要超越现实功利。为打破功利性的眼光，中国美学、艺术的追求有时恰恰要削弱"形式"。这并非反对审美，反而却因为去除了遮蔽审美的因素而增强了人的审美能力。① 这是在美学问题当中体现的有无相生的法则。

声色的追求、驰骋的愿望之所以成为人心的祸患，是因为它们不是来自生命本身的需要，而是来源于"知"的诱惑。

> 天下皆知美之为美，斯恶已。皆知善之为善，斯不善已。（二章）

这里的"美"和"善"都是由某种价值判断立的"名"。在老子的哲学中，"有名"与"无名"处于永不休止的相互转化之中，"美""善"也不能脱离这一规律。美与不美、善与不善总是相映存在，美也可以变为不美，善可以变为不善。有无、彼此之间转化的枢机就在于"知"。老子这里说的"斯恶已""斯不善已"的"斯"，指代的并不是"美"和"善"，而是"天下皆

---

① 陈来认为"无"所指称的精神境界不能被归为"审美"，依据是康德对审美的规定。康德的《判断力批判》指出：审美活动的特点，一是有对象，二是"感性的愉快"，而"无"则不能归为感性与特定的对象，因而"无"的境界不属于中国美学的问题。陈来：《有无之境——王阳明哲学的精神》，第 6 页注。这个论断乃是依据德国近代美学的规定而做出的，不能完全应用于中国古代审美活动的实际情况。

知"。一个美善的事物,一旦成为天下皆知,也就开始了对象化、固定化、工具化的宿命,最终就会变得不美、不善。

"知"是人的宿命。相对于其他动物,人的一大特点是能够制造和使用工具。在诸多认识世界、改造世界的工具当中,最精妙、最有力量的是由概念、判断构建起来的知识和观念体系。知识让人的经验可以累积和传递,让人具有了归纳和推理的思考能力,让人的精神世界远远超出了动物的范围。然而,老子也敏锐地意识到"知"的危险。在"知"的催化下,欲望变得永难餍足,争斗变得难以调和。对于声色犬马的追逐,与其说是人皆有之的本性,不如说是在后天的文化环境中熏染而成的习惯。① 后天的欲望阻断了人原本的领悟能力,使人远离了真淳自然的生命体验。

对这种"知"的后果,老子有如下的描述:"朝甚除,田甚芜,仓甚虚;服文采,带利剑,厌饮食,财货有余;是为盗夸。非道也哉!"(五十三章)人们由追求利生的物质,转为追求这种物质的符号。真正的物质性的需要是合理的、有限的,也较易满足,而物质符号的需要则永无止境,以至于到了"金玉满堂"的地步也无法餍足。当人把满足欲望的希望寄托于比物质资源更为稀缺的财富符号上时,于己则苦多乐少,于社会则虚耗物力、争扰不休。老子指出:"甚爱必大费;多藏必厚亡。"(四十四章)"甚爱"说明人的追求和占有超出了生命的正常需要,反而与生命的需要正相反对,老子称之为"盗"。奢靡的享乐、浮华的追逐并不是真正的审美,而实是人生和社会的大盗。

老子并不是一概地反对"知"。他转换了"知"的指向和方式,即由"知美""知善"转向了"知足"。他说:

> 知足不辱,知止不殆,可以长久。(四十四章)
>
> 祸莫大于不知足;咎莫大于欲得。故知足之足,常足矣。(四十六章)

---

① 费孝通:"欲望并非生物事实,而是文化事实。"费孝通:《乡土中国》,第78页,上海:上海人民出版社,2007年。

知足、知止的人不以追求过度的刺激和享乐为生活意义的来源,而是以内心的富庶为乐趣的源泉,所以"知足者富"(三十三章)。庄子说:"瞻彼阕者,虚室生白,吉祥止止。夫且不止,是之谓坐驰。"(《人间世》)"生白"即是意念的沉静自守,以此免于徒劳无功地妄想和追求。

如何主动地从"不知足"转为"知足"?老子主张"圣人为腹不为目"(十二章)。这是一个具有中国美学特色的命题。在西方美学思想里,耳目被认为是"高级感官",理由是它们二者服务于听觉和视觉两者"认识功能"——"认识"被认为是通向神圣的理性世界的,而味觉、嗅觉、触觉等则属于感官的、肉欲的世界,所以被认为是低级的。中国古代的美学并没有高低两个世界的区分,所以,耳目所欲求的声色满足与鼻舌身的生理满足之间就不存在性质上的高下之别。老子所以贵腹贱目,大概由于"腹"更多地带有自然的身体感,既不容易让人产生无餍足的贪欲,也不会像耳目那样受到声色名利符号的诱骗。

"为腹不为目"的意义是让人自觉地回归生命原本的体验,不受概念符号的干扰。这是"知足"的第一步。

从更深的层面看,"不知足"是由于人们在"知"的蛊惑下过分强化了自我。道家认为,强大的自我意识也是审美的敌人。老子说:

> 自见者不明;自是者不彰;自伐者无功;自矜者不长。其在道也,曰:余食赘形,物或恶之。故有道者不处。(二十四章)

人之异于动物,在于具有自我意识,而过于强化的"自我"却令自己与万物周流的过程割裂,正如"刍狗"在祭祀仪式结束之后仍旧自视神圣一样可悲可笑。老子指出,强化的自我是丑陋的。"余食"意味着暴殄天物,"赘形"则是过度聚敛而导致的腐烂臃肿。"余食赘形"源于一种过度的求生欲望,即妄图占有一切可能有利于自己生养的事物,而不考虑自己的实际需要,也不考虑天地生态系统的整体状况。无餍足的贪求、扩张阻碍了生命有机体的物质和能量的流通,破坏了生机。所以,"朱门酒肉臭"在任何道德标准当中都意味着丑恶,赘冗的体态、增生的组织在任何审美观念当中都是一副丑态。老子指出,修养生命之道的人要远避这种"求生却不得生"的困局。

任何用力追求的想法和做法也都源于强大的自我观念。老子以生活中常见的现象取譬:

> 企者不立;跨者不行。(二十四章)
>
> 飘风不终朝,骤雨不终日。孰为此者? 天地。天地尚不能久,而况于人乎? (二十三章)

飘风是卷地拔屋的狂风,骤雨是骤然倾泻的急雨,这两种自然现象都只能维持短暂的时间。人要站得高、走得快,不能采用踮脚尖、跨大步的方法,否则反而站不住、走不动。求极端的疾风骤雨的做法虽然可以在短期内达到气象一新的效果,却往往缺少一种持久发展的能力——或者说失去了"后劲"。没有"后劲",任何事物都只能喧哗一时,不会有真正的发展。老子以日常普通的现象为喻,说明对任何有价值的目标都要采取自然无为的态度,不能受强迫好胜之心的驱使,不能对生命的过程采取急躁冒进的态度。由此,在道家美学的影响下,中国古人对强力总抱有一种冷静的怀疑态度,不太欣赏狂飙突进的审美观念和艺术作品。

"飘风不终朝,骤雨不终日"还揭示了中国人的一种对于"天道"的信念。面对着似乎无力克服的险难、不可一世的骄慢,中国人往往以"忍"为先,等待其被天道消磨,而不去无谓地冲撞。这在审美观念里表现为一种冷眼旁观的意识,比如"眼看他起高楼,眼看他宴宾客,眼看他楼塌了"(《桃花扇·余韵》)。

老子主张以无为的态度去实现生命的发展。他说:"天地相合,以降甘露,民莫之令而自均。"(三十二章)意思是,有国者应该像相信天会下雨一样,相信老百姓有能力自己安顿好自己的生活,不需要外来的干预。"无为"的态度并不是道家专有的。孟子也说,在道德修养方面用力过猛的结果是"其进锐者,其退速"(《孟子·尽心上》)。有些发展态势,初看起来进展迅速,但退步会更加迅速,孟子称之为"气馁"。所以,孟子主张顺从天地自然的大德流行以"养气"。"养"也是一种无为的做法。

老子以具备生生之大德的天地为榜样，认为真正长久的"生"是无为而为的。他说：

> 天长地久。天地所以能长且久者，以其不自生，故能长生。（七章）

老子在这里提出了一个"生的悖论"：求生则不得生，不求生则无所谓生。所以，"生"之道即是以成就世界整体的"大生"来实现自己的"生"。"不自见，故明；不自是，故彰；不自伐，故有功；不自矜，故长。"（二十二章）自己所作所为的一切价值都自然呈现于世界，不需要自己再去有意彰显和维护。朱光潜指出，所谓"无为"，并不是无所作为，而是"无所为而为"的自由状态。他说："在有所为而为时，人是环境需要的奴隶；在无所为而为时，人是自己心灵的主宰。"[1]"无所为而为"是以真正的审美的精神对待生命，是一种高度自由的人生境界。

"不自生""不求生"意味着回归到身体的体验、自然的节奏，不论对己还是对人，都抱有"慢慢来"的心态。

> 孰能浊以静之？徐清。孰能安以动之？徐生。（十五章）

"徐"就是要人们慢慢来，不要动辄飘风骤雨。"慢"是一种做事的态度，更是一种生活的态度。人若能在变动的世界里具备"徐生"的心态，即免除了生存本身秉有的焦虑、焦躁之情，对生命、自然有了一种踏实的态度和欣赏的眼光。20世纪美学家朱光潜提倡的"无所为而为"的审美态度就是从老子美学中来的。朱光潜特别欣赏阿尔卑斯山路上的一则标语："慢慢走，欣赏啊！"他说，这表明了一种美感的态度。"在美感经验中，我们所对付的也还是这个世界，不过自己跳脱实用的圈套，把世界摆在一种距离以外去看。"[2]不把山路当作急匆匆地"赶路"的地方，而是将

---

① 朱光潜：《朱光潜全集》第一卷，第324页，合肥：安徽教育出版社，1994年。
② 朱光潜：《文艺心理学》，第20页，合肥：安徽教育出版社，1996年。

其本身看作一幅画,慢慢地欣赏。山景与人生,倏忽间已彻底换过。

第五节　审美心胸(二):虚极以观复

先秦道家的哲学思想强调"无为""无知"。然而,同"求生不得生"一样,"无知"也有类似的难题:先秦道家以"无知"为最高的境界,但"无知"又绝不可求,或者说,不能以通常的"加法"的方式来追求。老子提出了一种"减法"的方式,以使人放下"知"的重担。对于中国的美学思想而言,这种"减法"很有意义。

一、涤除玄鉴

> 涤除玄鉴,能无疵乎?……明白四达,能无知乎?(十章)

老子认为,要恢复心地的光明,首要的是"涤除"——像洗涤尘垢一样,去除后天的"知"的蒙蔽。在美学的角度,就是要除掉那些令人的眼光变得单调僵硬的重重积淀。涤除的工夫让人对世界的领会变得简约一贯,让人的心目如同澄澈的镜子一样映照天地。后来,庄子深入地阐述了"用心若镜,不将不迎"的修心与审美之法,正是接着老子的"涤除玄鉴"讲的。以心为镜,荡涤尘滓,是先秦道家最有代表性的美学思想之一。

老子的哲学所面对的是一个永恒的动的世界,有无相生,奇正反复。其妙其徼,都投射在心灵之镜上面,而这面镜子本身是不动的。这就是中国哲学的"静观"的思想。这个思想的影响深远,连后世标榜反佛老的道学家们也提倡"万物静观皆自得"。

"静观"思想在《老子》里有一段集中的表述:

> 致虚极,守静笃。万物并作,吾以观复。夫物芸芸,复归其根。归根曰静,静曰复命。复命曰常,知常曰明。(十六章)

"作"是意义世界的永无休止的动相。万物虽为假名,但毕竟森罗毕现,甘辛不爽。庄子用长风寥寥、众声喧哗来喻示动静好恶的无常,"激者,稿者,叱者,吸者,叫者,嚎者,窈者,咬者"(《庄子·齐物论》),宛如宏大的交响乐。老子则说:"天地之间,其犹橐龠乎？虚而不屈,动而愈出。"(五章)天地之间的变易,犹如造化之手在鼓动风箱,从虚空中源源不断地鼓荡出造化的戏剧。"并作"是"有生于无",而"归根"则是"有"又复归于"无"。一般情况下,人的注意力很难同时顾及此生彼灭的不同事物。人总是习惯于聚焦在与自己的爱恶相应的东西上面,对万物永恒流转的实相视而不见。老子提醒人要超脱出一己之爱恶,静观万物的动止和生灭。一旦人拥有了智慧的"明","我"就已不再属于流转无息的万物,从而获得自由。由此,我们再看前面提到的有关老子反对"五音""五色""驰骋畋猎"的主张。人如果被过于强烈的声色刺激所诱惑,人心就会逐渐地变得粗糙和迟钝,就会越来越疏于察觉和欣赏世界的复杂性。老子指出,只有具备一颗精细的心,人才能真正地去观"万物并作"。人心回归精细的前提条件就是"静"。

在一阴一阳的对待关系中,静与动是并列的关系,而"守静笃"的"静"却并非与宇宙万有的"动""作"相对而言。"重为轻根,静为躁君"(二十六章),"静胜躁,寒胜热。清静为天下正"(四十五章),静与躁的地位是不平等的。躁动是人的欲望之象或有为思虑之象,而"清静"超乎一般的动静之上。老子说"见素抱朴,少思寡欲"(十九章),庄子说"嗜欲深者其天机浅"(《庄子·大宗师》),《易传》说"天下何思何虑""寂然不动,感而遂通",都是以静为君的表现。老子的虚静思想在庄子那里有进一步的发展。他说:"人莫鉴于流水,而鉴于止水。唯止能止众止。"(《庄子·德充符》)镜子可以映照动静,是因为它本身是澄澈无扰的,故庄子以"止水"喻心镜。止水的"静"不仅仅是静止,更是为朗照万象提供了条件。人的精神世界因为虚静而廓大和稳定,是以能承载得起"万物并作"。

"静观"概括了先秦道家对于宇宙人生的态度。有些人认为道家思想是偏于出世甚至避世的。这是一个误解。老子说:"圣人处无为之事,行不言之教;万物作而弗始,生而弗有,为而弗恃,功成而不居。夫唯弗居,是以不去。"(二章)老子同样肯定有作为、善生养的人生,其无为的智慧是关于如何更好地作为和生养。庄子也说"其用心不劳,其应物无方"(《庄子·知北游》),唯有自心清净,才能平等地观照万物的"作"与"归",并进而积极地投入到宇宙大化之中。① 总之,"致虚极,守静笃,万物并作,吾以观复",虚静能够让人更积极地入世。

"涤除"与"虚静"不仅在中国哲学的发展中开其源流,而且也成为中国美学的一大原则。魏晋南北朝的美学家将"涤除"的观念引入到了文学艺术领域,如宗炳提出的"澄怀味象"和"澄怀观道"接续了"涤除"的思想,刘勰的《文心雕龙·神思》说"陶钧文思,贵在虚静;疏瀹五藏,澡雪精神",则把庄子提出的"疏瀹""澡雪"("疏瀹尔心,澡雪尔精神,掊击尔知")与"虚静"结合在一起。南北朝之后,从美学上讲虚静的人更多了。刘禹锡诗:"虚而万景入。"苏轼诗:"欲令诗语妙,无厌空且静。静故了群动,空故纳万境。"画论家郭熙则将"涤除"与"虚静"概括为"林泉之心",认为有了林泉之心才能"万虑消沉""胸中宽快,意思悦适"。②

积极的作为实现了功利,成就了道德,而心灵的静观和超脱则转化了功业的意义,以审美的态度赋予其更丰富的意义。人有了"观复"的自觉,故能"止",亦能"弗居"。因为弗居于美善,人在入世作为的同时,心灵保持着超脱的状态,成功之后不仅身退,而且心退。所以,中国的审美"静观"不是西方近代意义上的"无功利"的"审美态度",而是入得进而又出得来的"超功利"的人生态度。朱光潜把"以出世的精神做入世的事业"看作是中国人协调"入"与"出"的理想境界。朱光潜的这个观点与其说得自西方近代的"距离说",不如说是从老子美学当中来的。

---

① 庄子对"虚静"作了更为积极的解释,颇有"无为而无不为"的意思。他说:"夫虚静恬淡寂漠无为者,天地之平而道德之至,故帝王圣人休焉。休则虚,虚则实,实者伦矣。虚则静,静则动,动则得矣。静则无为,无为也,则任事者责矣。无为则俞俞。俞俞者,忧患不能处,年寿长矣。"(《庄子·天道》)
② 叶朗:《中国美学史大纲》,第40—41页。

二、反观其身

中国哲学与美学的"观"带有明显的身体感。与名相符号不同，身体感是一种较为切近的生命体验。在《老子》当中，"身"被特别提出，作为开启其哲学思考的起点。

> 吾所以有大患者，为吾有身，及吾无身，吾有何患？故贵以身为天下，若可寄天下；爱以身为天下，若可托天下。（十三章）

哲学起于人类最深沉的忧患。西方哲学的问题起于"自我规定"的忧患，"我是谁""我从哪里来""我到哪里去"；而中国哲学以个体生命的局限为忧患，"人生不满百，常怀千岁忧"。在老子这里，"长生久视"是哲学思考的指向，"吾有身"则是其思考的基点。

在老子这里，"身"也是有生于无，又复归于无的象征。肉身的有限性决定了个体生命的有限性：受制于时间的条件，一个人只能占据历史长河当中十分短暂的时光；受制于空间的条件，人只能活动于有限的范围，接触到有限的事物。人生意义的有限性与身体的物质局限性有莫大的关系。身命的维持需要充足的物质条件，而且不论如何细心地维护，终究也要归于无有。庄子说："养形必先之以物，物有余而形不养者有之矣。有生必先无离形，形不离而生亡者有之矣。生之来不能却，其去不能止。悲夫！世之人以为养形足以存生，而养形果不足以存生，则世奚足为哉！虽不足为而不可不为者，其为不免矣！"（《庄子·达生》）"大患若身"昭示了有限而渺小的个体在这个无边世界中的无可摆脱的局限性。人总是希望以尽可能多的意义创造来突破自身存在的局限，而追求意义创造的过程却又处处是陷阱：过分地追求物质的利养，以致"金玉满堂，莫之能守"；或执着于虚假的名相，以刍狗为神圣，自欺欺人。人类的哲学有一个任务，即在于以思想的觉解来突破"身"所导致的自我有限性的困扰。

与某些彻底否定肉身的神学观念不同，中国的思想更倾向于在"身"

的现有基础上寻求超越其局限的道路。在老子这里，"身"既是遮蔽的渊薮，也是复归光明的凭藉，所以要"以身观身"（五十四章）。从哲学的角度看，"身"乃是介于主客、物我、知行之间的一种存在，能够突破各种二元对立的格局。"身"是思想的凭藉，而不仅仅是一种使思想得以运行的硬件。《老子》的"企者不立，跨者不行"（二十四章）即是以身体现象解悟道理的最简单、直接的例子。这种"身观"是一种思想的方式——不是以逻辑、思维、理性来"观察"物质化的肉体，而是在体验中回归身心的一致性，通过身体而思。

老子提出了一个看似极端的主张，要求人们"闭目塞听"：

> 塞其兑，闭其门，终身不勤。开其兑，济其事，终身不救。（五十二章）

> 不出户，知天下；不窥牖，见天道。其出弥远，其知弥少。是以圣人不行而知，不见而明，不为而成。（四十七章）

"兑"上两点象征"开口"，故《易》之"兑"为口，为说，为悦。广义而言，眼、耳、口、体都是"兑"，即信息交换的门户。人从这些门户出发，寻求有关这个世界的知识，表达自己的见解，寻求各种欢乐。然而，正如庄子所谓"吾生也有涯，而知也无涯。以有涯随无涯，殆已"，出而不返的结果是迷失在那些与生命体验相脱节的道听途说当中。甚至关于道德的修养、审美的鉴赏，人也乐于用见闻之知来自欺欺人。冯友兰曾引用元好问的诗句"眼处心生句自神，暗中摸索总非真。画图临出秦川景，亲到长安有几人"，强调真切体验的重要。[1] 道听途说的信息、知识只会遮蔽人对世界的真切把握，所见所闻越是纷繁，所知越少，以至"人莫不饮食，鲜能知味"（《礼记·中庸》）。老子主张闭塞这些知识的门户，摒弃忙碌的心思，以回归真切的体验。庄子将之发挥为返观内视的思想："吾所谓聪者，非谓其闻彼也，自闻而已矣。吾所谓明者，非谓其见彼也，自见而

---

[1] 冯友兰：《三松堂自序》，第194页。元好问的诗出自《论诗绝句》，《遗山先生文集》卷一一。

已矣。"(《骈姆》)一般认为,审美欣赏不能离开耳目,道家的美学却恰恰主张"闭目塞听"。

老子指出"修之于身,其德乃真"(五十四章)。"观身"意味着人将对于这个世界的一切认知回归到身体的感觉上面。老子重视在细小处、切近处用工夫。[①] 他说"见小曰明"(五十二章),又说"自知者明"(三十三章)。身体在坐卧动静中充斥着纷繁复杂的细微感觉,只是被人们忽略了而已。人若能时时自知其身心状态的微小动作,也就能够敏锐地觉知事物兴作的细小萌兆。可见,老子并不一概地反对"知",而是要求人们把"知"建立在可靠的基础上——关闭了见闻之知的门户,安定下外出寻觅的心思,展开对自身的静观。这是道家虚静观复的入门工夫。

老子的"身观"被后世道家概括为"返观内视"的修养方法。但在老子那里,建立在身体体验之上的返观内视并没有局限在向内的省察范围中。老子说:"以身观身,以家观家,以乡观乡,以邦观邦,以天下观天下。吾何以知天下然哉?以此。"(五十四章)既然"身家"与"天下"是同构的,那么由"观身"即可以知晓整个"天下"。带有身体感的体验消除了知识的遮蔽性,人越能细致地观身内省,也就越能够"明白四达",把握外在世界。所以,老子说"不出户,知天下"。

在苏轼的《前赤壁赋》里,"苏子"与"客"的一番对话回应并发挥了老子的美学思想。苏东坡写道,当他与朋友泛舟赤壁时,有人感叹:像曹操那样的盖世英雄,仍然湮没在历史的风尘当中,现今也不知道留下了什么,何况你我这样的凡人?人正是由于生命的短促和个人的渺小,才羡慕这了无穷尽的长江啊!苏子回应说:"天地之间,物各有主,苟非吾之所有,虽一毫而莫取。惟江上之清风,与山间之明月,耳得之而为声,目遇之而成色,取之无禁,用之不竭,是造物者之无尽藏也,而吾与子之所共适。"

这段对话包含了两种对"身"的思考角度。"客"从"身"的有限性的

---

① "图难于其易,为大于其细;天下难事,必作于易,天下大事,必作于细。"(六十三章)"其安易持,其未兆易谋。其脆易泮,其微易散。为之于未有,治之于未乱。"(六十四章)

角度看待生命的意义。他从曹操的例子认识到,身体的短暂存在是对一切功利追求、事业意义的否定。这就由苍茫的历史感而引出了一种人生的虚无感。苏子也承认人身的有限和功业的虚无,却又强调了身体体验的丰富性和无限性。在排除了占有欲、是非心的意象世界里面,声与色因摆脱了"名"而流动无碍,因打破了实体化的界限而变得丰富,人与物的关系也因此而自由和亲切。专注于当下一刻的体验,平日里追逐知识的耳目形窍竟然变成了温顺的仆从,帮助人来领受平日忽略过的清风明月。在这样的世界里,没有功业的盛衰、生命的久暂可以萦怀,刹那即永恒,我与天地等,有何物事值得羡慕呢? 苏子的这个回答对《老子》"塞其兑,闭其门"的思想做了一个发挥:身体在功利的境界当中诚然是有限的,但在审美的境界当中则是无限的。在审美的境界中,耳目的作用发生了扭转,由欲望的渊薮变为自由的助力。

在技艺的运用和艺术的创作当中也可以得到一种超越此身的解脱感。在《庄子》中,大凡神妙的技艺,比如《达生》里提到的"佝偻者承蜩""津人操舟""梓庆削木为锯"等小故事,都强调因专注而忘身("不以万物易蜩之翼""忘吾有四肢形体");苏轼也用一首小诗概括了艺术创作的心志状态:"与可画竹时,见竹不见人。岂独不见人,嗒然遗其身。其身与竹化,无穷出清新。庄周世无有,谁知此凝神。"①这是通过投入作画的活动而将此身化入了万象,以创造新意义而消弭了有限之身。可见,不论是《庄子》里的技艺,还是书画乐舞的艺术,其价值不仅仅在于产生了有形的作品,而且也让人在凝神专注的体验中扬弃了"身"的局限。

总之,在老子美学中,人的身体一方面造就了生命之"大患",另一方面也为摆脱"大患"和审美静观提供了可能性。身体意识的引入,使得老子的哲学并不完全是"负"的、消极的,而有了可以入门的阶梯。有关身体哲学、美学的更进一步思考则由庄子继续展开,并与儒家的子思和孟子形成了颇有意味的呼应。

---

① 《书晁补之所藏与可画竹》三首之一,《苏东坡集》前集卷一六。

第六节 抱一守独的审美理想

"道生一,一生二,二生三,三生万物"(四十二章)概括了一个"无中生有",由"一"而孳生"多"的过程;反过来,万物之"有"也必定复归其根,即回归到"无"(无名、无规定、无形相)的状态。老子把这个"复归于无"的过程概括为"损"。他说:

> 为学日益,为道日损。损之又损,以至于无为。(四十八章)

从字面上看,"益"是增益,"损"是减少。如果说"为学"是增加各种知识、技能,那么"为道"所减少的,却不是知识与技能本身,而是知识、技能之间的隔阂。一旦消除了隔阂,特殊的、有边界的知识和技能的数量看似减少了,却实际上有了融会贯通之功。"无为"是最高程度的贯通。在这样的状态中,人表面上一无所知、一无所能,但遇到具体问题的时候,又似乎无所不知、无所不能。因为融会贯通,人对道的理解程度加深了,所以"损"才是真正的增益。孔子在鄙夫面前"空空如也",却又被人赞叹"何其多能",就是一个例子。

一、抱一为天下式

> 挫其锐,解其纷,和其光,同其尘。是谓玄同。(五十六章)

"锐"意味着个体的强化突出和针锋相对的斗争,斗争通常还会复杂化,转入多方的缠绕和纠葛,则是"纷"。"锐"与"纷"都是能"多"而不能返归"一"的现象。挫锐解纷则是"损"的一种表现。

黑格尔的美学认为,悲剧的实质就是相互矛盾的价值通过主人公的毁灭而取得暂时的和解。老子所谓的挫锐解纷,和光同尘,则是在"无"的层面上和解万物的冲突。这个"同"不是"小人同而不和"的那种强求一律的同,而是最广阔地容纳万有的"殊途同归"之同,所以称作"玄同"。"玄之又玄,众妙之门",玄妙之境,就是有无相生之处。"唯之与阿,相去几何？美之与恶，相去若何？……荒兮，其未央哉！"（二十章）站在"道"的角度，意义世界的任何两个极端之间都分享着巨大的相似性、相通性，所以圣人要"执两用中"，守护妙境。彼此、物我、天人、阴阳，一切二分的产物皆和合于"玄"。

挫锐解纷、和光同尘的极致即是万物复归于"一"，人的意义世界因而得以整全和焕发生机。老子又说：

> 圣人抱一为天下式。（二十二章）

"式"，又称式版，是古人用来占验时日的工具，类似于后世堪舆用的罗盘。① 式版的基本属性是一个具有结构的象数系统。象数系统的特点是"多"，比如五行、八卦、十二宫之类。人通过数字、方位、时间之间的对应关系来占察吉凶。老子这里对"式"的描述却特别提出了"一"。圣人面对的是作为整体的"天下"，那么，他所持的"式"就不能是指示一己之吉凶祸福的勘察工具，而必须是众有同归、万象平等的"一"。五行之间有生有克，十二宫有合有冲，八卦摩荡而吉凶生，"一"则打破了众"象"之间的隔膜。由多返一，老子扬弃了史官的占筮传统。

"一"意味着最大范围的包容、最高程度的整合。"天得一以清；地得一以宁；神得一以灵；谷得一以盈；万物得一以生；侯王得一以为天下贞。"（三十九章）庄子说："通天下一气耳。"（《庄子·知北游》）"一"是天地生机的功能概括，"气"则是对"一"的形象化表述。能通气，故有流动；有流动，方有生机，所以谢赫以"气韵生动"为六法之首。"气"与"象"结合在一起，铸成了中国哲学、美学的"意境"的概念，即是指称一种流动不拘的"象"。圣人观天地之气象，涵养自己虚灵无滞的胸襟。

张岱年认为："中国哲学有一根本观念，即'天人合一'。认为天人本来合一，而人生最高理想，是自觉的达到天人合一之境界。物我本来属一体，内外原无判隔。但为私欲所昏蔽，妄分彼此。应该去此昏蔽，而得

---

① 李零：《中国方术正考》，第69页，北京：中华书局，2006年。

到天人一体之自觉。"①从逻辑的先后上，"一"处于万物之先，而从体认的次第上，则是遍历万有的最后一步。这个"一"象征着为圣人的行为取向不再是趋利远害，而是去除蔽障和隔膜。物我、主客，都是最深层的对立和隔膜。圣人修养的目标即是把这种隔膜给去除掉，把所有的冲突都包纳进一个协调的意义世界当中。中国哲学提出的"不与物对"，美学里的"超以象外，得其环中"，都是归于"一"的体现。

在中国艺术中，把握"一"也是艺术创造的最高心法。中国的艺术家以灵动待发的"一"贯穿物象。石涛的《画语录》提出了著名的"一画"观。他说："太古无法，太朴不散。太朴一散，而法立矣。法于何立？立于一画。一画者，众有之本，万象之根，见用于神，藏用于人，而世人不知所以。一画之法，乃自我立。立一画之法者，盖以无法生有法，以有法贯众法也。"这是从画论上对"道生一，一生二，二生三，三生万物"的发挥。"太朴"处于"道"的层次，由此而生"一画"，有此"一画"方可把握阴阳，"出如截，入如揭，能圆能方，能直能曲，能上能下"；有此"一画"方能使画家笔下的"山川人物之秀错，鸟兽草木之性情，池榭楼台之矩度"收拢为一个有生气的意象世界。

二、"独"：道家的圣人形象

"抱一"也与道家对于"圣人"的理想人格的认识有关。

道家标榜"绝圣弃智"（十九章），其理想的人格形象不及儒家那样清晰。② 其实道家也有圣人的形象，也是他们的哲学理想的集中体现。在《老子》中，凡言"我"的地方多指代理想的圣人，其突出的形象是"独"。这与老子的清虚自守的哲学、"抱一"的主张是一致的。

"独"主要是就处理"我"与"众人""俗人"之间关系而言。《老子》当

---

① 张岱年：《中国哲学大纲》，第6页，北京：中国社会科学出版社，1982年。
② 如子夏曰："君子有三变：望之俨然，即之也温，听其言也厉。"（《论语·子张》）"子之燕居，申申如也，夭夭如也。"（《论语·述而》）

中描绘了一个独立于世的圣人形象：

> 众人熙熙，如享太牢，如春登台。我独泊兮，其未兆；沌沌兮如婴儿之未孩；累累兮，若无所归。
>
> 众人皆有余，而我独若遗。我愚人之心也哉，沌沌兮！俗人昭昭，我独昏昏。俗人察察，我独闷闷。淡兮其若晦，漂无所止。（二十章）

这是《老子》中用"我"这个词最集中的一章。它以对举的方式强调了"我"与"众人"的不同。众人的面貌是成群结队、欢声笑语，好似要去享受大餐，好似兴高采烈地春游。与之相比，"我"则好似闷闷不乐、若有所失。"我"的心态似乎与一般审美活动的状态格格不入，但在这个对比当中，却显露出了道家美学的理想。

就一般人而言，美食与郊游都洋溢着浓厚的乐趣，而"圣人"则不陶醉于是。老子对于感官享受抱有深刻的警惕，因为驰骋畋猎的乐趣会让普通人不知满足，更会把有国者刺激得心发狂。这除了有政治上反对奢靡的考虑之外，还有道德和审美修养上的理由。孔子提出"损者三乐"，认为"乐骄乐，乐佚游，乐宴乐"（《论语·季氏》）会使人丧失节制，坏礼损德。孟子也把流连荒亡归为"放心"，认为学问的最终目的是"求放心"（追回放逸之心）。庄子则将这种"丧己于物，失性于俗"的人称作"倒置之民"（《庄子·缮性》）。在反对心志的放逸方面，儒道两家是高度一致的。

为杜绝放逸，老子主张"塞其兑，闭其门"（五十二章），关闭耳目口舌等娱乐的阀门，回归到尚未被人世间的知识、欲望开凿孔窍的"婴儿"。只有混沌一片、朴拙未散的状态才能"抱一"，才接近于"视之不见""听之不闻""搏之不得"（十四章）的"道"。庄子有一个"浑沌之死"的故事：耳目形窍一旦打开，变得"昭昭""察察"，修道之人的"一"的状态就被破坏了，整全的大道消隐不显。这是以寓言的方式讲述了老子"沌沌兮如婴儿之未孩"的意思。

"众人"的心态特点是追求"有余"，表现为志得意满的样子，而道家圣人则独以"若匮"的面貌示人。天道无情,祸福相依,美善有余者必迎来其反面,而"我"则自觉地守护着"无","淡兮其若晦"。"淡"是不偏于任何味道,"晦"则通于"玄""妙""朴",无规定、无名象,不进入阴阳二气的轮转当中。以无善恶、无美丑来超越不稳固的善和美,这是道家人格美的原则。

老子以"立象"的方式,为这种"若匮"的圣人描画了一幅肖像。如果说儒者的气象是属于暮春的,那么老子这里的圣人则有深冬的面目:

> 豫兮若冬涉川;犹兮若畏四邻;俨兮其若客;涣兮其若凌释;敦兮其若朴;旷兮其若谷;混兮其若浊。(十五章)

冬春之际,大地一派荒冥,地中之气却已一阳来复,河里的冰渐渐薄脆了。当是时,万物都处于"未兆"的状态。圣人处世,好似要踏过不知坚牢与否的冰面,好似面对着蛮横的邻居,或者到不熟识的人家里做客,总带着些小心翼翼、不知所措的样子。然而,这种样子又并非确切地意味着拘束不展的态度,而是说圣人不会安然沉溺于现成可知的状态。他对任何轻微的变化兆头都有高度的敏感——表面上"昏昏""闷闷",一旦情势有变,却后发先至,"不疾而速"(《易传·系辞上》)。这里大量用到的"若"也是《老子》当中常见的词,提示着"象"的多义性、无限定性以至假定性。[1] "若朴""若谷""若浊",都不能按照一般虚无、空洞、浑浊的意思来理解,而是老子对于"无"的形象化的喻示。道家的圣人是以"微妙玄通,深不可识"。在其影响下,中国艺术史上逐渐形成了一类大智若愚、朴拙高古的形象。

关于肇始自老子哲学、美学的"独"的思想,还有若干问题需要进一步分析。

其一,应该分辨道家的"独"与近代意义上的"孤独"之间的异同。在

---

[1] 如"绵绵若存"(六章)、"上善若水"(八章)等,皆以象言,不求其确凿不疑;事物有时还以假象示人,如"明道若昧,进道若退"(四十一章)、"大成若缺""大直若屈"(四十五章),所以老子常"正言若反"(七十八章)。

近代西方,"孤独"是一种思想文化的风尚。"孤独"来自个人与社会的有意疏离,以获取"自我"的认同感(identification)。这是个人意识觉醒、个人主义思潮兴起之后的产物。在古代中国,文人也常有一种孤高自是、孤芳自赏的风气,希望寻找一个与污浊的俗世脱离干系的清净园地。这两种"孤独"虽然出于不同的文化环境、时代背景,但有一点是相同的,就是都具有一种强烈的自洁意识,都要通过有形无形的墙壁,把"我"从"众人"当中隔离开来。老子的"独"却不同。老子反对标榜"个性"、清高,反对弃绝社会,反而是以"处下"之德与众人交往。"人之所恶,唯孤、寡、不谷,而王公以为称。"(四十二章)圣王并不以道自美,而是彻底地融入这个苦乐参半的世界,主动地承担着纷纭的利害。他既不混同于俗,又不鄙弃俗世,从外在表现上是"和光同尘"。先秦的道家并不纯然是孤高弃世的隐修者。

其二,先秦道家与儒家在人格美问题上的异同。儒者们以"三不朽"(立德、立功、立言)为人生意义的实现。他们"如切如磋,如琢如磨",要通过不懈的修养成为温润如玉的君子、光辉如日月的圣人,还希望以嘉言懿行教化当代而且扬名于后世。所以,儒家的圣贤形象都取美好的意象,如程子说"仲尼,天地也。颜子,和风庆云也。孟子,泰山岩岩之气象也"(《程氏遗书》卷五)。与之相比,道家的圣人气象则相对难以把握。在老子这里,圣人的形象是"沌沌""闷闷",或者像是无知无识的婴儿,或者像自我意识不健全的"愚人",总之都难以与"美"联系起来。庄子更标举"形如槁木,心如死灰",还以夸张的笔触描写了一系列肢残貌恶的得道高人,谓之"畸人"。表面上看,"畸"即是与"美"相对立的"丑",但正是这种"丑"才是老庄哲学、美学的肯綮处。先秦道家既以万物为刍狗,个人的嘉形令名也属于刍狗之列。道家思想家们用"闷""畸""丑"的意象打破人们对于暂时性的个体价值、价值标准的执着。

抬举"丑"的做法,初不易为人接受,但其对人心的针砭作用却不容忽视。久之,道家思想当中的形形色色的"丑"的意象渐渐凝练为中国美学的独有范畴。叶朗指出了中国古代艺术欣赏当中的一个常见的现象:

"无论是自然物,也无论是艺术作品,最重要的并不在于'美'或'丑',而在于要有'生意',要表现宇宙的生命力。这种'生意',这种宇宙的生命力,就是'一气运化'。所以,在中国古典美学体系中,'美'与'丑'并不是最高的范畴,而是属于较低层次的范畴。一个自然物,一件艺术作品,只要有生意,只要它充分表现了宇宙一气运化的生命力,那么丑的东西也可以得到人们的欣赏和喜爱,丑也可以成为美,甚至越丑越美。"①"以丑为美"的内涵和价值,要放在宽广的哲学思想的语境中才能理解。

其三,道家圣人的"独"还透露了一种高于现世价值判断体系的宗教感。首先,"独"意味着精神的自足。"我"并不以"众人"的好恶风尚为精神的依靠,所以"若无所归""漂无所止"。他独自承担着存在的虚无感,无需在熙熙攘攘的热闹宴饮当中寻求生命意义的依靠。庄子说,欲求"大道"就应接受"独"的考验,"独与道游于大莫之国"(《庄子·山木》)。这通向一种深沉的宗教感。其次,"独"还意味着广大的包容力。老子说,"圣人常善救人,故无弃人;常善救物,故无弃物。是谓袭明"(二十七章)。圣人的心里没有丑,所以能够有智慧来"救物"和"救人"。所谓"救",是在辨别善恶美丑的基础上观照其暂定不实,进而发现可恨之人的可怜、可恕、可叹、可爱之处。中国古代的巧匠治玉,擅用玉料本身的纹路、色彩甚至瑕疵来做文章。他们把干扰整体效果的杂色、杂质雕为小虫,反令整个作品增色不少。这就是"救物"的例子。老子甚至提出因"不善"而成就"善"的可能:"善人者,不善人之师;不善人者,善人之资。"(二十七章)有一种类似于宗教的情怀。

在"无弃人""无弃物"的广大心量中,不论自然的,还是人世的事物,没有不善的,没有不美的。在这个意义上,老子的美学可以说是"万物全美"。"全美"并不是对于"外在对象"的"客观价值"的判断,而出自超乎寻常的意义赋予的能力。心有多广大,美即有多广大,"全美"唯有圣人

---

① 叶朗:《中国美学史大纲》,第127页。宗白华特别把中国艺术的精神与《易》联系起来。他认为,"《易》云:'天地氤氲,万物化醇。'这生生的节奏是中国艺术境界的最后源泉"。宗白华:《中国艺术意境之诞生》(1943),《宗白华全集》第二卷,第335页。

之心方能达到。

第七节　不言之教

春秋战国时代的社会面貌可以概括为"乱"。社会的日趋复杂和交往规模的持续扩大,令质朴而整全的道德变得支离而僵化,并由此趋向瓦解和冲突,导致了"乱"。诸子思想"百家争鸣"的一个题目即是分析"乱"的现象,讨论"乱"的原因以及摆脱"乱"的道路。不论言论思想是如何的玄妙超脱,现世的安宁是所有先秦思想家哲学思考的指向。老子说:"不言之教,无为之益,天下希及之。"(四十三章)仍是针对天下的乱象在发言,表现了道家对社会问题的关注。

在老子看来,社会、思想当中的"乱"来自人的争强好名之心。这在社会秩序上表现为追求奢靡、崇尚智巧,在政教活动上表现为伪善横行。道家认为,"乱"的深层原因是有为的功利追求破坏了生活的原本秩序,遮蔽了善与美的本真意义。为保护伦理的、审美的价值,老子以"正言若反"的方式提出了"绝学弃智"的主张。

本节从老子指出的政教活动的现实困境与理想状态两个方面考察其关于社会美的思想。在现实困境方面,老子主要提出了道德和审美标准的难题,并引出其"无为"的政教理念;而其政教理想则是回归真切生活体验的"小国寡民"状态。

一、不思美善的为政之道

先秦时,诸侯国里已经有了一批治国专家,他们以自己的勇力、智巧打破了宗法等级的约束,在帮助各国统治者成就野心的同时也博取了自己的名利。智巧的长处是分别同异、设定边界。它固然可以提高功利追求的效率,但弊端则在以巧自恃,甚至让广大的被治理者也逐渐学会了使用心机,以其人之道还治其人之身。

老子认为,社会之所以有越来越多的纷乱与争斗,原因是文化的发展给人们提供了太多可供争斗的目标和手段。道德教条、法律、制度的本意无非是让社会秩序更加良好,而其结果则往往适得其反。老子尖锐地指出:"天下多忌讳,而民弥贫;人多利器,国家滋昏;人多伎巧,奇物滋起;法令滋彰,盗贼多有。"(五十七章)因为害怕乱,统治者给下级官僚和一般民众设立了许多的禁区,运用了许多监察的技巧、赏罚的措施,以为通过细密的制度就可以将人驯服,其结果却是越来越乱。同样,统治者想有意识地设计、干预人民的审美趣味,结果也往往适得其反。老子对此问题的结论是:"民之难治,以其智多。故以智治国,国之贼;不以智治国,国之福。"(六十五章)

老子针对"智者治国"的现状指出,"无为"是为政的大原则。"无为"在社会治理上的表现是:"虚其心,实其腹,弱其志,强其骨。常使民无知无欲,使夫智者不敢为也。为无为,则无不治。"(三章)"无知"才能"无欲"。"无欲"并不是要压抑人的自然需求,而是针对着"智者"所鼓动的名利之想。相对于自然的需求("腹""骨"的需要),符号化的名利声色("心""志"的追求)才是具有危害性的。如果社会上下都以奢靡、名利为荣,大多数人的需要就必然不能得到满足,因为奢靡的成立条件即在于其稀缺性。所以,不能在欲望被知识、符号调动起来之后再去谋求压制,而是从一开始就要"无知",即限制那些会引起争竞的各种符号化的东西。

"为腹不为目"的原理,就是让人心摆脱虚妄的追求,回归到真实的生活体验。老子将之应用到了治国的层面。他说:"不尚贤,使民不争;不贵难得之货,使民不为盗;不见可欲,使民心不乱。"(三章)"难得之货"是稀缺的奢侈品,它一旦被突显出来("见"通于"现"),即成为上行下效的目标,民心必定躁动难安。这个问题的实质是一个价值观、审美观的问题:是以简朴为美善,还是以奢靡为美善。

老子抵制奢靡的价值观,却并不从反面鼓吹一种崇尚简朴的价值观。老子所警惕的,除了名利之外,还包括了任何人为树立的价值观念。道家在这一点上与儒家有了些许分歧。这个分歧并不在于是否应该肯定道德,而在于如何实现道德。儒家认为要通过圣贤在社会上的有为教化,才能彰人之善,防人之恶。而道家的一般见解是教化本身会扭曲道德的真意,造成伪善的后果,不如让道德保持在一种"日用不知"的状态。老子说:

> 上德不德,是以有德;下德不失德,是以无德。(三十八章)
>
> 大道废,有仁义;智能出,有大伪;六亲不和,有孝慈;国家昏乱,有忠臣。(十八章)

这两段话意在指出:道德的观念一旦脱离了生活当中默默运行的状态("不德"),进入到人的有意识地观察的范围("不失德"),就说明失去了其本真的内涵。同样的原理也适用于审美的方面:一旦"美"离开了当下即得、不假思虑的状态,成为某种似乎具有孤立属性的价值观念,那么也就失去了美的本意。老子甚至还认为,道德、审美的衰蔽和伦理、美学概念的标举("天下皆知")是一体两面的事情。也就是说,在六亲不和的现实与推举孝慈的观念之间,在国家昏乱与忠臣名号之间,存在着如影随形、相反相合的关系。现实越是糟糕,对于道德标准就越是强调,另一方面,越是极端地强调某些价值观念,反而越有可能进一步地败坏这些观念。

老子的这番言论直接指向了周代礼乐文化的致命弱点:繁缛的制度设计固然是为了规制和引导人的行为,久之却恰恰走向了反面。老子描述了美善观念逐步退化的次第:"太上,不知有之;其次,亲之,誉之;其次,畏之;其次,侮之。信不足焉,有不信焉。"(十七章)"不知有之"是价值观念("善"或"美")的最原本的状态。当这种状态初现危机的时候,人们开始有意地维护它的价值,极力地赞扬它(亲之)。这个赞扬的过程逐渐将这些价值观念树立为确定不可置疑的标准(誉之),并据以施行褒奖或鞭挞。此时,人就已经疏远了价值观念的本意,而仅仅在趋利避害的意义上遵守它(畏之);久而久之则开始质疑这个标准的合理性,进而开始大加鞭挞、嘲弄(侮之)。这既是道德观念、审美价值在对象化、固定化之后的衰蔽史,也是其信用在权力干预下的破产史。

老子看到对善与美的崇尚和推行即蕴涵着败坏它们的危险,因而提出了一个看似极端的主张:"绝圣弃智,民利百倍;绝仁弃义,民复孝慈;绝巧弃利,盗贼无有。此三者以为文不足。"(十九章)似乎要摒弃美善之名和一切追求美善的努力,其实反而是要在根本上维护这些价值。庄子说:"以巧斗力者,始乎阳,常卒乎阴,大至则多奇巧。以礼饮酒者,始乎治,常卒乎乱,大至则多奇乐。凡事亦然,始乎谅,常卒乎鄙。其作始也简,其将毕也必巨。"(《人间世》)就是说,所有根据现成的人为标准而鼓励的、标举的美物贤人,都在一定程度上有矫情的成分,并且推之既久,一定引生虚伪。一件初衷良好的政策法令常常会以导致更大的灾害性的后果而不了了之,在道德和审美的领域,一项有意的宣教活动往往在推行的过程当中走样,成为摆设或笑柄。始治终乱是价值灌输过程中的一个无情的规律,因为那些被有意标举的美好言行因为杂入了名利的意识而走样。名声和求名的愿望常会毁掉一个原本不错的贤人,也会遮蔽真正的审美活动,使之流于伪善和伪美。"虚伪"是政治教化意图最难以克服的一大障碍,老子希望人们放弃对圣贤名号和价值标准的崇尚,转而信任生活本身所彰显的秩序。

《老子》以这样的洞见作结尾:"信言不美,美言不信。善者不辩,辩者不善。知者不博,博者不知。"(八十一章)生命之道、人伦之道一旦被用确定的概念表述出来,固着于边界清晰的"名",就会失去其活泼泼的生命力。为了保持体验的真切和生动,人不得不主动地抵制巧言令色、博闻强记的诱惑。在这个意义上说,老子不仅不是一个道德虚无的阴谋家,反而还是一个近乎理想主义的道德家——他高度看重道德的内涵,不容许美善的真意因为被固化为"名"而遭到任何的破坏。

二、"小国寡民"的美俗理想

老子主张的"无为而治""绝圣弃智"并不是自欺欺人的幻想,而是可以期待的一种社会生活和精神面貌的状态。老子把这个状态的理想概括为"小国寡民"。他描述了一个理想社会的景象:

> 小国寡民。使有什伯之器而不用；使民重死而不远徙。虽有舟
> 舆，无所乘之，虽有甲兵，无所陈之。使民复结绳而用之。（八十章）

"小国寡民"的特点是：社会生活极其质朴，几乎无需任何工具的介入而能够良好地运行。这所谓工具，既包括物质的交通工具、战争工具，也包括语言、符号、制度等意义工具。不用各种物质的工具，是因为各个"小国"之间的交往很少，以至于"邻国相望，鸡犬之声相闻，民至老死，不相往来"（八十章）；极少使用意义工具，则是因为这种生活的形式无需复杂的符号系统。

溯至三代，中原大地上就已"焕乎其有文章"，皇皇大观的文物体系上建立起了象征华夏文明的礼乐文化系统。老子提出"结绳而用之"，则把"文"压缩到了极限的状态，似乎要退回到蛮荒的时代，令人难以想象，更无法接受。所以，老子对"小国寡民"的描述，一般被认为是对于原始社会的追念，或是对某种理想社会的构想，而不可能在当下现实当中实现。

老子提倡的"小国寡民"并不一定意味着原始、粗朴的初民社会。"小国寡民"并不仅是一个作为历史现实的存在，而且还有可能是一个代表了某种社会生活形态的隐喻的存在。冯友兰说："《老子》第八十章所说的并不是一个社会，而是一种人的精神境界。"[1]隐喻意义的"小国寡民"即是一种人生境界，它可以穿越时间与空间的阻隔，直接地呈露在我们的反思之下。

"小国寡民"境界的关键是其对"什伯之器"的态度。老子理想的社会并不是没有能力制造和使用工具，也不是没有开化以至缺乏文物典章的意识，而是有足够的办法让那些工具没有用武之地。在传统中国的乡土社会里，这并非不可企及。[2] "小国寡民"式的群体生活把存在的意义

---

[1] 冯友兰：《三松堂全集》第八卷，《中国哲学史新编》，第二册，第332页。
[2] 费孝通指出，在典型的乡土社会里，文字基本是不需要的，语言也简化到了最低的限度。"'贵姓大名'是因为我们不熟悉而用的。熟悉的人大可不必如此，足声、声气，甚至气味，都可以是足够的'报名'。"费孝通：《乡土中国》，第14页。

收束于人与人的真淳的互动，没有向外的欲望，对于工具也就能自觉地"有而不用"。"不用"不是出于技术上的原因，而是精神境界的原因，体现了人对于文化的"知足""知止"的意识，对于工具、技术的审慎态度。老子说："道常无为而无不为。侯王若能守之，万物将自化。化而欲作，吾将镇之以无名之朴。"（三十七章）这段话暗示了以无为为特征的"小国"并不是超稳定的一潭死水，反而还是要圣人审慎维护的状态。

老子理想的社会境界的特征是"甘其食，美其服，安其居，乐其俗"（八十章）。如果说"甘其食，美其服"的对象是民众，那么其施行的主体则可以有两个，一个是君王，一个是民众自己。君王使民众"甘其食，美其服"，就是要保证民众享有充裕的物质条件，不至于因为饥寒而贫病和怨恨，而民众自己的"甘其食，美其服"则是在质朴的生活当中发现甘美的意味，知足常乐。这两个说法之间也有密切的关联：君王应该自觉地摒弃震耳炫目的"五音""五色"和"服文采，带利剑"的奢靡，以避免上行下效造成不良后果。同时，君王应该尽可能地创造条件让民众自己追求生活之美，不干涉其自然自发的审美活动。自然自发的社会美必定由普通人的恬静安详的日常饮食起居开始，推广到淳良和乐的风俗。这种追求美善的过程本身是自然无为的人性本然，并不需要所谓智者运用专业知识、法制手段进行训导。

隐喻意义的"小国寡民"还涉及"今"与"古"的关系问题。老子说："执古之道，以御今之有。能知古始，是谓道纪。"（十四章）庄子也说"古犹今也"（《庄子·知北游》）。越是古远的生活形态，越可能是潜藏在人类社会、生活深处的原初状态，也就越有生命力。作为比"三代"社会更为质朴的理想社会，"小国寡民"不仅仅意味着在时间上更加古远，而且还意味着这种人类生活的形态更加原初。"小国寡民"不仅在"日出而作、日入而息"的田园社会中存在，也在一切心照不宣、声气相投的群体和情境中存在：在曾皙描绘的"冠者五六人，童子六七人"的游春图里，在"虎溪三笑"的思想默契中，甚至在"击尾则首救，击首则尾救"的战阵相搏时，人们往往会有"心有灵犀一点通"的经验。此时此地，一切陌生人社会里通用的证件、契约、汇报等都不再有可用之地，甚至语言也会被最终扬弃掉。人与人之间的心气相应，消除了意义传达中的阻滞变形，为基于人与人关系的"美"提供了条件。陶潜塑造的"桃花源"就是在中国艺术创造当中呈现出的"小国寡民"的审美境界，成了中国士人精神家园的一个代称。

第三章　孔子的美学思想

　　孔子的思想以发挥周礼的精神内涵为毕生的追求。他着眼于把理想秩序的实现落在"君子"身上,寻求生命秩序与社会秩序的统一。孔子的美学格外关注审美和艺术在社会生活中的作用。本章对孔子美学思想的梳理围绕着"兴于诗,立于礼,成于乐"(《论语·泰伯》)展开,重点阐释孔子美育思想的内涵。

　　《诗》承载了上古的共同意义世界,其丰富灵动的意象可以使人"起兴"。孔子不是诉诸空洞的言辞或者权威的规制来"复礼",而是借助古文化中已有的诗教兴发起对于礼的生动的领会,使人在兴趣盎然、欲罢不能的审美过程中自然地提升。

　　孔子把礼的精神落实在"和而不同"的君子人格当中。孔子将周代的贵族教育普遍化为"文质彬彬"的人文修养。君子人格的陶冶是一个审美教育的过程。这种教育作用于人的精神世界的整体面貌,导向"不器"的人生境界和对于命运、天地的敬畏感。

　　孔子的美学思想重在化礼乐于生活,寓高明于中庸。践行道德不在于一次性地达到某一目标,而在于通过"学"来长久地维持和不断创造。游戏的光辉使古代贵族的六艺之学焕发出了人性的内容,也使普通人的日常行为脱离了平庸。最后,孔子还发挥了乐教的传统,用音乐涵养道德,以艺术成就气象,把严谨的道德实践升华为愉悦而深广的审美体验。

儒家的审美教育("学")以创造新意义的"乐"为特征,而意义创造的悦乐总以儒者对于人和万物的关爱为指向。孔子以"仁"作为其思想的核心。仁爱之情基于深沉厚重的时间感、命运感和宗教感。仁者以大爱回归存在的家园,解除了小我的形而上之忧。所以,最深挚的"乐道"总是伴随着一种哀怨郁愤的情感体验、淳美的人生境界和醇和的气象。这在后世形成了一类带有浓厚儒家文化印记的审美大风格,即"沉郁"的风格。①

孔子是中国古代第一个重视和提倡审美教育的思想家。孔子提倡的美育着眼于整体的人文教养。孔子的美育重启了古文化的生命力,又贴近人的存在体验和政治、伦理的核心价值。这种美育带着仁者的深情和暖意,亲切、灵活、循循善诱,所以孔子被称为"万世师表"。

本书论述孔子的思想,以《论语》所记为主,辅以《史记・孔子世家》和《礼记》的有关内容。《论语》不仅记述了孔子的言行,而且由于是儒学分化背景之下的集体结集,还反映了孔子的众多弟子(包括再传弟子)眼中的孔子。因而此书也代表了早期儒学在孔子影响下形成的群体价值观。

第一节　孔子概说

萧公权说:"周礼已废而未泯,阶级方坏而犹著。孔子身受旧社会之熏陶,又于旧制度中发现新意义。"②孔子将适应某一时代的具体制度发挥为"虽百世可知"的普世秩序和伦理价值,孔子的美学思想将当时的礼乐文化发挥为培养君子人格、圣贤气象的审美教育。这种教育的宗旨,是让所有的文化积累都为塑造人的精神世界服务。

---

① 有关"沉郁"的审美风格,见叶朗《美学原理》,第 377 页。
② 萧公权:《中国政治思想史》,第 49 页。

一、儒家的兴起

孔子思想的时代背景是周文化的衰蔽。专属天子的八佾舞于季氏之庭，说明贵族礼乐系统不仅不再能够维持和谐统一的信仰、政治、文化秩序，反而成了野心家的逞势的工具，所以孔子愤怒地说"是可忍，孰不可忍"。不过，王官文化衰蔽造成的官学失守，也为私学的自由创造提供了条件。就"学"的角度而言，这反而比原先世代相袭的传授方式更有利于学问的综合和提炼，利于从整体上把握"道"。孔门之人对此有自觉的认识：

> 卫公孙朝问于子贡曰："仲尼焉学？"子贡曰："文武之道，未堕于地，在人。贤者识其大者，不贤者识其小者，莫不有文武之道焉。夫子焉不学，而亦何常师之有！"（《论语·子张》）

在孔子的时代，象征着天之功能的"道"没有彻底堕落于地，是因为"在人"——不只是孔夫子一个人在奔波，而是有一批衷心服膺旧文化的中下级贵族乃至平民主动承担起了弘扬天道的使命。在这些人当中出现了后来被称为儒者的群体。

"儒"最初是对某些职业的概括，其来源分为以六艺教民的"儒"与以德行教民的"师"。孔子兼备师与儒，奠定了后世儒家的基本面貌。①

以六艺教民的"儒"是当时社会的专业技术人员。他们中的一些人曾以观星象、辨别农时、预报天气等等立身②，另一些人则是活跃在社会各个阶层的礼节、仪式的专家，尤其是治丧礼仪顾问。他们也是以"文"来"化"民的主体力量。礼坏乐崩之际，朝廷之礼虽然被贵族们抛弃了，但在民间还完整地保留着一部分周礼（如丧服、相见、昏姻等礼），在人们

---

① "师以德行教民，儒以六艺教民。分合同异，周初已然矣。数百年后，周礼在鲁，儒术为盛。孔子以王法作述，道与艺合，兼备师儒。"阮元：《研经室一集》卷二。

② "儒之名，盖出于需。需者云上于天，而儒亦知天文、识旱涝。……古之儒，知天文占候，谓其多技，故号遍施于九能，请有术者悉陈之矣"，所以说"达名为儒，儒者术士也"。章太炎：《原儒》，《国故论衡》。

的生活当中持续地起作用。孔子年少的时候以知礼闻名乡里，主要从事俎豆礼容、射御之术等专业事务，所以他说自己"少也贱，故多能鄙事"。子贡说的"不贤者"就是指这些作为识旱涝的术士和指导丧葬的礼仪专家，他们对保存和复兴古文化也是必需的，但意义不及从整体上继承礼的精神的"贤者"。①

以德行教民的"师"与官学当中的乐师有关。先秦典籍中若单言"师"，往往特指乐师。乐师所教的乐舞，一方面保留了不少上古巫觋传统的遗迹，如祭祀、祈雨等仪式，但另一方面，周代的乐舞教育已相当地人文化，乐教主要以培养人的协调的德性、"无相夺伦，神人以和"为目标。这是一种以艺术教育的形式呈现的德育。这种教育面向的不是普通人，而是贵族子弟和未来的政府官员。"师"与子贡所谓"贤者"的关系更加密切一些。在《论语》中我们可以看到，孔子对盲乐师礼敬有加。有学者推测，从乐师与学士之间的这种教育关系之中，还衍生出了孔门私学的师徒关系，以及儒者的当仁不让之责："得天下英才而教育之。"②

比起形式性的礼乐仪节，鼎革时代的贤大夫们更加关心曾作为天人秩序之载体的"礼"在当下形势的实际生命力。从《左传》各种"礼也"和"非礼也"的评论可见，人们已经把礼作为规范、衡量人的行为的正义原则。③ 这个时代的"识其大者"的贤人，一方面想要维系古礼的典章仪式的原貌，另一方面还要用一贯的原则把礼的精神、礼的本意提炼出来，并且通过合适的途径作用到现实。童书业称他们的学问为"贵族改良派之学"。④

---

① "贤"这个儒家重要的评价用语，其本身意义的发展即显露了从"识其小者"到"识其大者"的转变。侯外庐指出："初出的'贤'字，并没有德性的意味，而只是指称在'巫术'及'射礼'方面的能手，或技能优异的代称……至于'贤'字之获得其'国民性'与'道德性'，及其成为一般智能的代称而与'圣''哲'相结合，在文献不足限定下，我们大体上可以判定为春秋缙绅先生所首创，到了春秋末世及战国初年的孔墨显学时代方才完成的思想史业绩。"侯外庐等：《中国思想通史》第一卷，第111页，北京：三联书店，1951年。
② 阎步克：《乐师与史官：传统政治文化与政治制度论集》，第24—31页。
③ 陈来：《古代思想文化的世界》，第213—214页。
④ 童书业：《春秋左传研究》，第198页。

在众多贤者当中,孔子是其著者。孔子说"天生德于予"(《论语·述而》),反映了宗法架构崩溃、个人意识突显以及精神世界进一步扩大的历史潮流。他删定诗书,通过改良过的美育为周礼注入具有普遍意义的内涵。他还进一步发挥了周文化注重天人关系的传统,提出"人能弘道,非道弘人"(《论语·卫灵公》)。这里的"人"不再特指贵族,而是一般意义上的人;"道"与"德"也不再是某一阶层的专属物,天、命、道、德等观念全部收归于人的素养。在哲学意义上,这是对"人"的意义的一个全新的解释。① 以职业身份或事业追求为特征的儒者因此具备了思想派别的意义,成为"儒家"。

自孔子开始,儒家主流思想的特点就是以"人"的教养、人与人的关系("伦")为中心,讨论人如何充实自我的精神世界进而参与建设社会秩序的问题。

二、孔子的生平和追求

孔子一生的关切不离礼乐文化。他授徒、从政、删诗作史的事业都是为了学习礼的内涵、恢复礼的秩序、发扬礼的精神,而这主要通过美育的途径来实现。

孔子的先祖是宋国贵族。他的出生地是鲁国,这是当时周礼保持得最好的地方。孔子年少时曾经以"陈俎豆,设礼容"作为儿时的游戏,到了十五岁就立志要学习礼,后来凭借知礼的专长在家乡充当司仪。这是当时一般儒者的本行。后来,孔子在齐国领略了比乡校之礼更加高等级的礼乐,以至于闻韶乐之后"三月不知肉味"。孔子以其对礼的理解和掌握而渐受瞩目,鲁君曾派专车送他到周天子的都城洛邑去学习周礼,据

① "德"本为帝王专有,后来下降至贵族,与宗教、政治紧密结合,德的大小甚至要取决于宗法等级的规定。所以,不仅"礼不下庶人",而且"德"也不下庶人,甚至"人"这个名称本身最初也局限于贵族。"周时所谓'人'者,计有下述名义:一,称氏族先王为'人';二,称王者为'人';三,称氏族贵族(君子)为'人';四,称在位职官为'人'。与'人'相对的'民'字,则是古代劳动力(奴隶)一般化的代称。"侯外庐等:《中国思想通史》第一卷,第111页。

说还求教于周大史老聃。由此,孔子得以从宏观的视角来反思周礼的精神与损益沿革。回到鲁国后,孔子在政治上不得施展,遂大兴私学,在诗、书、礼、乐(《礼记·王制》称"四术")的研究与传授当中深化对礼的理解。孔子看出,虽然王官学也注重培养贵族的各种德行①,但弊端在于支离,缺乏生命力。周礼的体系虽然张扬了人世的实践理性,但就具体的实践者而言,仍然是他律的。孔子的目标是将"天"引入到人的精神世界和行为方式当中,扩充"人"的内涵。

孔子是中国历史上第一个教育家。他的教育思想的核心是文化教养对人格的整体提升。孔子关心政治的秩序,但他认为,政治的最高形态是教育。这种教育首先意味着当政者的自我教育,即和而不同的君子人格的陶冶。君子能够在具体的行为选择当中,随时依礼而树立人事的典范。在孔子看来,君子对于礼的领会,要由诗教的体验而自然地"兴"起,并在乐教和无处不在的人生艺术里得以成就。这是春风化雨般的美育,能够使人充分领略到学道习礼的美好。《史记·孔子世家》称"弟子弥众,至自远方"。

孔子五十二岁官拜大司寇,掌管狱讼兵刑之事,并开始研读《易》。他因执礼而立功荣显,又因崇礼而开罪权臣,遂周游列国,以求彰道。然而,当时的历史情势是列国都开始以国家的强大为追求目标,以重赋强兵为手段。这与孔子为太平之世所悬的正名分、行仁政、施教化的理想背道而驰。孔子在权势普遍下移的列国当中周游了十四年,屡屡碰壁。

孔子六十八岁时返回故国,从事更深层、更深邃的文化重建工作。他根据毕生的阅历与思索,编《书》,删《诗》,序《易》,作《春秋》,把周文化的精髓凝结在了历史的判例和哲学的概括当中。此时,孔子已从为一时一国正现实政治之名,转向了为天下万世正伦理秩序之名;从为周礼彰显意义,转向为人的社会、生命彰显意义。孔子也曾欣慰地说:"吾自卫

---

① 《周礼》规定,师氏教德行,具体包括"三德"(至德、敏德、孝德)与"三行"(孝行、友行、顺行),并且师氏应当以本国历史里中礼与失礼的案例来教导国子弟。

反鲁，然后乐正，雅颂各得其所。"(《论语·子罕》)"得其所"就是因为正位而获得安顿之处。经由孔子的正本清源，古学四术(诗、书、礼、乐)加上《易》与《春秋》，这些古文化的宝库获得长久而广泛的思想意义，成为绵延至今的"六经"。

依从政的角度看，孔子大概是失败的；然而作为人类文明当中极其少数的能够立德的人，孔子却是一个伟大的成功者。在孔子当世，就有人讥评他"博学而无所成名"(《论语·子罕》)，甚至有人说孔子及不上他的学生子贡。子贡听后回答说：我的学识才干让人觉得美好，是因为容易被人理解，譬如人可以轻易地透过低矮的院墙看到院内的景致，而夫子的"宗庙之美，百官之富"却掩藏在高达数仞的宫墙内，没有相当境界的人是看不到的。(《论语·子张》)孔子的人格气象和思想的价值虽然不见知于当世，却在漫长的中国历史中"黯然而日章"(《礼记·中庸》)。司马迁评价说："天下君王至于贤人众矣，当时则荣，没则已焉。孔子布衣，传十余世，学者宗之。自天子王侯，中国言六艺者折中于夫子，可谓至圣矣！"(《史记·孔子世家》)自司马迁至今，又有两千余年，六十余世，孔子在中国文化中的地位不仅没有减退，反而更加光辉，而且还进一步推至异族他邦。究其原因，在于孔子思想的格局甚大，其关切超乎一国一时的治理，而指向了社会秩序与人的生命意义的统一。这种统一是不分时代、民族、文化的人类普遍关怀。

三、孔子的气象与儒家的审美精神

宋代道学家说："凡看论语，非但欲理会文字，须要识得圣贤气象。"(《论语集注·公冶长》)"气象"是中国美学特有的观念，后文将详细分析其内涵，这里暂且先称作"人格面貌"。我们对于孔子美学思想的认识不仅限于流传下来的言论，而且还要包含其一生的行事，以及在其中体现出来的人格面貌。

孔子对其美学思想的定位有一个精炼的概括："兴于诗，立于礼，成于乐。"(《论语·泰伯》)孔子的思想以"礼"为核心，始于美育，终于美育。

孔子的"礼",并不是今人印象当中那个被权力腐蚀了的干枯的、刻板的甚至血淋淋的"礼教",而是文雅化了的生命、生活的本有秩序。这种秩序要落实在君子的阔达人格当中,而此种人格的培育则是一种渗透着审美的兴发过程。所以,礼与诗、乐是一体的,这个统一体外现为贯穿着道德和事功追求的人生艺术。

在《论语》当中,后学对孔子的描述是:"温而厉,威而不猛,恭而安。"(《述而》)孔子的人格面貌至少有两个侧面:其一是由对"道"的信仰、对"礼"的坚守而鼓舞的刚健的内心力量,其二是由对生命的爱护、对人世的悲悯而兴起的仁爱之心和悦乐之情。"礼"和"乐"两个方面相辅相成,造就了一种既刚毅有为又不失淳和温厚的气象。

与此人格面貌紧密联系的是孔子的人格美。孔子的人格美,是以深沉的命运感为背景的。这种命运感来自内在的刚毅与外在不可改变的逆境之间的摩擦、碰撞与和解。

有一次,师徒们在郑国走散,有人对子贡说:"东门有人,其颡似尧,其项类皋陶,其肩类子产,然自要以下不及禹三寸。纍纍若丧家之狗。"子贡后来告诉了孔子。孔子欣然笑着说:"形状,末也。而谓似丧家之狗,然哉!然哉!"(《史记·孔子世家》)被形容为落魄的狗,还"欣然",是因为人家点出了他"丧家"的状态。看似嘲谑的评点不仅将其与同在一"家"的先贤们并列,还隐约嘉许了他宁可凄惶守候也不辱没其道的态度。礼坏乐崩之时,无人不在丧失家园的状态,"知我者谓我心忧,不知我者谓我何求"。孔子遥见知音,不禁欣然。

孔子自己说:"道之将行也与,命也;道之将废也与,命也。"(《论语·宪问》)这不只是个人的"命",更是特殊的时势、历史的大因缘,是人无法选择、无法回避的。在《论语》当中大量的关于邦有道该如何、邦无道该如何的言论中,在孔子晚年对于颜渊早逝、西狩获麟的哀叹中,可以看出孔子面对这种外在的"命"只能寄以深切的悲哀。然而,"天生德于予"也是一种命,是内在于人的天命。因为认定了这种内在的天命,所以孔子要"知其不可而为之"(《论语·宪问》)。

司马迁说："余读孔氏书，想见其为人。"人们一说起"铁肩担道义"，眼前就会浮现出一个昂着头、皱着眉的悲愤形象。这个意象不是孔子的面目。古代的儒家学者普遍认为，孔子有一种恢宏、从容的气象。孔子以美育人，他本人的思想和生活处处贯彻着美与乐，即使在颠沛流离之际，也弦歌不绝。他在主管农业的时候，会根据不同的地形和水土性质来规划作物，"物各得其生之宜，咸得其所"（《孔子家语》）。这与后来因材施教的育人原则一样，都尊重个性、差异，万物并育而不相害。虽然正名复礼的事业充满了打击乃至凶险，孔子还是向往"风乎舞雩"的境界。他与弟子把玩山水的意象，面对生命的自然活力，总是流露出由衷的欣喜。这种欣喜，因加入了命运的悲凉感而见厚重，递由弘毅行道转复慷慨，又在对"丧家之狗"的笑谈中归于平淡。中国美学的"沉郁"范畴得自于儒家的精神气质，可以溯源至孔子的气象和境界。

第二节　诗教切磋

儒家教育的起点是亲切近人的《诗》。

> 子曰："小子，何莫学夫诗？诗可以兴，可以观，可以群，可以怨。迩之事父，远之事君。多识于鸟兽草木之名。"（《论语·阳货》）

这是孔子对《诗》的功能的一个全面概括，既有对以前诗教传统的总结，也有他的发挥。《诗》是古代贵族社会共同语言的来源，是最能保持礼的精神的文化载体。周的王官之学里已经有诗教，用途主要是"使于四方"的直接功利作用；孔子扩展了《诗》的用途，也为诗教注入了新鲜的内涵。他提出"诗可以兴"，把对人的精神的整体提升作为诗教的主要目标。所以，孔子的诗教实际是一种带有浓厚人文色彩的审美教育。

一、孔子之前的诗教

在第一章，我们已经简略地介绍了《诗》在华夏上古文化当中的地位:《诗》以其洋洋大观的名物和深婉敦厚的情感,几乎囊括了所有的文化领域。《诗》的口口相传的特点,是交通不便、文献稀缺的上古社会最得力的精神共享手段。《诗》包容了风土人情的多样形态,成为沟通上下、远近的桥梁。人们通过《风》来沟通王政和民情,通过《雅》来讽喻和抒情,还要通过《颂》来完成庄敬典雅的仪式。所以,正如闻一多评价的,《诗》"似乎没有在第二个国度里像它这样发挥过那样大的社会功能。在我们这里一出世,它就是宗教、是政治、是教育、是社交,它是全面的社会生活"①。

在这里,我们再补充一下在"王官学"层面上的"诗教"的传统。早在周代的官学体制当中,诗教就是一个重要的教育门类。当时,受教育的人统称为"士",他们是未来的参政者,要接受一种全面的教育。"士的主要训练是裸着臂腿习射御干戈。此外他的学科有舞乐和礼仪。音乐对于他们并不是等闲的玩意儿,'士无故不彻琴瑟'。而且较射和会舞都有音乐相伴。士的生活可以说是浸润在音乐的空气中的。乐曲的歌词,即所谓'诗'。诗的记诵,大约是武士的唯一的文字教育。"②

《诗》是当时国际沟通交流的话语平台。歌诗待宾和赋诗言志是西周上层社会流行的交往方式和表达方式,也是贵族礼仪交往所必需的手段。无论邦国外交还是宴飨宾朋,都要歌《诗》并伴以优美的音乐,"我有嘉宾,鼓瑟吹笙"(《小雅·鹿鸣》)。掌握《诗》的外交官可以在樽俎鼓乐之间曲抑强权,体现一国的实力。③ 如果一个士人大夫不具备欣赏和灵

---

① 闻一多:《神话与诗》,第 202 页,北京:古籍出版社,1956 年。

② 张荫麟:《中国史纲》,第 52 页,北京:商务印书馆,2003 年。《周礼》规定,大司乐的职责包括了以"乐德"(中、和、祗、庸、孝、友)、"乐语"(兴、道、讽、诵、言、语)、"乐舞"教国子,并且"禁其淫声、过声、凶声、慢声"。(《春官·宗伯》)这里的"乐"就是与《诗》相配合的歌曲音乐。墨者曾以讥诮的口吻说,儒者除了服丧之外,余下的时间便"诵《诗三百》,弦《诗三百》,歌《诗三百》,舞《诗三百》"。(《墨子·公孟》)

③ "当时经常可见到这样的现象:君臣们、各级贵族们欢聚一堂,歌诗应答,觥筹交错,相率起舞,其乐融融,给人的印象是在举行一场歌舞晚会。可实际上也许是一场重大的政治较量或外交谈判正在进行。每一句诗,每一个乐舞,实际上都是在言说着某种有关国事的观点和想法。"彭亚非:《郁郁乎文》,第 74 页。

活运用《诗》的素养,就无法在往来酬酢的场合中合适地发言。这不仅大失自己的身份,更损害了国家的形象。所以,孔子提醒他的弟子:"诵诗三百,授之以政,不达,使于四方,不能专对,虽多,亦奚以为?"(《论语·子路》)

《诗》不仅塑造了贵族文化,而且传递到一般人的表达习惯——"含蓄"成了中国人说话的显著特点:委婉灵活,意在言外,留有余地。所以孔子要对他的儿子孔鲤说:"不学诗,无以言。"(《论语·季氏》)意思不是说,不学诗就不会说话,而是说,如果不学习《诗》的话语和表达方式,你就不知道如何恰当地表达复杂的、微妙的意思,不知道如何恰当地与人说话。

孔子的意义创造是以"述"为"作",即最大限度地肯定和汲取原有的思想文化资源,并为之充实内涵。[①] 春秋末期,虽然礼乐崩坏,但毕竟去古未远,"师挚之始,关雎之乱,洋洋乎盈耳哉"(《论语·泰伯》)! 有学者统计,今本《左传》《国语》称引诗三百(以及逸诗)和赋诗、歌诗、作诗等有关记载,总共 317 条。其中直接引诗证事的,《左传》181 条,《国语》26条;赋诗言志,《左传》68 条,《国语》6 条。[②] 这种活文化是古代中国之所以为礼仪之邦的根基,也是孔子谋求重建君子之国的文化土壤。

二、孔子为何重视诗教

在孔子那里,礼教为体,诗教为用。歌诗虽是礼教的起始手段,却自有不可替代的意义。

有一次,子夏请孔子解说《诗》当中的"巧笑倩兮,美目盼兮",孔子说"绘事后素",即作画的条件是要有纯白的画布作底,这样才能色泽分明("盼"就是眸子黑白分明的意思)。子夏立即联想到,有一个良好的秩

---

① "在孔子看来,秩序不是来自抽象的原则或先验的形式,而是植根于秩序化的历史范例之中。……当下追求和实现秩序需要个人行为的引导,在历史记载、风俗习惯、规范的礼仪行为等传统文化中搜寻类似的情境。"安乐哲:《自我的圆成:中西互镜下的古典儒学与道家》,第 412—413 页。

② 赵敏俐:《诗与先秦贵族的文化修养》,《诗经研究丛刊》第一辑,第 99 页,北京:学苑出版社,2001 年。

序,意义的生成才能有条理章法,所以他追问:"礼(之于人的思想行为)的作用是不是像素底一样?"孔子很满意,说这样就可以入门谈《诗》了。这一段对话被收入到《论语》当中,大概因为孔门学者认为,孔子不仅把那一句诗与礼联系起来,而且《诗》的整体都可以作为礼的表现。《诗》好比是绘画,礼就是它后面的"素"。

孔子把礼的光复寄托于审美教育当中,《诗》的意义不容忽视。礼必须潜藏,作为底色,不可以明确地作为规范显露出来。孔子面对的困境主要不是礼乐阙如,而是文饰声色的过度膨胀,名物制度的扭曲。这虽然有社会、政治的复杂原因,却也跟语言、文采的虚华有莫大的干系。孔子特别强调要慎重地对待"言"与"色"。"名"借言而发,因色而动。"名"因声色的腐蚀而"不正",礼乐不正,人们最普通的言行举止都会不知所措。所以,孔子对机巧的语言、华丽的声色抱有极高的警惕心,甚至认为它们跟道德操守背道而驰。他说:

> 子曰:"巧言令色,鲜矣仁。"(《论语·阳货》)
>
> 子曰:"君子欲讷于言而敏于行。"(《论语·里仁》)
>
> 子曰:"刚毅木讷,近仁。"(《论语·子路》)
>
> 子曰:"仁者,其言也讱。"(《论语·颜渊》)

"讷"的涵义是言语迟钝;"讱"则为"难言"之貌。两者都有些接近我们今天口语里的"口拙"。孔子欣赏口拙而心不拙的人。"巧言令色"可以说是语言、形态、表情、装饰方面的形式美,却被孔子排斥。就人与人之间、人与世界之间的交流而言,语言并不是一种完善的方式。话语总无法传递生动鲜活的情意和体验,或多或少地扭曲、遮蔽了生存的真态。尤其"道听而途说"的口耳之学,更遮蔽了真实的道德修养,把人引向浮躁、虚伪、骄慢,所以是"德之弃"(《论语·阳货》)。"可以心契,不可言宣"(张怀瓘)是以成为中国美学的一条原则。

涉及对于至高秩序("道")的理解,先秦美学都倾向于"沉默"。《老子》说"知者不言",庄子说"天地有大美而不言",孔子曾表露了几乎完一样的意思：

> 子曰："予欲无言。"子贡曰："子如不言,则小子何述焉?"子曰:
> "天何言哉。四时行焉,百物生焉。天何言哉!"(《论语·阳货》)

最高等的意义创造不能用言辞来完成。"天"的风云变幻、云蒸霞蔚远远超乎人类贫乏的语言可以囊括的范围。任何人为的解释都是对天道的矮化,所以孔子主动放弃了对于诸如利益、天命、仁义之类容易引起误解的"大概念"的发言权,尽管这些带有哲学色彩的概念也是当时人普遍关心的。[①] 子夏是儒门中走笃实路线的人物,他对高谈阔论有一针见血的批评:"致远恐泥"(《论语·子张》)。就是说,过度沉溺于高远、抽象的言谈,会让人陷在概念的网罗中无法自拔。

然而,礼乐文化的继承不可以无文,入世的教化更不可以"无言"——即使《论语》本身,毕竟还要依托言来记行。儒家有一套尽可能保持经验原味的方法。这些方法从《诗》中来,有美的意味。

《论语》常用情境化的对话来彰显意义,引人思考。在孔子要弟子们"各言尔志"(《论语·公冶长》)的著名段落里,子路等人都直白地说出自己的经世济民之"志",不可谓不宏伟,但只有曾晳描绘的"风乎舞雩,咏而归"得到了孔子的赞赏(后面还要详细分析)。孔子欣赏曾晳的理想,一方面因为他的"志"是诗意的,另一方面,诗意的"志"呈现于暮春咏乐的意象世界。诗意的"志"与意象化的"言"不可分离,其本质是审美的。这也正是《诗》的精神传统。

《论语》在描述人的生活或道德、行为状态时,还常以情态形容的方式代替概念化的定性语言,比如:

> 闵子侍侧,訚訚如也。子路,行行如也。冉有、子贡,侃侃如也。

(《论语·先进》)

---

① "子罕言利,与命与仁。"(《论语·子罕》)"子贡曰:'夫子之文章,可得而闻也,夫子之言性与天道,不可得而闻也。'"(《论语·公冶长》)

子路问曰:"何如斯可谓之士矣?"子曰:"切切、偲偲、怡怡如也,可谓士矣。朋友切切、偲偲,兄弟怡怡。"(《论语·子路》)

孔门弟子的面目,比如子路的勇敢与莽撞,子贡的聪慧和辩才,《论语》不仅呈现于行事,更以"行行""侃侃"白描出来。孔子对于"士"的解释,不通过给出一个概念定义,而是通过"切切、偲偲、怡怡"让人有一个直观的感受。叠字上加一个"如"字,更妙,既准确又传神。如果改成:"闵子伺侧,訚也。子路,行也。"恐怕就仅限于准确,而失去了传神。"如"字抛弃了概念化的定义格式,代之以描绘;男女情话、慈母唤儿都自发地用韵味无穷的叠字,亦暗合《诗》旨,刘勰说:"'灼灼'状桃花之鲜,'依依'尽杨柳之貌,'杲杲'为日出之容,'漉漉'拟雨雪之状,'喈喈'逐黄鸟之声,'喓喓'学草虫之韵。'皎日'、'嘒星',一言穷理;'参差'、'沃若',两字穷形,并以少总多,情貌无遗矣。"(《文心雕龙·物色》)

朱熹谈到《诗经》的欣赏时说:"此等语言自有个血脉流通处,但涵泳久之,自然见得条畅浃洽,不必多引外来道理言语,却壅滞却诗人活底意思也。"[1]这就是说,要用概念("外来道理言语")来把握和穷尽诗的意蕴是很困难的。审美经验不能用概念化的语言来"说",一旦说出,经验所内含的意蕴总会有部分的改变或丧失。读诗者必须凭借"此等语言"的提示,在自己心中再造意象,以己心为诗心,方能领会"活底意思"。这就是"涵咏"之意。"涵咏"并不排斥美妙的语言,但因为意义得以活泼泼地彰显,所以不是巧言令色。

总之,《诗》作为君子的言语教材,一方面文雅婉转,曲尽人情,另一方面又能避免巧言令色之弊,不失温柔中正之旨。《诗》为儒家的审美教育准备了良好的条件。

三、"诗可以兴"

在孔子之前,《诗》是华夏人民传情言事的灵感源泉,官学之诗教则

---

[1] 朱熹:《答何叔京》,《朱熹集》,第 1879 页,成都:四川教育出版社,1996 年。

是训导贵族威仪的途径。孔子的诗教继承了历史文化的悠久传统，又在思想上有所发挥。他将《诗》的功能概括为"兴""观""群""怨"，为首的"诗可以兴"尤其具有美学上的深意。

按照艺术学的通常的解释，"兴"有两个意思，一个是作为一种与"比"和"赋"并列的创作方法。郑玄指出："兴者，托事于物。""兴者，以善物喻善事。"（《周礼注》）兴与比经常联用，都是产生一种意象以指喻他事。相对"比"而言，"兴"的喻象与所指示的事物之间的关系更加隐微、灵活，并没有太多的可以推演比附的地方，给人更多的遐想空间和解释余地。触目可得的物象、抑扬反复的韵律都能够引起联想，激发灵感。所以，"兴"不只是创作方法和欣赏心理那样简单，它还是一种活泼泼的思想方法。

"兴"的另一个意思是作为欣赏诗而产生的升腾高越的情感效果。朱熹说："兴，起也。……吟咏之间，抑扬反复，其感人又易入。"所谓"起"，即有一种情感振奋的效果。在今天的语言里，"高兴""兴奋""意兴盎然"等词语还保留着这个涵义。情感上的升腾兴起对于礼教很有意义。前面提到，上古的"兴"，最早特指巫觋通天时的上举、升腾的精神状态，它使人超越认识的局限，而与鬼神的大威大力相感应。宗周以降，"兴"是达于"天"的自我提升过程，有限个体的视角因为"兴"而扩展到天地整体的角度。孔子继承了这一观念，但更强调人的精神境界的提升。这一转换也充实了"诗言志"的涵义。孔子之前，人们不一定是从审美的角度来理解和应用《诗》，"志"也不一定有诗意；然而一旦进入了"兴"，这个人就可能陶冶出了一种诗意的存在状态。

以《诗》里最著名的起兴为例：

> 关关雎鸠，在河之洲。窈窕淑女，君子好逑。（《周南·关雎》）

"窈窕"之义，皆从其形旁"穴"。"窈"有幽深的意思，而"窕"又在幽闲之中现出摄人的魅力。① 这样的纯净美好（"淑"原为清澈流水）的女

---

① 张祥龙：《孔子的现象学阐释九讲——礼乐人生与哲学》，第122—124页。

子,与德行高尚的君子若即若离,一种微妙的气息盘桓于似远又近的时空中;远远的,河洲上的野鸟的叫声,若隐若现,划破了辗转反侧的夜。《诗》中也有"蒹葭苍苍,白露为霜"的深秋景致,同样兴起了"所谓伊人,在水一方"的感怀。隔岸相望,呼唤不得,却又念兹在兹,不离不弃,"溯洄从之,道阻且长。溯游从之,宛在水中央"(《秦风·蒹葭》)。在活泼的空气中,这些情趣盎然的小诗不仅漾出中国古人内敛的浪漫,而且还把这种初恋的追索、期盼、试探、暗示、酬答、确认与更加普遍的人生境遇联系起来。《诗》让人的最深沉、最微妙的体验获得文明的形式,并因这样的形式而更加丰富、雅驯。

"兴"的奥秘在于"意"与"象"之间具有一个生动的距离。距离的妙用,在后面分析"孔颜之乐"的时候还要详细展开,这里先提一下它在《诗》中的功能,就是打破人们对于语言的狭隘的运用方式,为日常语汇打开一个多义的空间。事物之间的关联往往不是单线的,而是网络式的、多角度的、变动不居的。心灵越是丰富的人,观感到的联系就越是灵动不拘,具有"诗意"。① 虽然说审美意象是一个情景交融的统一体,但意与象之间仍然可以打开一个若即若离的距离。距离开显了不确定性、多义性,是丰富意义之源。关关雎鸠不见得是求偶的象征,正如蒹葭苍苍也可以是任一种感怀的背景,孤立地看,它们与君子的追求都没有直接的关系。但是没有直接关联的事物一旦并列起来,新的理解、新的意义就会泉涌不绝。这就是"兴"的魅力所在。

孔子的诗学指出了起兴的一个条件:"多识于鸟兽草木之名。"识名的意义,并不局限于像今天的动植物图册之类的知识传授方面。孔子尤重意义世界的条理。

《诗》是一个由众多名物支撑起的草木葱茏、繁华满眼的世界。"葛之覃兮,施于中谷;维叶萋萋。黄鸟于飞,集于灌木,其鸣喈喈。"(《周南·葛

---

① 叶朗指出:"诗歌(意象)的意蕴具有某种宽泛性,某种不确定性,某种无限性。也就是我们今天所说的多义性。从读者(观众)来说,这就是美感的差异性(丰富性)。"叶朗:《欲罢不能》,第114页。

覃》)黄鸟即是黄雀,葛是一种野生的豆科植物,葛根是中药材,葛的茎皮纺出的布则是周代士人礼服用料。"采采卷耳,不盈顷筐"(《周南·卷耳》),卷耳是多刺的苍耳;"采苦采苦,首阳之下"(《唐风·采苓》),苦是野生的苦菜;"匪鹑匪鸢,翰飞戾天。匪鱣匪鲔,潜逃于渊""山有蕨薇,隰有杞桋"(《小雅·四月》),鹑,俗称皂雕,鸢就是老鹰,都是凶猛贪残的鸟,鱣是鳇鱼,鲔是一种较小的鲟鱼,蕨是今天人们仍然常吃的蕨菜,杞则是入药的枸杞。① 草木鸟兽还跟上古的信仰世界有关。"于以采蘋? 南涧之滨。于以采藻? 于彼行潦。"(《召南·采蘋》)郑笺云:"教成之祭,牲用鱼,芼用蘋藻,所以成妇顺也。"蘋、藻等植物,都是祭祀仪式的用物。②

《诗》中常见的草木鸟兽之"名"有这样一个特点:一方面,它们总与人们的生活有某些交集,不是深海、大漠里的古怪造物,另一方面,这些草木鸟兽又多半隐处郊野,不是田宅里过于普通的什物。它们的名称与形象,比日常用物在更宽广的层面上组建着人们的生活世界。福柯说:"博学并不是一种与认识相匹敌的形式,而是认识本身的重要组成部分。"③对于《诗》的创作与吟咏来说,"草木鸟兽之名"参与造就了"生动的距离":郊野的芳草顾自荣凋,本无关乎人事,然而在吟唱的韵律中,它们的"名"被化为永不枯萎的"象"。人们并不是在欣赏归属于这些"名"下的野菜、昆虫,而是为了用情景合一的审美意象来让劳人思妇的情怀具有文采,让君子士人的忧怀得到宣释,让这些幽微的情愫感人益深,流传久远。客观自然没有改变,然而此人当下的世界意蕴却因为"兴"而变得不同。

孔子指出为政首在"正名"。正名的意义,不仅限于狭隘的政治名分,还关乎人情人性。边界清晰的"名"不仅仅是抽象的概念,还是欲望的渊薮。正名,实际是对欲望的疏导和驯化。《诗》的"兴"造就了一种生动的距离,人心深处的微妙隐幽的情感藉此"起兴"。通过"兴",有限定、

① 参见清代徐鼎编撰的《毛诗名物图说》,北京:清华大学出版社,2006年。
② 王巍:《诗经民俗文化阐释》,第279、281页,北京:商务印书馆,2004年。
③ 福柯:《词与物——人文科学考古学》,第45页。

有边界的功利之"名"转化为意蕴丰厚的审美之"象"。王夫之特别指出"兴"对于人性人情的意义：

> 能兴者即谓之豪杰。兴者,性之生乎气者也。拖沓委顺,当世之然而然,不然而不然。终日劳而不能度越于禄位田宅妻子之中,数米计薪,日以挫其志气,仰视天而不知其高,俯视地而不知其厚,虽觉如梦,虽视如盲,虽勤动其四体而心不灵,惟不兴故也。圣人以诗教以荡涤其浊心,震其暮气,纳之于豪杰而后期之以圣贤,此救人道于乱世之大权也。(《俟解》)

王夫之批评的这类人是很常见的。他们每日消磨于薪水、地位、应酬当中,眼中所见无非是柴米油盐、迎来送往,对天地的博大、自然万物的精奇华美熟视无睹。因为他们心灵的生气、朝气被功利的眼光淤塞住了。"豪杰"则不同,诗教的荡涤使他从日常局限当中跳脱出来,由贫乏的"小我"而成为"大我"。[①] 化名为象就是一个精神解放的过程。人的精神世界因为"能兴"而变得自由、开阔、包容,逐渐摆脱了小人的习气。名不待正而自正,抽象、干枯的礼乐得以重返鸢飞鱼跃的存在之家。这是孔子诗教的最终理想。

诗教的另外几个功能属于社会美的范围,也建立在"兴"的基础上。

《诗》"可以观"。季札闻各国之《诗》以观风俗盛衰,因为在各地的"风"中隐有人情兴发的路径,刚柔缓速,邪正不一。"风"之可观,仍在于其令人兴起的力量和趋向。在第一章已经提过了。

《诗》"可以群"有两个层面的意义:一是君子的个人修养层面的"群"。君子"群而不党"(《论语·卫灵公》),"君子之交淡如水"。君子的"群",基于精神上的兴发感动而非主客对立的判断和利益考量。这也需

---

① "人的生命要求人不仅创造生活,而且充分享有生活。充分享有生活不仅意味着物质上的占有,而且意味着从精神的、感情的方面同自己的生活进行交往。这就需要审美感兴。审美感兴使人超越动物性的本能生活,超越本能生活所划定的狭隘范围,超越日常生活中那个与世界分离的'自我',从而开拓一片广大的精神空间,获得只有人才有的,不仅能生活而且能观照的自由。"叶朗:《胸中之竹——走向现代之中国美学》,第27页。

要"生动的距离"。二是群体生活层面的"群"。这不是"群居终日,言不及义"的"群",而是孔子看重的"里仁为美",用今天的话说,就是自然原生、真淳美好的社会风气。《诗》的用语来自亲切可感的仪典、用物、景致,营造了各个阶层都普遍接受的意义世界,所以能沟通上下,亲睦左右。"群"既是诗意的"起兴"的基础,也是其效果。

《诗》"可以怨"。孔子常强调"无怨",但又用《诗》为难以避免的怨愤开了个出口——诗来诗往的形式"把吵架这个东西变成以诗酬唱,兴发新的境界,构造更美好的可能,劝恶扬善,余意不绝"。① 审美意象把怨气给净化过了:它们有的意趣盎然,比如以大老鼠(《魏风·硕鼠》)、猫头鹰(《豳风·鸱鸮》)来喻示贪婪暴戾的统治者,虽有怨郁却不粗鄙;有的则化入醇美而略带感伤的意象,"鸡栖于埘,日之夕矣,羊牛下来。君子于役,如之何勿思!"(《王风·君子于役》)"其雨其雨,杲杲出日。愿言思伯,甘心首疾!"(《卫风·伯兮》)由此而开启了中国诗歌史当中的征妇诗、反战诗的一大系列。从指向上看,《诗》当中的一些"怨"已经超乎一己小我的利害,如"心之忧矣,我歌且谣。不知我者,谓我士也骄"(《魏风·园有桃》)。《诗》里的"忧",虽由具体的物象引发,却多是由于对人和天地万物的同情、关切、爱引起了哀怨郁愤的情感,又由于这种哀怨郁愤极其深切,因而能够升华成为温厚和平的意象。后世文学里的沉郁之美多由此出,杜甫的诗风就是沉郁美的代表之一。②

从兴、观、群、怨发展出了儒家"温柔敦厚"的艺术观念。这种观念提倡用文明的形式驯化人的情绪,让人用成熟稳重的心态去事父、事君。个人精神修养的功能与社会风教的功能在"情"的雅驯中得以统一。

> 子曰:"诗三百篇,一言以蔽之,曰:'思无邪。'"(《论语·为政》)
> 子曰:"关雎,乐而不淫,哀而不伤。"(《论语·八佾》)

"思无邪"引自《诗·鲁颂·駉》,原与"思无疆""思无期"等并列。这

---

① 张祥龙:《孔子的现象学阐释九讲——礼乐人生与哲理》,第115页。
② 叶朗:《美学原理》,第377页。

里的"思"为发语词,无义。"邪"字的本义与城邑道路有关。《说文》:"邪,琅邪郡也。"贾谊《贾子·道术》:"方直不曲谓之正,反正为邪。"王弼《老子注》云:"凡物不以其道得之则皆邪也。"古时道路尚平直。平直为正,反之则为邪。孔子引用此诗句,将《诗》的效用概括为导人以正直之道。《周礼》以"中"为"乐德"之首,中即正,不中则邪,所以"思无邪"的具体表现也就是"乐而不淫,哀而不伤"。孔子通过这样的阐释,把周礼对贵族的要求引到一般人的精神生活当中。这是他对贵族诗教思想的突破和创新。

20世纪末出土的上博楚简的《孔子诗论》篇呼应了"思无邪"的意旨:"《关雎》之改,则其思益矣。"①李学勤解释为"更易"②,有转化、净化的意思。《孔子诗论》提到孔子对于"改"的一个解释:"《关雎》以色喻于礼。"暗示了把"好色"与"好德"统一起来的可能性。如果孔子的确把《关雎》作为诗教原则的一个范例,那么他对《诗》的期望就是:通过博大而生动的意义创造,情感自然归于适度,人心自然平和,最终获得变化气质之效。从这里发展出中国古代的"风化""风教"的意识。③ 孔子晚年的"删诗"工作,用今天的话来说,大概相当于由最高级的文化人来改良各地的通俗歌曲,使之一方面成为雅驯的抒情途径,另一方面还承担着地方文化的保存与延续的职能。"删诗"的意旨是在立足于民俗的基础上,有步骤、有指向地转换民俗,使之在不知不觉中摆脱盲目和粗鄙,变得淳美。

值得注意的是,"改"在表面上是道德意义的,本质上则是审美的。"大多数的爱好,一切初露头的爱好,都是盲目的和粗俗的。它们不知道它们是怎么一回事,而且它们也不知道为什么把它们自己附着在这个对象或那个对象身上。"④情感含有不羁的力量,很难通过理智或规则的强

---

① 黄怀信:《上海博物馆藏战国楚竹简书解义》,第23页,北京:社会科学出版社,2004年。
② 李学勤:《〈诗论〉说〈关雎〉等七篇释义》,《齐鲁学刊》2002年第2期。
③ 季康子问政于孔子曰:"如杀无道,以就有道,何如?"孔子对曰:"子为政,焉用杀。子欲善,而民善矣。君子之德风,小人之德草,草上之风,必偃。"(《论语·颜渊》)
④ 杜威:《经验与自然》,第272页。

硬约束而驯化，只能经由审美的"兴"来缓缓地纾解和引导。《诗》"可以群""可以怨"，就是因为意象让人"兴起"，爱恨情仇的烈性减弱了、"改"了。经由情感的净化、升华，人可以远离走极端、搞对抗的思维习惯。审美增加了风化的深度和广度。

孔子对于诗教功能的概括，都落实在人格培养当中，而人格是一个总体的、统一的概念。"兴"着眼于精神世界的整体，是比孤立的道德、艺术、宗教、政治都要高一层的概念。"兴"也是《诗》的所有其他认识功能、教化功能的前提。叶朗认为："艺术欣赏作为一种美感活动，它的最重要的心理内容和心理特点，就在于艺术作品对人的精神从总体上产生一种感发、激励、净化、升华的作用。……首先强调人的精神从总体上产生的感发、激励、净化和升华，而不是首先强调某一局部的心理因素和社会功能。这是中国美学史上的一个优良传统。"[①]

"兴"概括了孔子诗教的方法论，是中国艺术的创作心法。李渔谈到作诗的时候曾经指出，搜求文思、强索词藻都作不出好诗："如入手艰涩，始置勿填，以避烦苦之势。自寻乐境，养动生机，俟襟怀略展之后，乃复拈毫。有兴即填，否则又置。如是者数四，未有不忽撞天机者。"（《闲情偶寄·冲场》）人在日常习气当中，言语总是割裂的、干枯的。诗意的语言和思维则通过情景交融的意象，使意蕴整体向人展开。在"兴"的状态里，人无需分析哪个名化为哪种象，哪些情感得到了控制或协调，仁爱精神又是如何推广……"兴"由模糊、跳跃的意象激发，恰恰要打碎人们这些竟日钩绞的脑筋，使之放松紧绷的心弦。由此，"兴"的意义超出了一般艺术创作的范围，具有更广阔的价值。

第三节　君子人格

孔子美学中的一个重要关切是审美与政治之间的互动关系。西方

---

① 叶朗：《中国美学史大纲》，第53页。

近代以来的政治学认为,政治的核心在于不同利益集团之间的博弈,中国古代思想家,尤其是儒家,则认为政治的核心问题在提高为政者自身的教养。这种教养当中必须包括广义上的审美素养,审美与政治因而具有紧密的联系。

"子曰:导之以政,齐之以刑,民免而无耻。导之以德,齐之以礼,有耻且格。"(《论语·为政》)"礼"曾经是社会、政治乃至宇宙秩序的体现,而礼坏乐崩之际的孔子则进一步把秩序、条理化入理想人格的修养当中。[①] 具有这种人格修养的人就是丰富(文)与协调(质)相统一的"君子",而修养的方式则是广义上的审美教育。

本节将沿着以下思路展开:首先追溯"君子"概念在身份、社会等级方面的内涵,并由此分析"和而不同"的意义。其次阐述孔子对于"君子"概念的创造性发展,即"不器"和"上达"的思想。

一、"君子和而不同"

"君子"是孔子经常谈论的概念,在《论语》当中出现了近百次。孔子美学中"和""文质"等观念,均不能离开"君子"的概念。"君子"的涵义十分复杂,是一个典型的"述而不作"的产物:它由最初指涉人的身份、职业,到侧重于人格教养、心胸气象,并逐渐带有了道德的、审美的内涵。梳理这个发展过程,可以澄清由后世人过分道德化、空泛化而导致的对"君子"的误解,有助于全面地理解孔子的美育思想。

在周代,"君子"原是一个政治身份的概念,指称着宗法等级社会里的一个阶层。在《论语》以及其他春秋时代的典籍当中,"君子"常与"小人"对举。今天用这一对概念表示人的道德品质的高下,而在这对概念

---

① "它[礼]期待那些在不同方面对社会负有更大或特殊责任者,不仅仅是工具性的专门角色,而且还应是道德和艺术意义上的完美人格……它是以'和谐'而不是以'发展'、是以'人'而不是以'事'为中心的;它所理解的'治',自不限于纯粹政治性的目标和秩序,而是一种更大、更高的文化理想的贯彻,并由此赋予了文化群体和教育组织以特殊的政治社会责任。"阎步克:《士大夫政治演生史稿》,第 506 页,北京:北京大学出版社,1996 年。

的最初用法当中,"君子"与"小人"都主要指称不同的职业、身份和知识背景。"君子"和"小人"最初表示社会等级和职业分工(周代的制度把两者结合在一起)的分野:"君子"是中上层贵族与社会的管理者,"小人"则是承担具体职事的下层贵族或从事生产的庶人。概括地说,前者是协调组织者,后者是具体执行者。作为社会不可少的分工,职业身份意义上的君子和小人对于社会都是必要的。所以,这对概念一开始并没有价值褒贬的意味。①

孔子精炼地点出了"君子"的本质特征。

　　子曰:"君子不器。"(《论语·为政》)

中国古代对于社会分工以及相应的思想意识,最重大的区分就是"道"与"器"。形而上者谓之道,形而下者谓之器。"器"是分散的、有专门用途的,是各种用具的总称,掌握了"道"的人则能够驾驭众多的"器"。在《周礼》当中,越是跟社会与信仰秩序的总体打交道,比如协理阴阳、调和天人等,其品级就越高,对于"道"的认识层次就要高一些;具体的、技术性的和专门的工作则级别低下,人数众多,这些工作所涉及的范围要狭窄一些,从业者对社会文化的整体秩序的理解也就受到更多的局限。也就是说,职业、身份、社会阶层的区分造成了视野广狭的不同。从职业、阶层而言,"君子"较为接近于"道",而"小人"则接近于"器"。从思想意识的角度看,"君子"能从整体上领会和欣赏较宏观或较复杂的事物,而"小人"的精神世界就相对狭小和简单一些。前面提到,周代针对"国子"的贵族教育传统特别注重培养一种中庸平和的品质,就是为了让未来具有君子身份的人也能够具备君子的内在素养。

---

① 在《左传》中有这样的说法:"君子勤礼,小人尽力。"(成公十三年)"君子劳心,小人劳力。"(襄公九年)都是就社会阶层和分工而言。《论语》也有这种意义的遗留,如"君子学道则爱人,小人学道则易使也"(《论语·阳货》)。萧公权说:"君子一名,见于《诗》、《书》,固非孔子所创。其见于《周书》者五六次,见于《国风》、《二雅》者百五十余次,足证其为周代流行之名称。惟《诗》、《书》'君子'殆悉指社会之地位而不指个人之品性。即或间指品性,亦兼地位言之。离地位而专指品性者绝未之见。"萧公权:《中国政治思想史》,第65页。

从孔子开始,"君子"的概念有了一个重要的转变,就是逐渐强调精神气象方面的意义,弱化等级身份和专业分工方面的意义。当时,"儒"已是社会中的带有知识、技能含量的职业总称。孔子在青年时就已凭借自己对礼的精熟掌握,成为一个身份意义上的君子。然而,孔子更强调从整体上理解礼义。在《论语》当中,孔子没有号召他的学生谋求成为身份、分工意义上的"君子",而更多的是要求他们具备君子的心胸品格。孔子的学生子夏及其门徒对于守礼、行礼都非常地扎实笃敬,但有些拘束于礼本身。子游曾经批评他们说:"子夏之门人小子,当洒扫应对进退则可矣。抑末也,本之则无。"(《论语·子张》)孔子也特别对子夏说:"汝为君子儒,无为小人儒。"(《论语·雍也》)"君子儒"与"小人儒"是孔子自创的一对概念:儒者如果被自己的专业思维给束缚住了,不能理解这些技能、规矩的意义,就是所谓"小人儒"。"君子儒"则是孔子对自己这个群体的定位:他们虽然精于技艺,但关心的是礼义、道德、文化传承等对于社会发展的带有方向性的大问题,还要在生活中体现出文雅优美的风度。"君子"内涵的转变体现在美学上,就是大大突出了广义的审美活动对于政治的重要性。

为了具备君子的品格,孔子强调,人要在每一个具体的执守当中把握具有普遍意义的"道",正如在艺术中突破技艺的局限而渐臻妙境。

子曰:"君子上达,小人下达。"(《论语·宪问》)

这可以看作是孔子对于"君子不器"的补充解释。君子在职业分工上可以是"器",但是要有一种经由形而下之"器"发现形而上之"道"的能力,即"上达"。礼的重建也最终依靠这种返本溯源的精神。《礼记·郊特牲》云:"礼之所尊,尊其义也。失其义,陈其数,祝史之事也。故其数可陈也,其义难知也。知其义而敬守之,天子所以治天下也。"技术性的"数"应该保留,但不能局限于此,君子的重任是由数(器)而知晓其义(道)。如子夏所说:"百工居肆以成其事,君子学以致其道。"(《论语·子张》)"君子上达"是要在从事具体的事务的同时克服割裂的思维,增强全局的眼光。不论在现实当中的角色是什么样的"器"(比如孔子曾经说子贡是"瑚琏"),只要心胸博大、视野宽广,那么这个人就可以算作是"君子"。

从整体上把握"道"的君子具有什么样的表现呢? 在孔子对"君子"的讨论当中,多次提到了一种包容、谅解的品质,如"周而不比"(《论语·为政》)、"群而不党"(《论语·卫灵公》)等。这种品质的最简明的概括是"和":"君子和而不同,小人同而不和。"(《论语·子路》)君子与小人的区别就在于是以"和"还是以"同"作为基本特征。

"和"的观念,古已有之。在孔子之前,齐大夫晏婴已对"和如羹"有过精彩的论述。晏婴曾就君臣关系来讨论和与同,强调了广纳各种政见的必要性。孔子则以"和"与"同"来区别君子与小人的思想特征。作为人格素养的"和",至少有如下两个层次的内涵:

其一,"和"意味着一个人具有协调各种要素、创造新意义的能力。"和"意味着让各各不同的因素协调互动,一起造就一个动态平衡的局面。这不仅要能够像一个厨师那样驾驭、整合自己控制范围内的各种要素,而且还能对掌控范围外的"他者"做出富有建设性的应对。中国艺术当中的"和"(去声)即是一个具有代表性的例子。《论语》记载:"子与人歌而善,必使反之,而后和之。"(《论语·述而》)孔子听到了美妙的歌曲,一定要再听一遍,然后自己还要另外和一首。《论语》开篇记录了孔子的一句脍炙人口的话:"有朋自远方来,不亦乐乎?"(《论语·学而》)交友之乐也来源于一唱一和中激发出来的创造活力。在地域性比较突出的古代社会,"远方"提示着生活方式和思想观念的差异。"远"就像西方人说的"异族"或"异教徒"的"异",但"来"所暗示的友好意味则消弭了"异"所隐含的敌视的意味。曾子也说:"君子以文会友,以友辅仁。"(《论语·颜渊》)《说文》云:"文,错画也,象交文。"错画为文就是对"不同""差异"的抽象。君子与远方来的朋友可以在"文"的氛围中,并通过"文"的方式,造就视角、方法、观念的相互激荡。两方或多方都可以因这种激荡而加深对于道的理解。

一唱一和是中国艺术的重要创作形式,也是中国文人非常喜欢的交往方式。到了后世,文人酬唱逐渐拥有了丰富的形式。大家在共同的主题、声韵之下,遵守着既定的游戏规则来联诗做赋。你唱我和既有比赛的成分,也是对于自己和他人的能力的共同肯定。在旗鼓相当的往来酬唱中,每一个人都为共同的意义创造贡献了自己独特的成分。这个共同参与的过程本身也已经造就了一个独一无二的新局面。唱和的艺术促成"和"的心胸,和而不同的君子也最能从唱和当中领略兴味。

其二,"和"也意味着君子拥有广大的气量、心胸。人的意义世界可以因为包容差异、善用差异的"和"而不断扩大,人的见识、眼界也可以随之不断扩大,所以"和"也是"大"。《尚书》说:"有容,德乃大。""大"在行为表现上是"容众",而在心态上则体现为"胸襟""襟怀"。俗语谓"宰相肚里能撑船",可见其大。与"和"相对立的"同"则导致了"小"。"小人"之"小",不仅在于他对"道"的理解范围狭小,更在于固守自己的见识边界,不能容忍与自己的趣味、偏好不同的人或事物。《论语》当中有一个形象的说法:"硁硁然小人哉。"(《论语·子路》)硁是指坚硬的小石子。小人的人格面貌正如小而且硬的石子,顽固不化,时常硌人。儒家美育的目标之一,就是用和悦之美来打破那些坚硬的思想意识,让人变得宽大善容。

一旦心胸、视野的广狭与思想、行为的方式联系起来,"君子"的定义就突破了职业、身份的范围,开始转变成为一种人格素养、人格美的代称。"君子"的内涵就更具伦理和美学的色彩了。

> 子曰:"君子周而不比,小人比而不周。"(《论语·为政》)
> 子曰:"君子矜而不争,群而不党。"(《论语·卫灵公》)
> 子曰:"君子成人之美,不成人之恶。小人反是。"(《论语·颜渊》)

在"成人之美"的语境下,"人"是与"我"不同、分歧甚至冲突的他人。君子知人,而且己立立人,乐见其成。所以,君子与君子之间的关系一般是和乐的。他们可以最大限度地团结协作,即使不能成为同道,至少也

可以相互容忍,维持一个谦让有礼的氛围。这就是"周""群"。"周"和
"群"的反面是"比"和"党",也就是只认同与自己相同的人或团体,对待
异己的方式就是"党同伐异",是"争"。儒家认为,争竞之心、对人的恶意
和党同伐异的行为,都是道德意义上的"小人"的特征。"小人"囿于自己
的狭隘见识而不能包容异己,表现在思想上是非友即敌的二元定势,宣
扬"你死我活的斗争",表现在行为上则是成人之恶。这种小人思维不限
于个人,还可以扩展至族群、阶层、民族、宗教派别等等。

　　张载认为,阴阳二气的分别和对立会导致"仇",但阴阳的对待流通
终究会"仇必和而解"。冯友兰晚年的时候曾指出,有时候"仇"的结果不
是"和而解",而是"仇到底"。究竟是"和而解"还是"仇到底",就要看是
君子还是小人主导了处理矛盾的思维方式。君子常能够敏锐地发现对
立双方共存共荣的基础,寻求和解的可能。儒家君子不仅能"合二而
一",令冲突消于无形,而且能通过新意义的创造,使这后来的"一"的内
容超乎原先的"二"的总和。这大概也是"成人之美"的深意:君子因己之
美而见人之美,成人之美亦成己之美,人己同归于美。

二、文质彬彬之典范

　　儒家的君子不仅要有美好的情操,还要相应地具有美好的文采。这
是孔子为儒家美学奠定的一个基本原则。有学者指出:"周公开始,使
礼、乐从原始的地位走向人类社会;孔子开始,丰富了社会中的礼乐内
容,礼不再是苦涩的行为标准,它富丽堂皇而文采斐然,它是人的文饰,
也是导引人生走向理想境界的桥梁。"[1]

　　"文"的最初含义是"错划""交错"。有交错,即生新意义,但新意义
的产生并不必然具有正面的价值。[2] 孔子以"礼"作为"文"的本质,而

---

[1] 杨向奎:《宗周社会与礼乐文明》,第 381 页。
[2] "有子曰:礼之用,和为贵。先王之道斯为美。小大由之,有所不行。知和而和,不以礼节之,
　亦不可行也。"(《论语·学而》)

"文"是礼的外观。外观不能悖离其精神内涵,所以就有了"文"与"质"的关系问题。

> 子曰:"质胜文则野,文胜质则史,文质彬彬,然后君子。"(《论语·雍也》)

> 子曰:"君子博学于文,约之以礼,亦可以弗畔矣夫。"(《论语·雍也》《论语·颜渊》)

"文"即文章、物象、行为、言辞的繁复外观。玉帛、钟鼓等礼乐形式都是"文"。"质"则是古礼的精神,行为合宜的原则,其外在表现则是可为与不可为的法度。在社会组织里,规则的确需要有丰富、明晰的形式来彰显,离开了特定的"文","质"也就丧失其意义了。[①] 所以,孔子非常热心地搜集有关礼制的材料,"追迹三代之礼,序书传,上纪唐虞之际,下至秦缪,编次其事"(《史记·孔子世家》)。同样也要求弟子们博学于文。他说:"若臧武仲之知,公绰之不欲,卞庄子之勇,冉求之艺,文之以礼乐,亦可以为成人矣。"(《论语·宪问》)就是说,仅有智慧、寡欲、勇敢、技艺等德行还不足以成为人格完善的人。人还要将德行纳入到进退揖让的美好形式中,才能称得上是合格的儒家君子。

孔子曾经对他的得意学生颜回描绘了自己的文教设想,其中寄托着"文质彬彬"的理想。

> 颜渊问为邦。子曰:"行夏之时,乘殷之辂,服周之冕,乐则韶舞。放郑声,远佞人。郑声淫,佞人殆。"(《论语·卫灵公》)

这是一个相当普泛的秩序系统:从天人之学(历法)、文物体系(冠冕)到礼乐仪式(乐舞),孔子心仪的是一个文采焕然又节制有序的文明世界。夏代的历法以寅为正月,利于人事之兴;商代的车马具备了礼制的规模,但又没有后世那样饰以华奢的金玉,文质相当;周代的衣冠则文

---

① 棘子成曰:"君子质而已矣,何以文为?"子贡曰:"惜乎,夫子之说君子也。驷不及舌。文,犹质也;质,犹文也。虎豹之鞟,犹犬羊之鞟。"(《论语·颜渊》)

章彪炳,动止皆有威仪;在这个贯彻着儒家追求的理想国里,音乐要以庄严华美的《韶》为典范,远离那些引人沉醉、怡人性情的流行小调……人生所必需的一切文化设置无不在此,既文采斐然,又不过于奢靡。孔子对文之弊十分敏感。他晚年删《诗》的一项重要内容是"放郑声"。他认为任何文化的创造都不能违背道德,人应对那些容易流于放纵骄逸的成分保持警惕,反对礼文自我膨胀的趋向。①

孔子还为儒家美学确立了一个基本观念:君子应该把整个人生都作为一个艺术品来创作、琢磨,所以,他的一举一动、一言一行都应该合乎美的法则。这个美的法则的一个表现就是文质彬彬的君子风度。《论语》记载的孔子本人的日常举止就是一个人生艺术作品的典范,也是其美学思想的生动呈现。我们在这里列举一些《乡党》篇中有关饮食的例子:

> 食不厌精,脍不厌细。
>
> 食饐而餲,鱼馁而肉败,不食。色恶,不食。失饪,不食。不时,不食。
>
> 割不正,不食。不得其酱,不食。
>
> 肉虽多,不使胜食气。惟酒无量,不及乱。
>
> 沽酒市脯不食。不撤姜食。不多食。
>
> 祭于公,不宿肉。祭肉,不出三日,出三日,不食之矣。

这些文字给我们展现了两千五百年前中国的饮食文化曾经达到的高度。当时的贵族阶级已经把饮食行为打磨成了一种高级的文化活动。君子会关注食材的数量、色泽、形态以至食物的由来(祭品、市卖等),不食用不自然、不卫生的东西。这种饮食文化除了考究食物,更重食法。举凡摆放位置、切割方法、烹饪火候、辅料搭配、饮食的时间、造成的效果(是否醉酒等)等都在考虑之列。在这背后,还有往来酬答的秩序、祭祀

---

① 如:"林放问礼之本。子曰:'大哉问! 礼,与其奢也,宁俭;丧,与其易也,宁戚。'"(《论语·八佾》)

中的庄敬态度。由此精简的几句话，周代的贵族文化已如在目前。如果忽略了这个文化的追求，我们就只能看到儒者在饮食方面的苛求、挑剔和多如牛毛的戒律。其实，孔子对于食物本身并不挑剔，即便"饭蔬食，饮水"，他也一样乐在其中。孔子强调的是礼对于驾驭外物的意义：经由礼，人能安贫，也能处富。礼使人具有一种内在的富贵气象。

饮食是最普通的日常举动，最能反映人的欲求和习气，也是人最容易放逸和马虎之处。把饮食纳入礼的范围，训练了人的一种节制的品格。能够面对华衣美食而从容中礼的人，大概不会因为追求口腹享乐而败坏德行。"沽酒市脯不食"是一个有趣的细节。在当时的饮食文化里，酒肉常与祭祀仪式或重大交际场合有关。酒肉必由自家预备，既能体现出族人的诚敬，也保证了享乐不至于过度，因为一个家族的生产能力有限，客观上限制了纵欲的可能。当儒者把满足生理需要的活动全部纳入到礼文当中以后，君子的人生即具有了辉光赫赫的虎豹之文。

举动不离礼乐的君子具备一种随时随处缔造秩序的能力。

> 子欲居九夷。或曰："陋，如之何？"子曰："君子居之，何陋之有？"（《论语·子罕》）

有人问，狄夷之地缺乏一切车马服饰的条件和礼尚往来的文化环境，君子去了以后怎样行礼呢？孔子说，君子去了以后，就不能那里说没有文化了。意思是，君子本人就是文化的载体，他身上带着一套具体而微的周礼。康德说，自然借助天才来为艺术立法。我们也不妨说"天"是在借助君子而为礼乐立法，使之广行于世。有道则显，无道则隐，礼的意义却因为君子的存在而永远鲜活。正像艺术大师为形式灌注了生机，君子的典范性的行为也使得古老的礼仪形式具有了生气。

孔子以"文质彬彬"规定君子风度，要求君子的一切作为都成为"文"的实现。"君子动而世为天下道，行而世为天下法，言而世为天下则。"（《礼记·中庸》）如果说礼乐是生活的、生命的大艺术，儒家的君子则是以立德、立功、立言为业的大艺术家，儒家的美学则是对这种人生艺术的审视和总结。

三、"君子不器"的美育理念

作为一个君子,内心之和与言行之文是一个统一的整体。君子不仅为世人确立了道德上的典范,更具备一种美善合一的人生境界。孔子与学生论"志"的一段著名对谈反映了他的人生境界观念。

> 子路、曾皙、冉有、公西华侍坐,子曰:"以吾一日长乎尔,毋吾以也。居则曰:不吾知也。如或知尔,则何以哉?"子路率尔对曰:"千乘之国,摄乎大国之间,加之以师旅,因之以饥馑,由也为之,比及三年,可使有勇,且知方也。"夫子哂之:"求,尔何如?"对曰:"方六七十,如五六十,求也为之,比及三年,可使足民。如其礼乐,以俟君子。""赤,尔何如?"对曰:"非曰能之,愿学焉。宗庙之事,如会同,端章甫,愿为小相焉。""点,尔何如?"鼓瑟希,铿尔,舍瑟而作,对曰:"异乎三子者之撰。"子曰:"何伤乎?亦各言其志也。"曰:"暮春者,春服既成,冠者五六人,童子六七人,浴乎沂,风乎舞雩,咏而归。"夫子喟然叹曰:"吾与点也。"(《论语·先进》)

在一个轻松的氛围中,孔子让他的学生们谈一谈各自的理想。子路渴望在一个大国当中施展才华,使其富强而有序;冉有的回答即是老师曾提出的"富之,教之"的方略;公西华则希望担任协理全局的职务,而且还能够实践崇高的礼乐。学生们的这些回答都不离儒门的追求,却都没有让孔子闻之心动。最后,他转向了一直在为大家演奏背景音乐的曾皙。曾皙说,我的理想跟刚才几位不同。曾皙没有把自己的理想等同为职业规划,而是为众人描绘了一幅图景:暮春时节,新衣已经裁剪妥当,五六个士人君子,带着六七个童子,一起到沂水旁边沐浴,再到舞雩台上讽诵一番,然后唱着歌归来。孔子赞叹说,这也是我的理想啊!

曾皙的回答很妙。舞雩台是先民举行巫舞求雨仪式的场所,最初是由"知天文、识旱涝"的儒者掌管求雨的雩祭。在天人未曾分裂的时候,这是社会的头等大事。随着礼乐的崩解,君子儒对求雨之类的小道早已无暇顾及了。曾皙这段话大概隐含了一个意思:什么时候我们能在舞雩的老本行里自得其乐,复礼的目标不已是题中之义了吗? 孔子赞叹曾皙的理想,不在于其他人的理想都不重要。相反,富强、教化和参政都是实现这个理想的前提条件。但如果把那几项设为追求的目标,就有点顾此失彼,而且即使所有这些事功加起来还是缺一点,那就是没有设想一种切近自己生命体验的理想状态。曾皙的理想不仅囊括了政治上的清明、礼乐教化的恢复等等政教目标,而且更与人的生命、精神相关。孔子称赞这一理想,也是由于他把一切事功的终极目标设定为人生意义的充实和精神上的悦乐。儒家学者认为,君子不仅能胜任事功,而且要有丰富充实的内心生活。拥有充实的内心生活的人,一定是可以融入自然、欣赏生命的人,一定是可以与之共享友谊的人。

孔子对曾皙理想的肯定帮助我们进一步理解“君子不器”的意义。在曾皙的游春图里,呈现了一个关于整体生存状态的意象。曾皙并没有暗示自己理想的身份职业。他自己可以是冠者当中的一员,也可以根本不在那个春游的团体里,但是那种普遍和谐、生机勃勃的氛围却感染着每一个人。也许那种社会当中的每一个人都具有君子的品质,因为社会氛围本身即托举出了一个君子国的风貌。所以,“君子不器”并非鼓励人们忽视专业上的精熟,而是强调在各自的专业、职业之外还要“多一点”,成为一个不被专业、身份束缚住思维的人。更进一步,还要成为一个能够主动创造美的人。冯友兰说:“学哲学的目的,是使人作为人能够成为人,而不是成为某种人。”①就这个意义来说,学哲学(孔子说的“学道”)和接受审美教育虽不具有直接的功利价值,却是每个人基本素养的一部分。孔子提出的“君子不器”是儒家的审美教育思想的核心。

“君子不器”的思想具有跨时代、跨文化的长久价值。“器”意味着人的工具化。“小人”则是因为精神世界的片面化、狭隘化而被(主动地或

---

① 冯友兰:《中国哲学简史》(1948),《三松堂全集》第六卷,第 14 页。

被动地)当作工具的人。他们永远摆脱不掉为某个政治经济势力、某种意识幻象所摆布的命运。能否不单纯作为工具来生存,是古希腊人对自由人和奴隶的区分标准。近代以降,在欢呼"知识就是力量"的技术化、功利化的思想背景下,康德提出了"人是目的而不是手段"。这是西方的大思想家在觉察到人被工具化、被奴役的危险后发出的棒喝,又与两千多年前中国古人讲的"君子不器"隐然相应。

第四节　"孔颜之乐"

> 子曰:"贤哉回也! 一箪食,一瓢饮,在陋巷,人不堪其忧,回也不改其乐。贤哉回也!"(《论语·雍也》)
>
> 子曰:"饭疏食,饮水,曲肱而枕之,乐亦在其中矣。不义而富且贵,于我如浮云。"(《论语·述而》)

这两句话后来在儒学史上被概括为"孔颜之乐"。追问"孔颜乐处"是宋明道学家们乐此不疲的话题,也是中国美学最具有思想深度的课题之一。

《论语》开宗明义地点出:"学而时习之,不亦乐乎?"孔颜之乐,就在于"学"之乐——"学"与"习"的动态过程是最高度、最长久的欢乐的源泉。孔子与他的最得意的学生都以好学为最可称述的特点,都因好学而长久保持着昂扬充沛的状态。在我们看来,孔子所谓的"学"与"习",是通过艺术、审美来实现的,通向一种深沉的生命喜悦。"乐之所以可以普遍地服务于道德目的,不仅是因为乐的内容可以与道德理念有关,乐可以有效地歌功颂德;更重要的是,乐的形式与道德理念的存在样态之间存在着必然的联系。也就是说,审美与道德在其根源部位上是相通的。"[①]因为学之乐,克己复礼就不再是愁眉苦脸的,而是一种生命意义的展开方式。至于学、习之乐何以特别强烈而持久,又在何种意义上是审

---

① 彭锋:《诗可以兴》,第 222 页。

美的愉悦，则是本节讨论的重点。

一、切磋琢磨：君子之学

孔子的思想和行动并没有超出伦常日用的特异之处，但孔子所以为常人难以企及，乃是因为他的好学。[①] "学"造就了灵动的思想观念，并因此让儒者的道德操守处于中正的状态。从美学的角度看，孔子的"好学"点出了人生艺术的创作原则，概括了君子的审美境界的特点。

《论语》涉及"学"的大量条目，几乎都与道德修养有关。"学"的作用是让人在各种情境中实现对于道德的全面领会。在《论语》中，"学"被赋予了特别的意义：它不是一种与仁、智、信、勇等并列的德性，而是使这些德性不变质的保障。

在孔子看来，"学"就是在具体事物中发现"道"，君子以此作为上达的途径，而不是像小人那样满足于掌握具体的知识、技能。君子之学不是学习全新的、从未见识过的东西，也没有一个现成的知识被人从遗忘中打捞出来。[②] 就道德修养而言，人们早已经在知识上知晓了仁、智、信、勇的标准，难的是如何在行动当中避免"意""必""固""我"（《论语·子罕》），避免因为偏颇而流于"过"和"蔽"。[③] 孔子说"学则不固"（《论语·学而》）。"学"可以打破人对于礼乐、仁智的僵死的理解，让人在动态的

[①] 孔子对自己唯一的标举就是"好学"："十室之邑，必有忠信如丘者焉，不如丘之好学也。"（《论语·公冶长》）而对其学生的评价里，唯一可称"好学"的就是颜回："季康子问：'弟子孰为好学？'孔子对曰：'有颜回者好学，不幸短命死矣。今也则亡。'"《论语·先进》

[②] 张祥龙由"学习的悖论"入手讨论"学"的意义。人们通常理解的"学"是对象性的，总有一个"所学"的对象。但在这种思维当中，会遇到一个苏格拉底曾经指出的"学习的悖论"："一个人既不会寻求他所知道的东西，因为他既然已经知道它，就无需再探寻；他也不会寻求他不知道的东西，因为他甚至连他要寻找的东西是什么都不知道。"（《理想国·菲多篇》）所以，苏格拉底只能得出结论：学习是一种对于遗忘知识的"回忆"，非此不能解决"不知"与"知"的矛盾。参见张祥龙《境域中的"无限"——〈论语〉"学而时习之"章析读》，《从现象学到孔夫子》（增订版），第232—234页，北京：商务印书馆，2011年。

[③] 子曰："由也，汝闻六言六蔽矣乎？"对曰："未也。""居，吾语汝。好仁不好学，其蔽也愚；好知不好学，其蔽也荡；好信不好学，其蔽也贼；好直不好学，其蔽也绞；好勇不好学，其蔽也乱；好刚不好学，其蔽也狂。"（《论语·阳货》）

过程当中领会和实现道德。也就是说,孔子所好之学乃是针对着道德知识的运用,而不是这些知识本身。"学则不固"即是"日新之谓盛德"(《易·系辞上》),"不固"与"日新"是人生乐趣的最大来源。

《论语》中记载了不少孔子与学生们在交互往来中的"学",有的已经十分接近艺术创作了。先看子夏问《诗》的一段著名的对话:

> 子夏问曰:"'巧笑倩兮,美目盼兮,素以为绚兮。'何谓也?"子曰:"绘事后素。"曰:"礼后乎?"子曰:"起予者商也,始可以言诗已矣。"(《论语·八佾》)

"巧笑倩兮,美目盼兮"的意思是"动人的笑颜在于颊窝,美丽的眸子黑白分明,素白之色成就了绚烂的绘画",这是《诗》对美人情态的描绘。子夏向孔子请教其中的内涵,显然不是因为字面意思不能理解,而可能是有所指向的发问。孔子说的"绘事后素"也不是对于这句诗的直接解释,而是跳跃到"判然分明"应以"素"为画增色的道理。子夏接下来的回应则进一步跳跃到绘画中的"素"与现实中的礼文的功用之间的相似性。这种"学-问"的过程,每一步都出其不意,又都有气韵贯通,仿佛中国画法以云断山而山愈见其高。在应机呈现的交谈里,在举一反三的问答里,礼、乐、仁、义的内涵源源不断地涌现,"学"的过程本身开展出愈益丰富的意义。难怪孔子也要感叹是学生给了他启发("起予者商也"),这里的"起"通于孔子美学里的"兴"。孔门诗教处处贯彻着"兴"。

颜回最能欣赏这种教学方式的意趣,他赞叹道:

> 仰之弥高,钻之弥坚,瞻之在前,忽焉在后。夫子循循然善诱人,博我以文,约我以礼。欲罢不能,既竭吾才,如有所立卓尔。遂欲从之,末由也已。(《论语·子罕》)

孔子教学特别重视受教者的接受效果。他不把现成的答案直白地告诉学生,而是根据这个人的理解能力和学习方式,逐渐地将之"诱"到高妙之境。在颜回描述的学道氛围中,人如同突然被裹挟入一出精彩的大戏,整个世界都为之改换了意义。在学生的眼中,老师的识见似乎高远不可测,但又亲切得近在眼前。通过音乐,通过诗歌,通过纷繁有秩的衣饰、器物、周旋动作,全副的古文化把人托举到文采奕然的胜地,又把丰富的文采收束于一丝不乱的条理。在这种突然涌现的艺术化的生活情境中,人或许因其高妙不测引生了一丝畏惧而犹疑欲止,却又在极大的兴奋当中跃跃欲试,最终精神得到了极大满足,升起一种且慰且乏、不虚此生之感。这种高度的满足感,大概唯有庖丁解牛之后的"提刀而立,为之四顾,为之踌躇满志,善刀而藏之"的状态可以与之相较。

通过孔子的审美教学,繁文缛节的古礼重新焕发出了魅力。"诱"是这种教学法的核心:忽前忽后,博而反约,瞻视不及,每每出乎意料……直令人辗转反侧、寤寐思服,恰如君子之追求淑女一般。孔子十分重视教学的时机所造就的心理势能,其实就在有意识地运用着一种审美活动中的"生动的距离"。孔子"不愤不启,不悱不发,举一隅,不以三隅反,则不复也"(《论语·述而》)。他一定要在受教者的求知欲积蓄饱满的时候,方给以一触即发的点拨。同样,孔子还鼓励学生在互有关联又各各不同的情境("四隅")中加以创造性的运用。如果这些距离没有拉开到一定"火候",孔子就宁可让教学处在一种蓄势待发的沉默状态,如孟子说的:"君子引而不发,跃如也。"(《孟子·尽心上》)

从哲学的角度看,"举一反三"涉及一个意义传达的问题。一个人的思想要传递到他人头脑中,需要借助一定的方式,比如语言、表情。除了语言、表情本身的恰切与否,接受者的态度、希望、信念等心智条件也是影响传达效果的重要因素。相对于语言、表情等意义载体的属性,中国古人更强调接受一方的条件。"举一反三"就是一种上佳的接受环境。在这个环境中,意义的传达过程可以得到最佳的效果,进而还有进一步创造的可能性。孔子认为,只有在这样的意义传达过程中,礼乐文化的丰富内涵才能得以彰显,"始可以言诗已"。从美学的角度看,孔子教学法中的"举一反三"原则,也是审美活动对于精神创造的要求。

创造性的理解对于恢复"礼"的精神而言是十分重要的。孔子说:"吾尝终日不食,终夜不寝,以思,无益,不如学也。"(《论语·卫灵公》)这里的"思"约等于头脑中的思索。线性的、理智的、逻辑的思考容易走进思维的死胡同。所谓"无益",首先指在意义的领会和创造上没有增益,其次才是在现实的效果上没有益处。反之,人一旦进入了"学"的状态,概念、逻辑之"知"则涵化为体验之"兴",进入到了一种当机呈现的、富于创造性的活动。这种"学"超出了单纯德育、智育的界限,更接近于艺术。儒家的仁爱之道由这种创造性的"学"而变得更有力量,政治的、道德的人生也因之有了一种审美的味道。

二、游戏:君子之争

　　尽管孔子的美育教学备极高妙,其人格魅力的外在表现却是不引人注目的,以至当时鲜有人见出他精神世界的高迈。有人认为能说会道且擅经商理事的子贡要比他老师强。子贡说,我那小家小户的才情,人都容易看见,而老师的"宗庙之美,百官之富"却藏在数仞宫墙之内,不得其门就看不到。(《论语·子张》)孔子的境界仿佛笼罩在神秘之中。其实,最难寻的门径往往就在人熟视无睹之处。孔子思想的力量不在嘉言令行,而显现于他的贯注了审美精神的日常生活当中。《论语》记载:

　　　　子之燕居,申申如也,夭夭如也。(《论语·述而》)

　　孔子的思想常于燕居闲暇时见。申申如、夭夭如,描绘了孔子居家闲暇时候的情态。孔子虽然心忧天下万世,但在闲居中却不是一副进亦忧、退亦忧的样子。"申"意味着生命力的自由发抒,"夭"则是屈曲蓄势的样子[1],一张一弛都带着和谐悦乐的面貌。孔子欣赏曾皙的浴沂咏归,因为他自己的精神世界也充盈着深广的愉悦。

　　孔子的德育和美育理念带有平易和放松的特点。他自得于礼乐,也不弃那些无缘领略弦歌之乐的世俗人。他提倡寓严肃的修养于纯粹的

---

[1]《说文》:"夭,屈也,从大象形。"

游戏之中。

> 子曰："饱食终日,无所用心,焉矣哉! 不有博弈者乎,为之犹贤乎已。"(《论语·阳货》)

博即六博,类似后世的双陆,掷箸行棋,弈就是古围棋。博和弈都是典型的游戏。这类游戏广泛地存在于各种文明、各个时代当中。它们的魅力在于:即使在最简陋的物质和文化条件下,只要参与者真正地投入进去,也会领略到无穷的乐趣。孔子认为这会让人接近于"贤",点出了游戏对于精神修养的促进作用。

以孔子的美学而言,游戏对人的精神修养至少有两方面的意义:

一、截断无聊的平庸生活之流,培养人们对于当下行为本身的一种严肃的投入态度。

"夺取胜利"是大多数竞赛性游戏的共性,也是人世间创造新意义的动力之一。下棋的目的就是为了"赢",但正如"为艺术而艺术"的口号所标榜的那种超然态度,赢的意义就在于赢本身,而不在竞赛之外的附加的好处。所以,强调"君子矜而不争"(《论语·卫灵公》)的孔子独独在竞赛性游戏中为"争"网开一面:

> 子曰："君子无所争。必也射乎! 揖让而升,下而饮,其争也君子。"(《论语·八佾》)

游戏之争就是君子之争。在游戏之内的获胜是对人的创造能力的一种嘉奖,而不指向现实功利的好处。《庄子》的《达生》篇举了一个例子:在投入赌注的射箭游戏里,当人们以瓦片作注时,都可以发挥得很好;用比较值钱的衣带钩下注,心里就有了压力;一旦以贵重的黄金为注,一般人就晕头转向了,哪里还能射箭? 对一个人来说,射箭的能力在不同情境下都是一样的,之所以有时发挥得好,有时糟糕,就是因为"外重"。用我们的话说,就是竞赛游戏之外的功利因素羼杂进来,破坏了游戏本身的妙趣。射礼的规则却尽可能地保障了游戏的纯粹氛围,使君子们得以完全投入到竞赛活动本身。①

为保护游戏世界的纯洁性,孔子对射礼(射箭游戏)有一个特别的叮咛:

> 子曰:"射不主皮,为力不同科,古之道也。"(《论语·八佾》)

"射不主皮"就是说射箭只要中的即可,不以射穿靶子上的蒙皮为能事。既中的而又求贯皮,则是将游戏之外的勇力引入进来,最终则会走向真正的军事操演和力战求胜。同是源于武备的射箭竞技,其性质是君子的游戏,还是逐利备战的功利追求,见微知著之处正在于此。

孔子还特别强调竞赛游戏中的"礼"的因素。在射礼开始之际,人要以行礼来标举礼让的精神,结束时还要把酒揖让一番。比赛的过程中伴随着歌舞,"清扬婉兮,舞则选兮,射则贯兮,四矢反兮"(《诗·齐风·猗嗟》),射礼还讲究"多算饮少算",即获胜者要恭恭敬敬地为负者酌酒。歌舞和饮酒礼都为源于武备的射箭游戏加入了"以文会友"的意味,寄托了一种修德成人的期许。中国古代贵族游戏相对于一般游戏而言的特殊之处,就在于它体现的儒家的尚礼的精神。

"真正而纯粹的游戏是人类文明的基础之一。"②纯粹的游戏需要人忘情投入,不容生活当中杂乱因素的干扰,有时还要辅以仪式,以便与高度的严肃乃至神圣的态度联系在一起。柏拉图说:"唯有神才值得我们最严肃地崇敬,但人仅仅是神的玩偶,这正是人最有价值的地方。因此,每个人都需要以这样的态度去生活:去玩最高尚的游戏,以便进入与当下心态不同的另一种境界……人人都必须尽可能安然生活在和平之中。那么,什么是正确的生活方式呢? 我们必须把生活当做游戏,要玩一些

---

① 荷兰学者赫伊津哈从文化人类学的角度对游戏(尤其是竞技游戏)的特征做了概括:"游戏活动在特定的时空范围内进行,有明显的秩序,遵循自愿接受的规则,远离生活必需的范围或物质的功利。游戏的心情或喜不自禁,或热情奔放,游戏的气氛或神圣,或欢庆,视天时地利而定。高扬的紧张情绪是游戏行为的伴侣,欢声笑语和心旷神怡随之而起。"赫伊津哈:《游戏的人:文化中游戏成分的研究》,何道宽译,第145页,广州:花城出版社,2007年。

② 赫伊津哈:《游戏的人:文化中游戏成分的研究》,第7页。

游戏,要参加祭祀、要唱歌跳舞,这样你就能够使神灵息怒,保护自己不受敌人侵犯,而且在竞赛中夺取胜利。"(《法律篇》)柏拉图用神谕般的语言给我们指出:游戏之所以是对人精神生活的守护,就在于它给普通人的操劳生活引入了超越的意味,安稳了世俗之人的用心之地。一个能够以无功利的宽松心态玩游戏的人、一个能够把游戏(包括各种体育竞赛、休闲娱乐活动)玩得干净、漂亮的民族,不论在什么境遇中都可以享有社会的和谐与人生意义的充盈。

二、游戏的乐趣来源于对于规则的灵活运用当中造就的新意义。

游戏都是在掌握既有规则的基础之上进行的,它要求理性的思量、合乎规范的行动、尊重裁判的权威。"游戏创造秩序,游戏就是秩序。游戏给不完美的世界和混乱的生活带来一种暂时的、有局限的完美。……游戏似乎在很大程度上属于审美的领域,其原因也许就是游戏与秩序的相似性。"[①]但游戏绝不停留于理性——几乎所有的游戏都要求纳入偶然、运气等不可测的因素。在人的理性、技能、逻辑思维施展着对于游戏规则的驾驭力的同时,还要不断地接受各种偶然、意外的挑战。因为有了偶然和意外,每一局比赛、每一次挑战才都是独一无二的,才都是令人兴奋的,也都是留有遗憾的。"只有当心灵的激流冲破宇宙的绝对控制时,游戏才是可能的、可以想象的、可以理解的。游戏存在的事实继续不断地证实人类境遇的超逻辑性质。"[②]各种意外、挑战和遗憾,是游戏魅力的重要部分,也是审美愉悦的来源之一。

孔子教育思想的原则是"志于道,据于德,依于仁,游于艺"(《论语·述而》)。对于道、德的领受,对于仁的涵养都是孔子毕生的追求,但他也十分重视将平日所学化入生命的愉悦体验当中,把玩之、盘桓之、创造之,以便"温故而知新"(《论语·为政》)。孔子所谓的"游"大致可以等同于前面我们分析的"游戏":不论是平民的下棋,还是贵族的"六艺",都具

---

① 赫伊津哈:《游戏的人:文化中游戏成分的研究》,第 12 页。
② 同上书,第 4、5 页。

备鲜明的游戏成分。一方面,它们都有着明确的规则,并且还需要人投入一定的技能训练方可臻于妙境;另一方面,它们在操作当中又总会遇到不可测的情境——或是来自人的临场发挥,或是来自天时地利的环境,甚至来自所用器物的称手与否——各种偶然促成了新鲜意义的持续生发,学而时习之。游戏让人在涵养道德的同时领受人生的乐趣,游戏之乐是孔颜之乐的重要部分。

三、乐以忘忧

从经历上看,孔子一生坎坷,但从内在的意义上看,孔子的人生却如同一件艺术品。孔子对自己人生艺术的总结和反思,也是其美学思想的一部分。

> 子曰:"知者乐水,仁者乐山;知者动,仁者静;知者乐,仁者寿。"
> (《论语·雍也》)

这是体现儒家"比德"思维的一条著名表述。与《诗》的"兴"不同,"比"往往指示着较明确的意义关联。仁者、智者的德性与自然山水之间存在着比类的关联:不仅"仁"与山的泰然沉稳、"知"(智)与水的流动不拘有可比之处,而且仁与智的对比也和山与水的对比之间具有同构的关系。"比德"与前面提到的"兴",都不是从某些静态的、固定的属性,而是从存在方式的相似来联系两件事物的。孔子由山水所观得的"动"与"静"并不能简单地解读成"运动"和"安静",而是意味着两类多面相的存在状态——我们可以列举智者的灵动、无执、机变和仁者的安稳、舒泰、威重,却又不仅限于此。宗白华在论述中国艺术中的"比"的特点时说:"'志在高山,志在流水'时,作曲家不是模拟流水的声响和高山的形状,而是创造旋律来表达高山流水唤起的情操和深刻的思想。"①所谓情操和思想,与其说是针对特定对象的联想,不如说是与人的整体存在方式相

---

① 宗白华:《中国古代的音乐寓言与音乐思想》(1962),《宗白华全集》第三卷,第441页。

关联的"气象"。山是仁这种存在方式的一个整体的"象",水是智这种存在方式的一个整体的"象",它们可以在不同的仁者、智者那里具有不同的实现方式。

"仁"或"智"的精神趋向在一个人的一生中是大体稳定的,而其内涵却随着人生经验的展开而不断丰富。孔子还很重视这个不断丰富的动态过程。他晚年对自己的一生有一段著名的总结:

> 子曰:"吾十有五而志于学,三十而立,四十而不惑,五十而知天命,六十而耳顺,七十而从心所欲不逾矩。"(《论语·为政》)

孔子在此总结了自己学习礼乐的不同阶段,也是对人生艺术的创造过程的内省式描述。作为起点的"学",并不只是简单地从知识上了解礼,还含有"学则不固"的意思,即是领会、探索如何把古已有之的规矩和自由地运用统一起来。这里的"自由"不是凭借认识了外部世界的"客观规律"以便去驾驭、改造对象,而是去除"意""必""固""我",使礼乐化的人生更加愉快,免于无尽的欲望和无谓的知识带来的烦恼。这种自由的境界是"学"的结果,而自由给人带来的快乐又是"学"的持久动力。孔子早在青年时代就一心向往这个自由的境界,到了三四十岁就已经小有所成、融会贯通。五十岁以后的大起大伏则是上天给予孔子的一次严苛的淬炼。外在的贫富、穷达、寿夭是人无法掌控的"命",但贯穿一生的"好学"却可以不断打磨这有限的、有瑕的材质,为人生开出无限的意义。孔子在他的老年阶段实现了这种境界意义上的自由。

对于一般人而言,"老"带有否定的意义。老子说:"人之生也柔弱,其死也刚强。"所谓刚强,是说人的某些固有的习气、模式越来越固定,人能够看到的、体验到的以至能够创造的新事物也就越来越少。由柔弱而趋向刚强的过程就是我们一般所谓的"老"。失去了创造性的"老"的状态总是在加速度地吞噬着时间,使人渐生怅然若失的空虚感。"好学"的人则不然。他们一直保持着生发新意义的心智能力,其意义世界反而会随着年龄的增长而愈加丰厚、醇美,所以越老反而创造力越强,越能体验人生的丰富。孔子对此有充分的自觉：

> 叶公问孔子于子路，子路不对。子曰："汝奚不曰：其为人也，发愤忘食，乐以忘忧，不知老之将至云尔。"（《论语·述而》）

在孔子那里，由"好学"而焕发的生命力使他克服了"老"的僵硬和沉重。他的乐道的体验犹如陈酒，愈老而愈醇，让人欲罢不能。"乐"扬弃了老境当中的凄苦孤独，展露出了积极的一面。对此种人生之美，叶朗曾有三方面的概括："第一，人在年轻时往往会浪费时间和精力。在经历了一生的曲折奔波之后，到了晚年，有可能获得一种生命（时间）的自觉。这时才明白人生中最宝贵的东西是什么。因而在最后的生命段中，他的目标单纯而坚定，而且往往会迸发出惊人的生命力和创造力。这时他的每个瞬间的创造，从生命的高峰体验的角度说，都具有永恒的价值。这是瞬间即永恒的境界。第二，人在年轻时执着于事业，执着于理想。在经历了一生的酸甜苦辣之后，到了晚年，有可能获得一种超脱。这时不再有成败得失的焦虑和烦躁，而是任运自然，物我两忘。'行到水穷处，坐看云起时'，这是一种大自在的境界。第三，人在年轻时追求有光芒，有亮度。在经历了一生的大悲大喜之后，到了晚年，有可能会产生一个升华，'绚烂之极归于平淡'，进入一个平静、平淡、平和的境界。这是炉火纯青的境界。瞬间即永恒的境界，大自在的境界，炉火纯青的境界就是'妙'的境界。"[1]既有坚定不懈的追求，又有超脱、平淡的心境，就是"发愤"与"乐"的统一。

"妙"的境界贯穿着"从心所欲不逾矩""乐以忘忧"的自由体验。这个意义上的"老"萃取了时间感中的创造力，不仅不是负面的，反而是中国美学向往的境界。孙过庭在《书谱》中提到学习书法的三阶段："至如初学分布，但求平正；既知平正，务追险绝；既能险绝，复归平正。初谓未及，中则过之，后乃通会。通会之际，人书俱老。"画亦尚老："画中老境，

---

[1] 叶朗：《欲罢不能》，第 235 页。

最难其俦。"老境是"达夷险之情,体权变之道",是"思虑通审,志气和平,不激不厉,而风规自远"。把握基本规则有如三十而立于礼,"险绝"则给确定的规范引入了波澜、激荡,让人愈益纯熟地驾驭和应变,愈加成功地将外在秩序化入生命体验。从心所欲的妙处,唯当老而通会之际方能领会。

孔子为中国美学思想奠定了一个独特的观念:人的最充分、普遍的实现,往往并不在于惊人之语、过人之行的波澜激荡处,却在于日常状态的平静之流。"孔颜之乐"提示了有关人生艺术的美学问题:第一步,人如何以游戏的精神,在日常的平庸生活中"找乐",为有限的人生注入较为丰富的意义;进一步,人如何把自己的人生经营为一件艺术作品,愈到晚年而愈能享受妙境。

四、孔子的"艺术学"

以上我们分析了游戏态度之隔离于现实功利的方面,而"艺"(游戏)的形式因素对于新意义的贡献也不可忽视。"游于艺"是由"知道"而至于"乐道"的条件。

《说文》释"艺(藝)"为"种",也就是农业生产的技艺和农耕种植的过程。一个有趣的对比是,古希腊人对于"艺"的规定也来自与规则有关的工艺、技艺。[①] 在展露秩序的意义上,工艺与艺术具有天然的联系。不过,古代中国和古代希腊对"艺"的态度上的差别更加意味深长。古希腊人对"艺"的态度是高下二元的:他们对于具有身体感的"艺",虽然可以欣赏其作品,却轻贱这种技艺本身;他们真正崇尚的是作为单纯智力活动的"自由艺术"(如几何、天文等被后人归为"科学"的活动)。这种二元

---

① "在古代的希腊,'艺术'一词适用于每一件运用技巧完成的作品,也就是依照常规与法则所产生的作品。照这样看来,不仅建筑师或雕刻师的作品符合这种界说,木匠或纺织工的作品也都符合这种界说。在希腊人的心目中,所有这些人都是某种艺术的师傅。""艺术乃是一种制作事物的常规方法所形成的体系。"塔塔尔凯维奇:《西方六大美学观念史》,第82、54页。

区分或与古希腊的贵族政体中的阶层分工有关。[①] 我们则要从两种不同的"艺"的来源和性质的角度来思考这个问题。

古希腊的"艺"源自手工业,而中国古代的"艺"则具有农业的特点。这个区别也分别塑造了两种文明对于"艺"与"道"之间关系的理解。相较之下,手工业是"建立在规则之上的一种惯常性的生产"[②],其技艺较强调规则的稳定性,强调人工设计的主导性。农业形态的"艺"则具有更多的不确定因素,因而更强调自然无为的方面。"农艺""园艺"等活动要在天时的节奏中展开,在殊方万有的地利中实现,人力只能去配合而不能干预天地的自然过程。人不能有为地"创作"(即如亚里士多德所谓的"为质料赋予形式"),而是顺从自然大化的"栽培"。人要接受时空中的反复与变易,在倾听自然的基础上发现创新的可能性。另外,在根源于农艺的"六艺"(礼、乐、射、御、书、数)中,劳身与劳心也是统一的,身体的技艺直接具有上达于道的意义。

孔子对于音乐的理解,也是动态之"艺"的展开过程。

> 子语鲁太师乐,曰:"乐其可知也。始作,翕如也。从之,纯如也,皦如也,绎如也。以成。"(《论语·八佾》)

"翕",《说文》作"起"解,"从羽,合声"。以"翕"来描述音乐的起始情态,似乎是这样的意象:鸟儿振羽,大开大合,仿佛平地而起,遨游于天。"从"训为"纵",有舒展之义。"纯"即"不杂之丝"。"皦"为"玉石之白甚明",指代音乐之音节分明。"绎"为"不绝之丝",意为音乐的志意条达、连贯一气,直至完成。孔子理想的音乐意象就是如此:起始处开阖盛大,

---

① "在古代,最被一般人接受的一种分类,便是将艺术区分为'自由的'和'粗俗的'两种,这原是希腊人的一种发明……它反映出一种贵族的政体,以及希腊人不爱劳力而爱劳心的实况。自由的或理解的艺术在当时人的心目中,不仅显要,而且高尚。因此应当注意的是:希腊人认定几何学和天文学是自由的艺术,而它们在现在则被认为是科学。"塔塔尔凯维奇:《西方六大美学观念史》,第 57 页。
② 塔塔尔凯维奇:《西方六大美学观念史》,第 54 页。

展开部纯粹而清明,不绝如缕,一气呵成。① 人对于"道"的领会,也必须先摆脱庸碌的日常态,通过"兴"而进入到一个意义盛大的状态,继而一切道德的、伦理的、心性的内容方能显露真实的意蕴。

"文以载道"是儒家美学的主流观念。这个观念因为后人的庸俗化、简单化而蒙受了巨大的误解以至诋毁。在先秦美学的源头处,"道"高度概括了古人对于天地秩序的理解,通于在时空中展开的音乐艺术。"中国哲学是就'生命本身'体悟'道'的节奏。'道'具象于生活、礼乐制度。道尤表象于'艺'。灿烂的'艺'赋予'道'以形象和生命,'道'给予'艺'以深度和灵魂。"②"道"与"艺"的结合点是"文"。先秦古人对"道""德"的领会,总带有身体的触感、耳目所摄的旋律与色彩,还包括了诸如《乡党》篇记载的进退揖让、周旋从容的动作和神态,并配合以周围环境的器物与设施。所有这些丰富形式都是"文"。中国古代的"艺"必以"文"为统领,方得超越"术"而近于"道"。古代的"艺术家"多以"通文"之士为上,也是因为他们对天地之象有充分的自觉。

"文"("艺")与"道"的辉映作用于人的精神世界,即带来了我们反复提及的"乐道"的体验。孔子对此有一个广为人知的感叹:

> 子在齐闻韶,三月不知肉味。曰:"不图为乐之至于斯也。"(《论语·述而》)

"不知肉味"不是说孔子听了音乐以后,味觉都麻木了,尝不出肉的味道来,而是说孔子从听闻雅乐而得到的精神享受太大了,以至于在很长一段时间里掩盖和冲淡了吃肉所得到的口感上的满足。韶乐是尽美

---

① 张祥龙:《孔子的现象学阐释九讲——礼乐人生与哲理》,第 75—77 页。
② 宗白华:《中国艺术意境之诞生》(1943),《宗白华全集》第二卷,第 367 页。他还指出:"舞是中国一切艺术境界的典型。""这最高度的韵律、节奏、秩序、理性,同时是最高度的生命、旋动、力、热情,它不仅是一切艺术表现的究竟状态,且是宇宙创化过程的象征。"(同上文)"舞"既来自巫觋通神的舞蹈,又与后世的书法艺术相关,是对中国艺术源流的高度概括。诗、乐、舞、书法、绘画等等艺术门类往往是高度统一的,没有西方美学所谓"时间艺术"和"空间艺术"的区别。这也跟宗白华提到的"时间率领着空间"的特性有关。

又尽善的古典音乐，是礼与乐、道德与艺术融合的典范。孔子因为听了韶乐，很长一段时间都专注在那种高度愉悦的状态当中。我们不知道孔子这里感慨的是"为乐[yue]"还是"为乐[le]"，但实在也没有必要去刻意分别。音乐的"乐"与欢乐的"乐"本就是同一个字，因为中国古人对"乐"的理解具有较多的精神内涵和文化指向。

在感官享乐与精神愉悦的关系问题上，中国美学、艺术学的主流态度是尊心灵而贱口腹。一般而言，人们相信味觉、嗅觉、肤觉所提供的快感比眼、耳、意念提供的精神享受更加强烈和直接，更难摆脱，连孔子自己也说"吾未见好德如好色者也"（《论语·子罕》）。但只有在聆听的体验当中，人才会相信，音乐的确可以长时间地使人的精神停留在更高级的美好境界中。孔子希望人能因为领略过高级的精神愉悦，自然地兴起对雅乐善道的倾慕之心。这奠定了中国古代美学有关艺术的社会效应的基本观念。叶朗说："艺术应该对人的精神起一种感发、净化、升华的作用，而不应该引导人们放纵本能，追求私欲，追求低级趣味，或者使人消极、悲观、颓丧。中国古代思想家的这种艺术观，主要受孔子思想的影响。"[1]

孔子本人对于闻乐的体验没有更多的直接阐述。《史记》记载了一段孔子学琴的故事，可以让我们约略了解其审美活动的综合过程：

> 孔子学鼓琴师襄子，十日不进。师襄子曰："可以益矣。"孔子曰："丘已习其曲矣，未得其数也。"有间，曰："已习其数，可以益矣。"孔子曰："丘未得其志也。"有间，曰："已习其志，可以益矣。"孔子曰："丘未得其为人也。"有间，有所穆然深思焉，有所怡然高望而远志焉。曰："丘得其为人，黯然而黑，几然而长，眼如望羊，如王四国，非文王其谁能为此也！"师襄子辟席再拜，曰："师盖云文王操也。"（《史记·孔子世家》）

---

[1] 叶朗：《欲罢不能》，第 106 页。

　　师襄是古代的大音乐家,襄是他的名,师则是对音乐家的尊称。孔子跟从师襄学习音乐,经历了不同的阶段和层次。在孔子掌握了基本的旋律、曲调以后,师襄建议可以学习更多的内容了,孔子说不够,还要领会曲调当中的"数"。这个数就是与天地阴阳相应的音律、"度数",其间蕴藏着天地秩序的奥秘。过了一段时间,孔子已经掌握了"数",但还是不满足,还要明了其中的"志"。这跟"诗言志"的意思比较接近,即艺术作品里表现出来的追求、意图。最后,孔子还要从作品表达的"志"追溯到乐曲所指向的"人"。它不局限于人的外貌,而是包括了外形、气质、神态的整体面貌,实质上是一个人的生活世界、精神世界的总和,我们今天或称之为"境界""气象"。

　　"气象"是属于人的(但并不限于个人,有时也可以用以指称一个社会、国家以至时代、文明,比如"盛唐气象"),在广义的审美活动中,人可以观人之象。孔子学琴的过程贯彻了"观"的体验:不是把某一串乐音对应于某种形象,而是令音乐的整体自然地呈现出一个内涵有道德又不限于道德,不容分析又十分清晰的人的整体面貌。孔子观象是由"音"而"数",再到"志"和"为人",这是一个统一的过程。这个整体的欣赏过程中包含有技艺的因素、道德的因素、审美的因素,但实际上是不可分析的,它们交融在高度的精神享受之中。朱熹说到读诗的经验时,特别强调"涵咏久之",正是让人进入"观"当中,令意义自然显现。中国的艺术欣赏、艺术教育,最终也要归于对人之气象的观待,非此不足以明其志,非此不足以尽其意,非此不足以抒其情。

　　艺术作品是否传达了作者的某些意图,作品的意义和价值是否由作者的意图来决定,这是当代美学争论已久的问题。有一种意见是,欣赏者只需要就作品本身来领会意义,没有可能也没有必要去了解作者的想法。[①] 在孔子学琴的故事中,孔子要勉力在作品当中发现"人"——或者

---

① 当代西方美学就此有关于"意图主义"与"反意图主义"的讨论,见彭锋《回归:当代美学的11个问题》,第151—179页,北京:北京大学出版社,2009年。

是乐曲的作者,或者是乐曲所要表现的人物,或者两者都是。这反映了中国人对于作品意图的重视,但又跟当代美学讨论的语境不尽相同。首先,《文王操》中的"意图"不简单地是一种有待传达的作者的一时情感或思绪,而是概括了一位圣人的整体气象的"志""为人"。圣人之"志""为人"更多的是文化的产物,超越了一般艺术创作者和欣赏者的个人情志和思想。其次,欣赏者的审美过程也不仅仅是聆听和了解作者意图而已,还要"学",也就是让自己的精神世界有所改变。① 孔子从《文王操》当中观到了周文王的王者气象,自己的精神境界也得到了提升,"有所怡然高望而远志焉"。中国的艺术审美,始于审美的愉悦,终于个人气质的转化和个人境界的提升。这是中国人(尤其是儒家)对于艺术活动的期许,也是孔子所谓"成于乐"的意思。

总之,在孔子这里,君子人格的教育路径始乎《诗》而终乎《乐》,是一个寓高深于平易的整体。《诗》是比较普遍的精神文化载体,妇孺口传,乡党皆知,可以为兴发人情之始;要全面领略古文化的"宗庙之美,百官之富"则当以庙堂之乐为归宿。徐复观说:"乐与仁的会同统一,即是艺术与道德,在其最深的根底中,同时,也即是在其最高的境界中,会得到自然而然的融合统一;因而道德充实了艺术的内容,艺术助长、安定了道德的力量。"②更可以进一步说:艺术与道德的区分在先秦儒家思想中其实并不存在:当时的高雅音乐、艺术既是道德的,又真正是审美的;它们激发了高度的情感体验,又令人"穆然深思",富有哲学的意味。孔子的道德教育、人格教育,在本质上也是一种广义的美育。孔子把德性追求化到人的整体气象当中,可观、可玩,令人怡然高望而远其志意。这是一种广大意义的美育。

---

① 在当代美学的讨论中,无论持有"意图主义"还是"反意图主义"的论者,都把重点放在"作品"和"作者"方面,而作为欣赏者的"自己"则是一个超脱的解释者和评判者。这反映了一种主客二分的认识论的态度。中国美学则更为重视欣赏者、接受者在审美过程中的精神状态的改变。注意这一点,可以将有关"意图"的美学讨论提到一个新的层面。
② 徐复观:《中国艺术精神》,第 15 页,沈阳:春风文艺出版社,1987 年。

第五节　存在与敬畏

在孔子关于"君子人格"的思考中，"敬"与"畏"居于举足轻重的地位。他以"修己以敬"回答子路关于"君子"的提问(《论语·宪问》)，用是否具有"三畏"来区分君子与小人(《论语·季氏》)。孔子对于"敬"和"畏"的理解脱离了对于鬼神的崇信，转而成为一种去偶像的精神信仰。与对人格神的崇拜相比，这种敬畏乃是一种积极的情感。面向不测之"天命"的"敬"与"畏"最大限度地展露了生存本身的可能性。敬畏之情是君子不断地提升自己人生境界的动力，也凸显了审美活动的非对象化的特质。

"敬"的观念由来有自。早先的"敬"指向的是主宰人间祸福的鬼神。人总希望在无常的世界中有所把握。在"不测风云""旦夕祸福"之间，有时也确会呈露出一些隐约的关联。儒家思想中的"鬼神"就是对超乎常人所能理解和把握的力量的总称。趋吉避凶的本能怂恿人们去讨好那些神通广大的神祇，以获取力量感和安全感。周人却从殷商的溃败中看到了天意之难测，遂由事鬼转向敬天。在周代早期的文献中，就有这样的训示："畏天之威，于时保之。"(《诗·周颂·我将》)"敬之敬之，天维显明。命不易哉！无曰高高在上，陟降厥士，日监在兹！"(《诗·周颂·敬之》)周人在吉凶福祸和人的言行善恶之间初步建立了一种善恶有报的因果意识。这样，作为信仰对象的"天"就不再接受礼贿，只要求有国者以恭敬的态度以"德"临民，因为"皇天无亲，唯德是辅"。这反映在中国人的普遍意识中，即百姓常说的"天不可欺""抬头三尺有神明"等。

孔子发挥了周人"敬天"的观念，使之更加充实了道德的、审美的内涵。他"不语怪、力、乱、神"(《论语·述而》)，主张"敬鬼神而远之"(《论语·雍也》)。此一"远"隔离开了礼敬的行为与威神力量的功利允诺。然而，与当时有些卿大夫(如子产)常以怀疑甚至轻蔑的态度来评判祭祀、祈禳等事不同，孔子对不可测的"天""命"以及祭祀、祈祷等仪式又表现出了极尽庄敬的态度。《论语》记载：

> 祭如在，祭神如神在。子曰："吾不与祭，如不祭。"（《论语·八佾》）
>
> 乡人傩，朝服而立于阼阶。（《论语·乡党》）

孔子所重的不是那种有面孔、有情绪甚至有某些利益要求的祭祀对象，而是祭祀的过程。在孔子看来，诚敬奉献的过程对于祭者而言是最有意义的，其至作为旁观者都要足够地郑重。"敬"与一己之吉凶祸福的关联更弱，更加趋向内在化、情感化了。这方面的意义在后来的儒家经典中更加明确，如"夫祭者，非物自外至者也，自中出生于心也。心怵而奉之以礼，是故唯贤者能尽祭之义"（《礼记·祭统》）。"祭"的意义在"内"，而不在"外"，或者说，在"人"，而不在"物"。内在化了的"敬"与审美活动有相通之处。康德说，审美判断有一个特点，就是人对判断对象的实存与否持有一种"淡漠"的态度，而重在自己的精神世界内部的协调之感。借用这个角度，孔子以"祭如在"指出的礼敬神明的意义，就是在贤者的怵惕之心藉由特定的物件、仪式而生成一个神圣庄严的意象世界。

孔子的"如在"观念还揭示了意义生成过程中的"在场"与"不在场"的关系，也即"有"与"无"的关系。前面在分析老子的"有生于无"时提出，"有"指称着一切具有确定意义边界的功能、属性、名分等，这在具体的情境中即表现为个体化的"在场者"。"有"依托于"无"，也就是说，任何个体的具体规定性都是暂时的、相对的。如果脱离了整体的意义系统，任何"有"或"在场者"的意义都不能成立。[1] 春秋时代的大夫、士人们已经对"不可见者"的威德深有领会。在"高岸为谷，深谷为陵"的人事经验中，他们多处引用《诗》中的名句"战战兢兢，如临深渊，如履薄冰"来表达他们对于祸福意义之暂时性、相对性的忧患感。[2] 从哲学上看，"深渊"和"薄冰"将"无"的深邃不测化作了极富有身体感的意象，使人兴起一种

---

[1] 张世英：《天人之际——中西哲学的困惑与选择》，第 278 页。
[2] 原诗见《诗·小雅·小旻》，《左传》之《僖公二十二年》臧文仲引，《宣公十六年》羊舌职引，《论语·泰伯》曾子引。

怵惕谨慎的情感。"敬"后来发展为儒家的"戒慎恐惧"的思想,"君子戒慎乎其所不睹,恐惧乎其所不闻"(《礼记·中庸》),戒慎恐惧指向的是"不睹不闻"的"不在场",也指向人自身的不可避免的有限性。

由儒家观念主导的祭祀活动,把鬼神从"在场"享用美食佳酿的位置推到了"不在场"的地位。鬼神表面上隐退了,实质上与人的存在的关系却更加密切,对人的精神世界的影响更加深远。战国时代的《中庸》发明了孔子此意:

> 子曰:鬼神之为德,其盛矣乎。视之而弗见,听之而弗闻,体物而不可遗。使天下之人,齐明盛服,以承祭祀。洋洋乎如在其上,如在其左右。(《礼记·中庸》)

鬼神所代表的不可测的"天意"悬临于此时此地,虽然无声无臭,却能使"在场者"不敢自以为是,而要勉力日新。这正是"盛德"的体现。然而,与"深渊""薄冰"等直接呈露"无"的意象不同,"如在其上,如在其左右"的祭拜体验把"在场"与"不在场"结合在一个相对温厚安定的意象世界当中了。

詹姆斯在讨论宗教经验的时候指出,有一种比任何感官所能提供的更加深切广博的"实存感""一种觉得我们所谓'有个东西'(something there)的知觉"为宗教经验的成立提供了支持。[①] "如神在"近似于这样一种能给人可信可靠之感,却又不导致迷信的信仰方式。"齐明盛服"营造了神圣的仪式感,切断了日常的功利活动,使得礼敬祭拜的过程有如一场人神配合的盛大戏剧。任何人在其中都是有位置、有价值的,而不测之鬼神也走出了若隐若现的神秘状态,化作可信可感的"实存"。"如神在"悬置了实体意义上的鬼神是否存在的问题。在仪式感和敬畏感所激发生成的人的意象世界里面,神明因为进入了人的存在而获得确切真实的意义。就其效果而言,这种庄敬的仪式,不会把人的精神引入迷狂

---

① 威廉·詹姆斯:《宗教经验之种种》,唐钺译,第 55 页,北京:商务印书馆,2002 年。詹姆斯还征引了康德关于没有感觉内容的"上帝""灵魂"等概念之于信仰的意义,同书第 52、53 页。

的经验,而是彰显了一个光明纯粹、神人以和的意象世界——正如"洋洋乎"所描绘,有一种宏阔雄浑的面貌。

总之,自孔子开始,儒家的"敬"逐渐成为一种意象化的宗教体验,与审美情感相通。君子在祭祀等神圣活动中所敬畏者,并不是一个外在的、"客观的"对象,而是整个世界的"不测"情境。"战战兢兢"的情感并不是消极的,它正面地提升了人的精神空间的开放性,即向着不可测的变化、不在场的事物、不可知的功能开放。敬畏戒惧之情使人时刻保持着身心的敏锐,从而获得突破自身局限的可能性。

"敬"的作用尤其体现在需要人去面对各种不确定、不可测之情境的活动中。中国的艺术、工艺(比如烧制瓷器)的最高境界,总是要在掌握规则的娴熟技艺之外强调一点点人力不能左右的"偶然性"。要想臻于至善,艺术家们往往要洗心消虑,工匠师傅会点一炷香、供一碟果,强调的也就是对于"不在场"的无限存在之可能的"敬"。

"敬鬼神而远之"的观念也影响了中国建筑艺术的风格。在儒家风格的祠堂(相当于宗教庙宇)里,接受礼敬的并不是描摹崇拜对象的具象化的雕塑、绘画,而是指示着某种社会、情感关系的"牌位"。祭祀仪式重在为礼敬者揭示那个让在场者与不在场者融合为一的存在共同体(家族、社稷);又如,天坛的圜丘乃是皇族专属的祭天之所,其三层玉阶所指引的巨大空间呈露着一种蕴藏着无穷意义的"无"。在这里,"天"不再是抽象的义理指称,也不是平日里风云变幻的自然景致,而是结合了这两者的一种可感、可敬、可信的"实存"。建筑在与人的默默沟通中宣示着"天道"的存在。

儒家的敬天祭祖可以说是一种广义的宗教形式,一方面与其他文明当中的宗教的功能、原理有很大的相通性,另一方面,不以鬼神为信仰核心的原则又决定了这是一种伦理化的、审美化的宗教。它没有割裂"此岸"与"彼岸",而是以意象化的方式,用"彼岸"之"无"来拉升"此岸"之"有"的境界,因而与人间的道德结合得特别紧密。曾子曰:"慎终追远,民德归厚矣。"(《论语·学而》)"远"意味着祖先与今人在时间上的隔离,但在居住空间上、在血脉的连贯上,"在场者"与"不在场者"的存在却又有着牢不可破的联系。人对于自身之所从来的源头始祖有所感戴，也就对此生的意义有所领会。因为那种绵延的存在感，会在一定程度上消解人生境遇的绝对孤独感。它使人对普遍的仁爱具有了相当的信赖，也使得人世的伦理关怀超越了生死大限。这种伦理化、审美化的宗教一方面丰厚了现世的人情，另一方面也阻隔了人们对于彼岸世界的希冀之意。

孔子在带有某种宗教色彩的"敬"之外，还提出了"畏"的概念，更明确地将敬畏的情感引向君子自身的存在。儒家君子之"大"，不仅在于他的心胸广大能容，更重要的是他还能直面他的"畏"。

> 孔子曰："君子有三畏：畏天命，畏大人，畏圣人之言。小人不知天命而不畏也，狎大人，侮圣人之言。"（《论语·季氏》）

《论语》中有大量关于"命"的思考和讨论。"命"既包括此人的秉性、偏好、潜力，也包括他所处的时空条件、自然环境和人际遭遇，还包括这个人在一生中将潜力实现出来的途径。这接近张世英所说的"境界"。① 这种意义上的"境界"是浓缩一个人的过去、现在与未来三者而成的一种"思路""路子"，或者"模式"。正如曹丕说文章的写作："文以气为主。气之清浊有体，不可力强而致。"（《典论·论文》）人的思想、习惯、际遇等各方面也都与此类似。在大大小小的事件中，人的心智体现出一种比较稳定的模式，"性相近也，习相远也"（《论语·阳货》）。习性即命运，可以自觉转化，却不可力强而致。

在君子的世界里，天命是对局限与潜能、主观努力与客观环境能否配合的总概括。"大人"包括了崇高德行修为的圣贤，也包括当世拥有较高地位名望的人物，"圣人之言"则包括了对于信仰具有奠基意义的经典，都是当下与过去所有超越个人局限的典范。天命、大人、圣人之言三者看似是确定的对象，但实际上仍是"在场"与"不在场"的统一：它们是有限的人在

---

① "境界乃是个人在一定的历史时代条件下、一定的文化背景下、一定的社会体制下、以至在某些个人的具体遭遇下所长期沉积、铸造起来的一种生活心态和生活方式，也可以说，境界是无穷的客观关联的内在化。这种内在化的东西又指引着一个人的各种社会行为的选择，包括其爱好的风格。"张世英：《哲学导论》，第84页。

日常生活中不能完全把握，但又可以引导自己的提升过程的因素。孔子说："不知命，无以为君子。"（《论语·尧曰》）这里的"知命"，或与后来的"率性""尽性"一起，涉及君子如何自我实现的问题。儒家提倡的"知命"并不是知晓具体的祸福如何来临，而是了知、优化自己的人生模式。君子的"知命"毋宁是在大人、圣人之言的引领下，坦然面对不确定的却又潜隐着各各不同的"路子"的未来，把自己本有的清浊秉性发挥到最好。

与"敬"一样，"畏"的情感也是人对于不测之天命随时保持敞开的心境，对"大人"与"圣人之言"这样的典范保持尊敬的态度。但与带有信仰内涵的"敬"不同，"畏"的情感比较集中体现于平庸日常生活出现某种断裂之处。《论语》中记述了许多孔子明显表露敬畏之情的情境，比如：

> 齐，必有明衣，布。齐必变食，居必迁坐。（《论语·乡党》）
> 见齐衰者，虽狎必变。见冕者与瞽者，虽亵必以貌。凶服者式之，式负版者。有盛馔，必变色而作。迅雷风烈，必变。（《论语·乡党》）

孔子但凡见到斋戒、丧葬之事，不论与当事人的关系远近，从内心到容貌都要怵然端正起来。如果遇到人事或自然当中更加不寻常的情境，连面色都会明显地改变。孔子的这些怵惕端严的行为表现，固然能在周礼的规定当中找到依据，却还有更深的意义。前面提到，在周代，殷人亲狎鬼神的祭祀转而为敬鬼神而远之的礼乐仪典，确立了一种带有理性色彩的信仰文化和政治文化。而孔子之时，政治礼教已然式微，敬畏的意义更多地转入士君子个人在日常细节当中的精神修养中了。孔子的上述表现，是在生活情境当中贯彻的高层级的周礼文化。

激发敬畏感的事物或情境，大多与日常人们所处的状态有明显的不同：斋戒常与人生、国家的重大仪式或事件有关，凶服提示了生死大事，冠冕者与瞽师代表着高等级的国家权力，盛宴意味着隆重的场合，迅雷风烈则代表着天地打破常态而显露威严。它们与"天命""大人""圣人之言"一样，都足以打破人们的庸碌昏沉的日常状态，让人的精神为之一振。王夫之在论说"兴"的审美功能时特别强调日常生活的"断裂"所具有的意义,因为庸庸碌碌的状态会壅塞一个人的心灵,"终日劳而不能度越于禄位田宅妻子之中,数米计薪,日以挫其志气,仰视天而不知其高,俯视地而不知其厚",人生、社会、天地的非常状况或重大时刻则能激荡起人的命运感。君子的心灵由此向着更为广大的世界开放。

孔子的迅雷风烈之变尤其体现着人类共有的深沉情感。维柯推测,初民正是在雷电中开启了"诗性的智慧",由此进入了人类最早的信仰世界:"当时天空终于令人惊惧地翻转着巨雷,闪耀着疾电……于是他们就把天空想象为一种像自己一样有生气的巨大躯体。把暴发雷电的天空叫做约夫(Jove),即所谓头等部落的第一个天神,这位天帝有意要用雷轰电闪来向他们说些什么话。这样他们就开始运用本性中的好奇心。好奇心是无知之女,知识之母,是开人心窍的,产生惊奇感的。凡俗人至今还保留着这种特性,每逢看到一颗彗星,一种太阳幻象或其他自然界的离奇事物,特别是天象中的怪事,他们就马上动起好奇心,急于要了解它有什么意义。"①中国古人与维柯所说的粗犷剽悍的"巨人"不同,但雷电之于文化的意义也不容小觑。八卦之"震"即为雷电之象,象征着一切兴作、发动、振兴之事。经由好奇心而启动的智慧之火是一切文明创造的起点,而非因生产力和科技落后导致的心智蒙昧。迅雷风烈之变也体现了一种带有中国文化色彩的"壮美"观念:不是肯定主体之于自然的力量,而是由敬畏伟大力量激发起一种自我提升的意识。

儒家从"敬畏"的角度区别君子与小人,也提示了"乐道"与"娱乐"的区别。君子的"乐"是出于人格提升过程本身当中的意义充盈之感,小人则压制生命中本有的敬畏感,要沉溺于整日瞎忙、追逐财色、打听八卦新闻,以至于"狎大人,侮圣人之言",或"群居终日,言不及义"(《论语·卫灵公》)。然而,不论如何驰骋,小人始终无法成功地逃避那种至深至巨的、根源于生存本身的空虚感。

孔子的敬畏观念发挥了周代的天命信仰,着重以意象化的仪式和生

---

① 维柯:《新科学》,朱光潜译,第159—160页,北京:人民文学出版社,1986年。

活形态打断平庸的日常生活之流。从美学的角度,敬畏之情是提升人的精神境界的"兴"。"兴"最初意味着人借助酒、药物和乐舞的力量,产生与天地合德的情感体验,使精神高逸远举,似通神力。当儒家的天道信仰在很大程度上扬弃了神秘体验之后,"敬"与"畏"就成了"兴"的一种方式。牟宗三说:"在敬之中,我们的主体并未投注到上帝那里去,我们所作的不是自我否定,而是自我肯定。仿佛在敬的过程中,天命、天道愈往下贯,我们主体愈得肯定。"[1]人不是在对象化的神面前匍匐下去以至否定自我,而是在天人浑然为一的体验当中提升了。人因为有敬畏,故能直面动荡难测的局势,又不至于过分膨胀,无法无天。

带有儒家文化色彩的敬畏之情具备了信仰的内涵、道德的效果和艺术的光辉,既铸就了中国美学的价值内核,也是中国传统政教文化的守护神。

第六节　"仁"与天道信仰

儒家哲学可以称之为情感哲学。这种情感哲学用一个字来概括,就是"仁"。"仁"所蕴涵的"情"不是我们一般日常生活里的情绪,而是来自一种基于存在体验的至深的情感。这种深沉的情感与人的生存中皆不可免除的焦虑、牵挂和慰藉息息相关。"仁"体现在审美风格当中,即为"沉郁"。叶朗认为,儒家追求的最高的人生境界即是以"仁"为内涵的审美境界。[2]本节的重点是从人生境界的角度探讨"仁"的内涵及其精神信仰方面的意义。

孔子以恢复礼乐为毕生的事业,但他反复强调,仁是礼乐的精神内涵,丢弃了这个内涵,礼乐就成了没有生命的死物。

　　子曰:"人而不仁,如礼何! 人而不仁,如乐何!"(《论语·八佾》)

仁是德性之根本,它并不仅限于诸德目之一,而是具有统御功能的

---

① 牟宗三:《中国哲学的特质》,第 20 页,台北:学生书局,1984 年。
② 叶朗:《胸中之竹》,第 30 页。

基础性的道德概念。以仁、知、勇"三达德"为例,仁也是其他二者的保障。① "仁"还是善恶、美丑评判标准的最终依据:"唯仁者能好人,能恶人。"(《论语·里仁》)美恶并没有一个外在的、客观的标准,唯有仁人能准确地辨别善恶美丑。然而,"仁"的标准又是什么呢?"仁"字在《论语》当中虽然出现了百次以上,但孔子从不一言而尽,也不轻易许人。理解"仁"的内涵,却是理解孔子的美学思想的关键。

"直接""自明"是被哲学奉为圭臬的思辨原则。西方人以数学、逻辑为"自明之理"的典范,中国人则认为最自明的莫过于情感。② 宰予从功利理性的角度质问三年之丧的必要性,孔子首先直问其内心是否能"安"。这就是诉诸情感的直接性、自明性。如果人不再在意自己的行事是否心安,不在意情感的呼告,那么形式上的礼乐存废、道德概念的完善又有什么意义呢? 这种自明而直接的情感即通向"仁"。孔子一再说"巧言令色,鲜矣仁"(《论语·学而》《论语·阳货》)、"刚毅木讷,近仁"(《论语·子路》),在情感的自明性面前,一切概念、推断、辩解、修饰、沟通技巧都是多余的,语言的、理智的、逻辑的表达和描述甚至会蒙蔽真切的情感。

与"仁"相关的这种情感,通常被概括为"爱"。但这种"爱"不像墨家主张的"兼爱"那样,抽象地标举"爱人"。以孔子为代表的先秦早期儒家强调,建立在人间亲情上的孝悌是仁的基础,在这种真实、自然的人伦情感当中蕴含着颠扑不破的人间秩序。③ 孝的意义,可以有政治的、道德的、

---

① "知及之,仁不能守之,虽得之,必失之。"(《论语·卫灵公》)"仁者安仁,知者利仁。"(《论语·里仁》)"仁者必有勇,勇者不必有仁。"(《论语·宪问》)
② 我们不能将这里所谓的"情"理解为一种纯粹的"心理状态"。在身心二分的理路中,"心理"往往具有内在性(innerness),而"行为"则被认为是"外在"的。中国思想不主张这样的分别。"'仁'不仅是'是什么',而且是'要如何',是一种存在状态,表现为目的性的过程。所谓'本质'是在过程中存在的。"蒙培元:《蒙培元讲孔子》,第65页,北京:北京大学出版社,2005年。
③ 有子曰:"其为人也孝悌而好犯上者,鲜矣。不好犯上而好作乱者,未之有也。君子务本,本立而道生。孝悌也者,其为仁之本与?"(《论语·学而》)有一段著名的对话说明孔子把孝亲放在忠君之上。叶公语孔子:"吾党有直躬者,其父攘羊,而子证之。"孔子曰:"吾党之直者异于是,父为子隐,子为父隐,直在其中矣。"(《论语·子路》)这与后来皇权社会的家国、孝忠关系完全不同。

文化的多个理解角度，我们在这里要重点突出其哲学的、美学的层面。

人的存在乃是时间性的，而个人生存时间的有穷性造成了一种深层的焦虑感、孤独感。由孝爱之情所生发的仁爱之情，是纾解这种焦虑感、孤独感的一个可靠途径，也是深沉的审美情感的源头。

司马牛有一次哀叹说，别人都有兄弟，唯独我没有。① 子夏慰解他说：这是天命的安排，无需挂心。君子只要对人恭敬有礼，四海之内都是兄弟，所以不必为此忧叹。（《论语·颜渊》）这种理性化的疏导也许有一定宽慰的作用，但可能仍然无法排遣司马牛内心深处的"独"的忧怀。这种忧怀来自这样一个事实：不论人有没有兄弟，他在根本上仍然是孤独的，没有人可以帮他拔除软弱和无聊，替他承受病苦，给他免除不测的命运以及最终无可躲避的死亡。齐景公游于牛山，北临其国城而流涕曰："奈何去此堂堂之国而死乎。"（《晏子春秋》）曹操是不可一世的大英雄，但他写的诗如"譬如朝露，去日苦多""绕树三匝，无枝可依"等都充满了深沉的悲凉感。这些叱咤风云的大人物们，越在事业上有作为，越可能为一种深沉的焦虑感所困扰。这是因为在浩渺的天地当中，在不可知的命运面前，在死亡所划定的大限之下，不论一个人从功利的角度看是多么不可一世，其实都脆弱得不堪一击。一般人总是倾向于遮掩这种"忧"，唯有心灵敏感的人可以直面这种"忧""愁"，并将之呈现于审美的意象。孔子面对滔滔东去的流水，感慨说："逝者如斯夫，不舍昼夜。"（《论语·子罕》）"东逝水"的意象承载了中国两千余年来无数文人学士的人生感喟。

孔子所处的时代，"忧"的情绪已经在士人的层次上比较普遍而且有了一些形而上的意味。在社会、文化发生大变革、大动荡的时候，不仅个人的载沉载浮、生死寿夭无从把握，而且整个社会的秩序都趋于解纽。人因为看不到希望而对整个世界的意义都产生彷徨无地的感觉。我们

---

① 司马牛其实并不是真的没有兄弟。而是这个兄弟即将作乱，司马牛预见其将要得罪遭诛而无能为力，哀叹将要失去兄弟。

在第一章提到，东周士人在礼乐崩坏的情境下，兴起了一种栖栖遑遑、心忧如求的"黍离之悲"。在《诗》里，这类经常出现的意象由士人的具体境遇引出，却泛出更加普遍意义的人生忧怀，比如"瞻彼日月，悠悠我思！道之云远，曷云能来？"（《邶风·雄雉》）"汎彼柏舟，亦汎其流。耿耿不寐，如有隐忧。微我无酒，以敖以游。"（《邶风·柏舟》）"匪载匪来，忧心孔疚。斯逝不至，而多为恤。"（《小雅·鹿鸣之什·杕杜》）"鼓将将，淮水汤汤，忧心且伤。淑人君子，怀允不忘。"（《小雅·谷风之什·鼓钟》）追逝怀远的情感显露出人对于这个无可把握的世界的一种深深的无奈感。这里面不仅有对个人浮沉或家国荣凋的感慨，更有对于人生、功业之永久意义的怀疑。

由儒家的观点看，面对存在之忧，人唯当纾之以孝，解之以仁。孔子把孝爱追溯到人对"父母之怀"的感念，由这种感念兴发了一种家园感、庇护感。所以孟子说，功利成就不足以给人解忧，唯孝能解忧。进一步说，人与他人、万物总是处于无限的关联当中，父母兄弟固然是其切近者，但实际上一切看似"与我无关"的众生万物都在默默地成就着过去、当下以至未来之"我"。儒家极其强调"推"，即是将真诚的孝慈之情推广至天下所有父母、子女的苦难与喜乐中去。"仁"就是一种扩大了的家园感、庇护感，可以解除存在之焦虑与孤独。所以，孔子说"仁者不忧"（《论语·子罕》）。

孔子的"仁"有不同侧面的表现。

对于现实政治，孔子提倡"仁政"。仁政最直接的体现就是以对待家人的态度爱护生民（"节用而爱人"），以文化来维护秩序，反对滥用战争、刑政。周文化以民为天命之源，看重生命的尊严。殷人杀俘虏，周人则不杀而迁之。王国维指出："是重性命也。"（《与友人论诗书中成语书》）管仲曾以大智大勇维护了周文化的尊严（"微管仲，吾其披发左衽矣"），没有导致生灵涂炭（"九合诸侯，不以兵车"），而且惠泽长远（"一匡天下，民到于今受其赐"）。所以孔子不吝把"仁"的至高评价许给这位品行有瑕的政治家。

"仁"并不仅限于理性层面的"己欲立而立人,己欲达而达人"(《论语·雍也》),还包含了以天地为家、以万物为亲的思想和情感。这基于周文化的传统。《礼记·王制》记载:"天子不合围,诸侯不掩群。……獭祭鱼,然后虞人入泽梁;豺祭兽,然后田猎;鸠化为鹰,然后设罻罗。草木零落,然后入山林。昆虫未蛰,不以火田。不麛,不卵,不杀胎,不妖夭,不覆巢。"这些制度规定反映了周人对于取用自然物力的态度:一方面,取用要有限度,并且顺应自然荣凋的节律,另一方面,尽量避免砍伐渔猎行为对于自然生机的摧折。孔子"钓而不纲,弋不射宿",后世人也有"劝君莫打三春鸟,子在巢中待母归"(白居易)的规劝,即是继承了这一传统。以"仁"的观念为核心的"生态意识"并不在于涵养物力,以便可持续、更有效地利用自然,而首先包含着一种情感的态度,即人心的仁爱之念,包括对生命的关爱,对天地的敬畏。

孔子对自然界的生灵还经常怀有一种真诚欣赏的态度。孔子乐于从它们存在方式当中发现"德",遂能以平等的眼光友之、敬之、美之。

　　子曰:"骥不称其力,称其德也。"(《论语·宪问》)

骥是一日千里的良马。孔子不把这种千里马限定为供人役使的工具,不在功利的层面上评价它,而要把它作为一个增进自己德性的伙伴。所以他并不特别称述骥的卓越能力,更多地肯定了这种良马的"德"。

　　子曰:"岁寒,然后知松柏之后凋也。"(《论语·子罕》)

松柏是自然之生命力的象征,在中国古代,松柏被认为堪与圣人为伍。庄子也说:"受命于地,唯松柏独也正,冬夏青青。受命于天,唯舜独也正,幸能正生,以正众生。"(《德充符》)在冰冷、严酷的环境里,松柏显露出其生命的韧性,这给了艰难行道的孔子以启发和鼓舞。

　　子贡曰:"君子之过也,如日月之食焉。过也,人皆见之;更也,人皆仰之。"(《论语·子张》)

把君子之过与日月之食做类比,强调其光明磊落、足堪仰望的特点,这个例子还说明"比德"不仅具有类比说理的色彩,而且也诉诸审美的启发:日月的喻象不仅是在改过的行为上与君子相类比,而且还彰显了君子比德于天地的人格光辉与气象。

对于孔子来说,观照自然的审美活动正是"仁者不忧"的表现。仁者眼中的自然,不是功利眼光算计的用物,而是有德可以称述,有象可供把玩的更大的意义世界。颜回说"夫子之道至大,故天下莫能容"(《史记·孔子世家》)。孔子是孤独的。这种孤独不是出于"小我"的感伤身世,而是怀着对世间的愚与苦的深切悲悯,是眼见慧命如缕而无可奈何。不过,纵使无德悖乱的事情层出不穷,自然界当中的生灵,比如松柏、野鸟,甚至无生命的山水,却依然可以为师、为友。人在安稳不动的高山面前,或者面对着逝者如斯却源源不绝的流水,自我存在的孤寂感被融入天地家园的安适所取代。"德不孤,必有邻"(《论语·里仁》)、"知我者其天乎"(《论语·宪问》),仁者与自然景物、生命的交流可以加深对于仁道的体验。所以,在对于山水之象的把玩中,学道之"乐"油然而生,存在之"忧"得以纾解。

孔子说:"不仁者,不可以久处约,不可以长处乐。"(《论语·里仁》)如果没有对于人世间的广大的仁爱,人生中的"找乐"就会蜕变成"极宴娱心意,戚戚何所迫"的苦笑,正如庄子说的"乐未毕也,哀又继之"(《庄子·知北游》)。天命的蹇滞、家园之忧怀增进了"乐道"的深度,为泰然和乐、温柔敦厚的审美观念加入了慷慨悲凉的内涵。儒者的悲悯胸怀化现为"沉郁"的审美风格,较个人的悲愁之情更显厚重。

"沉郁"的审美风格常常与人格美联系在一起,这是中国美学(尤其是儒家美学)的特点。人格美之"沉郁"的表现之一是"发愤"。司马迁的《报任安书》里有一段流传千古的文字:"夫人情莫不贪生恶死,念父母,顾妻子,至激于义理者不然,乃有所不得已也。……古者富贵而名摩灭,不可胜记,唯倜傥非常之人称焉。盖文王拘而演周易;仲尼厄而作春秋;屈原放逐,乃赋《离骚》;左丘失明,厥有《国语》;孙子膑脚,兵法修列;不韦迁蜀,世传《吕览》;韩非囚秦,《说难》《孤愤》;《诗》三百篇,大底圣贤发

愤之所为作也。此人皆意有郁结,不得通其道,故述往事,思来者。"蹇滞
的命运、刑狱、迫害、战乱、疾病、死亡只能否定一个人的肉体之"我"、功
名之"我",却无法消灭"倜傥非常之人"的意义创造,反而会把他们全部
的生命力、创造力冲激起来,令他们的人格和事业、作品放射出不可磨灭
的光芒。

孔子思想还有超越个体生命有限性的方面,也与审美人生的仁爱之
情有关。孔子不把死亡作为一个对象来谈论,正是因为对死亡抱有敬
畏,要以最庄严的态度面对这件令常人满怀怖畏的事。他把死亡与终极
的"道"联系起来。

朝闻道,夕死可矣。(《论语·里仁》)

闻道的价值,显然不在于任何个人的或社会的功利目的,而是意味
着生命意义的升华。"闻道"不是听取一个前所未闻的抽象道理,而是这
个人一生的现实经验能够与"仁""义"等理想概念联系起来。有了一个
向善的解释,人生的一切甘苦也就有了十足的意义,死而无憾。对于那
些在人生中领略过"体道"之美妙的人来说,最完满的人生莫过于在回顾
了悲喜交加、波澜起伏之后,在或酣畅淋漓、或余音不绝的尾声中落幕。

"闻道"之终极价值揭示了审美与信仰的关系。在近代工具理性的
视野里,人仅是机器。一枚螺丝钉可以没有审美,也不必有信仰,然而只
要人还是有死的存在者,人就无法回避对于精神家园的渴望,审美与信
仰就将一直是人生命中不可或缺的层面。蔡元培曾经讨论了美育与宗
教的关系,给人印象是他主张前者应该取代后者。但考究其"美育代宗
教"说的本旨,蔡元培只就从世俗对宗教的偏颇理解而论,只针对着宗教
文化当中的某些交接鬼神、自寻恐怖的习气,其主张实质上接近孔夫子
"不语怪、力、乱、神"(《论语·述而》)的原则。蔡元培主张用审美欣赏代
替向外驰求的解脱之道,即是把信仰领域的宗教感划归为广义的"美
育",并没有否认一般宗教在超越小我的精神信仰方面的意义。

第四章　思孟学派的美学思想

　　本章把《中庸》、郭店楚简中的儒家文献和《孟子》放在一起，在相互参照中论述战国初中期的儒家美学思想。《中庸》自古被认为是孔子的孙子子思所做，近代曾被疑为伪托。20 世纪末的郭店楚简的发现，几近证实了古说。① 郭店楚简中的十四篇儒家典籍则"是由孔子向孟子过渡时期的学术史料，是向内探寻人心人性的开始，儒家早期心性说的轮廓，便隐约显现其中，实在是一份天赐的珍宝"。②

　　从美学的角度来看，《中庸》、楚简与《孟子》所关心的主题是基本一致的，就是情绪、情感的训导。《中庸》曰："喜怒哀乐之未发谓之中，发而皆中节谓之和。""发"与"未发"既是"情"的状态，也是在身体范围内的活动。中庸强调"诚"，楚简提出"美情"，皆从情感的角度探讨了何谓"真

---

① 郭店楚简于 1993 年冬出土于湖北省荆门市郭店一号楚墓。郭店一号楚墓是一处东周时期楚国的贵族墓地。发掘者推断该墓年代为战国中期偏晚(参见《荆门郭店一号楚墓》,《文物》1997 年第 7 期)。文物出版社出版的《郭店楚墓竹简》一书包括了《缁衣》《五行》《老子》《太一生水》等多部以先秦儒道两家思想为主的典籍。郭店楚简中儒家文献的出土,在相当大的程度上填补了先秦思想史研究在孔子到孟子之间的缺环,使我们可以把孔门后学直至孟子作为一个相对统一的儒家思想环节来看待。李学勤指出:"这些儒书(郭店楚简)的发现不仅证实了《中庸》出于子思,而且可以推论《大学》确可能与曾子有关。"李学勤《郭店楚简研究》,《中国哲学》第二十辑,第 16 页,沈阳:辽宁教育出版社,1999 年。
② 庞朴:《孔孟之间的驿站》,《新华文摘》,2000 年第 2 期。

实"，以及"真"与"美"的关系问题。后世的宋明道学从理论和实践的不同方面发挥了这类问题。开启了众多儒门公案的，正是这些不知名的先秦儒家作者们记录、撰写、编辑、润色的文本。

《孟子》的理论贡献是从人生境界修养的方面发展了孔子的学说。孟子思想学说的主旨是"求放心"，其美学主张亦是"求放心"的工夫。孟子的美学以人心为场域，以"性"为源泉，以"推""养"为人生境界的修养方法。修养理论的出发点是普遍的人性之美，而对于修养过程的反思，则是人生境界学说。

孟子思想是儒家心性论的开端，也是儒家美学理论的第一个高峰。如果说孔子是一位艺术家，那么孟子则更像是一位艺术批评家。就对于"道"的理解领会而言，或以孔子为高。但与孔子同时代的人都无法看清其"宫室之美"，后人更无从领略，所以需要有人从理论上剖析之，发挥之。从思想的发展和传递的意义上说，子思与孟子的作品对于儒家思想都有不可替代的价值。

《孟子》所讨论的"心""性""身""辞"等问题并不专属于孟子，也不专属于当时的儒家。与孟子大致同时的庄子也从不同的取向、角度讨论了相似的问题，而《易传》则又给我们暗示了两种取向之能够融汇的一种可能性。这些思想都是在同一个时代背景下，面对着相似的时代问题的精神产物。所以，我们在开始论述思孟学派、庄子、《易传》的美学思想之前，先总体地梳理一下战国时代的社会与思想文化状况。

第一节　战国时代的社会与思想文化状况

战国时代上迄《春秋》绝笔之哀公十四年（公元前481年），下到秦灭六国，建立一统天下的帝国（公元前221年）为止。就思想的发展而言，战国时代的思想又分为两部分，前一部分是"诸子百家"自由思考、激烈交锋和初步融汇的时期，后一部分则趋向整合，主要为呼之欲出的大一统政权服务，思想的锋芒和深度都大大削减。我们在这里先讨论前一阶段的社会和思想状况,在后面论述荀子思想的时候会概述战国后期的社会和思想。

一、"士气":战国思想的社会背景

战国时代与之前时代最大的不同,表现在这个时候的社会变动速率大大提高了。孔子去世后不久,时人见证了分封制、贵族制的彻底崩溃。"春秋时代的历史大体上好比安流的平川,上面的舟楫默运潜移,远看仿佛静止;战国时代的历史却好比奔流的湍濑,顺流的舟楫,扬帆飞驶,顷刻之间,已过了峰岭千重。论世变的剧繁,战国的十年每可以抵得过春秋的一世纪。若把战争比于赌博,那么,春秋的列强,除吴国外,全是涵养功深的赌徒,无论怎样大输,决不致卖田典宅;战国时代的列强却多半是滥赌的莽汉,每把全部家业作孤注一掷。"①

剧烈的变动冲蚀了人的稳定感、安全感,使其在恐慌的心态中拼命要抓住眼前的利益,变得愈益短浅褊狭。赤裸裸的功利欲望使战争、篡逆除去了最后一点文明的幕障,有国者"未有不嗜杀人者"(孟子)。在社会生活的层面,孟子描述说,即便在丰收的年景里人也不能保证温饱,一旦遇上凶年饥岁,"老弱转乎沟壑,壮者散而之四方"。这主要并不是生产力的绝对低下所致,而是由社会的失序导致了贫富极端分化,"庖有肥肉,厩有肥马,民有饥色,野有饿莩,此率兽而食人也"(《孟子·梁惠文王上》)。

与杀伐争斗并行的是智巧的膨胀。战国时代,物质生产与交通能力均较以往大大增强,人的眼界日广,民智日开。这在成就了精神世界的博大的同时,也刺激了贪欲的膨胀。当是时,古老的信仰和价值观受到

---

① 张荫麟:《中国史纲》,第105页。顾炎武对战国与春秋时代的"鸿沟"也有详尽的描述:"自《左传》之终以至此,凡一百三十三年,史文阙轶,考古者为之茫昧。如春秋时,犹尊礼重信,而七国则绝不言礼与信矣;春秋时,犹宗周王,而七国则绝不言王矣;春秋时,犹严祭祀,重聘享,而七国则无其事矣;春秋时,犹论宗姓氏族,而七国则无一言及之矣;春秋时,犹宴会赋诗,而七国则不闻矣;春秋时,犹有赴告策书,而七国则无有矣;邦无定交,士无定主,此皆变于一百三十三年之间。史之阙文,而后人可以意推者也。不待始皇之并天下,而文武之道尽矣。"(《日知录》卷一三,"周末风俗"条)

轻蔑,邪说暴行与智伪机巧并作。百家蜂起,竞相对此状况发表意见。如果我们把《庄子·天下》作为对当时诸子争鸣的一个总结,可以看到,今天的思想史写作中的重点思想家和思想派别与当时最活跃的一些思想家和思想派别并不重合。历史还没有为当时社会淘洗出有价值的思想,那些震耳的声音往往让人更加茫然无措。

在精神文化的方面,"向哪里去"的问题并不明朗。由《诗》《左传》的时代直到孔子为止,大夫士人虽有"丧家"之忧,但他们至少还对"家"有着模糊的印象。在斯文扫地的战国时代,古圣贤的史实、人物和制度逐渐蜕为传说,社会流行的俗乐也可以代替典雅的古乐而担当起和乐君民之责,因为雅乐久已亡佚,不复可用了。然而,彻底的"无家可归"却也催生了最有深度的思考,使人们展开了对于人性、人心的彻底反思。那些看似平地而起的睿智的哲思,实则是追问"人之所以为人"的时代忧患所结出的蚌珠。

王纲解纽,贵贱易位,在王朝体制内保存和传承的古代学问散落到了民间。虽然天人之学的完整性被破坏了,但也给自由深入的钻研和再创造留足了空间。此时,最突出的一个文化现象就是握有知识、具有反思批判精神的"士"的崛起。前面提到,作为思想派别的"儒家"的兴起,就是一部分掌礼授业的"儒"自觉地发挥其专业职守的意义,而由"小人儒"转变为"君子儒"的过程。[1] 战国时代,思想文化界的中坚力量就是这些社会阶层不高,但心怀天下的"士"。孟子说:"无恒产而有恒心者,惟士为能。"(《孟子·梁惠王上》)一般人的价值判断、爱恨观念都依据其时代、地域、阶层而转移,不会拥有超越其自身条件所规定的思想意识。"士"则不同,因为他们关心的是普遍的"道",可以"乐其道而忘人之势"(《孟子·尽心上》)。

在漫长的古代社会,战国初期的士人思想之所以异常丰富和活跃,

---

[1] "在周代的政治文化传统中,业已形成了深厚的'君子治国'与'贤人政治'的观念,所谓'君子'、'贤人',则是掌握了道义理想、治国之术和诗书礼乐者。……这甚至滋养了一种社会理想,一种以'教化'为中心的政治蓝图:它把陶冶社会成员的优美人格,作为'治国平天下'的首要任务。"阎步克:《乐师与史官:传统政治文化与政治制度论集》,第31页。

文化的创造之所以特别繁盛,得益于此时宽松的思想环境和丰富的生活形式。入世的人,可以择木而栖。由于各国争相延揽,去留自由的士人拥有着史上难得的尊严。孟子说,如果一国的国君"无罪而杀士,则大夫可以去;无罪而戮民,则士可以徙"(《孟子·离娄下》)。避世的人,也可以自顾自地选择生活方式和思想信仰。

《庄子》为我们刻画了当世的五类士人:

> 刻意尚行,离世异俗,高论怨诽,为亢而已矣。此山谷之士,非世之人,枯槁赴渊者之所好也。语仁义忠信,恭俭推让,为修而已矣。此平世之士,教诲之人,游居学者之所好也。语大功,立大名,礼君臣,正上下,为治而已矣。此朝廷之士,尊主强国之人,致功并兼者之所好也。就薮泽,处闲旷,钓鱼闲处,无为而已矣。此江海之士,避世之人,闲暇者之所好也。吹呴呼吸,吐故纳新,熊经鸟申,为寿而已矣。此导引之士,养形之人,彭祖寿考者之所好也。若夫不刻意而高,无仁义而修,无功名而治,无江海而闲,不导引而寿,无不忘也,无不有也。淡然无极,而众美从之,此天地之道,圣人之德也。(《庄子·刻意》)

刻意尚行、惊世骇俗的一干"枯槁赴渊者"是挑战一切既有社会体制的行为艺术家。他们的见解不一定高明,人格不一定高尚,却以最强烈的形式呈现了生活的多种可能性,所以,其存在本身就是社会文化自由度、宽容度的标尺。"非世之人"的克星是所谓"尊主强国之人"。这类"致功并兼者"是法家的前身。他们精于洞察名实利害,崇尚严格的社会管治,替国君们出谋划策以最大限度地提高军政效率。他们在战国后期越来越得势,并随着秦的一统而横扫了一切自由的生活和学说。

所谓"游居学者"是战国时代的儒家士人,他们的追求是"平世",事业则是"教诲"。此时期的典型代表是孟子。孟子是农业社会的中间阶层的代言人,继承发挥了孔子的"富而教之"的思想。[①] 孟子指出,首先,

---

① 子适卫,冉有仆。子曰:"庶矣哉。"冉有曰:"既庶矣,又何加焉?"曰:"富之。"曰:"既富矣,又何加焉?"曰:"教之。"(《论语·子路》)

君王要以仁心培育一个生活殷实的社会中层，人民就不会整日想着借破坏秩序来捡拾好处。接下来，有国者要通过善与美的教育，使富裕起来的民众安于充实而有意义的生活。"富之"是建立秩序的前提，而"教之"方为理想秩序的实现。这时期的儒者有一种强烈的担当精神："如欲平治天下，当今之世，舍我其谁也？"（《孟子·公孙丑下》）"思天下之民匹夫匹妇有不被尧舜之泽者，若己推而内之沟中。"（《孟子·万章上》）这种担当精神被人称作"士气"，是儒家人格形象的组成部分。

战国初期，还有不少对任何政权体制都持有不合作态度的隐士，其中包括所谓"闲暇者"和"彭祖寿考者"。这两种人都属于广义的道家，区别在于前者更加重视心灵的自由境界，而后者比较侧重身形寿命的保养。"闲暇者"的思想是《庄子》哲学的主要来源。他们"就薮泽，处闲旷，钓鱼闲处"的生活看似悠闲美妙，背景却是《庄子》的《德充符》《人间世》等篇给我们展现的惨痛现实。他们的"闲暇"的条件是"知其不可奈何而安之若命"，将超拔于沉浊之中的闲情寄寓于宗教的精神和艺术的情趣。在以入世为主流倾向的中国本土文化当中，闲暇隐逸的思想成了探索出世道路的一个逸枝。

"彭祖寿考者"是道家思想的另一支。他们将"天道"引向身心修炼的实践。战国时代，他们的养生实践与儒家的修身入世的抱负或有交集。《中庸》、楚简文献和《易传》等思想文献都把"身"置于举足轻重的位置。战国后期，重身治气的传统也跟治术相结合，锤炼出了囊括天人的宇宙框架，为大一统的帝国做了意识形态方面的准备。另外，导引养形的理论与实践还逐渐发展出了神仙方术的道路，成了后世道教的源头，也是美学当中神仙游逸思想的先声。

上述不同倾向的士人生活和思想之间并不是割裂的，它们在并行之际也有广泛的互动，融汇的结果更是丰富。在《庄子》的《刻意》和《天下》等比较晚出的篇章里，我们已经可以看出扬弃整合诸家的愿望。我们后面将要专章阐释的《易传》也是战国思想融汇的最有代表性的成果之一。多元的思想经典从不同的方向上共同撑起了华夏大地上的"轴心时代"。

二、战国时代美学思想的一般问题

战国时代，因社会失序、生死乱离而引发的忧患感、无奈感是士人思想的总背景。战国时代的诸子争鸣所涉及的有关人之本性的辨析，对人心、人情、语言、技术的讨论和对人生终极意义的追问，以至把哲学思考聚焦于人身的思想角度，把天与人的联系归于"气"的思维倾向，也都或多或少地跟这个时代的忧患有关。我们在此主要撷取那些与中国美学密切相关的思想做重点的梳理。

首先要提出的是战国思想对于"身"的重视。在春秋及以前的时代，尚有一个以礼乐为中心的文化体系可作"道"的载体，战国时代则斯文扫地，似乎没有什么比人自己的身体更为可靠的东西了。在用世者看来，乱世中唯独身体是重要的本钱，所以遭遇灾厄的苏秦从昏死中活过来之后，第一关心的就是自己用以混世的舌头还在不在。在思想领域，除了人身之外也没有其他的东西可借以理解天道人事。思孟学派特别注意到身体具有遮蔽与敞开的两重性，希望通过礼乐的教化隐恶扬善。《中庸》指出，人对天下之至道的理解，是从"夫妇之愚"开始的，孟子也以"刍豢之悦我口"来比拟"理义之悦我心"。在思孟的时代，"身"已经开始作为思考世界的起点而被赋予了形而上的意味。

从"身"出发，战国思想家对于"性"与"情"的把握也到达了一个新的高度。庄子以"朝三暮四"的寓言说明"名实未亏而喜怒为用"的道理，指出情绪会遮蔽理性的判断。习《易》者认识到"爱恶相攻而吉凶生"（《易传·系辞下》），吉凶祸福跟人的情绪有莫大的关系。然而，礼以敬为质，仁以孝为端，道德的修养也都离不开情的因素。仁爱、赞赏等正面的情感给人带来了喜悦、充实和自由之感。人最本原的"情"是正面的情感，还是负面的情绪？进一步，如何驯服"情绪"，并积极地培护"情感"？战国思想家对于这个问题的反思归为"性"。楚简里有一段关于人性观念的论述："喜怒哀悲之气，性也。及其见于外，则物取之也。性自命出，命自天降。道始于情，情生于性。始者近情，终者近义。"（《楚简·性自命出》)人"喜怒哀悲之气"因外物的引动而外发为喜怒哀悲之"情"。"性"乃是此情应时发动的可能性。

"天命之谓性,率性之谓道,修道之谓教。"(《礼记·中庸》)情感生发之可能性并不是人为选择的,而是来自人生而俱有的倾向。在儒家看来,习气的倾向性就是人所秉有的天命。情感如何发露出来,有其确定的"道"。人类文化的作为,即是依据"道"而对情的发露过程给以疏导和净化,去邪归正。这就是"教"。"教"主要有两种方式:一种是通过理性的观照,平息奔涌的情绪。这可以看作是一种哲学的方式。另一种是通过辉煌的礼乐来陶冶性情,使之在"兴"(或郭店楚简里提到的"美情")的过程中得到转化,保持其诚意。这种主要是审美的方式。

比孟子稍早的子思学派以"身命—性—情"来解释人的精神世界,"情"在《中庸》里就是"喜怒哀乐"。孟子拒斥杨朱以满足欲望作为人生意义来源的思想,也同时贬低了"情"的地位,开始积极讨论"心—性"。当是时,人们普遍关心如何从情绪、欲望的控制中获得心灵的自由,对"勇""不动心""死生无变于内"的追求几乎成了一种智识阶层的风尚。《庄子》当中的"用心若镜"的比喻、"无射之射"的故事讲的是一种"不动心",孟子提倡的"富贵不能淫,贫贱不能移,威武不能屈"也是一种"不动心"。

从哲学观念发展的角度看,"心"的概念要大于"情"。"心"包括了理性的认识、反思,也包括了非理性的情绪与情感。在精神修养的实践上,对心的驾驭也更见复杂。孟子指出,人心就像山中的小路,疏于清理就会被习气欲望的杂草充塞。《礼记·大学》指出,忿惕、恐惧、好乐和忧患等情绪都会令心变得偏斜狭隘,"心不在焉,视而不见,听而不闻,食而不知其味"。《庄子》刻画了人心之难识难调:"人心排下而进上,上下囚杀,淖约柔乎刚强;廉刿雕琢,其热焦火,其寒凝冰,其疾俯仰之间,而再抚四海之外,其居也渊而静,其动也悬而天,贲骄而不可系者,其唯人心乎!"(《庄子·在宥》)心念的流转极其迅速,上天入地,不可把捉,无法止息。人心根据外在情境的驱使而上下游移,刚柔不定,时常在水寒火热的极端当中摇摆。《庚桑楚》中还说,心志是比刀兵更能危害生命的凶器,心也是最大的盗贼,让人无法躲避。① 不论是伦理的修养还是美学的观照,总要首先面对这样一个凡庸之"心",了解其一般的特性。

心之难以把握,在于它总寄寓在人的感官和思虑功能之中,总是投射、攀援在意念所聚的外物上。除非人有一定的精神修养的训练和条件,否则便很难自我审视其心。孔子曾经对其最得意的学生点明涵养"仁"的法要是"非礼勿视,非礼勿听,非礼勿言,非礼勿动"(《论语·颜渊》),就是从视听言行的功能入手,寻流溯源以正其心。由此导出《大学》中"修身"与"正心"互动之旨。这虽然没有专论美学的问题,却塑造了中国美学在耳目视听上面的主流态度:以守护心念的端正为审美的基本原则,而不能陷入到感官享受的追求当中。道学家指出:"《孟子》一书,只是要正人心,教人存心养性,收其放心。……千变万化,只说从心上来。人能正心,则事无足为者矣。"②

"求放心"是时代对于思想创造的普遍要求。儒家和道家分别为"求放心"发展出了一套解释体系和修养实践的体系。除了孟子提出"从其大体""养吾浩然之气"等主张,庄子也有独特的进路。庄子对于知识、语言、技术的洞察,在更深的层次上揭示了精神世界的困境。他的"用心若镜""无以好恶内伤其身"等主张更开启了一系列独特的东方式的美学观念。先秦思想中的这些对于"心"的反思和修养之道,都既是哲学的,又是美学的。春秋时代的孔子和老子是其奠基,战国时代的儒家和道家思想分别通过孟子和庄子的创造而达到了各自的高峰,并由《易传》而呈现出某种融汇的可能。

第二节 "美情"与"致诚"

孔子殁后,在悖德乱政的现实环境中,礼乐文化愈益凋敝,以至于受

---

① "兵莫憯于志,镆铘为下;寇莫大于阴阳,无所逃于天地之间。非阴阳贼之,心则使之也。"(《庄子·庚桑楚》)
② 这是朱熹在《四书集注》的《孟子序说》中引用杨时的说法。

到杨墨两家显学的夹击。如何发明礼乐的真意,成为战国时代儒家学者们面对的一大课题。他们沿着孔夫子提示的方向,追溯到了人皆有之的"情",愈加深入地探讨着"礼之本"。自此,儒家思想开始以反思情感作为核心的关注点,其哲学思考也涉及了更多的美学问题。

在处于大致相似时代的郭店楚简、《中庸》和《孟子》等思想材料中,我们可以看到儒家学者的共同追求。此时期的儒者逐渐形成了带有儒家特色的人性观、天道观。他们提出以"诚"作为礼的根基,并以"乐"的兴发作用来维护情感的真诚。本节旨在梳理孔孟之际的儒学关于"情"与"诚"的思想,并探讨其与艺术审美活动之间的关系。

一、美情曰真

春秋时代的儒家美学重在历史情境中的"礼"与"乐"的意义,战国时代的儒家美学则趋向于思辨,讨论的重点集中于"真"与"美"的关系。

"真"作为哲学概念,有不同层面、不同指向的意义。有学者指出:"宽泛而言,'真'或表达'真'的词,其内涵有多重维度。从认识论上看,'真'首先与假相对,这一意义上的'真',往往指正确的知识,近于现在所谓真理。在中国文化中,作为真理的'真',更多地以'是'的形态出现,所谓是非之辨,便涉及认识意义上的真假。'真'的另一涵义是'诚',诚与伪相对,往往指真诚的人格、德性或行为。'真'的第三个基本涵义是'实',指真实的存在,与之相对的是'妄',妄即不实或虚幻。此外,'真'还指审美意义上的自然或本性,本真之美常常与人为的矫饰相对;'真'作为'俗'的对立面,往往亦与终极的关怀相联系,所谓'真如'、'真宰'等等,都超越了世俗的世界而指向终极意义上的存在。"[1]中国美学所涉及的"真"主要与人格上的、意识上的"诚"联系在一起。然而,中国古代思想中的概念意义,可分析,却并不割裂。美学中的"真"虽以体验的、情感的方面为主,却也跟认识的、道德

---

① 杨国荣:《文化演进中的观念之维——作为文化观念的"真"及其历史意蕴》,《中国文化论丛》第五十八辑,132页,上海:上海古籍出版社,1999年。

的、信仰的"真"密不可分。《中庸》曰"不诚无物",意思是,如果没有发自自然天性的"诚",事物就无法彰显其存在。把物的存在意义落实在心念的诚恳与否上,即是把"诚"提到了无以复加的高度。

儒家提出"诚",是为了从源头上维护礼、发扬礼。

在儒家的理想中,承载着天人秩序的礼是内外两方面的统一:它一方面根基于人的最自然的生活情感,另一方面又是社会组织的必要形式。比如儒家特别重视的丧礼,既是出于生者对死者的最自然的尊重,又通过严整有序的仪式调整、规范着人伦亲疏的关系。另外,丧礼的隆重形式,还包括了对于人伦精神的维护,对于人生意义的反省,亦具有一定的精神归宿的意味。

对提倡礼乐文化的儒家来说,虚伪是最致命的威胁。在淳朴的社会(也就是老子所谓的"小国寡民")中,仪式与真情二者并没有明显的差别,人们会用最自然的形式来装点婚丧嫁娶,表达对生的祝福,寄托对死的哀思。当社会生活扩大之后,人与人的关系就不那么自然了。人们对于外在形式的看重会超过甚至遮蔽真情的流露。如丧礼里的哭,就要按照身份等级的次序和规定的时间,纳入到规矩繁多的程序当中,甚至要像演员一样考虑舞台效果和众人的配合。这样,感情的发露就难以自然,甚至可能完全取消了真情。战国时代,一些徒具虚文的礼受到了社会普遍的怀疑。与这种礼相配的情感,即使是真的,也会被人看成是假的。这就是道家着力攻击儒家的地方。

儒家的思想家也特别提防礼乐的形式与真情脱节而走向虚伪。孔子说:"礼,与其奢也,宁俭;丧,与其易也,宁戚。"(《论语·八佾》)在允许的范围内,礼的形式规格应该"就低不就高",情感的真挚比仪式的周密到位更加重要;孟子也说:"恭俭,岂可以声音笑貌为哉?"(《孟子·离娄上》)谦恭廉洁乃是内心的态度,不是靠外在的指标做出来的姿态。真守礼的人为了维护情感的真实性,宁可主动降低对于排场的要求。

在楚简中,有一些关于音声礼教的讨论也从情感效果的角度强调了"诚":

凡声,其出于情也信,然后其入拔人之心也厚。(《楚简·性自命出》)

凡人情为可悦也。苟以其情,虽过不恶;不以其情,虽难不贵。苟有其情,虽未之为,斯人信之矣。未言而信,有美情者也。(《楚简·性自命出》)

凡人伪为可恶也。伪斯吝矣,吝斯虑矣,虑斯莫与之结矣。(《楚简·性自命出》)

上述几段材料都指出,出于真情实感的声乐最能够打动人心,"伪"则夹杂了刻意的安排、筹划,不仅不会取信于人,甚至会给人带来恶感。以率真的心意去做事,即使稍有点过错,也不会受到大家的嫌恶;没有情意的作为,正如严守套路的激情演讲、排演再三的惊喜场面,即使付出了艰辛的努力,人们也不会觉得可贵。所以,说一番话、做一件事是否"以其情",是其能否被人认可的决定性条件。孟子后来还用比喻说明言行真伪的本质区别。他说,有情、信的言行如同有源头的泉水一样,汩汩不绝,直至达乎四海,而"声闻过情"的虚伪造作则好似夏天的暴雨,虽然声势很壮大,沟壑间也很快充盈起来,但其干涸的速度,"可立而待也"(《孟子·离娄下》)。儒家对于道德和审美的要求,都不仅要看其言行举止的表现,更加注重其有没有真实体验作为"本"。虚伪的表现因为没有真实体验之"本",所以没有生命力,不能持久。

贵情信而贱矫伪,原是生活的常情,楚简的作者则希望将这种常情推广到礼乐教化中去。他们认为,礼来源于人的情感,"礼,因人之情而为之"(《楚简·语丛一》)、"礼生于情"(《楚简·语丛二》);礼的作用也在于真情的促动,"礼作于情,或兴之也,当事因方而制之"(《楚简·性自命出》)。这个意义上的礼并不是一套固定的行为规范,而是一种行为的原则。人对这个原则的把握,不是通过知识化的学习,而是依凭发自内心的认同和感动("兴之")。人如果对礼有了感动之心,则无需过于看重外在的形式,在具体的环境中可以"当事因方",随机应变,无论怎样做都是恰到好处的。

以"情"的真实性来说明"礼"的存在依据,成为先秦儒家思孟学派的道德哲学的基础。言行是否出于真情也成为儒者评价人的依据。孔子曾说,如果不能恰到好处地守护大道,那么宁可做一个直率进取的狂者,或有所不为的狷者,明确地对世人表达自己的好恶取舍,而不要做一个虚情假意、圆滑讨巧的人。他说:"乡愿,德之贼也。"(《论语·阳货》)孟子解释说:"阉然媚于世也者,是乡原也。……非之无举也,刺之无刺也;同乎流俗,合乎污世;居之似忠信,行之似廉洁;众皆悦之;自以为是,而不可与入尧舜之道,故曰'德之贼也'。"(《孟子·尽心下》)乡愿有一个共同的特点,就是"没有特点"。乡愿之人及其行事和作品,就像后世流行的"馆阁体"的书风或者"试帖诗"的诗风。为避免任何被人指摘之处,他们在一切方面都力求四平八稳,千万不要有任何性情的流露。在这种风气里上进的仕宦,可想而知会对当世的文教带来何种影响。

社会现实的状况常是乡愿多而狂狷少,非常之时则狂者留其名。当虚伪的状况到达了令所有人都无法忍受的临界点,人们对于"诚"的追求就会迸发出来。当是时,诚与不诚,就成了一个最高的评判标准,不仅是判断善恶的标准,也是判断美丑的标准。[①] 在中国古代,以艺术之真实戳穿道德之虚伪是文坛鼓吹新风的动力之一,最显著的例子就是晚明美学对于"性灵""情"的强调。[②] 伪善的风气,因千余年帝制教化的积淀而积重难返,一些有勇气的思想家,正是以狂者的姿态,从尖锐的艺术批评入手来针砭时弊。晚明美学思想家高扬的"情",起初并非呼应市民时风的情欲之情,实质在于呼吁情感之"诚"。

二、尽己为诚

《中庸》指出:"诚者,天之道也;诚之者,人之道也。"诚是天然固有的

---

① 楚简"以其情"的"情",重点在于"真",与宋明道学中的"诚"是同一层面的。道学中的"情"则近于楚简或《中庸》里的"喜怒"。"诚"才是衡量是非的尺度,而喜怒之情则从来都不是是非的尺度。

② 叶朗以李贽的"童心说"、汤显祖的"情""趣"和公安三袁的"性灵说"为重点,介绍了晚明艺术和美学当中的崇尚自由、真诚的时代思潮。见《中国美学史大纲》,第336—348页。

生存态度,随性而发,当喜则喜,当怒则怒,意识内部没有隔阂混杂;人为的事物则往往压抑和矫情,所以人要自觉地回归"诚"的状态。人若能自觉地消除意识不同层面之间的矛盾,也就打通天人,即是"诚之"。

儒家思想家为了开显"诚",不能不直面"伪"。虚伪的言行有两种,一种是欺人,一种是自欺,自欺要比欺人处于较深的层面。"诚"的最大障碍就在于自欺。管子指出"心以藏心,心之中又有心焉"(《管子·内业》),揭示了人的意识有深浅不同的层面。自欺心理反映了深层意识与浅层意识之间的龃龉,表现为意图的混杂。比如,深层意识有作恶的企图,需要理智在意识的层面上为其提供掩饰的借口。又如一些人要炫耀自己的学识才华,却自欺为肩负了文教的重担,要去启他人之蒙。庄子说"道不欲杂"(《人间世》)也是针对这种自欺欺人而发。

20 世纪心理学的精神分析学派也指出人的意识有深浅不同的层面,并认为人的深层意识是一个充斥着各种情绪、情结、原始欲望的海洋,越深则越近于禽兽。思孟一脉的儒家学者大概不会同意这样的主张。他们相信意识的最深邃处当是澄明无妄的觉知心。这个最深层的意识,在孔夫子那里被称作"天",王阳明则名之为"良知"。"天"或"良知"能自知善恶,并对人发出呼告。针对宰我从功利理性的角度对三年之丧的质疑,孔子就是诉诸"于汝安乎"(《论语·阳货》)。在楚简文献中,"安"更是道德和审美的基础,"不安则不乐,不乐则亡德"(《楚简·五行》)。"安"意味着最深层意识能够自觉妥帖,在此基础上,深层意识里则洋溢着欢喜畅快的"乐",最后才是道德理性在意识层面上的确立。意识深处的"心安"外现为意识表层的"理得"。所谓"诚",即是不同层面的深层意识与表浅意识贯通一气,喜怒由衷。

《中庸》把"诚"归为"天"。这个"天"并不限于一团清气的天宇。以"诚"为规定的"天"指涉着那些处于天然的意识和情感状态中的生灵,如自然界里的动物、尚未有知识的婴儿以及保持着赤子之心的圣人。自然界中的动物与人类的婴儿没有善恶知识的判断,它们都天然地处于"诚"

的状态，没有一丝一毫的胶着伪饰。这是自然生灵之美的来源。① 成年人喜爱动物和婴儿的天然表现，以之为美，说明人都有一个回归"诚"的内在要求。但动物与婴儿对于"天"是没有自觉的，只是依从本能而行，所以它们的意识状态并不可贵。人之所以不同于自然合乎天道的动物，就是因为有理智、有知识、有计划。理智、知识、计划一方面产生了"伪"的可能，导致情感或行为的偏差；另一方面，人仍然可以用理智来求道，最终回归赤子之心。此即所谓"诚之者，人之道"。人通过"诚之"而获得对"道"的自觉，这是动物不具备的能力，也是人之所以可贵之处。

战国儒家把"诚"和"诚之"的意义提到了"道"的层面。真诚无妄是人与天贯通的桥梁，是心与物打通一气的关键：

> 诚者，自成也，而道自道也。诚者物之终始，不诚无物。是故君子诚之为贵。诚者非成己而已也，所以成物也。成己，仁也；成物，知也。性之德也，合内外之道也。故时措之宜也。（《礼记·中庸》）

从《中庸》开始，儒家学者开始辨析"成己"与"成物"的联系。君子自身的存在（"我"）与万物的存在（"物"）息息相关，统一于"诚"。"诚"不仅是精神意识的准绳，也是万物生成的法则。人应该以仁心"成己"，并以此为基点开启自己的智慧来"成物"。换句话说，即君子基于自己的"诚"，主动地参与到世界的意义构成中。此即"合内外之道"。

《中庸》描绘了在天地层面上的宏大的"成物"过程：

> 天地之道，可一言而尽也。其为物不二，则其生物不测。天地之道，博也，厚也，高也，明也，悠也，久也。今夫天，斯昭昭之多，及其无穷也，日月星辰系焉，万物覆焉。今夫地，一撮土之多，及其广

---

① "当我们看见那些自由自在的动物悠然地自行其是，觅食、喂雏，与其同类交配时，看见它们总是顺从天性，毫不做作的时候，那会给我们带来一种多么奇特的快意！我可以高兴地盯着一只黄鼠狼、一只小鹿或牡鹿看上半天，就算只是一只鸡，一只小老鼠或者刺猬也会如此。我们这样乐于观看动物的主要原因，是因为我们喜欢以这种简单化了的形式来观看自己的本性。世界上唯一会矫揉造作的就是人。其余一切动物都是真实、诚挚的，从不企图掩盖自己，而是直率地表达自己的情感。"叔本华：《悲喜人生：叔本华论说文集》，第96页。

厚,载华岳而不重,振河海而不泄。今夫山,一卷石之多,及其广大,草木生之,禽兽居之,宝藏兴焉。今夫水,一勺之多,及其不测,鼋鼍蛟龙鱼鳖生焉,货财殖焉。诗云:维天之命,于穆不已。盖曰天之所以为天也,于乎不显? 文王之德之纯,盖曰文王之所以为文也,纯亦不已。

这段文字给我们展示了一个生生不息的涌现过程。覆、载、殖、兴,都是属于"生"的动词,博、厚、高、明、悠、久则是从时空的角度,是对"生"的过程状态的描述。"为物不贰"与"生物不测"的统一,是天地生物的奥秘。"为物不贰"说明了"生"的过程是专一不杂的,唯有精诚专一,方积出大气象,有如天地之广厚,山川之美庶。"生物不测"则意味着广大的丰富性、灵活性,万物同为天地覆载,各得其位,各有其理,山川蕴育生灵,草木鸟兽、鼋鼍蛟龙各含其灵,铜铁土石各尽其用。万物之生发,由单纯而趋向复杂,但复杂之中又贯穿着单纯不杂的条理。

《中庸》把自然蕴化的过程与圣人修德垂教的事业直接联系在一起,因为儒家学者认为这种宏大的创生场景也完全可以在一个博大的心灵中实现。在中国古人看来,只有在一个动态的过程里把握"生"的过程,对"物"的考察才是有意义的。他们把"物"放在"为物""生物"中看,强调其生成的过程。天地之道是"变"与"常"相统一的自然造化,也是人心中生成意象世界时的创新与条理。若是只有一个自在的顽物,则没有"诚"施展作用的空间,若没有人心的灵明,也无所谓"成物"。"文王之所以为文也,纯亦不已",暗示了圣人以其一贯之德,也能够造就一个万物化生的局面,是谓"配天"。

"配天"要求人把"诚"的原则贯彻到底,达到"至诚"。从哲学的角度看,"至诚"是"人"与"天"的统一,其意义可分析为如下三个方面:

一、在本体论的方面,"至诚"意味着"心"与"物"合为一体。

唯天下之至诚,为能尽其性,能尽其性,则能尽人之性,能尽人之性,则能尽物之性,能尽物之性,则可以赞天地之化育,可以赞天地之化育,则可以与天地参矣。

"己"与"人"、"己"与"物"分享着可以相通的"性"。苟能进入"至诚"的状态,也就可以因为"尽性"而由此达彼,因己知人,内修其德而外成其功。这揭示了一种思想:人越能了解自己,也就越能了解他人以至整个世界。孟子也说:"尽其心者,知其性也。知其性,则知天矣。存其心,养其性,所以事天也。"(《孟子·尽心上》)孟子的"事天"即是《中庸》的"与天地参"。"参"即"参加""参与"的意思。没有"参",即不能构成"三生万物"的局面。人要能"参",前提即是跟天地一样领受"道",也就是因其"诚"而与天地合德。

"尽性"和"赞天地之化育""与天地参"揭示了中国哲学、美学中的"我"与"世界"的关系问题。从现成的存在者的角度看,己是己,物是物,无法由我及物;而从存在意义的角度看,世界万物的意义都是由"己"主动赋予的。中国哲学中的"己"并非一个原子式的"个体"(individual)、封闭的"自我"(ego)或认识论意义上的"主体"(subject),而是由其生存意义所及范围内的一切事物共同造就的意义焦点。[①] "尽性"意味着全面地掌握了意义的生成过程,把"己"的意义发挥到最大。人的精神越是充实,境界越是廓大,其"己"所囊括的范围也就越大,由一家一国,以至于全天下、全宇宙。这时,"己"与"他"、"己"与"它"的界限趋向消亡,人越是"为己",也就越能"无我"。换句话说,人在扬弃"我"的过程中逐步趋于"己"的实现。因为"尽己性"与"尽物性"的贯通,圣人能参赞天地,达到真、善、美的统一。

二、在认识论的方面,"至诚"是达到"神"的条件。

> 至诚之道,可以前知。国家将兴,必有祯祥;国家将亡,必有妖孽。见乎蓍龟,动乎四体。祸福将至,善,必先知之,不善,必先知之。故至诚如神。

---

① 安乐哲指出,中国人的"自我"总是一个能动的存在区域中的"聚焦点",在其自身当中反映了其存在区域中的全部效应。安乐哲:《自我的圆成:中西互镜下的古典儒学与道家》,第141页。

预知世界的变化趋势，是人类思想追求的目标之一。中国古代的卜、蓍、星皆以前知为务。《中庸》把"内外之道"都归为"时措之宜"，也就是说，天地生物的过程是在时间中展开的。人能"诚之"，也就能准确地把握万物流转动迁之"宜"，因而可以在祸福意象（"祯祥""妖孽"）的启发下，敏锐地洞悉天地与世事变化的端苗。这一观念在汉代的天人感应、谶纬学说里得到了极大的发挥。

哲学中一般把"知"归属于认识论的范畴。跟以获取知识、处理信息为目的的认知不同，"见乎蓍龟，动乎四体"的"前知"却诉诸一种当即生成意象的直觉力。这种直觉力属于一种广义上的审美能力。

三、在境界论的方面，"至诚"造就了"大人"的精神世界。

> 大哉圣人之道，洋洋乎发育文王，峻极于天。优优大哉。……辟如天地之无不持载，无不覆帱；辟如四时之错行，如日月之代明。万物并育而不相害，道并行而不相悖。

这里的"大"乃是自然之"大"与文化之"大"的统一。孔子曾赞叹"唯天为大，唯尧则之"（《论语·泰伯》），中国古人好用天地之大来比拟圣人精神世界的博大。自然事物启发着"大人"的境界修养工夫。强大的创造力、统摄力与广大的包容力相辅相成。人越是能够真切地欣赏自己内在的美好，也就越能够欣赏别人的美好。"我"与"你"的美好虽然不同，但它们必定可以找到相通之处，最广大的包容心可以把天下之众美贯通起来。这也就是费孝通提出的"各美其美，美人之美。美美与共，天下大同"的思想。此时，"万物"的整体意义都可以被"我"充分地、全面地领会，是谓"大我"。"大我"必然有其"大乐"。孟子说："万物皆备于我矣，反身而诚，乐莫大焉。"（《孟子·尽心上》）"万物皆备于我"是"反求诸己"的必然导向，"大我"不仅可以观照世界之真理（"道"），在行事方面发而中节、不勉而中，而且可以达到"乐莫大焉"的审美享受。

三、仁声入人深

儒家提出的"诚之"需要面对一个悖论：如果这个追求"诚"的行为是

出于表浅意识的有意作为,深层意识则未必能够接受,则仍然不能避免"伪斯齐"的困境。楚简的作者已经注意到这个问题,指出"诚之"的大原则是诉诸"乐":

> 凡学者求其心为难,从其所为,近得之矣,不如以乐之速也。虽能其事,不能其心,不贵。求其心有为也,弗得之矣。(《楚简·性自命出》)

学者对于"道",如果有意识地去"求",过于勉强自己,必定是艰难以至于无果的;"从其所为"意味着根据自己的条件来选择合适的方法,正如孟子所谓"可欲之谓善",这样才会较有效果;而真正能够突飞猛进的方式则是"乐"。孔子说:"知之者不如好之者,好之者不如乐之者。"(《论语·雍也》)人一旦对所学之事物兴起了"不图为乐之至于斯也"(《论语·述而》)的感叹,则能对所学之道产生强烈而专注的投入感、喜好感,其进展就会像孟子比喻的,犹如江河决堤,"沛然莫之能御"(《孟子·尽心上》)。

楚简里提到的"乐"与孔子、孟子关于"乐"的思想是一致的。这种"乐"可以既是作为方法、途径的"音乐",也是作为审美效果的"悦乐"。音乐会直接触及深层意识层面的情感,给人的精神世界的整体都造成潜移默化的影响。这种影响的效果是:人会对仁、智、勇等道德情感发生真诚的认同,并内化为自己人格的一部分。孟子指出:"仁言不如仁声之入人深也。"(《孟子·尽心上》)就是说,具有道德感召力的声乐比道德宣教的话语更能打动人心,更可以使人避免思虑计议之伪。通过中正平和的音乐而求自然无邪的悦乐,乃是一种符合人性的"诚之"的方式。先秦儒家的思想已把道德教育纳入到广义的美育当中了。

在音乐与人心的关系方面,先秦儒家与古希腊的哲学家具有相近的认识。柏拉图说:"我但愿有一种曲调可以适当地模仿勇敢的人,模仿他们沉着应战,奋不顾身,经风雨,冒万难,履险如夷,视死如归。我还愿再有一种曲调,模仿在平时工作的人,模仿他们出乎自愿,不受强迫或者正在尽力劝说、祈求别人。……他们一刚一柔,能恰当地模仿人们成功与失败、节制与勇敢的声音。"(《理想国》,399B)这所谓的"模仿",并不是形态上的相似(道德与音乐都无形象),而是情感状态借由意象的联结而发生共鸣。当情感在形式的训导下形成了适度发露的习惯,人在临事时自会变得节制或勇敢。音乐以此辅助了道德。从相反的方面说,某些过分刺激、挑拨人情("淫")的作品,会逐渐让人的情感发露难以收束,并最终导致行为上的过失。中国先秦的儒者同柏拉图一样,都认为艺术的方式可以有效地迁化人的性情,也都十分警惕邪僻之音对人心的腐蚀。

在孔子之前,《诗》的主要用途是在贵族政治中装点公文和充当外交辞令,孔子开创的儒家学派则特别强调《诗》能够引发人的情意和思想。在儒家美学的理路中,"乐"与礼相配,艺术审美削减了礼的人为造作的成分,使人心能够自然地生发和谐的情感。同时,"乐"又雅化了人的自然情感,使之更加深沉和有节制。孔子将之概括为"兴"。"兴"也就是一种诉诸艺术的"诚之"之道。

发露真情("诚")是对艺术作品的基本要求。孔子特别以《关雎》作为诗教的典范。该诗以"关关雎鸠,在河之洲"起兴,呈现了"窈窕淑女,君子好逑"的意象。"求之不得,寤寐思服;悠哉悠哉,辗转反侧"的主旨是真诚的"求"。[①] 君子对于淑女的爱慕之情乃是出于率真自然的情感,这是人类最明晰、最坦诚的"求"的情感。《诗》以君子追求淑女的情感来喻真诚无妄的求道之心,描绘得如此地亲切、坦诚,没有丝毫的淫荡、污秽。坦然地面对人性中的自然追求,是"诚之"的前提条件。

真诚地分享审美经验也促成社会团结。自漫不可考的时代,中国人对于通俗艺术的比拟是"风",民歌的总集就是《诗经》里的"国风"系列。"风"含有风行、流行的意思,与文化传播有两方面的相似点:其一是诉诸感受多于诉诸知识判断,其二是带有方向性——自上而下、自下而上、由

---

① 以往注经者多以"后妃之德"来解释《关雎》之意,如孔疏曰:"此篇言后妃性行和谐,贞专化下,寤寐求贤,供奉职事,是后妃之德也。"把"求"解释为"求贤",又把"德"解为"化下"和"供奉职事",似有引申过度之嫌。如果把"求"与"好学""日新"联系起来,则其本身即为儒家特别强调之"盛德",其意义大于经学家所谓的"后妃之德"。

西向东、由南而北、由中央向周边……道德教化的理想正是借助社会普遍享有的真诚的情感和深入人心的艺术形式，像风一样沟通天地，在君主王侯与平民百姓之间传导喜怒爱恶。孟子曾问梁惠王喜欢什么样的音乐，梁惠王坦白地说自己喜好通俗艺术，而不是先王的雅乐。孟子说这也很好，喜欢通俗艺术就能理解"独乐乐"的效果不如"众乐乐"，喜欢与人分享欢乐的经验。孟子借机指出，如果您能够跟全天下的人一起分享大家都喜欢的通俗艺术，大概就能王天下了（《孟子·梁惠王下》）。

不过，孟子此言犹是权宜之论，对于一个追求"王道"的社会而言，仅有通俗艺术还是不够的。艺术要醇化人情，还要进入到更高的层面，即高雅的艺术对于人心人情的陶冶。

《中庸》曰："喜怒哀乐之未发谓之中，发而皆中节谓之和。"先秦的学者已经认识到，人心在平静状态里尚能不失中正，一旦在外物外境的引动下升起了情感，就有可能变得不正。儒家的乐教通过节奏、旋律的组合把人的情感纳入到有序的形式当中，以此来引导、节制和净化情绪。这个思想与孔子提出的"兴于诗"相通。在《关雎》的高潮部分，"参差荇菜，左右采之；窈窕淑女，琴瑟友之。参差荇菜，左右芼之；窈窕淑女，钟鼓乐之"。"荇菜"是水边丛生的野菜，"参差"是杂然有章的形式，一左一右，亦物亦人。这段诗的节奏感很强，从文辞当中即透出了音乐感，加以琴瑟钟鼓的伴奏和仪态雍容的表演，令人进入一个芬芳典雅的意象世界。礼文乐舞使得情感能够自然地发而中节，其中既有自然的"诚"，又是文明的"乐"，两者之结合则为"兴于诗"。因为"兴"，人的自然情感不仅得到了原本的保存，而且还由于艺术的陶冶而更加深化、纯化了，如此则归于和平，"乐而不淫，哀而不伤"（《论语·八佾》）。

雅乐自然趋向深沉和丰富，并不一味以"欢乐"为诉求，反而有时呈现出"忧""悲"。战国时代，与野心、豪奢并行的，还有思想界弥漫着的比春秋时代更强的"忧"。楚简中有这样的说法：

> 凡至乐必悲，哭亦悲，皆至其情也。哀、乐，其性相近也，是故其

心不远。哭之动心也，浸杀，其央恋恋如也，戚然以终。乐之动心

也，濬深郁陶，其央则流如也以悲，悠然以思。凡忧，思而后悲，凡

乐，思而后忻。(《楚简·性自命出》)

"至乐必悲"说明了情感生发流转的特点。"情"经由"乐"(审美经
验)的醇化而到达了相当的深度之后，会显示出忧乐之间的深层联系。①
对此，中国美学和艺术中有许多观点和例证。以铺陈士人雅集情景的
《兰亭集序》为例：在"天朗气清，惠风和畅"的环境下，群贤毕至，"仰观宇
宙之大，俯察品类之盛"。"极视听之娱"的体验把人的审美经验推到了
欢欣的顶点。然后，笔锋自此一转，由此进入到关于人生、命运、历史之
幽思当中：当所遇之物暂与自己的欲求喜好相契合时，人们诚然"快然自
足，曾不知老之将至"；而"乐"之本性却令其不能安于一处，乐到极处必
然生"倦"，结果就是"情随事迁"，以往欣喜相得的，转眼"已为陈迹"。由
此，再联想到"修短随化，终期于尽"的事实，王羲之最后感慨："古人云，
死生亦大矣，岂不痛哉！"这个对"乐到极处，悲从中来"的经验的描写，大
概就是楚简里"至乐必悲"的例示。

"至乐"之所以"流如也以悲"，关键在它引动了人心当中的一种深邃
的"思"。这不是一般的具有逻辑条理的"思想"，而是古人所谓的"情思"
"幽思"。因为这种"思"，乐与哀都突破了表层的喜乐或伤心的情绪，而
开显出在人的意识深处隐藏着一种对于命运无常的忧怀。"君子亡中心
之忧则亡中心之智"(《楚简·五行》)，意思是，如果不能坦诚地面对这种
忧怀，就无法开展出真正的智慧和思想。同样，如果审美的体验没有达
到"忧"的深度，也不足以言真正的"乐"。

---

① 楚简中有一则材料说明了情在礼乐的参与下逐渐深化的过程："喜斯陶，陶斯奋，奋斯咏，咏
斯犹，犹斯作。作，喜之终也。愠斯忧，忧斯戚，戚斯叹，叹斯辟，辟斯通。通，愠之终也。"
(《楚简·性自命出》)在《礼记》当中有一段与此十分相近的话："有子谓子游曰：'予壹不知夫
丧之踊也，予欲去之久矣。情在于斯，其是也夫？'子游曰：'礼有微情者，有以故兴物者。有
直情而径行者，戎狄之道也。礼道则不然。人喜则斯陶，陶斯咏，咏斯犹，犹斯舞，舞斯愠，愠
斯戚，戚斯叹，叹斯辟，辟斯踊矣。品节斯，斯之谓礼。'"(《礼记·檀弓下》)与楚简最大的不
同，乃是把"哀"和"乐"直接联系在相延续的过程当中，更强调了两者的相通。

"笑,礼之浅泽也。乐,礼之深泽也。"(《楚简·性自命出》)能够开心欢笑,是"诚"的表露,为这种真诚的表露创造条件,是礼的表浅的效果;礼的更深层的功用,则是令人真诚地面对心中隐藏着的存在感。"乐"超出了简单的开心一笑,使人情变得醇和而温婉,免于浅薄和无聊。作为带有儒家文化色彩的审美大风格,沉郁之美蕴涵着"潜深郁陶"的"乐"。沉郁之美能将人内心最深邃的忧怀化入可观可玩、超越时空限制的意象,令人直面世事的动荡和命运的无常,使人的精神世界变得深厚而文明。这是更深意义上的"诚之"。

总之,"诚"是儒家道德的护法神,儒家的乐教是诉诸艺术的"诚之"之道。在儒家美学的语境下,艺术的功能在于将情感的率真和文明统一起来:一方面重视"情"的真实无伪,另一方面则以审美活动的"兴"潜移默化地影响人对于情绪的把握能力,将人的性情导向"发而中节"的状态,使人具有高雅的习惯。在更深的层面上,礼乐是对人情人性的深化和陶冶,把人生的最深沉的忧患转化成为最醇厚的乐。所以,儒家礼教思想的最深处必定通向乐教。在这个意义上,我们甚至可以说,就中国文化而言,德育的最高境界是美育。

第三节　身心同观的威仪之美

战国时代的人,已经把天下的"大本""达道"与人的喜怒之情联系在一起,把美善秩序与人心的中和状态联系在一起。情感的发露如何才能避免偏激、保持中和的状态("致中和"),是战国时期的儒家文献《中庸》关注的课题。在平常的状态下,情绪与言行的"中庸"都是非常难达到的。然而,人可以通过"修身"而达到中庸的境界。这也是一个彰显身体之美的过程。本节以《礼记·中庸》为中心,旁及相关思想文献,初探先秦美学对身体的认识。

一、道不远人

儒家以情感的"中和"为德性的理想状态,儒家的美学表彰中正平和的艺术,指向着思想和行动的"中庸"。所谓"中",就是情感、思想与言行等恰到好处,避免了"过"和"不及"两种不适当的状态;"庸"则是"中"的效果,一件事做得恰到好处时,往往看起来平淡无奇,以至人都觉察不出其"庸言庸行"的成功过人之处。"中庸"以行若无事为表现,要做到却十分困难:

> 子曰:人皆曰予知。驱而纳诸罟擭陷阱之中,而莫之知避也。
> 人皆曰予知,择乎中庸,而不能期月守也。(《礼记·中庸》)

《中庸》指出,人们常觉得"我知道"当前的处境,但明明陷阱当前,他们也不知躲避,即使偶尔做到了中正,也不能坚守。人们常将"中"解释为处于"过"与"不及"之间的一个恰到好处的点。亚里士多德对德行之"善"的规定就是两个极端之间的"中道"。他还打了个比喻:如果说 10 和 2 是两端,那么 6 就是中道。[1] 人们往往将亚里士多德的中道与儒家的中庸直接等同起来。两者确有相似,都强调无过不及。然而,亚氏以线段比例来比喻"中"却掩盖了"中庸之为德"的难度。亚氏的所谓"中点"是空间的、静态的,一目了然,而儒家的"中庸"却在时间中实现,事关行动、抉择(中原地带的人至今仍以上声的"中"表示"恰当、可行")。在时间的展开中,有一端总处在未定的、模糊的未来。正是因为很难"执其两端",人也就难以在"中点"到来时做出恰到好处的决断。小至人们说话做事的习惯,大到统治集团的政治决策,都以"走极端"为常态,并且常常从一个极端跳向另一个极端,如同醉汉走路、新手开车。《中庸》指出,民众已经背离中庸这种至德很远、很久了。[2]

> 子曰:天下国家,可均也;爵禄,可辞也;白刃,可蹈也;中庸不可

---

[1] 亚里士多德为此举了大量的例子,比如"勇敢"是处乎"怯懦"(不及)和"鲁莽"(过)之间的中道;"自信"在"自卑"(不及)和"骄傲"(过)之间;"慷慨"在"吝啬"(不及)和"浪费"(过)之间等等。他还细致地区分了两端之间难找中道和作为恶德没有中道等不同的情况。有关论述详见《尼克马可伦理学》第二至五章。

[2] 在《论语》和《中庸》中有近似的说法。子曰:"中庸之为德也,其至矣乎!民鲜久矣。"(《论语·雍也》)子曰:"中庸其至矣乎!民鲜能久矣。"(《礼记·中庸》)

能也。(《礼记·中庸》)

《中庸》指出，即便一个人可以毅然放弃权力和爵禄，甚至可以赴汤蹈火，但要勉力于中庸却毫无办法。中庸难为，因为一切有形的利害都可以被作为确定的对象来把握，"中庸"却关乎在不确定的境遇中的抉择，要求人们面对无形的可能性。舜能够"执两用中"，是由于"好察迩言"，敏锐地发现事物起变化的微小的征兆。人必须要在认识上打破"未来"的不透明状态，把"其所不睹""其所不闻"纳入意识，才能明察那些有意义的"隐"和"微"。洞见隐微，人才能避免"过"而达到"时中"。老子所谓"见小曰明"，也是这个意思。儒家的心性修养和礼乐教化的目标，就是要帮助人们克服后天的遮蔽，要回归到生命原本的中庸状态。

《中庸》为人回归中道指出了一条道路，就是通过回归身体的原初体验，打破人与世界的隔膜。

> 子曰：道不远人，人之为道而远人，不可以为道。诗云：伐柯伐柯，其则不远。执柯以伐柯，睨而视之，犹以为远。(《礼记·中庸》)

这是对"道不远人"的一个形象化的解说。人在挥舞斧子砍柴的时候，不容有一丝一毫的分心，甚至都来不及斜眼打量一下手中的斧柄。如果打量了手中的工具，专注的心神就被割裂为一个执柯的"我"(主体)和手中的工具(客体)。主客二分的眼光会干扰整体一贯的伐木活动，以致动作扭曲偏差。这所谓"远"不是空间距离上的远，而是存在状态上的隔膜。如果人要把握"道"，就必须回到那个人与周围事物的存在浑然一体的状态。在自如的活动中，在行为动作的节奏中，时间的不透明状态被打破了，人自然地合乎中道，不偏不倚。所以，《中庸》指出"道也者，不可须臾离也，可离非道也"(《礼记·中庸》)，"离"就是"睨而视之"的主客二分的割裂状态，"不离"则是物我、人我未分时的投入和专注。

艺术创作活动也证明，在意识显露之前的那个天人未分的关头，人就已经有了关于世界的最真实无妄的"知"。苏轼说："与可画竹时，见竹不见人，岂独不见人，嗒然遗其身。"(《书晁补之所藏与可画竹》之一)在书法、绘画等艺术创作中,人不可以关注握笔的姿势、身体的形貌,甚至连自己的存在都要忘记。人越是回归了身体体验,身体的束缚反而越是淡漠;对"己身"忘得越是彻底,身体本有的智慧也就发露得越充分。张旭大醉挥毫,醒来惊觉有如神工,不是自己平常能够写得出来的。这就是消泯"自我"而暂时得了"道"的效果。

中国古人所追求的"道"是由富有身体感的行为活动彰显出来的,所以他们更强调"体道"。体道的"知"不同于主客二分的"认知",而是"觉知"。对这两种"知"的区别,《中庸》也做了阐释:

> 子曰:道之不行也,我知之矣。知者过之,愚者不及也。道之不明也,我知之矣。贤者过之,不肖者不及也。人莫不饮食,鲜能知味也。(《礼记·中庸》)

背离中道的"过"与"不及"都是疏离了原本的身体感而令"道"被遮蔽("不明")、被壅塞("不行")的结果。"鲜能知味"的意思是说,人每天都要饮食,却很少细品口中的味道。老子说"五味令人口爽"(《老子》,十二章),爽者,偏差不正的意思。"五味"包含了太多的知识,让饮食过程变成了杂乱思虑的角斗场。人与"道"的疏远,是从最切近的饮食活动开始的;若要返归"道",也不能不把眼光从外部世界收回,专注于当下的真切体验。《大学》曰:"所谓诚其意者,勿自欺也。如恶恶臭,如好好色。"这里的"恶"与"好"皆有身体的自明性为保障,所以真诚无伪。孔子说"吾未见好德如好色者也"(《论语·子罕》),并非一味表达遗憾,其实也传达了将道德修养与审美体验合一的期待。

二、作为意义基点的"身"

《中庸》曰"君子之道,譬如行远,必自迩;譬如登高,必自卑",指出行道当从切近处入手。伐柯之喻、知味之譬显示了身体对于体道的意义。老子谓"修之于身,其德乃真"。《易传》阐释圣人取象之义,亦云"近取诸身"(《系辞下》)。在中国古代思想里,"身"并不是单纯物质性的、有限的肉体(fresh)或躯体(body),而是人参与造就世界意义的起点。就儒家的教化思想而言,"诚"的根本在于"身体力行",没有形之于"身"的道德教化是虚假的。① 这种"身"除了指肉身,还包括身体所使用的工具、所处的环境和生存活动中相互牵连的人、事、物。由此,人所观察到的整个世界都或深或浅地带有着身体的印记,意象世界的生成也离不开身体的参与。

中国古代思想里的"身"包括了"切身的用具"。《易·解·上六》云:"公用射隼于高墉之上,获之,无不利。"孔子的解释是"君子藏器于身,待时而动,何不利之有?"(《易传·系辞下》)一件工具运用得好了,会有一种与身体合一的感觉。所谓"藏",就是把工具化入身体的领会和展示当中。这时,工具就不再是一件没有生命的死物,而成为身体的一个有机的部分,甚至工具所处理的对象也成了身体的一部分。在《庄子》里庖丁解牛的寓言里,庖丁把身体(耳目肩手)、工具(刀)和处理对象(牛)整合进了一个具有高度音乐感的艺术活动当中了。

"以身藏器"的美学观念成就了中国古代艺术创作的特点。艺术家通过富于蕴藉的动作,可以以一藏器之身成就万千物象。宗白华说:"中国舞台上一般地不设置逼真的布景(仅用少量的道具桌椅等)。老艺人说得好:'戏曲的布景是在演员的身上。'演员结合剧情的发展,灵活地运用表演程式和手法,使得'真境逼而神境生'。演员集中精神用程式手法、舞蹈行动,'逼真地'表达出人物的内心情感和行动,就会使人忘掉对于剧中环境布景的要求……排除了累赘的布景,可使'无景处都成妙境'。例如川剧《刁窗》一场中虚拟的动作既突出了表演的'真'、又同时显示了手势的'美',因'虚'得'实'。《秋江》剧里船翁一支桨和陈妙常的摇曳的舞姿可令观众'神游'江上。八大山人画一条生动的鱼在纸上,别

---

① "亡乎其身而存乎其词,虽厚其命,民弗从之矣。是故畏服刑罚之屡行也,由上之弗身也。"(《楚简·成之闻之》)孔子也说过:"其身正,不令而行;其身不正,虽令不从。"(《论语·子路》)

无一物，令人感到满幅是水。"①没有布景的中国传统戏曲舞台，不仅让人没有简陋的感觉，而且"无景处都成妙境"，就是因为中国传统的表演艺术家能够"藏器于身"。

中国古代思想里的"身"包括了"切身的环境"。生活环境会对人的心性和气质造成深久的影响。儒家把这种影响称作"移"。孟子说："居移气，养移体，大哉居乎！"（《孟子·尽心上》）意思是，居住的环境会潜移默化地影响人的气质，保养身体的手段也会改变人的体态仪表。"移"并不是"环境决定论"，中国古人相信人与他的环境之间是互动互渗的。环境可以作用于人，和乐宽松的文化环境可以让一个原本褊狭的人逐渐舒展，甚至体态体貌都有改变。人也反作用于环境，孔子说"君子居之，何陋之有"，君子能够以其文质彬彬的气质改变他所居处的鄙陋的环境。即使在一片空白的蛮荒之地，君子也能够凭借其对于礼乐精神的理解，随时涌现出一种让人和物各安其位的力量，令人油然升起敬畏之心、爱慕之意。这种正面的"移"即是儒家理想的"化"的作用。诉诸居所、饮食、衣饰、器物等途径的正面的"移"与"化"，也是寓于日常生活之中的一种广义的审美教育。

中国古代思想里的"身"还包括了"切身的他人"。中国人常讲"身家性命"。身与家是不可分的，在家庭关系中蕴涵了真切的人性和天命。《中庸》指出了君子行道的起点："诗曰：妻子好合，如鼓瑟琴，兄弟既翕，和乐且耽。宜尔室家，宜尔妻孥。"（《礼记·中庸》）一切社会政治的和谐、民风的醇化，都是从家庭内部关系的改良开始的，所以《中庸》曰："行远，必自迩。""和合"概括了儒家的理想的人际关系。创造一个和善的人际氛围，是君子对于人生和社会应承担的责任；而经营一个和美的精神环境，也是其作为人生艺术家需要发挥创造力的地方。

在儒家的观念里，"切身的他人"不仅包括日常厮守的家人亲友，有时还包括了族中逝去的先人。《中庸》还说"事死如事生，事亡如事存，孝

① 宗白华：《中国艺术表现里的虚和实》（1961），《宗白华全集》第三卷，第389页。

之至也"。儒者通过"祭如在"的仪礼构筑了一个把生者与逝者联系在一起的意象世界。庄严的氛围、典雅的音声把生者与逝者的存在纳入到了一个生生不息的精神整体当中。这种信仰缓解了小我的存在之忧,亦令社会生活趋于安宁。由此,《中庸》指出信仰之于国事的意义:"明乎郊社之礼,禘尝之义,治国,其如示诸掌乎?"(《礼记·中庸》)

对于承担着天下秩序的"大人"来说,"身"的意义还应该继续推广出去。儒家认为,居于社会高位的君子有责任用一己之身来承载礼乐文化,"齐明盛服,非礼不动,所以修身也"(《礼记·中庸》)。在此基础上,君子还要通过言传身教推诸庶民、三王,质诸天地鬼神。儒家的政治教化的最高理想是圣人将天下都纳入到一身的关怀范围,也就是说,让天下的百姓万民都成为他的"切身的他人",让所有的礼乐设施都成为他的"切身的用具",让天下万物都参与构成"切身的环境"。"是故君子动而世为天下道,行而世为天下法,言而世为天下则。"(《礼记·中庸》)君子的一言一行都足以成为世人效法的典范。这既是一个政治的理想,也是儒家的道德和审美追求的目标。

中国哲学对于身体的认识侧重于意义构造的角度。身体没有限于单纯的肉体,从未与"心""神""意"等"精神"的因素割裂开来。相对于西方人重耳目等"高级感官"对于形式规律的认知,中国人对于世界的领会方面更加强调"体"——真切的认识被称作"体会""体验""体察"等,最富有感情的关怀被称为"体贴""体谅",甚至连语言和行动的恰当,中国人也称为"得体",另外还有"拿捏""火候""到位"等等带有身体感的用语。总之,"体"意味着真实的经验。

中国古代思想里的"身"还是一切意义传达、审美标准的原初起点。言谈笑貌所呈现的"身"向着他人开放,通过人与人互动的方式参与到意义构造活动和领会活动当中。所以,儒家特别强调"察言而观色"(《论语·颜渊》)、"正颜色"(《论语·泰伯》)之于沟通、谅解的意义。中国的艺术描绘"身"的时候,对于"容""色"的重视,远远高于"形"或"体",原因也在于容色笑貌对于意义的传达和沟通来说,比肉体组织的块面和线条要直接得多。

先秦思想以"身"作为重建天人秩序的基点,塑造了中国人对道德修养和审美体验的理解。

先秦思想在道德和审美领域都有一个反求诸己的传统。这个思想传统的一个象征就是先秦儒者十分重视的射箭比赛。孔子、子思、孟子都以射箭比喻修德。① 古代的射礼带有游戏竞赛的性质,既有文质彬彬的礼仪规范,又能够体现人的技艺水平。更重要的是,射箭比赛使人把成败归于自己的"身",而不是竞争对手或带有偶然性的运气。射箭之中的与否隐喻了情感与德性是否"中",身体动作的恰当合宜与道德的中正之间具有直接的联系。所以,孔子在日常的活动中也随时注意"正"。"席不正,不坐""割不正,不食"(《论语·乡党》),不是一种强迫性的举止,而是因为儒者把"身"纳入到整个意义世界的基点上看时,他们注意到"身正"与"心正"是一致的。在孟子这里,君子"居易"与小人"行险"的对比就是从身体的角度谈论用心的状态。孟子还说,"人之有是四端也,犹其有四体也"(《孟子·公孙丑上》),意思是,人的天性之良善就像人的手足一样自然而然。如果人君能够把人心的善端推广到现实当中,那么他对天下秩序的掌握,也就会像对待自己的身体一样不费思量、不勉而中。中庸虽然难为,但因为身心之端正而有了一个不言自明的基础,此所谓"利用安身,以崇德也"(《易传·系辞下》)。

中国古人对"身"的哲学反思,有助于今人摆脱本体/现象、主观/客观、精神/物质等一系列二元哲学造就的虚假的对立,有助于重新理解认识、道德与审美之间的关系。儒家以射箭游戏作为"反求诸己"的比喻,以真实而明晰的感知和情感作为道德之"诚"的标尺。孟子说"反身而诚,乐莫大焉"(《孟子·尽心上》),进而指明认识世界、修养德性本身也正是审美体验的过程。

---

① 子曰:"君子无所争。必也射乎! 揖让而升,下而饮,其争也君子。"(《论语·八佾》)"子曰:射有似乎君子,失诸正鹄,反求诸身。"(《礼记·中庸》)"仁者如射:射者正己而后发;发而不中,不怨胜己者,反求诸己而已矣。"(《孟子·公孙丑上》)

三、"威仪"与"玉色"

中国哲学当中的"身""体"所以能够具有认识的、伦理的、审美的方面,是因为其涵义十分广泛。"身"并不仅仅是生理性的肉体,还包括了情态、动作,以至服饰、言行等等,更通过人与人、人与天的联系,而把生命的整体存在纳入到意义创造的过程中。儒家的思想家们相信,情的邪僻不正跟身体的仪态、表情都有关系。他们重视身体动作、仪容、情态的教化对于心性修养的改善作用。人格美因而是儒家美学思想的重要环节。

本节从个人修养和文明秩序两个方面来梳理先秦儒家美学对于人格美的认识。就礼乐秩序的担当而言,儒家诉诸意象化的君子"威仪";而在个人修养的方面,儒者则以温润、含蓄的"玉"作为人格美的典型寓象。

1. 作为礼乐意象的"威仪"

前面提到,孔子说要到没有开化的地方去,有人问他:那里没有礼乐的设施和风俗,儒者该如何安身立命? 孔子回答说,如果君子去了,怎么能说还没有礼乐呢?[①] 言外之意是,礼乐的秩序都在君子本人的身上。这背后就是儒家的"威仪"的观念。这个概念的详细阐释见于《左传》:

> 有威而可畏谓之威,有仪而可象谓之仪。……君子在位可畏,施舍可爱,进退可度,周旋可则,容止可观,作事可法,德行可象,声气可乐,动作有文,言语有章,以临其下,谓之有威仪也。(《左传·襄公三十一年》)

"威"是具有令人畏服的道德力量,"仪"是言行举止所体现出来的从容中节的法度。威仪的效用是延续礼乐的秩序,如同天下人对文王的事功"诵而歌舞之"。君子温润潇洒的气象,能够在不同的场合,让不同的

---

① 子欲居九夷。或曰:"陋,如之何?"子曰:"君子居之,何陋之有?"(《论语·子罕》)

人接纳和效法,此即所谓"周旋可则,容止可观";而其中流动着的韵律,还让观者在吟咏之中得到莫大的愉快,"德行可象,声气可乐"。君子的日常的言行举动当中包含着美好的"文章",他本人就作为周礼的"象"而彰显了秩序;君子让人感到既尊敬又愿意亲近,足以垂范后人。所以,威仪不仅使人敬畏,也让人由衷地赞叹欣赏。

《乡党》篇所录的一幅幅孔子行礼图就是对春秋时代理想的士君子之"威仪"的生动呈现,比如:"君召使摈,色勃如也,足躩如也。揖所与立,左右手,衣前后,襜如也。趋进,翼如也。宾退,必复命,曰:'宾不顾矣。'"又如:"执圭,鞠躬如也,如不胜。上如揖,下如授,勃如战色,足缩缩,如有循。享礼,有容色。私觌,愉愉如也。"外交场合的礼仪最能体现春秋时代尚存的贵族式国际交往的派头。在外交场合,宾主双方不直接对答,而由数量不等的"摈"负责传递意思。这个过程拉长了沟通的环节,却由于造就了距离而增大了生成意义的可能性。如揖、如授、如不胜、如有循、勃如、躩如、襜如、翼如、愉愉如……肢体、神态、语言搭配得恰到好处,好似优美的乐舞。君子正是通过这样的"行"来呈现其高妙的思想、超拔的境界和温润潇洒的气象。这种外交文化将国事活动化于顾盼生辉、温文尔雅的个人化的行为动作。在动作之中流露出的真诚的恭敬,柔化了国家利益的碰撞,也在人际交往的情境中即时生成着礼乐的意义。

"威仪"观念所概括的审美经验充分地融入现实生活,体现了儒家美学的入世特点。"威仪"重在人生整体(包括饮食、衣饰、言行、仪态等等)的秩序、条理。儒家的"威仪"表现为言行举止的文雅大方,使人的情感发而中节。"威仪"还在人际互动中培养美善的习惯,久之则不勉而中。

"礼仪三百,威仪三千,待其人而后行。"(《礼记·中庸》)意思是,每一个士君子都有其对于道德的独特的实现方式,也就是带着他的个人色彩的"威仪"。一切规则都不能脱离活生生的人而单独成立。君子的威仪乃是一件人生艺术品,非审美的熏陶不能达到,非艺术的方式不能实现。

"威仪"观念不仅体现在礼乐政教当中。以京剧为代表的中国传统戏曲也是"待其人而后行"的艺术。中国传统戏曲艺术的灵魂并非情节故事,而是表演者。为了给戏曲的表演留出发挥的余地,中国古典戏剧的布景尽可能地简单,情节也是人们耳熟能详的老故事。在这个处处留白的表演框架内,如果戏曲的表演者能够凭借其唱、念、做、打的功夫把舞台意象完美地呈现出来,那他就相当于"藏器于身"的"君子",人们就会将之尊为"角儿"。"角儿"的表演所呈现的舞台意象,就是在一个艺术世界里树立的"威仪"。粗略地看,"角儿"的表演(身段、念白、唱腔)同其他人一样,都是程式化的,遵照着一套既有的"文"的规范;细观之,每一个角儿的每一场演出又各各不同。戏曲的"角儿"以其高度个人化的身形服饰、言语表情构成了一个"文"与"象"的独特的综合体。由于中国戏曲艺术的意象世界完全出于"角儿"的表演,所以它是有时间性的,是独一无二的。①

"威仪"观念把秩序归结到人身上,中国美学因此特重"知人论世"。孟子说:"颂其诗,读其书,不知其人,可乎?是以论其世也。是尚友也。"(《孟子·万章下》)"子曰:文武之政,布在方策。其人存,则其政举。其人亡,则其政息。"(《礼记·中庸》)一切政治的、思想的、艺术的伟大创造,都会在历史的风尘中因为不得传承而走样,正如除了启发下一个"角儿"的新创造之外,中国戏曲的意象世界也无法在岁月中延续一样。在历史的洪流当中,中国的"道"总是存亡如悬丝,却又总是不绝如缕。从这里,我们也可以理解儒家的"仁以为己任"的责任感和对于"天命"的永恒呼求。

2."温润如玉"的儒家人格美

儒家除了以威仪来呈现礼乐的条理,还倾向于用蕴致深广的意象来比拟君子个人的德性。孔子以松柏、山水比拟君子之德,开启了儒家意象比德之先河。我们在这里着重探讨儒家以玉比德的观念。

《论语》记载,孔子与子贡曾有一段借玉言志的对话。孔子虽不得

---

① 叶朗指出:"莎士比亚去世了,莎士比亚的意象世界是永存的。梅兰芳去世了,梅兰芳的意象世界,梅兰芳的美,也就随之消失了。"叶朗:《胸中之竹》,第189页。

志,却并不降志辱身,子贡就问:如果您有一块美玉,是要把它珍藏起来,还是希望找一个好买家?孔子感慨地说:当然是希望把它卖出去,我是在等待能够赏识这块美玉的人啊![1] 儒家的用行舍藏的人生观也体现在他们对于玉的理解上。君子绝不费心机包装自己,必须以知音的赏识作为自己入世施展的前提。

"君子佩玉"乃是中国古代沿袭已久的传统。在《诗》中,美玉总不离君子淑女之身,或径成为君子淑女的指代,如《召南·野有死麕》"有女如玉",《郑风·有女同车》"将翱将翔,佩玉将将",《秦风·小戎》"言念君子,温其如玉""厌厌良人,秩秩德音",等等。人与玉是互动的,美玉必待其主方彰显价值,甚至能够改变其内在的瑕疵,而有德有容之人也可以因为佩戴了美玉而更加珍重其德行。思孟学派的美学阐释又为这个传统注入了思想的内涵。我们在这里撷取两个例子,一个是"玉色",一个是"玉音"。

楚简中有一段材料阐述了作为儒家人格美之典型寓象的"玉色":

> 仁之思也清,清则察,察则安,安则温,温则悦,悦则戚,戚则亲,亲则爱,爱则玉色,玉色则形,形则仁。(《楚简·五行》)

这里指出,仁并不仅仅是一种慈爱的情感,也蕴涵有"思"。这种"思"是清澈的、明晰的,却不是脱离了身体的"思想",而是投入到人世间的"心思"。人世之"思"是安宁的、温和的、悦乐的,同时也是满心忧怀的,就像子女因父母年事之日长,且喜且惧,激荡起了自然亲爱的情意。这种沉郁的深情会自然而然地发露于人的面目,是谓"玉色"。"玉色"是无法用物理手段探取的一种精神性的"神色",带有"身"的温度。"温"是儒家玉色之美的要点。

"温"即"礼"。先秦儒家把神色之温和作为礼的规定。曾子临死前曾经对弟子交代其关于守礼的最重要的体会。他说,礼的仪式程序皆为

---

[1] 子贡曰:"有美玉于斯,韫椟而藏诸?求善贾而沽诸?"子曰:"沽之哉,沽之哉!我待贾者也。"(《论语·子罕》)

末事,自有专职人员负责,对于君子来说,最重要的是要让自己的容貌、颜色、辞气远离粗暴、虚伪和鄙悖之色。①《论语》记载了孔子的人格面貌:"子温而厉,威而不猛,恭而安。"(《论语·述而》)孔子的"厉"与"威"是由肩当道义而来的一种刚健之气,同时也收摄在恭敬的神色和安详的态度之中,没有恃德凌人的样子。"温"好似春天的太阳,内蕴光热却并不灼人。温和、温婉的气质,是儒家人格美的特点之一。

"温"即"中庸"。首先,儒家的"温"并不是没有性格特色的温吞平庸,而是通过长期的修养,去除其狂简桀骜之"过"而返归其"中"。这如同琢磨过的美玉,各依其个性而焕发出特有的光彩。其次,儒家的"温"还是为君子所有的一种特定的审美风格。"诗曰:衣锦尚絅,恶其文之著也。故君子之道,黯然而日章;小人之道,的然而日亡。君子之道,淡而不厌,简而文,温而理。"(《礼记·中庸》)这段话概括了中国人对人格气质之美的一个普遍认识:有些人初看起来黯淡无光,但交往得越是长久,就越觉得这个人有味道。因为他的精神世界是十分充实的,其丰富而隐微的纹理含蓄于内,需要人带着耐心和好奇去发现。这种人是以"远之则有望,近之则不厌"(《礼记·中庸》)。小人的荣光则相反,乍看上去文采赫赫,稍稍交往就暴露了真面目,时间久了会让人越来越觉得无趣。所以,儒家虽然赞美金玉之富贵,却以"浑金璞玉"来称道朴实无华的君子。程子称道孔子气象时说:"且如冰与水精,非不光,比之玉,自是有温润含蓄气象,无许多光耀也。"②宗白华说,在中国古人的美学观念里,"一切艺术的美,以至于人格的美,都趋向于玉的美:内部有光彩,但是含蓄的光彩,这种光彩是极绚烂,又极平淡"③。玉之象乃是对"极高明而道中庸"的完美注解,也体现了儒家风格的"淡"之美。

---

① 曾子有疾,孟敬子问之,曾子言曰:"鸟之将死,其鸣也哀,人之将死,其言也善。君子所贵乎道者三:动容貌,斯远暴慢矣;正颜色,斯近信矣;出辞气,斯远鄙悖矣。笾豆之事,则有司存。"(《论语·泰伯》)
② 朱熹在《四书集注》的《孟子序说》中引用。
③ 宗白华:《中国美学史中重要问题的初步探索》(1979),《宗白华全集》第三卷,第453页。

如果说"玉色"寄托了儒家的人格美理想,那么,"玉音"所喻示的秩序意识则是对于儒家礼乐之"文"的深化。早期儒家倾向于单言礼,而非礼乐并提。广义的礼包括了乐在内,孔子一般多用这个意义;狭义的礼强调在差别的级次中上下各得其位,君子和小人无相夺伦,这样便有了人伦的秩序。若只强调礼的不可逾越的方面,必定会造成社会的支离和冲突,"礼胜则离"。所以,儒家讲究礼乐同源而且互补。这个意义上的乐[yue]是要让人领悟由差异生成的丰富意义,通过欣赏内在于秩序中的节奏而认可天地与人事的秩序条理。宗白华指出:"中国人所言之'正'及'条理',其序秩理数,皆为人生性的,皆为音乐性的。"①

战国时期的儒者特别重视"金声玉振"的音乐与圣贤之德的关联:

> 唯有德者,然后能金声而玉振之。(《楚简·五行》)
>
> 孔子之谓集大成。集大成也者,金声而玉振之也。金声也者,始条理也;玉振之也者,终条理也。始条理者,智之事也;终条理者,圣之事也。智,譬则巧也;圣,譬则力也。(《孟子·万章下》)

这里的"条理",可以看作是金与玉的共有属性。先秦儒家以金与玉立象,阐释"礼"的不同层面的意义。"金声"的代表是钟鼎之音,它依据不同的形制(长短、大小等)而各有其声。钟鼎的制作和运用具有严格的法度,所以自古即是礼乐秩序的象征;玉也是礼器的一种,玉的条理是丰富而有变化的,其敲击的声响也具有更加丰富的音色。玉是坚贞而又柔和的,它把严谨的条理实现于个体的独特性当中,有一种富有韵致的音乐的美。所以,"金声"的严谨法度是条理之"始",而"玉振"的温润涵咏则是条理之"终",意味着条理秩序有了人文性、艺术性。玉音更加高贵,就是因为它使得人生性、音乐性的条理带有了人情味。

儒家提倡君子佩玉,因为玉与其美好德行与人格气质之间存在着互动的关系。儒家一方面要彰显言行冠带的条理,另一方面则强调从容中

---

① 宗白华:《形上学》,《宗白华全集》第一卷,第 590 页。

节的情感表达。在涉及礼乐秩序的场合,他们坚守着端严富丽的文理,就个人气象而言,他们则崇尚含蓄内敛的风格,欣赏淡雅之美。宗白华指出,彝器、铜器等礼器"都倾向于对称、比例、整齐、谐和之美。然而,玉质的坚贞而温润,它们的色泽的空灵幻美,却领导着中国的玄思,趋向精神人格之美的表现。……不但古之君子比德于玉,中国的画、瓷器、书法、诗、七弦琴,都以精光内敛,温润如玉的美为意象。"①"温润如玉"呈现了儒家中庸理想的多层次的美。就所象征的审美理想而言,含蓄、温润的玉与近代西方人喜爱的光芒夺目的钻石很不同。

第四节　时代忧患中的孟子学说

韩愈说:"求观圣人之道者,必自孟子始。"②孟子是先秦儒家中从理论角度阐释"道"的代表。孟子的美学思想开启了理论形态的儒家美学。

要理解孟子的思想,需要将之置入时代的问题当中。在贵族政教文化瓦解的情势下,如何找到社会秩序和人生意义的依据和方向,是当时思想界的最大忧患。孟子对于人性、伦理、审美等问题的讨论,对于理想的社会生活状态和理想的人生境界的设想,都正面地回应了这个时代的忧患。

战国初期,列国纷争极大地破坏了社会秩序和社会安全感。诸子百家站在不同的立场,纷纷就此提出自己的解释和应对之策。孟子代表农业社会里的中间阶层提出了儒家的主张。孟子认为,社会秩序应该是掌握军政权力的统治阶层与殷实而有教养的中间阶层共同维护的结果。孟子清醒地意识到,中间阶层的发展壮大离不开上层统治者的容忍和支持。士君子应该追求成为言行中正、气象温厚、富民而教的"大人",并以己所学积极地影响国君。孟子思想的最终指向就是"正君","一正君而

①　宗白华:《艺术与中国社会》(1947),《宗白华全集》第二卷,第 416 页。
②　朱熹在《四书集注》的《孟子序说》中引用。

国定矣"(《孟子·离娄上》)。①

　　针对当时盛行的"杨(朱)墨(翟)之言",孟子要从人之所以为人的高度上为礼乐教化的合理性辩护。② 战国初期,社会资源、信息的自由流动加剧了人的均质化、原子化,冲击了以"生物不齐"的哲学理念为基础的等级秩序。杨墨之学就是这种冲击在思想领域的反映。墨家的兼爱学说相对偏向于社会政治的方面,而杨朱的贵己学说则是对于伦理观念的理性反思。无论杨朱和墨翟在具体观点上如何针锋相对,他们分享着一个根本的共同点:其立论以完全平等的、无差别的个人为基础。这种"平等",是机械的、抽象的、同质的平等,而非孔子"有教无类"的平等或庄子"齐物"的平等。杨墨思想的出发点和归宿都是孤立的、原子式的个人。一切身体的安适、功利的追求乃至兼爱的实践,都是基于脱离了社会关系的"我"。在社会秩序的方面,杨墨之言要把基于君臣父子关系的等级架构压平,在精神思想的方面,则是要把人与人之间的境界的差异给压平。在儒家看来,这种"无父无君"的原子化观念取消了社会人的行为和意识的有机结构,是对人心人情的严重威胁。所以,孟子批评许子之流"比而同之,是乱天下也"(《孟子·滕文公上》)。

　　孟子的言辞给人一种"辩士"的色彩,孟子说那是因为"不得已"。他要维护意义的丰富性,不得不跟"杨墨之言"展开论辩。针对墨家的薄礼之论,孟子指出,礼乐文化体现了社会结构和人的精神生活的秩序,是人生和民俗回归醇厚的保证;针对杨朱的"贵己"说,孟子通过区分耳目之

---

① 孟子认为,一方面,君王之"位"对于社会秩序有绝对的必要性;另一方面,君王的自身的"德"对于"位"也具有绝对的必要性。两者缺一不可。礼乐之道是"劳心"以治国者的依凭,"教"则是其手段。他说:"设为庠序学校以教之。庠者养也,校者教也,序者射也。夏曰校,殷曰序,周曰庠,学则三代共之,皆所以明人伦也。人伦明于上,小民亲于下。有王者起,必来取法,是为王者师也。《诗》云:'周虽旧邦,其命维新。'文王之谓也。子力行之,亦以新子之国。"(《孟子·滕文公上》)

② 孟子以高度的自信和战斗檄文的语气表明了自己立说的意图:"杨墨之道不息,孔子之道不著,是邪说诬民、充塞仁义也。仁义充塞,则率兽食人,人将相食。吾为此惧,闲先圣之道,距杨墨、放淫辞,邪说者不得作。作于其心,害于其事;作于其事,害于其政。圣人复起,不易吾言矣。"(《孟子·滕文公下》)

官(小体)与心之官(大体)来说明声色之欲并不能给人带来真正的享受。孟子反对杨墨之言的主旨,一方面是反对以追逐欲望摧残人的本真性情,另一方面也反对彻底的功利和理性所导致的意义的贫瘠。孟子正面地提出了礼乐教化的功能,意在引导人的精神需要,免除由于人内心的惶恐、焦虑给人生带来的困扰和给社会造成的冲突隐患。孟子在理论层面上对于礼乐文化的维护,不仅是其哲学、伦理思想的旨归,也是其人性美观念、养气说、兴化说以及"大人境界"等美学思想的基石。所以,尽管孟子几乎没有讨论专门的美学问题,但他的思想在中国美学史上的地位是举足轻重的。

孟子的著作展现出了哲学思辨的力量。他善于从最日常的人生现象和疑惑入手,巧设譬喻,抽丝剥茧,令人闻之"心有戚戚焉"。因为这种理论的力量,孟子的哲学、美学思想可以穿透时代、文化的局限,通过宋明道学而影响了中国千余年的思想文化面貌。宋以后的儒家美学,或多或少、或正或反地都受到孟子思想的影响。

一、针对墨家的论辩:义利之辨

在孟子的时代,墨家的政治思想颇有势力。墨家认为,要制止社会当中弥漫的贪欲和争斗,莫过于提倡一种兼爱平等的价值观和勤恳劳作的生活态度。他们相信,只要上至天子国君,下至普通民众,都摒弃了身份利禄的差别,平等地爱一切人,平等地参加生产建设,社会就可以恢复到富足安宁的理想状态。墨家思想乃是小手工业者和侠士思想的反映。他们生活在有着高度组织纪律的团体里,强调组织、技术和效益,缺少人伦亲情的意识。他们的思想比较锐利,言辞雄辩,有成系统的著作传世。

在文化观念上,墨家以社会功利的最大化为至高原则,主张废除一切没有物质产出的活动,尤其是被他们认为劳民伤财的礼乐制度。他们说:"民有三患,饥者不得食,寒者不得衣,劳者不得息。三者民之巨患也。然即当为之撞巨钟,击鸣鼓,弹琴瑟,吹笙竽,而扬干戚,民衣食之财将安可得?"墨家反对的并不是简单的审美,而是作为社会结构之体现的礼乐制度。他们反对礼乐制度的理由,表面上是为了避免社会财富的浪费,更深层的是反对礼乐文化背后的等级秩序。他们的理想社会是没有等级、没有结构的,天子庶民完全一致,其理想的圣人形象就是奔波操劳于治水事业、三过家门而不入的大禹。

《孟子》的《滕文公》篇集中记录了孟子对墨家学派的反驳。从理论上总结他们之间的歧异,可以归为"和"与"同"之间的分歧。这也就是我们在孔子章里提到的君子和小人在思想意识上的分歧。墨家思想是对(身份意义上的)"小人"意识的理论总结。

墨家为当时的社会中的"乱"给出的药方是绝对的同一,即所谓"尚同"。他们主张:下级对上级得绝对服从,全社会都要绝对服从一个最高的领导,"天子,总天下之义以尚同于天"。在美学上,就是只允许存在一套审美标准,而这套审美标准本身,也崇尚整齐划一。前面提到,"同而不和"容易导致党同伐异,这是"小人"最终带有负面道德色彩的原因。然而,墨家却是一批善良的和平主义者。"尚同"在理论上和实践上都面临一个难题:现实和思想中既然无法杜绝"不同",那么该如何处理"不同"之间的对立和争斗? 墨家提出的解决方案是"兼爱"。"兼爱"就是根据社会功利最大化的理性原则去无差别地亲爱一切人、利益一切人。如果人人都兼爱,当然也就没有什么不同了。墨家也承认有这样高觉悟的人并不多,所以他们还主张"明鬼",就是借鬼神的威严为人世间的秩序设立最后的保障。墨家的"兼爱"陈义甚高,但无论从现实情况还是人情的接受能力,"尚同"与"兼爱"都很不自然,"明鬼"则很不可靠。不自然和不可靠的东西,由于缺乏人性的依据而很难推行,即使勉强推行也会像《庄子》批评的那样,"相率而为伪"。①

孟子在理论上发挥了孔子的"君子和而不同"的思想,对人性之同与人情之异做了清晰的分疏。孟子指出,天下人在人性、人格上是完全平

---

① 《庄子·天下》对墨家的弊端发之甚精:"以此教人,恐不爱人;以此自行,固不爱己。""反天下之心。天下不堪。墨子虽能独任,奈天下何!"

等的,尧舜与匹夫都具备同等的善端,但在习气、才能、志趣等方面,人和人天然地具有巨大的差别。人与人有差别,这是天地自然的普遍规律,所谓"物之不齐,物之情也"(《孟子·滕文公上》)。儒家承认人天生的不平齐,主张积极地对待人与人的差别,提出了"君子喻于义"(《论语·里仁》)。"义"意味着具有不同习气、才能、志趣的人各当其位,各守其分。致力于维护"义"的人就是孟子所谓的"劳心者"(《孟子·滕文公上》)。劳心者承担着社会管理的责任,要以表率的力量维护整个社会的信用、伦理,使得各个阶层各安其位,让那些在不同领域中"喻于利"的人各自发挥所长。劳心者要寓管理于教化,既要耐心发现和培护人皆具备的善端,又要因人各自的"不齐"的潜能而因材施教。孟子对劳心与劳力的区分继承了孔子对于君子与小人的分判。孔子评说请求学稼的樊迟为"小人",因为"小人"仅能看到直接的物质生产事业的必要性,理解不了组织管理、精神教化的价值。而对于社会组织的维系来说,"见得思义"(《论语·季氏》)是比埋头生产更加紧迫的问题。孟子的美学主张主要面向劳心者,意在让他们通过明理而晓义,在审美教育中学会自我认知、自我约束、自我教育、自我实现。

墨家反对礼乐,还因为他们对人情、人伦存在着认识上的局限。墨家主张薄葬,因为他们认为,社会没有必要为死去的人浪费资源。《庄子·天下》对墨家的薄葬观点有个一针见血地批评:"其生也勤,其死也薄,其道大觳。使人忧,使人悲,其行难为也,恐其不可以为圣人之道。"薄葬固然为活着的人节省了物质资源,却没有看到生死忧患不得缓解而增加的精神成本。墨家对待生死问题采取彻底的理性态度和功利取向,并没有考虑到人的存在具有情感的维度。由于疏于照顾人的情感的、精神的要求,那些具有社会功利取向的薄葬、兼爱等等主张都很难贯彻。

与墨家相反,儒家提倡看似靡费无用的"礼",却以类似艺术的形式纾解人的与生俱有的情绪("忧""悲")。进而言之,敬畏天地、追怀先祖和孝养父母,都可以激发起人的绵绵不绝的存在感。这种存在感是一种把"在场"的生者与"不在场"的逝者联系在一起的深情。祭祀、丧葬之礼使那种深情具备了人文的形式,让人在一个肃穆而又有温情的意象世界中得到慰藉。所以,就美学思想而言,墨子学说的真正弱点并不是以实用观点来批判礼乐和主张薄葬,而恰恰是对社会功利认识得太浅薄。墨家没有看到礼乐之于社会结构的现实功用,也没有看到丧葬之礼的意义不是款待逝者,而是为了让生者保持一个健康的人生态度和积极的精神状态。

总之,墨家的"尚同"与"兼爱"反映了社会大众呼唤公平正义的时代需要。但从思想和实践上看,"尚同"与"兼爱"压平了人世的意义,使得人情变得干枯逼仄,不仅在现实当中无法推行,而且还淆乱了意义生成的过程。在孟子所代表的先秦儒者看来,唯有"和而不同"的礼乐文化能够支撑起一个自洽的意义生成体系,并实现为道德伦理之"义"。这也是他们对于广义上的审美教育的期待。

二、针对杨朱的论辩:小体大体之辨

社会是平稳还是动荡,左右着多数人对于人生意义的认识和期待。在平稳的社会,人们比较重视通过财富的、文化的、声望的积累来实现个人和家族的意义,而动荡社会中的人,普遍地持有一种及时行乐的态度,倾向于把人生意义的来源限定在现成可把握的事物上。及时行乐态度的极端表现,就是把感官的享受作为唯一可靠的快乐来源。在战国纷扰、诸子争鸣的时代,中国思想史上第一次出现了把人生意义与感官快适直接联系在一起的思潮。这个思潮的影响如此之巨,连孟子也不得不承认:"口之于味也,目之于色也,耳之于声也,鼻之于臭也,四肢之于安佚也。"(《孟子·尽心下》)都是人的快乐的来源,但孟子强调在感官快乐之外,人生还有更高的愉悦。在这个问题上,孟子针对的论敌是杨朱学派。

杨朱学派虽言传于世者少,但因为"贵己"的口号很有吸引力,其思想在当时的影响并不在儒墨之下,以至孟子说"天下之言,不归杨,则归墨"。杨朱学派的"贵己"主张有两方面的内涵。其一是政治上的无为主义。他们提出了"拔一毛而利天下,不为也"的主张。这种主张来源于隐士思想,是道家政治哲学的一个分支。其二是在价值观念上提倡以真实的感官享乐摒除对于名利符号的追求。这是道家"贵身"思想的一种变体。"贵己"的两方面内涵都有一定的合理性。较之墨家的思想,他们以自我保全和"快乐"为号召,更符合一般人的意见。本章重在讨论美学问题,故以第二种涵义的"贵己"所引起的论辩为主。

杨朱学派将老子"名与身孰亲?身与货孰多?"(《老子》,四十四章)的思想推向了极致。他们主张用有限之身最大化地追求人世间的感官享受。这种追求既不损益他人,也不为他人损益。他们让人安守于感官的享乐,不要去忧虑未来,更不需要顾及死后的荣名。杨朱"为我""贵己"的思想反映了战国时代的人们一种比较可期望的社会理想:冷漠地共存,各自求乐,互不相扰。与追求设计社会秩序的墨家和后来的法家相比,这反映了一种比较温和的价值主张。它在理论上较能自圆其说,一定程度上也能缓解时人的生死焦虑。杨朱学派开启了魏晋名士的旷达之风。魏晋时的《列子》一书提倡"恣":"恣耳之所欲听,恣目之所欲视,恣鼻之所欲向,恣口之所欲言,恣体之所欲安,恣意之所欲行。"就是发挥了杨朱学派的思想。

杨朱学派的看似理性的价值主张是对儒家仁义道德的极大威胁。它鼓励人从社会结构中脱离出来,把"我"与"天下"对立起来。人既抛弃了社会性,也就无所谓仁义。在儒家看来,这是一种人性的倒退,甚至有混同于禽兽的可能。孟子要证明杨朱的理论行不通,也要针对"贵己"思想的两方面内涵来辩驳。孟子一方面指出,"己"并非原子化的"个体",人之所以为人,就在于其社会性,另一方面,孟子还要论证"贵己"所提倡的"乐"并不可靠。

孟子指出,感官享乐是不真实的。由感官刺激而来的所谓"美",片面而言是乐,整体而言却是苦,耳目接受了过多的声色刺激会感到震眩,口腹接受了过多的美食会胀满难受,房帏过度令人骨空髓竭。再次,对于国君来说,追求耳目声色、驰骋畋猎还会导致人民的怨恨,最终丢掉权位。孟子还运用反证法指出,如果饮食不能满足人的生理要求,那么人就会有饥饿、口渴的不适感受,人的精神状态上的焦灼、不安也必然由来有自。"岂惟口腹有饥渴之害？人心亦皆有害。"(《孟子·尽心上》)心灵的空虚、焦虑、内疚等等是比饥渴更大的痛苦。

孟子还指出，感官享乐是不自由的。顺从了耳目口腹的喜好，人的精神就会被流转无常的"物"的声色牵引着走。一旦外界条件改变了，人就会陷入到失落和痛苦当中。心灵的愉快则不然。"子在齐闻韶，三月不知肉味"(《论语·述而》)，"肉味"只能在很有限的深度和时间长度里给人以快感，而学习之乐、观乐之乐、山水之乐则是由君子的心灵主动赋予的，不会被命运剥夺。

依据是否具有反思能力和自主能力，孟子将"大体"和"小体"作为快乐的两个来源。[①] 心能"思"，能自主地为世界赋予意义，所以是"大体"；耳目等不能"思"，只能追逐流变的外物声色，所以是"小体"。来自"小体"的快乐是感官快乐，来自"大体"的享受是心灵的愉悦。在儒家看来，推仁好义最能激发心灵的愉悦。孟子说："《诗》云：'既醉以酒，既饱以德。'言饱乎仁义也，所以不愿人之膏粱之味也。"(《孟子·告子上》)意思是，涵养仁义、修持德性带来的精神充实之感堪当心灵的宴飨，它给人带来的满足要远远地胜过美食。孟子还认为，人的精神世界是以"大体"为主还是以"小体"为主，正是区别君子和小人的标准。

孟子美学中的"大体"与"小体"之辨可以看作是身体参与意义构造的两种不同的取向。这种区分在理论上的意义，就是根据快乐的来源不同而将之分出了高下的层次和价值上的先后。孟子没有一概地反对感官(小体)之乐，但他强调，享受声色之乐的"小体"应该处于享受仁义之乐的"大体"的驾驭之下，而不应该反过来遮蔽"大体"。孟子认为，人如果服从了"小体"的欲望，"养小以失大"，就会把人生意义的实现寄托在对于外物的不断追逐上面，转乐为苦；而如果以"大体"的明觉(孟子谓之

---

① 公都子问曰："钧是人也，或为大人，或为小人，何也？"孟子曰："从其大体为大人，从其小体为小人。"曰："钧是人也，或从其大体，或从其小体，何也？"曰："耳目之官不思，而蔽于物。物交物，则引之而已矣。心之官则思，思则得之，不思则不得也。此天之所与我者，先立乎其大者，则其小者不能夺也。此为大人而已矣。"(《孟子·告子上》)

"本心")为意义的来源,人则能够自主地把握自己人生的意义,源源不断地领会存在之乐。对于社会的上层阶级来说,"饱乎仁义"还会使他们乐意向民众开放自己的池沼苑囿,体会到一种来自分享而非索取和占有的快乐。孟子也承认,普通人的一生中难得领略"大体"带来的欢乐,即便灵光一现也难分辨得出。孟子美学的一种重要目标,就是要从理论上来阐发"大体之乐",让人对心灵的愉悦有一个清晰的自觉意识。孟子相信,有了对于心灵愉悦的主动追求,人就不会再去追逐声色了,这就是他说的"先立乎其大者,则其小者不能夺也"(《孟子·告子上》)。

孟子既把感官满足与心灵的满足区分为不同的层次,并认为心灵满足的层次更高,他就需要说明两点:第一,人的确有可能获得更高境界的精神享受(或曰"乐道");第二,要解释人们何以在日常生活中通常无法获得那种更高的精神享受。关于第一点,我们要在后面一节里详细阐释孟子有关"乐""兴"的美学思想,这里先说第二点。孟子对精神享受之稀缺性的解释是:在日常状态中,形骸的欲求强烈而且直接,遮蔽了心灵的真实需要。当心为外物所感时,"宫室之美、妻妾之奉"的追求就会反仆为主,心灵就会因为肉体的局限而陷入到一种浅薄的意义生成方式当中去。孟子称这种遮蔽的状态为"失其本心"或"陷溺"(《孟子·告子上》)。

杨朱学派指出,圣人比普通人优越的一点就是能够更加理性地规划和实现自己的欲望。[1] 孟子的"陷溺说"揭示了此中的悖论:人的需要是永恒变动的,欲望并不是一个可以理性地衡量、把握的对象。人一旦陷溺于物欲之中,追逐声色永无止境,连保持身命都难以做到,当然无法跳出来有规划地追逐欲望的适度满足。人如果把追求愉悦、生成意义的希望寄托在肉体刺激上,那么只能让感官刺激层层加码,结果就是老子指出的"目盲""耳聋""口爽""心发狂"(《老子》,十一章)。孟子把自己的学问概括为"求放心",就是把因为外物的诱惑而迷途("放":放逐、放逸)的

---

[1] "天生人而始有贪有欲。……耳之欲五声,目之欲五色,口之欲五味,情也。此三者贵贱贤愚智不肖欲之若一,虽神农黄帝其与桀纣同。圣人之所以异者,得其情也。由贵生,动则得其情矣;不由贵生,动则失其情矣。"(《吕氏春秋·情欲》)

心追索回来。①

要防止心陷溺("放")于物,就要对物质的、感官的享受保持一种清醒的、警惕的态度。充盈的物质条件既可助德,也可败德,关键就在于人能否有掌控它的能力。孔子将人对于"骄乐""佚游""宴乐"的爱好称作"损者三乐"(《论语·季氏》),因为这些爱好会让人远离智慧和德行。同样,孟子并不提倡人追求绝对的安逸快适,他认为在生活当中总要有一点艰苦的磨砺,人才能保持意识的清醒。他认为,只有在身体的疲惫、饥渴和行事的受阻、不顺中,人仍然能够保持镇定,才能"动心忍性,增益其所不能"(《孟子·告子下》)。孟子由此提出了一个著名的命题:"生于忧患而死于安乐。"(《孟子·告子上》)

中国美学,无论是儒家还是道家,对于单纯的感官享受都是比较抵制的。西方的"审美"是用"感性"来抵制"理性"的压抑,而在中国美学里,并没有一个跟超离此岸的、纯形式的"理性"相对的"感性"。因此,纵情感官享受就会流于王国维指出的"眩惑",通向了审美的反面。我们在前面分析老子美学的时候指出,"眩惑"是一种扭曲的意义生成方式,会遮蔽人对于生命的真切领会。孟子的"求放心",也是要把人从"眩惑"当中解救出来。

面对游说仁政的孟子,齐宣王坦陈"寡人有疾,寡人好色"(《孟子·梁惠王下》)。齐宣王这个说法暗含了一个通常会有的误解,就是苑囿、美色之乐与具有道德效果的审美追求无法并存。这关涉到伦理学讨论的道德追求和声色享受之间的关系,也属于美学中的审美的价值属性问题。孟子认为,一定程度的感官享受不仅可以与道德修养共存,而且还必须共存。脱离了道德的内涵,真正意义的"美"就不能实现,而脱离了声色口味的滋养,人心对道德也缺乏了直接领会的能力,所以他会以口腹耳目的"同嗜""同听""同美"来论说理义之能够悦人之心(《孟子·告子上》)。在论说仁义之道的时候,他也毫不遮掩对于富足生活的赞美。

---

① "人有鸡犬放,则知求之,有放心,而不知求。学问之道无他,求其放心而已矣。"(《孟子·告子上》)

将生活化的审美活动与礼数规范以及道德修养结合起来,是周礼的一贯作风,也是儒家的一贯主张。

站在具有自我修养追求的社会中间阶层的立场,孟子对社会审美文化发表了意见。他指出,社会与个人一样,总有一定的闲暇和余裕,如何利用这种闲暇是十分重要的事情。孟子认为,社会应该鼓励"壮者以暇日修其孝悌忠信"(《孟子·梁惠王上》),这样既可以让人的精神趋于充实,也可以让国家在紧急状态下可以保持良好的应对能力,反之,"今国家闲暇,及是时般乐怠敖,是自求祸也"(《孟子·公孙丑上》)。一个国家的社会风气,也像一个人的气质一样,应当少一些骄纵求乐的成分,否则容易因为陷溺于物欲的追求而招致祸患。孟子还从王霸之辨的角度讨论了审美风尚与政治风气之间的关系。他说:"霸者之民,骤虞如也;王者之民,皞皞如也。"(《孟子·尽心上》)朱熹注曰:"骤虞,欢娱貌;皞皞,广大自得貌。"奉行"霸道"的国家,因为拥有强大的力量,有恃无恐,而它的人民也自高一等,沉湎于强国的幻象,在大众娱乐中放逸无止;而推行"王道"的国家,民风一般比较稳静,即使表达愉悦,也是一种安然自适的样子。在儒家的政治观念中,"霸者"一时取强,欢歌却不能持久,成为"王者"才是太平和乐、长治久安之道。孟子对于"闲暇"的意义的认识,对于"骤虞"与"皞皞"的区分,贯穿着儒家美学在社会审美风尚与社会盛衰之间关系方面的思考。

第五节　人性之美与自得之乐

孟子为礼乐教化和道德修养寻找哲学上的依据,明确地讨论了"人(性)的本质"问题。他认为,人性本善,其不善是由于后天习气的杂染,人的道德修养的目的,是要激发出人心本有的正面的情感体验,去除后天物欲的遮蔽。孟子还指出,这个道德修养的过程不是一个艰涩的苦修,而是伴随着比日常感官满足更加深广的愉悦。所以,在孟子的思想中,道德修养与审美体验是合一的。

性善学说之于美学的直接意义,主要体现于孟子对于人性善的论证方式和论证所得的结果。孟子论证性善方式,是诉诸情感的自明性和体验的真实性。在中国人看来,这是比逻辑推断更加可靠的方式。孟子论证性善所得的结果,是揭示了有一种比感官享受更深更广的愉悦,反映了儒家对于更高的人生境界的认识和追求。

孟子的美学思想也是基于其性善论的。他将审美的愉悦立于人性的基础之上,把审美活动与道德修养统一起来。这既反映了儒家一以贯之的精神,又带有孟子的独特创造。

一、性善论的美学证明:情感的自明性

孟子哲学的一大贡献是对于人性善的论证。孟子的性善论是与当时既有的人性论碰撞的结果。在《告子》篇中,孟子把当时的几种有代表性的人性观点逐一列举出来,并加以反驳。

一种观点是把人之"性"等同于自然意义上的"生"。孟子的主要论辩对手告子说:"生之谓性。"这种观点还有一个广为人知的简洁概括:"食色,性也。"孟子不同意这种对于人性的解释:这种以自然需要来定义"性",固然可以找到狗之性与牛之性的共同点,但牛之性可以等同于人之性吗?(《孟子·告子上》)这个问题涉及了"动物性"和"人性"的关系。在生物学的意义上,人是动物的一种,但在哲学的意义上,人并不是动物。孟子指出:"人之所以异于禽兽者几希,庶民去之,君子存之。"(《孟子·离娄下》)这句话暗示了人与动物的差异很小而且容易失去。在道德哲学的语境下讨论"人性",就要讨论人与动物不同的地方,而道德的修养实践则要坚持和扩充人之为人的那些方面。

在孟子看来,人对于仁义礼智和天道的认识和向往是人应当守护的本质属性,而追求食色的满足和口体的利养则与动物是一样的。① 仁义

---

① 孟子曰:"口之于味也,目之于色也,耳之于声也,鼻之于臭也,四肢之于安佚也;性也,有命焉,君子不谓性也。仁之于父子也,义之于君臣也,礼之于宾主也,知之于贤者也,圣人之于天道也;命也,有性焉,君子不谓命也。"(《孟子·尽心下》)朱熹就本条注曰:"世之人以前五者为性,虽有不得而必欲求之;以后五者为命,一有不至则不复致力,故孟子各就其重处言之,以伸此而抑彼也。张子所谓'养则付命于天,道则责成于己',其言约而尽矣。"(《四书章句集注》)

是善的,所以人性也是善的。与此针锋相对的一种人性论是认为人性与善没有关系,仁义礼智都是通过后天的训练加到人心当中的。这已很接近后来荀子的"其善者伪也"的主张。我们在后面讨论荀子人性学说的时候将分析这一观点。

《孟子》中还提到一位名叫公都子的人,他总结了一系列比较相近的人性论观点:一种观点是人性无善无恶,打比方说,人性就如水流,往东方引,就流向东方,往西方引,就流向西方,水流并没有向东向西的先天本性;一种观点是人性可善可恶,人的言行所表现的善恶都是由于后天环境影响而成的,治世善人多,乱世恶人多;还有一种观点是有些人善,有些人恶,善恶是每个人禀天而固有的,任何因素都难以改变。这诸种人性论之间有同有异,其细微的区别权且不论,仅就相同处而言,它们都认为人的本性可善可恶,不能普遍地概括为"性善"。以上每种说法都自成一说,对于后世的影响也很大,比如"有人善,有人恶"的人性观点就是汉晋人以"清浊"评议流品的理论根据。这些人性学说都是性善论的强大对手。主张性善的孟子要回答一个问题:如何证明仁义是内在于人性之中的自发需求?

孟子对于性善的论证,舍弃了逻辑推演、辩论的途径,采取了诉诸人世经验的方式。他通过分析两个例子来证明人心当中都有作为仁心之端苗的恻隐之心。

一个例子是《梁惠王上》中的齐宣王以羊易牛的故事。齐宣王问孟子称王之道,孟子说只要有了爱民之德就可以称王。齐宣王问,像他这样欲望强烈的人也可以爱民吗? 孟子说可以。齐宣王追问,怎么知道我可以爱民呢? 孟子用他听说的一件齐宣王自己做过的事情来证明。有一次,齐宣王看到礼官牵着一头用作牺牲的牛要去宰杀。牛因为恐惧而瑟瑟发抖,齐宣王见了,一时不忍,就下令另找一头羊来代替这头牛去完成衅钟之礼。孟子说,这个刹那间的"不忍之心"就足以证明您有足以称王的仁爱之心。孟子解释说,这件事中的"不忍",既不是吝惜作为国家财产的一头牛,也不是在理性上认为这头无辜的牛"无罪而就死地"而有意宽赦,而是因为宣王面对面地遭遇到了一个在他自己面前瑟瑟发抖、流泪喘息的生命。宣王因为不忍心看到眼前这条生命的消灭,而做出了以羊易牛的决定。用宰羊代替宰牛,并不意味着牛的生命和羊的生命有高低之分,而关键在"见牛未见羊"。"见"是当下的经验,可以让人的情感上引起触动,"未见"则停留在观念里,难以即时引发一般人的"不忍"之情。① 牛羊之辨的意义在于让人从抽象的概念中摆脱出来,直接面对自己的经验,尤其是自己内心深处的情感。孟子认为,君子应当保持这种对于生命的不忍之情,他以"君子之于禽兽也,见其生,不忍见其死;闻其声,不忍食其肉"来解释"君子远庖厨"的道理,以此称赞了齐宣王的"仁术"。齐宣王对这个解释很认同,赞叹说"于我心有戚戚焉"。孟子趁机说,如果您能把对于眼前一条畜生的不忍之心推广到百姓的身上,也就是不把"百姓"作为一个抽象的概念,而将他们的疾苦纳入到自己的经验范围内,那么就可以成为一位王天下的仁君了。

另一个例子是《公孙丑上》中的乍见孺子将入井的情境。孟子说,当人突然见到一个无知贪玩的幼儿将要爬到井里去,那么他一定会赶紧帮小孩脱离险地。他这样做,完全是依照良善本性的第一反应行事,来不及考虑要得到这个小孩的父母的报答,或者为自己博得一个见义勇为的好名声。孟子以此证明人的"恻隐之心"深植于人性之中。

在这个情境里,"孺子"被设定为一个非亲非故的小孩,很有深意。首先,为什么是小孩? 因为小孩的社会关系是空白的,可以剥离掉人的一切功利的考虑。设想如果是一位成年人处于危险的边缘,旁人可能会因为留意这个人的衣着、举止,判断该不该出手相援。这种犹疑和判断遮蔽了一念良善的本心。懵懂无知的幼儿,则如齐宣王看见的发抖的牛

---

① 对此,彭锋借用西方哲学对"符号"与"经验"的区别给出了一个分析:"这里的牛是一头正在觳觫的牛,是一头有生命的牛,而羊则是羊的概念,它可以指代任何一头有生命的羊,但它本身不是一头有生命的羊。因此,齐宣王以羊易牛的实质,是用一个没有生命的羊概念,替换了一头正在觳觫的、有生命的牛。它显示了齐宣王对生命的痛惜,正是这种对生命的痛惜,表明齐宣王可以爱民而称王。"彭锋:《孟子论牛羊之别新解》,《孔子研究》,2004 年第 6 期。

一样,可以激发出人性本有的不忍之心、恻隐之心。其次,为什么是非亲非故的小孩?这涉及儒家仁学的关键:"推"。儒家政治伦理最大的难题即是如何把"各亲其亲,各子其子"的自然人情推广到陌生人当中去。若能"推",天下如同一家,就是一个生命的整体;不能"推",则各相割据,彼此倾轧。中医描述手足萎痹的术语是"不仁",意思是气血不能贯彻到患部,那个地方好像不是自己身体的一部分了。《孟子》举出的救护陌生小孩的情境除了证明人心的善端,也指出了"推恩"需要尊重切身的经验。孟子相信,君王之所以可以凭借仁爱之心而"王天下",就在于他把根基于家庭亲情的爱心推广到了四海万民。

以羊易牛和乍见孺子将入井两个例子是儒学史上的著名公案。我们把这两个例子放在一起,讨论其理论上的意义。首先,这两个例子都涉及了进入到人的经验中的生死大事,而且是直呈于经验中的直接拷问着人的良知的切己事件;其次,这两个例子都诉诸一种触目动心的"乍见"状态,打破了人们平日里因为司空见惯、患得患失而对生命的漠视,把普通人的原本的良善调动出来了。

乍见生死而引动良心的情境并非出自孟子的假设。当突发性的大灾难来临的时候,人的良善本性可以被集中地、全面地激发出来。在生死交关之际,有些平日里庸俗不堪的人,面对他人的危难可能会爆发出惊人的举动。即便是事件之外的旁观者,也无不动容,并且对生命突然有了一点新的认识。艺术中描绘的灾难场景,也通过在意象世界里的"乍见生死"来触动观者对于生命的认识。打破了日常功利思虑的遮蔽而呈露出来的"本心""本性",既是至善的,也是至真和至美的。

程子云:"孟子有大功于世,以其言性善也。"[①]孟子言性善的价值,并不仅仅在于他提出了这样一个结论,更在于他论证性善的角度和方式。战国时代的诸子争鸣已经脱离了贵族文化的语境,他们讨论的"人"都是普遍意义上的"一般人",在理论上并不承认"圣人"与"我"有本质的不

---

① 朱熹在《四书集注》的《孟子序说》中引用。

同。他们讨论人性的立场不同,其方向也就不同。论证"生之谓性"的人把圣人拉到普通人的水平,他们所谓圣人也不过就是比普通人更善于追求自己的享乐而已;孟子则希望把普通人推到圣人的水平,他认为每个人都可以"穷则独善其身,达则兼善天下"(《孟子·尽心上》)。孟子设计的一些用于理论辩难的场景,都为了证明人心之中普遍地具有善与美的端苗,"非独贤者有是心也,人皆有之,贤者能勿丧耳"(《孟子·告子上》)。孟子认为圣贤与普通人最大的区别,在于圣贤能够摆脱功利计议对于人性的遮蔽,而一般人只能在乍见孺子将入井的特殊状态下才能激发其本性。

对于人性来说,"常态"的角度与"非常态"的角度哪个更为根本? 在孟子的思想中,"乍见"牛之觳觫与孺子之将入井的情境对于人性而言才是更为根本的呈露状态。时时保持这种对于生命的敬畏和关怀,是圣贤之所以异于常人之处。孟子重视平庸生活的断裂和人性的重新焕发之于道德的价值,其中也蕴涵着对于审美活动的期望。从《诗》的时代开始,儒家的教化活动就善于通过各种仪式、戏剧、节庆等活动造就出艺术的情境,打断平庸生活之流,帮助人回归其本心。这是道德与审美的一方面的联系。

道德与审美的另一方面联系在于诉诸自明情感的思维方式。

孟子的辩难对手们所用的方法大多具有高度的思辨性,孟子在逻辑方面略逊于那些辩士。比如,孟子提出的"人性之善也,犹水之就下也"(《孟子·告子上》)就有武断的嫌疑。"水之就下"只能说人性乃是一种自然的趋向,至于这种自然的趋向是善还是恶,则并非该比喻的题中之义。又如,孟子虽然用无功利为善的例子证明了人有向善的可能,但没有同时证明人没有无端为恶的倾向,所以仍没有在逻辑上驳倒"人性可以善,可以不善"的论点。直待张载以"天地之性"与"气质之性"的二分来弥补此逻辑缺陷,性善学说在理论上的论证方趋于圆足。

孟子提出的"性善",严格来说仅是一个理论上的设定,但这无损于孟子思想的价值。因为这个理论设定的依据是在具体的情境中反思到的真实无妄的情感,其中包括"不忍"与我们即将讨论的"悦""乐"。这些情感对于中国人来说,正像西方的数学公理一般是确定无疑的。所以,孟子思想的真正有力处,不在于理性逻辑的"辩",而在于他在具体的情境中诉诸情感的自明性。这种方式也见于孔子对于宰我的质问:礼的合理性不能由讨论得来,而在于"汝心安乎"。儒家思想的力度,正在于这种直接指向人心的地方,它把最确凿无疑的东西用最简单的方式揭示出来。

在道德哲学中,存在着一个长久的争论:道德是理性的结果,还是情感的结果?与之相关的问题是:道德与审美的关系,是对立互补的,还是融合一致的?在儒家看来,道德首先是情感的。如果"善"不能够成为人在情感上真实接受的存在方式,那么它必定在推行的过程中流于伪诈和乡愿,越是在外在的行为表现上像是真的,越是残贼德性。孔子说"我欲仁,斯仁至矣"(《论语·述而》),孟子说"可欲之谓善"(《孟子·尽心下》)。"善"要成为人们内心之"可欲",同时又要区别于日常状态里的功利的、感官的欲望,则需要借助审美的方式,由教化之"兴"来达到。在这个意义上,道德与审美是可以而且应该融合一致的。

在中国的伦理学说中,大概没有一种学说比性善说的影响更加深远了。中国最广为人知的启蒙读物是《三字经》,它的首句"人之初,性本善"就是从孟子的性善思想来的。性善学说是战国儒家思想家对于"人所以为人"的哲学反思的结果。性善学说结合了人性中有恶有善的实然层面和隐恶扬善的应然层面,为人摆脱物欲的遮蔽,也为激发更高的人生愉悦确立了理论上的依据。孟子对于性善的论证过程还揭示出道德修养与审美活动最终统一于"情"的内在一致性。所以,孟子提出的性善论不仅是儒家道德思想和道德实践的基石,也是儒家美学的基石。

二、性善论的美学意义:内求之乐与普遍之美

孟子的性善学说除了在思想和论证方法上能够沟通道德和审美,也为反身内求的"自得之乐"和美的普遍传达性提供了支持。

性善学说有两个要点:其一,人性本善;其二,现实当中的恶劣习气

都是人的本性被后天的功利欲望等因素遮蔽的结果。由此,道德的修养过程就是一个逐渐去除后天障蔽和返归灵明心性的过程。这就是儒家特别强调的"反身内求",《论语》中将之表述为"求诸己""为己"等。① 儒家的"为己之学"强调真实体验的重要性。一种学问,只有化入自己生命体验当中,即所谓"亲到长安",对其意义的领会才能真切。另外,学问的最终目的,也都是为了让人的精神更加充实,境界更加廓大。

孟子说,君子也希望得到富贵与权势等功利上的好处,但其乐趣并不在此;君子的乐趣在于修养德行、教化四方等道德的功业,但其本性所存亦不在此;君子对于本性的自觉体认,不因为外在条件、环境的穷达而发生改易,因为君子是把内心的安定作为唯一的意义来源,从而获得了精神上的自由。② 这体现了孟子对于"性"与"命"的区分意识。孟子认为,"命"是个人无能为力的因素,但人的精神并不应该被由"命"所限定的穷达贫富来左右。他提倡的状态是"人知之亦嚣嚣,人不知亦嚣嚣"(《孟子·尽心上》)。朱熹对"嚣嚣"的解释是"自得无欲之貌",是一种精神上的自由状态。如果人能够把生活意义的来源归为自己内心,那么他就免除了向外求索所不可避免的患得患失的焦虑。

我们在前面论述儒家的"诚"的时候,已经提到了孟子的"尽己""反身而诚"与"乐"的关系。内求之乐即是"自得之乐",但这种"自得"并不意味着把自己关闭在狭小的生存空间里,孤赏自高。在意义生成的角度,"我"是自由的、自足的,而在意义实现的角度,"我"的意义世界仍然有待于众多外在因素("命")的参与和配合。在孟子的美学思想中,与"反身而诚"的"乐"并列的,还有一种朝向外部世界开放的"乐":

> 君子有三乐,而王天下不与存焉。父母俱存,兄弟无故,一乐也。仰不愧于天,俯不怍于人,二乐也。得天下英才而教育之,三乐

---

① "为仁由己,而由人乎哉"(《论语·颜渊》),"君子求诸己,小人求诸人"(《论语·卫灵公》),"古之学者为己,今之学者为人"(《论语·宪问》)等。
② 孟子曰:"广土众民,君子欲之,所乐不存焉。中天下而立,定四海之民,君子乐之,所性不存焉。君子所性,虽大行不加焉,虽穷居不损焉,分定故也。"(《孟子·尽心上》)

也。君子有三乐,而王天下不与存焉。(《孟子·尽心上》)

君子的"我"总包含了"切身的他人",父母、兄弟、朋友、学生的生存状态都是其人生意义的组成部分。然而,人际网络的健全与和谐并不是凭借一己之力可以达到的,父母的年寿、兄弟的贤愚都是自己能力之外的因素,人生中也多有无法弥补的遗憾和愧疚,至于能够领会和继承自己事业的贤才则更是可遇不可求。这都属于儒家所说的"命"的范围。命总是有缺憾的,人在现世的状态永远不可能完全地圆满。在这个意义上,人也永不可能完全地"自足"。君子认识到这一点的意义,一方面永远不会因为盈满而骄纵起来,另一方面则可以"修身俟命",随时向着更大的意义生成的可能性保持开放。

"得天下英才而教育之"对于儒家学者的精神世界的尤为重要。在"道"的面前,老师与学生是平等的。在"教"与"学"的互动过程中,授受双方可以共同提高对于"道"的理解,并感受到莫大的愉悦。孔子的应机教诲让颜回有欲罢不能之叹。孟子则指出,发现和教导像颜回这样的"英才"也是老师的人生愉悦之一。一方面,这种学生可以在领会老师言行思想的基础上,给既有的知识造成激荡,开展出新的意义。教学相长是中国式教学的理想状态。和谐的师生关系、教学相长的"乐道"乃是一种唱和式的、审美化的人际关系和意义创新的氛围。另一方面,后生晚辈里的"英才"也是文化传承的希望所在。他的事业本身即是对前辈学者的人生意义的进一步实现。这个薪火相传的过程实现了"人能弘道"的意义,持续地丰富着"道"的实现方式,也给每一位身处其间的人一种"德不孤"和"后继有人"的慰藉。

总之,孟子"万物皆备于我"的思想意味着"性"与"命"的完满协调,既是自足的,又是开放的。因为把"天下"都纳入到自己的生存关切当中,儒家学者希望有充分的条件来广行其"道"。但他们又把意义的来源归为内心,所以当外在条件不具备的时候,他们也不会忧虑怨艾。"独行其道"(《孟子·滕文公下》)不减其精神的愉悦。孟子的"反身而诚"与

"君子三乐"是"孔颜之乐"的一种发挥,体现了儒家思孟一派美学的核心精神,对于后世的宋明道学也有很大的影响。

由"尽己"的思想,孟子还提出了有关审美普遍性的问题。孟子把审美的普遍性问题与人性的普遍性以及"推仁"的道德实践联系在一起。

> 他日,见于王曰:"王尝语庄子以好乐,有诸?"王变乎色曰:"寡人非能好先王之乐也,直好世俗之乐耳。"曰:"王之好乐甚,则齐其庶几乎!今之乐,由古之乐也。"曰:"可得闻与?"曰:"独乐乐,与人乐乐,孰乐?"曰:"不若与人。"曰:"与少乐乐,与众乐乐,孰乐?"曰:"不若与众。"(《孟子·梁惠王下》)

孟子善于从日常生活的事例中撷取富有启发意义的道德问题。他对齐宣王说,并不是只有先王的雅乐才能让你配当有德之君,如果能把对于"俗乐"(大众艺术)的爱好贯彻到底,把自己的欢乐融入民众的欢乐当中,同样也可以广得民心。孟子在这里触及了一个美学问题:经验的"分享"之于审美的价值。西方思想家指出,审美的快感因为可以普遍传达,所以更增其愉悦。[①] 在儒家看来,"俗乐"固然不如"雅乐"那样能以深婉的形式陶冶人情,但其独特优势在于能以普遍的分享增强社会的亲和性。孟子说:"古之人与民偕乐,故能乐也。"(《孟子·梁惠王上》)所谓"偕乐",就是在分享、沟通的过程中消除彼此经验的界限,使人们的情感状态可以共振、共鸣,体验到一种超越小我的愉悦。

在中国美学中,审美的可传达性涉及了"推己及人"的问题,因而与道德和政治都有紧密的联系。前面提到,"推"的困难,其实并不在于人不能爱人,反而在于人不能真正地自爱。人因为不能自爱,所以不能打破功利的遮蔽、等级的意识而直面内心中对于亲如一家的人际氛围的向往。孟子借用审美的可传达性指出了"推己及人"当中蕴含的乐处——

---

① 康德:《判断力批判》上卷,宗白华译,第 9 节,北京:商务印书馆,1996 年。另外,杜威也说:"沟通既具有圆满终结的性质,也具有工具的作用。它是建立合作、统治和秩序的一个手段。分享的经验是人类最大的好处。"杜威:《经验与自然》,第 130 页。

在分享生活中的美好经验的时候,人倾向于消解"自我"与"他人"的界限,使得人可以激发出存在之爱乐,产生出一种将之推广出去的冲动。能推乐,也就能推仁,这是儒家的以美辅德的路子。蔡元培也曾就孟子的这个思想而阐发美育的意义,他说:"纯粹之美育,所以陶养吾人之感情,使有高尚纯洁之习惯,而使人我之见、利己损人之思念,以渐消沮者也。盖以美为普遍性,决无人我差别之见能参入其中。……所谓独乐乐不如众乐乐,与寡乐乐不如与众乐乐。以齐宣王之昏,尚能承认之,美之为普遍性可知矣。"(《以美育代宗教说》)

不过,孟子说的"今之乐,由古之乐也"并不意味着他无视儒家艺术观念中的雅俗之别。孟子对于齐宣王分享"俗乐"的鼓励,只是在当时斯文扫地的时代背景下对一个缺乏信心的国君展开的方便说法。孟子并不认为仅仅凭着乐于与百姓分享快乐就能把国家治理好。在另一处,他特别强调了先王的"规矩"的意义。他说,以离娄之明、公输子之巧,没有规矩也不能成方圆;以师旷之聪,不纳入六律的系统,也不能规正五音。可见,在孟子对国家政教的理解中,"众乐乐"只是一个开始,是必要条件,而先王之"礼"所体现的规矩则是充分条件。孟子所谓的"王道"是两方面的结合:一方面是真诚的情感,另一方面是条条有理的人事秩序。内心情感和外在秩序最终统一于典雅的礼乐文化之中。这既是儒家政治哲学的一般原则,也是儒家在艺术创作和欣赏方面的一般原则。

第六节　人格之美与大人境界

前一节探讨的是孟子关于人性美的思想,本节则讨论孟子美学当中关于人格美的方面。人性美与人格美是既有联系又有区别的两个概念。在孟子看来,人性美是普遍具有的,但经常被日常的功利欲望和思量遮蔽住。当人经过后天的修养把这种遮蔽去除之后,就呈现出了人格美。所以,人格美不是普遍具有的,它是经由涵养而实现并通过意象呈现出的人性美。

人格美集中体现在内外兼美的"大人"身上。孟子的思想当中重要部分正是讨论"大人"的理想人格及其境界修养的问题,其中涉及身体与心灵通过"气"而实现的互动,以及人格美所焕发出来的感召力——"兴"与"化"。最后,本节还简要评述一下农业文明的思维方式在孟子思想里的反映。

一、"践形"与"养气"

儒家认为,心性上的善恶一定可以在身体的美丑上有所表现。孟子在论证人性原本之美善的同时,也特别注重其形之于外的部分。他相信由人心之善而必定可以发露于人身之美。这反映了一种身心统一的哲学观念。

前面提到,中国的传统思想中有一个身心同体的观念。战国时期的儒家思想已经有了一种初步的"相法"意识,即认为相貌与内心情感、思想之间存在着密切的关联,故有"有诸内必形诸外"等说法。楚简提到"其声变,则其心变;其心变,则其声亦然"(《楚简·性自命出》)。指出了身与心之间存在着同步互动的关联,还暗示出真正的身体表现是不可以作伪的。正如人们以"皮笑肉不笑"形容劣等的表演,用"声情并茂"表扬优秀的作品,在《中庸》等儒家文献中,"身"被作为"诚"的依据之一。孟子也认为,"身""形""色"等"外部"的特质都与人的内心修养有着伴生和互动的关系。他说:

> 君子所性,仁义礼智根于心。其生色也,睟然见于面、盎于背、施于四体。四体不言而喻。(《孟子·尽心上》)

孟子在这里指出,人的心性中的仁义礼智等德性可以由心而身,由内及外,在人的面容、肩背、四肢等身形中有所反映。一个真诚地履践着道德的人,其意识的浅层与深层是协调一致的。他无需付诸言辞,只通过身体的一举一动就可以让他人感受到此人具有的内在力量。这种"相由心生"的观念并非中国人独有。塔塔凯维奇说:"当心灵的深处充满了这种宝贵的美的时候，它就会照射出来……直到每一个行为，每一句话，每一个外貌，每一个动作，甚至每一个笑容都变得光彩照人。"①这所谓"照射"，近似于孟子的"生色"。

"四体不言而喻"也关涉到一个哲学上之大论题，即"言"之于"思想"的意义。在中国文化中，"不言"所意味的思想领会的深度要远远大于"言"的方式。由于"身"是"心"的最清晰无伪的反映，由此逐渐形成了中国思想中的寓善于美的"观身"传统。孟子在另一处指出，最能反映内心状态的形体部位是人的眼睛。正如人们通常讲的"眼睛是心灵的窗口"，如果人的心胸中正，他的眼睛就明朗，心中不正，眼睛就浑浊不定。人的言辞可以作伪，而眼睛则无法掩饰过恶。② 这个身心统一的观念已经成为人们观人察言的基本常识。中国绘画在刻画人的风姿的时候，特别重视眼睛，"传神写照正在阿堵中"（宗炳）。

儒家的"相法"虽然肯定了人的身体（包括体形、面容、音色等）与心性之间具有密切的联系和互动，却并没有流于带有决定论色彩的命理之说，而是开显出一种广义的人体美的观念。儒家学者十分强调后天的修养实践对于身形面相的改变作用。孟子十分肯定人的心性修养的主观因素对于"形"的反作用，他称之为"践形"："形色，天性也。惟圣人然后可以践形。"（《孟子·尽心上》）孟子认为，人的形体与气色都是禀于天的，但一般人只能被动地受决定，无法自主把握，更无法将其潜在的美实现出来。"他指出了一个人美的秘密其实不在形貌，而在能'照亮'形貌、能使形貌之美显出来的东西。大部分人也许本来是长得足够'有形有色'的，他们之所以显得不美，原因不在长相上，而在修养不够。结果，外在的美不仅没有得到展示，而且事实上是被太差的精神内涵所破坏了。"③究其原因，人因为陷溺于物欲而难以保持清净明朗的"夜气"，使得

① 塔塔凯维奇：《中世纪美学》，褚朔维等译，第231页，北京：中国社会科学出版社，1991年。
② "存乎人者，莫良于眸子，眸子不能掩其恶。胸中正，则眸子瞭焉；胸中不正，则眸子眊焉。听其言也，观其眸子，人焉瘦哉？"（《孟子·离娄上》）
③ 彭亚非：《郁郁乎文》，第249页。

人心本有的道德情感被"充塞"(也就是遮蔽)了。所以,人要通过道德的修养,把身心两方面的浑浊的东西去除掉。这样,人的形体面容就会呈现出德性的光辉。

"践形"关涉到美学上的一个重要问题:人物美的本体。人的美,究竟来自美好的外形,还是良善的心灵,抑或是两者的结合?这就是所谓"外形美"与"心灵美"的关系问题。孟子的"践形"观念把心灵美作为外形美所以能够实现的条件。在孟子的思想中,"尽性"与"践形"是相通的,都是对内心修养的纯化和提高。作为道德修养的结果,"践形"既是"大体"能够从容自由地驾驭"小体"的表现,也可以看作是儒家君子对于人体美的自觉创造。

身心之间的互动还有一个途径,就是"气"。中国古代的"气"的思想至为庞杂丰富。① "气"最早有两种意义。一种意义是《左传》说的"天生六气",即"阴、阳、风、雨、晦、明"等自然界的天气现象,又《说文》云"气,云气也,象形";一种意义是人的呼吸、气息,在医学中较常见。这两种意义都是就一般生命运动而言的,或指其条件,或指其表征。在不同的领域,"气"涉及不同事物的运动,而其相同的则唯有流动不拘的功能。这种流动的属性和规律被高度地抽象之后,就形成了哲学里的"气"的概念。所以,"气"主要的内涵就是流动、运化等功能,而不是可以作为认识对象的一种含混神秘的"精微物质",或是可量化把握的"能量"或"信息"之类。就美学思想而言,"气"乃是宇宙万物之生命力的体现形式,是心物感应、身心互动的依据。

"气"之为生命物质与能量的流动,并不能脱离人的精神活动,正如"心"也要在一切肢体容貌的发露之中实现出来,而非藏匿于人身之中的某种精神实体。《管子》谓:"全心在中,不可蔽匿,和于形容,见于肤色。善气迎人,亲如弟兄;恶气迎人,害于戈兵。"(《管子·内业》)曾子也特别

---

① 参见日本学者小野泽精一、福永光司、山井涌编著的《气的思想——中国自然观和人的观念的发展》,第3—11页,上海:上海人民出版社,1990年。

把"出辞气"作为礼的要义。"气"揭示了物我不相阻隔的状态,孟子以此来发挥他的道德修养论和人生境界的思想。《公孙丑上》篇中的"养气",既是一种重要的道德修养的方法,也可以看作是一种广义的审美过程和人生艺术的创造过程。

孟子用"心"与"气"的互动重申了他对于"大体"和"小体"关系的见解。他说:"志,气之帅也;气,体之充也。夫志至焉,气次焉。"当心念的力量足够集中的时候,指涉着生命活动的"气"就会被调动起来,而当身体的诉求足够强烈时,也会让心念为之所动。① 所以,他强调要"持其志,无暴其气",即不能让"气"因为受到外物的牵动而干扰了心志的恒一。"持志"的最高状态是"不动心",这不是心念如死水一般完全不动,而是专注于圣贤之道的修养工夫,不为生活中的各种杂念和利害考虑所引动。达到了这种不动心,人就能进入到"富贵不能淫,贫贱不能移,威武不能屈"(《孟子·滕文公下》)的自由境界。这跟孟子主张以"大体"来左右"小体",而不能让"小体"反过来影响"大体"是一致的。

为正面地培护其"志",孟子提出了一个新概念:"浩然之气"。

"敢问何谓浩然之气?"

曰:"难言也。其为气也,至大至刚,以直养而无害,则塞于天地之间。其为气也,配义与道。无是,馁也。是集义所生者,非义袭而取之也。行有不慊于心则馁矣。"(《孟子·公孙丑上》)

"浩然之气"乃是化入了天地"大我"之生命的仁义原则和道德情感。它有两个特点。首先,"浩然之气"不是基于有限生命的"血肉之气",而是天地作为一个至大无外的生命整体所具有的生生之气,也即《易传》所谓的乾健之气。这种"气"的来源是一切生命之所成立的"道",而不局限于有限的物质运动,所以其性质是"至大至刚"。其次,"浩然之气"彻底消泯了我与人、与物的对立,使得道义可以在生命的舒张中自然流布于

---

① "志壹则动气;气壹则动志也。今夫蹶者趋者是气也而反动其心。"(《孟子·公孙丑上》)

天地之间。孟子特别强调,这种"气"不能通过理性的强力来"袭而取之",也难以用逻辑的语言来概括认识。"浩然之气"只能通过"集义"而自然地生发,并在内心情感的真诚认同中逐渐壮大。这种至大至刚的"气"为道德之"善"赋予了生命的活力。

在儒家思想里,孟子是较早地明确提出"气",并以之来讨论修养工夫的思想家。在《四书集注》的《孟子序说》中,朱熹引程子的话说:"孟子'性善'、'养气'之论,皆前圣所未发。"孟子的发明,不仅在于他提出的这些概念,而且也在其阐述的方式。孟子的"性善"开启了儒家的"本体论",而"养气"则是工夫论。孟子在论证性善的时候,借助了情感的自明性。他的"养吾浩然之气"的思想,则强调了将道义的领会化入生命体验的必要性。重视情感、体验,强调"直入人心",都是带有美学意味的思考方式。从"本体"到"工夫",孟子的人格修养理论处处通于中国美学的核心问题。

我们在后面涉及荀子和《管子》的美学时,还会从另一种思想派别的角度再次讨论先秦美学关于"气"的思考。

二、大人之"化"与"兴"

从美学的角度看,"养吾浩然之气"提出了一个"善"与"美"的关系问题:这种广义的人格美的涵养过程使得"善"在"美"中得以成就,或者说,"美"涵盖了、提高了、充实了"善"。在《尽心下》篇里,孟子对此言之更详。他用"善""美""大""圣"等语汇概括了精神修养之次第和人格美之阶等:

> 可欲之谓善。有诸己之谓信。充实之谓美。充实而有光辉之谓大。大而化之之谓圣。圣而不可知之之谓神。(《孟子·尽心下》)

孔子说:"仁远乎哉?我欲仁,斯仁至矣。"(《论语·述而》)"可欲"意味着人在内心的情感中对仁义礼智发生了真实的喜好。人只有以仁义作为自己内心的真实的欲求,仁义的原则才能被称作是真正的"善"。进一步，人会以完全的信赖之心，把仁义之情纳入到自己的存在体验之中，这就是"有诸己"，道德的行为也因此对他人显露出"诚"和"信"。"有诸己"即为"自得"。孟子说："君子深造之以道，欲其自得之也。自得之则居之安，居之安则资之深，资之深则取之左右逢其原。故君子欲其自得之也。"（《孟子·离娄下》）君子在"自得"的状态中能够深刻地领会"道"的真意，是因为他从自己的生命存在中把握了仁义的意义。

人性中的善一旦进入到一个人的真实存在之中，并且伴随着生命力的昂扬，那么普遍而抽象的善（比如仁、义）就应该而且必然与这个人的个性特征结合起来，获得其独有的实现方式。仁义的原则因此而丰富了内容，同时，个人的生命存在也因为充盈着价值感而焕发出令人喜悦的容色。前面提到的"生色""践形""养气"，也都是人的良善之气在"心"（或"志"）的统领之下，充实于全身的表现。所以，"充实之谓美"的意思是：如果道德的原则能够完满地实现于每一个当下的体验中，并且在这个实现的过程当中又不断地有新的创造，那么它就不仅仅是善的、可信的，而且令君子的嘉言懿行焕发出充实的、美好的色彩。

比个人的人格之美更进一步的，是标举了人格魅力的、具有光芒的"大"。如果一种富有个性特征的意义创造不仅为此人葆有，而且还能够通过此人的言行举止，让他人也感受到其意义之美善，正如日月能够以其光辉照耀世界万物一般，那么道德的力量就更加强大了，具有这种人格力量的人就是"大人"。

孟子在"大"之上，还提出了两个至为理想的德行境界，分别是"圣"以及更高一层的"神"。"圣"是除了能让人领略和欣赏道德的美好，而且还能使人进一步迁善如流；"神"则让这个过程自然而然地进行，人们甚至都没有感觉到自己接受了任何影响。这里所谓的"神"，不是神鬼的神，而是臻于极境的圣人的神，也近于庄子"神人无功"（《庄子·逍遥游》）的意思。所以，孟子提出的"神"与"圣"都是儒家对于人间圣贤的概括——他们以"化"的方式有大功于世，是谓"太上立德"。

孟子对于圣人"大而化之"的描述也是其道德哲学与美学思想相结

合的重要表现。孟子指出的"君子之所以教者五"中的第一条，即是"有如时雨化之者"（《孟子·尽心上》）。中国人特别重视"随风潜入夜，润物细无声"式的"化"，后世儒家常把成功的道德修养称为"变化气质"。"化"意味着人的思想面貌、言行举止、精神气质在整体上受到正面的感染。人的内心在不知不觉之间完成了一场缓慢的然而巨大而彻底的转变。叶朗认为，这正是审美教育所具有的一般德育无法具备的功能。他指出："美育主要作用于人的感性的、情感的层面，包括无意识的层面，就是我们常说的'潜移默化'，它影响人的情感、趣味、气质、性格、胸襟，等等，并且引发人的创造潜能。对于人的精神的这种更深的层面，德育是无能为力的。"[①]

"化"的美育需要一个条件，就是实施美育的施教者本人具有相当高的人生境界。冯友兰在回忆蔡元培的文章中说："蔡先生的教育有两大端，一个是春风化雨，一个是兼容并包。依我的经验，兼容并包并不算难，春风化雨可真是太难了。春风化雨是从教育者本人的精神境界发出来的作用。没有那种精神境界，就不能发生那种作用，有了那种境界，就不能不发生那种作用，这是一点也不能矫揉造作，弄虚作假的。也有人矫揉造作，自以为装得很像，其实，他越矫揉造作，人们就越看出他在弄虚作假。他越自以为很像，人们就越看着很不像。"[②]可见，"春风化雨"的人格魅力一定是建立在情感之"诚"的基础上的，是施教者的内心之善与人格之美的推广和扩大。

孟子把圣人对于天下后世的教育概括为"化"，而把圣人的精神魅力带给人的影响称作"兴"。他说，当人们感受到伯夷的境界时，贪婪的人

---

① 叶朗：《胸中之竹》，第 336 页。杜威曾指出过一个普遍的现象，可以看作是对上述德育与美育关系的一个说明。他说："在经验的事实上，使得人们知觉到善的乃是艺术、那些互相沟通的艺术和作为社会沟通的扩大延续的文艺。道德学者的著作总的讲来在这一方面是曾经发生过效用的，但是这种效用不在于他们公开承认的意向，不在他们的理论主张方面，而在于他们曾经天才地参与在诗歌、小说、寓言和戏剧的艺术之中。"杜威《经验与自然》，第 274 页。
② 冯友兰：《我们所认识的蔡子民先生》，《三松堂全集》第十四卷，第 218 页，郑州：河南人民出版社，2000 年。

倾向廉洁,懦弱不自信的人可以立志向学;当人们感受到柳下惠的境界时,刻薄的人会敦厚,鄙狭的人会宽大。这种作用还可以突破时代的阻隔,"奋乎百世之上,百世之下闻者莫不兴起也"(《孟子·尽心下》)。前面提到,以"风"来概括"化民成俗"的教化过程,是早在《诗》的时代就已奠定的传统。而孟子进一步提出:圣贤的人格魅力,能够凭借个人的道德修为对百世之下的人的精神世界产生巨大的感召,这是单凭道德劝导无法做到的。范仲淹在《严子陵祠堂记》中曾有"云山苍苍,江水泱泱,先生之德,山高水长"的赞语,而其友李觏则建议将"德"改为"风","先生之风,山高水长"遂成千古佳句。改动之妙,就在于一个"风"字把云山、江水的气象都调动出来了,由道德的境界递升到了审美的境界。当领受其"风"的人在意识的深处对前人道德文章发生了认同,就会油然而生一种喜悦感。当喜悦由内而外地发露出来,表现为精神状态上的昂扬振奋,就是"兴"。"大人"能够通过带有高度美育色彩的教化事业,引起天下后世的"兴"。

孟子还认为,"兴"不仅仅有待于圣贤的风教,人也可以凭借"尽己"的工夫而直接发起对于"道"的喜乐。孟子把这种自力强大的人称作"豪杰"。他说:"待文王而后兴者,凡民也。若夫豪杰之士,虽无文王犹兴。"(《孟子·尽心上》)他认为,历史上的舜就是这种"豪杰"的代表。舜居于深山中时,与粗鄙的野人没有什么两样,而一旦领略到了美善的言行,其向善之心"若决江河,沛然莫之能御"。这不是一般的理性思量可以解释的事情,而是广义的审美活动对于人格修养的大贡献。

儒家把道德教育称作"教化",这是建立在对于人性的洞察的基础之上的。人的本性当中具有强大的精神性的需要。追求精神需要的满足是人生意义的来源,既可以将社会导向纷争,也可以为社会带来和乐。中国人早就认识到,人的精神需要永远无法通过物质的手段完全满足,而只能以精神的方式来引导。儒家提倡的"教"可以看作是一种通过诉诸人的情感而柔性地协调社会上下关系的方式。孟子指出:"善政民畏之;善教民爱之。善政得民财;善教得民心。"(《孟子·尽心上》)"教化"因为是作用于人的精神,而成为比"管理"更高层次的治国之道。孟子援用了《诗》时代的"风"和"兴"的概念来解释"教",其实质是一种广义的审美活动,体现了儒家思想对于审美的社会性的理解;而孟子从"兴于诗"扩展到"兴于德风",以至提出了"闻一善言,见一善行"自然而然地"兴",更加凸显了整体人生的方面,深化了儒家美学对于"兴"的理解。

三、"养":基于农耕文明的思维方式

孟子不仅是农业社会的中间阶层的利益代言人,也是这个阶层思想的鼓吹者。他关于社会秩序和道德、审美的思想反映了农耕文明的中间阶层的理想,即安稳的生活、无为的政治和彬彬有礼的礼乐教化。孟子的哲学和美学的思想的一些主张也基于农耕思维的特点。

在典型的农业社会中,政治与道德的规则都建立在聚族而居的血缘亲情之上,所谓"亲亲而仁民,仁民而爱物"(《孟子·尽心上》)就是对于家庭亲情的推广。[1] 与西方人崇信形式化、数学化的"规则"不同,中国人更相信和接受那种带有人情味的、照顾到各成员的心情感受的、总留有相当弹性的"道理"。基于自然秩序的人伦秩序反对取消一切身份差别的人与人的绝对平等。尊长承担着对于平民百姓的教化之责。所以,"君君"是由"父父"推衍而来的,理想的君王堪为全天下人的父亲,这就是孟子所谓的"大人"。孟子的哲学可以看作是对这种"大人"的责任和品格、境界的全面思考。不仅思考的内容,而且思考的方式也反映了农耕文明的特质。

孟子用植物的生长比喻人心的流转,用农人的培植养护的经验来比喻说明心性修养的原则和方法。这些原则和方法可以总括为体现着自然秩序的"生",具体表现为以下几个方面。

孟子在《告子上》中借用生态的破坏喻示了功利心对于善端的遮蔽

---

① "人与人的关系,并不只依靠外力的束缚,人与人之所以可能互相合作,乃因由个人感情和忠诚中产生了一种道德的力量。这种力量根本是形成于亲子关系和亲属关系之中,不过,既形成后,其范围便必然推广,内容亦必然丰富起来。亲子间、夫妇间、兄弟姐妹间的爱情便是效忠于氏族、乡里和部落的情操的雏形与核心。"马凌诺斯基:《文化论》,费孝通译,第83页。

现象。他比喻说，一座名为牛山的山丘上曾经草木葱茏，但因为它地处城市的近郊，人不断采伐木材，又经常去放牧牛羊，所以山就变得光秃秃的了。孟子说，牛山之所以贫瘠丑陋，不是因为其山的本性不美，而是因为人"旦旦而伐之"。同样，人心的善端也像自然界的山川，在平日里的功利心的不断砍伐之下，本性之美难以呈露出来。这一案例暗示出：人心的贪婪放纵既是破坏自然生态的罪魁，也是障蔽内心善端的祸首。只有放下刀斧，存养其清明的"夜气"，人才能远离禽兽的习气。孟子在这里提出了"养"的观念："苟得其养，无物不长；苟失其养，无物不消。"意思是，虽然人的天性是良善的，但后天的修养也至关重要，没有一个类似于农作的"养"的过程，人性之善是不会实现出来的。孟子倾向于用后天主客观环境的差异来说明此善端在现实中因何遮蔽，又何以能够推广。他说，圣人与俗人的心中都有善端，正如同一种作物的种子大都相似，但之所以作物长成后差别很大，是因为土地的肥瘠、雨露的滋养、人事的勤惰不同。如果没有适当的自然条件和人力作为，种子就不会成熟，也就毫无价值了。

孟子还借用农作的经验来说明"养"的原则：一方面，要减轻不良环境对作物的危害，也就是要收回人们放逸于外物的心思；另一方面，还要主动地培植人心中的善的种子。这个培植的过程有两方面的要点。其一，人要主动地为善去恶。孟子指出，人心中除了有良苗的种子，还有许多杂草，如果长时间不去清理，杂乱的欲望就会"茅塞子之心"（《孟子·尽心上》）。所以，人要像精耕细作的农人一样，勤于照料自己的田地。其二，像农人侍弄庄稼一样，人在道德的修养方面也要有耐心。孟子在《公孙丑上》中阐发"养吾浩然之气"的时候，以"揠苗助长"的比喻说明人不能以功利心干扰修养的进程。

孟子特别强调"养"，反对急于求成。他说："其进锐者，其退速。"（《孟子·尽心上》）意思是，过于快速的进步往往导致迅速的退步。迅猛的进步所依凭的多是理性的、意志的力量，它们可以在短时间内通过有意的规划、追求来达到目标，但也会给人的情感造成压抑，引起深层意识的抵制,导致半途而废。所以,要取得持续的进步,必须把德性的追求化入自己的情感认同和体验当中,这就不得不慢下来。总之,既不能放任不管,又不能用力太过。孟子将之概括为"心勿忘,勿助长":一方面不能放弃对于道的追求,但另一方面又不能有意地去追求。这里有一个为农耕文明所强调的微妙平衡。"养"是"尽人事"与"听天命"的平衡,成功的"养"意味着天然与人工、偶然与必然的完美配合。"勿忘勿助"是儒家思想中的"无为"原则,对于后世的心性工夫论的影响很大,对艺术创作思想的影响也很大。

"养"也是通过广义的审美活动来修养德性的方法,包括两个方向:一种是艺术的。孟子提出"仁言,不如仁声之入人深也",意思是,艺术作用于人的潜意识,对人心的影响要比一般的宣教大得多。这一点,我们在前面已经分析过了。还有一种"养"的方式是涵养"大人"的人格。这是一种人生境界的提升过程,也是一个人格之美不断提升的过程。

孟子用览观自然风物来涵养精神境界。他通过观水而引发了关于道德情感的思考:"源泉混混,不舍昼夜,盈科而后进,放乎四海;有本者如是,是之取尔。苟为无本,七八月之间雨集,沟浍皆盈;其涸也,可立而待也。故声闻过情,君子耻之。"(《孟子·离娄下》)孟子把道德情感放在道德理性之先,认为基于生存之体验的"深情"是诸德性之本。它看似细小,却深沉有力,只要不被壅塞,就可以由一股细小的泉眼而至于汪洋大海;反之,如果没有内心情感的体认,仅仅把道德等同于外在的言辞、规则,就会像夏天的大雨一样,表面上看来声势壮大,实际上转瞬即逝。他还说:"孔子登东山而小鲁,登泰山而小天下。故观于海者难为水;游于圣人之门者难为言。观水有术,必观其澜。日月有明,容光必照焉。流水之为物也,不盈科不行;君子之志于道也,不成章不达。"(《孟子·尽心上》)孟子指出,在君子修德的每一个阶段,都伴随意义的创造和激荡,并映现出人格的光辉,即所谓"容光必照"。孟子指出的精神修养的过程也可以宽泛地看成是一种"人生艺术"的持续创造的过程。孟子还暗示出:一旦启动了涵养人格的创造性的过程,人对于仁义的追求就像流水之势一样，总会在达到一个阶段之后自然地开始另一个阶段，必待到达海洋而后止。孔子叹水之逝，而孟子则观水之澜，后者带有着更多的青年奋进的气息。

"生"最终要归为人的"生"，即人的生命力因为"道"而变得充沛并自然地显露。孟子既明确地提出了人具有良善的本性，又将回归天性与"自得之乐"联系在一起。"乐"是对"生"的肯定和提升。孟子说："乐则生矣。生则恶可已也。恶可已，则不知足之蹈之、手之舞之。"（《孟子·离娄上》）这所谓"生"，并不是《告子》说的食色之欲，而是生命力由内而外的自发流露。我们平常只能在生命力最为旺盛的婴幼儿身上看到身心统一的、真诚无伪的情感表达。孟子说："大人者，不失其赤子之心者也。"（《孟子·离娄下》）在他看来，人格的修养在越来越文雅的同时，也要越来越返璞归真。在以身心拙朴的"婴儿"寓指修道之最高境界的方面，中国的儒家和道家是一致的，而跟西方哲学把理智充分开发的成年男性作为"人"之标准的思路很不同。这个不同背后，也隐含着农耕文明与工商文明的歧异。

孟子的政治思想、伦理思想和美学思想皆以人的善心为旨归。他对秩序的理解都以自然的人性、人情为圭臬，他把道德实践概括为具有农作意味的"养"。这种凝结了农耕理想的社会与美学思想，并未随着农耕文明被工业化、信息化社会运转模式取代而失去了意义。在以"人工降雨"取代"春风化雨"，以知识取代体验，以快取代慢的时代，物质的极大丰富令人在"陷溺其心"的迷途上越走越远，而规划、规则的过分强调则禁锢了自然的人性、人情。人在高兴时，以纯净的"赤子之心"而手舞足蹈，这是在工业文明、城市文明中的人很难做到的。人并没有随着物质的丰富和社会生活的规整而感到更加幸福，反而精神陷入到更加惶惑的状态中。

近年来，西方美学界对工业化、信息化进程中的"不自然"的弊病已有所反思。他们提出了"身体美学"来回应身体体验被长期遗忘的现象，还提出了"生态美学"来批判人类在自然面前的无知和狂妄。在中国先秦思想中,孟子有关"体"和"养"的思想皆足资借鉴。孟子言身体,却并不局限于肉体感觉的提炼,而是强调"大体"对于"小体"的驾驭;孟子言生态,却并不是人的生存活动之外的、作为认识对象的"自然界",而更多地是指代人的精神家园,并将之作为心性修养的意象。孟子对于身体和生态的思考,都是基于对人心、人性的领会和忧虑,而不是对其"审美价值"的评判。这也许可以看作是两千多年前的中国美学对于当今时代问题的一个启示。

第五章　庄子的美学思想

　　庄子是先秦道家哲学和美学的集大成者。他发展了老子的思想,他对生命价值、意义的追问比前人大大地深化了。他的很多哲学命题,同时就是美学命题。本章将沿着庄子运思的方向,论述他对于存在意义的思考。

　　庄子的美学也是以"象"为中心的。但是与老子、孔子都不同的是,他并不是止于"化名为象",即把实在的事物化为声色之形象,而且还进一步指出声色的虚幻不实,并因而落实在"用心若镜"的情感状态上。由此,庄子的意象理论可以分为三个层次:

　　第一,以流动不拘的意象来超越是非、知识,这是与老子相似的地方。

　　第二,以"通""气""一"等破除意象之间的壁垒,为中国美学的"意境"观念打下了基础。这是对老子的"大象无形"观念的发展。

　　第三,由万物齐一的理解而主张"无情","应物不藏"。这种不动心的无为状态来自老子的"天地不仁""圣人不仁"的思想,但扬弃了《老子》的入世色彩,更加突出了心性修养的方面。这为中国美学吸收佛家思想打下了基础。

　　老子以"淡""晦"为超脱二气轮转的法要,以保养"深根固柢,长生久视之道"，庄子当中的意象则是淡泊与浓烈并陈，恢诡谲怪，比老子更加洒脱。究其原因，大概在庄子这里，生死通气，祸福如梦。

第一节　庄子概说

一、庄子其人与《庄子》其书

庄子，名周，战国时蒙人，曾为蒙漆园吏。和孟子同时或略晚。约生于公元前 355 年（周显王十四年），卒于公元前 275 年（周赧王四十年）。① 有关庄子本人事迹的记载不多，在《庄子》中，有些篇章提到了庄子本人的一些情况。如《外物》《山木》提到庄周家贫，《徐无鬼》《秋水》提到庄周与惠施为友，且许多篇中都有庄子与惠施辩论的记载。另外，《逍遥游》《人间世》《达生》《田子方》《知北游》等篇暗示了庄子的职业：他可能是一位熟悉当时漆器生产的技工或曾担任相关管理职能的小官吏。但这些信息对于理解一位先秦时代的顶级思想家而言，显然太过匮乏，而且我们也分不清在这点可怜的线索中哪些是真、哪些只是虚设的寓言。这个困难也许并非出于史料不足，而是因为庄子本就是一位甘愿"自埋于民"（《则阳》）、"使天下兼忘我"（《天运》）的隐士。庄子的思想和文字是高度统一的：其思想是要揭示是非利害的虚假、知识的有限，而其文字则多为"谬悠之说，荒唐之言，无端崖之辞"（《天下》）；其思想宣说"无用之用"，其文字则"终始言，未尝言"（《寓言》）。所以，要了解这样一位隐士的思想，也许得意忘言、心领神会比搜求字句、探赜索隐更为紧要。

现存《庄子》一书，分内篇、外篇、杂篇。内篇七，外篇十五，杂篇十一，共三十三篇。一般认为，内篇是庄子自作的，至少可以代表庄子的思想。外、杂篇则比较复杂，有些地方是庄子的后学对于内篇的发挥、补充，其中《寓言》《秋水》《知北游》《达生》《山木》《田子方》等篇里的一些思想还甚为精彩；另有些地方则杂入了战国末期学术合流派的观点，与内

---

① 另有一种关于庄子生卒年代的说法是公元前 375—300 年。

篇存在比较大的歧异。从晋朝起出现了对于《庄子》文本真伪的讨论。①
参考庄学研究的成果,我们对庄周与《庄子》之间关系的看法是:《庄子》
是庄周本人及其后学的著作集,就讨论庄周的思想而言,以内七篇的思
想为取舍的主要依据;外、杂篇中与之相呼应,或依照内篇的思想旨趣而
发挥、补充的,可以视作庄子的思想;而一些明显带有论战色彩、用世取
向的篇章和段落则不在讨论之列。在此前提下,对于外、杂篇中一些不
必一定为庄子本人的表述(比如出现了后世的语言用法),我们在行文当
中一概冠以"庄子说",不再深究辨析。

二、时代问题与庄子的思想旨趣

研究庄子的学者们公认,《天下》篇是最能概括庄子思想的"自序"或
"后序"。② 现把《庄子·天下》对于庄子本人思想的论述全文抄录于下:

> 惚漠无形,变化无常,死与? 生与? 天地并与? 神明往与? 芒
> 乎何之? 忽乎何适? 万物毕罗,莫足以归。古之道术有在于是者,
> 庄周闻其风而悦之。以谬悠之说,荒唐之言,无端崖之辞,时恣纵而
> 不傥,不以觭见之也。以天下为沈浊,不可与庄语。以卮言为曼衍,
> 以重言为真,以寓言为广。独与天地精神往来,而不敖倪于万物。

---

① 魏晋时,人们关注的是郭象注本(即今内、外、杂篇的总和)以外的十九篇是否为伪。到了宋
朝,人们才开始对外、杂篇提出质疑,其中以苏轼的观点影响最大。苏轼从思想与文风等角
度入手,断定《盗跖》《渔父》《让王》《说剑》四篇是伪书。此后,也不断有人就此提出各种说
法。也有学者主张摆脱对于真伪问题的纠缠。如崔大华认为,《庄子》是战国到秦汉之际道
家观点汇集,所以,对于外、杂篇是否伪作的问题而言,"不是庄子思想的真伪问题,而是庄学
在先秦的发展演变问题","超出内篇核心思想之外的思想观念,是庄子后学在他家思想影响
下变异了、发展了的庄子思想……表现为在理论内容上向庄子核心思想以外的范围扩展和
吸收儒、法思想的折中倾向"。崔大华:《庄学研究》,第 71、89 页。
② 王夫之说:《天下》篇是《庄子》全书的序例,"浩博贯综,而微言深至,固非庄子莫能为也"。梁
启超的看法与王夫之的相同,认为"《天下》篇即《庄子》全书之自序"。他说:"此篇文体极朴
茂","故应认为《庄子》书中最可信之篇。胡适也认为《天下》篇是一篇绝妙的后序",但"却
绝不是庄子自作的","定系战国末年人作"。冯友兰认为,"《天下》篇比较晚出,但是它是作
为一个哲学史性质的论文写的","实际上就是一篇简明的先秦哲学史",因此"可以作为研究
先秦哲学的一个支点","以它为标准鉴别别的史料"。见叶朗《中国美学史大纲》,第 109 页。

不谴是非，以与世俗处。其数虽环玮，而连卞无伤也。其辞虽参差，而叔诡可观。彼其充实，不可以已。上与造物者游，而下与外死生、无终始者为友。其于本也，宏大而辟，深闳而肆；其于宗也，可谓调适而上遂矣。虽然，其应于化而解于物也，其理不竭，其来不蜕，芒乎昧乎，未之尽者。

《天下》篇的这段文字指出了庄子思想的几个特点：其一，庄子最关注的是生死、宇宙、精神、万物的归宿等等"终极问题"；其二，他的看似无稽的思想和文字并不是蹈空放逸的，而是从严酷的现实中来的严肃的思考；其三，他的思想旨趣是"游"，归结于意义的无限创造。

下面将结合庄子的时代问题，展开这几个方面。

陈鼓应说，庄子的文字表面上置身世外，实际上："他高情远趣，创造一个辽阔的心灵世界，然而他的高超透脱，内心却有其沉痛处，生当乱世，多少智士英杰死于非命，面对强横权势的侵入，为避'斤斧'之害，以求彷徨逍遥的心情，真可谓寄沉痛于悠闲了。"①庄子的沉痛，乃是由险恶无常的现实环境激起，并指向人生的根本困境。庄子的悠闲，则是从悲苦的水土中开出的花朵，正如闻一多说的，"浪漫的态度中又充满了不可逼视的庄严"②。

庄子的沉痛之一是社会现实的险恶。庄子所处的时代与孟子相当，所面对的问题也大致相似：生产力比以往大大地发展，社会制度更趋精巧复杂。人的眼界日广、知识益多，与之相伴随着的是欲望膨胀、信仰崩塌、心灵空虚。文质彬彬的贵族礼法削剥殆尽，让位给了赤裸裸的丛林法则，邪说暴行与工具、法制并作。利用与被利用，伤害与被伤害，无人能够幸免于这尘世的网罗。《人间世》有一个故事：齐国有一棵硕大无朋的栎社树，一位木匠鄙夷其材质不能为栋梁舟车。栎社树给木匠托梦

---

① 陈鼓应：《逍遥游：开放心灵与价值重估》，原载台湾《大陆杂志》1972 年第 44 卷。收录于《老庄新论》，第 209 页，北京：商务印书馆，2008 年。
② 闻一多：《古典新义》，第 250 页，北京：商务印书馆，2011 年。

说,那些成材、挂果的"文木"总是因为有用,所以夭折于人类的砍伐、采摘之下。然而,人并不止于利用万物而已。功利化倾向最终一定指向人自身,让人也变成了工具。人类无法摆脱相互利用、相互残害的局面。"若与予也皆物也,奈何哉其相物也!"大栎树的这句话可谓至为沉痛!

在《庄子》里面,这样的"不材之木"出现过多次,有的材质脆弱不能成器(《逍遥游》),有的样子蜷曲无法刨削(《逍遥游》),甚至有的还具有致人昏迷的毒性(《人间世》)。它们的共同点是在残生害命的环境当中,利用这些不美不善的特性保全了自己的生命,不被人类的斧斤所伤。反之,物或人越是表露出自身的美好就越是结局悲惨,所谓"虎豹之文来田,猿狙之便、执斄之狗来藉"(《应帝王》)。庄子指出,就人生的整体利益而言,"美"之用往往走向反面,无用以至于"丑"却有保全性命的大用。庄子把美与丑的美学问题安放到功利追求与生命本身的关系中反思。这种反思超出了美学学科的范围,也超出了特定的时代、文化的范围。

庄子的沉痛之二是人心的纷乱。孟子主张"求放心",庄子主张"游心"。与儒家的有为救世相比,庄子对重建价值采取了十足的保留态度。他继承了老子"绝圣弃知"的主张,指出天下大乱的根本在于声色名利、是非判断之"撄人心"。他认为,儒墨两派都想替社会建立自认为合理的价值规范,虽然初衷是好的,但不同的派别之间因为观念角度上的差距、思想倾向和路径选择上的分歧而相互攻击,而这攻击本身会让世道人心更加迷乱,无可适从。庄子也希望自己的思考于世有补,但他要选择一种独特的言说方式,打破概念、逻辑对于"真意"的桎梏。

《徐无鬼》篇有个故事,魏武侯的臣子广征博引《诗》《书》《礼》《乐》等经典,还有《金板》《六韬》等兵书来给武侯讲解治国之道,都没法让武侯满意地笑一下。徐无鬼给武侯讲了一番相狗相马的道理,就让他哈哈大笑。徐无鬼说,人被流放到边远地带,看到自己国家的人会觉得分外亲切,假若流落到了没有人烟之处,只要听到人走路的脚步声都会激动不已,何况耳边响起了兄弟父母的说笑声呢? 可怜的武侯,已经很久没有听到像样的人话了!

黑格尔认为,哲学的言说方式应以概念、逻辑为基础,神话寓言之类难登大雅之堂。[1] 到了 20 世纪,维特根斯坦则猛烈地抨击了这一观念。他说,真正哲学的任务就是"摧毁的是搭建在语言地基上的纸房子""揭示我们的理解撞上了语言的界限撞出的肿块"[2]。甚至由此提出了一个极端的主张:哲学思考的任务就是破除概念的迷信,引导人们回归日常语言,回归存在的原本形态。让语言在不可说的地方止住脚步。庄子强调,确定的概念会强化人的头脑中的固执,清晰的逻辑推断也可能简化事物之间的联系。这些都是对世界本来面目的遮蔽。尽管关注的方向不同,但在揭示概念、逻辑的限度方面,中国先秦时代的庄子与 20 世纪的维特根斯坦大概可以相视而笑。

庄子的沉痛之三是由险恶的现实中看到的人生的普遍困境。

庄子哲学中贯穿着对于命运的思考。战国乱世,有德者、美善者被残酷的现实荼毒殆尽,"德"与"位"的统一已成渺不可期的幻梦。命运展示出冷酷的一面,让一般人绝望,却也激发出深邃彻底的哲学追问和决绝的救赎愿望。庄子"方且与世违,而心不屑与之俱"(《则阳》),他是战国时代少有的具有强烈出世追求的思想家。

庄子的思想,由出离而至悲悯。他说:"人生天地之间,若白驹之过隙,忽然而已。……已化而生,又化而死。生物哀之,人类悲之。"(《知北游》)"化"是自然的常理,然而作为具有自我意识的存在者而言,人却难以真正地接受随物而化的事实,于是就要千方百计地把执外物以逃避存在之大限。从这个角度,我们知道了《天下》篇里提到的"应于化而解于物""独与天地精神往来,而不敖倪于万物"的"游"的精神,都是针对着生命最根本的困境的。

庄子并不像有些人批评的那样,是一个无原则、无追求的混世哲学

---

[1] "像在古代那样的神话表达方式里,思想还不是自由的:思想是为感性的形象弄得不纯净了,而感性的形象是不能表示思想所要表示的东西的。只要概念得到了充分的发展,那它就用不着神话了。"黑格尔:《哲学史讲演录》第二卷,第 169—170 页。

[2] 维特根斯坦:《哲学研究》第 118、119 节,陈嘉映译,上海:上海人民出版社,2001 年。

家。只是他的理想悬得太高,超出了普通人理解的范围。"旧国旧都,望之畅然。"(《则阳》)庄子希望在物我敌对的世界里面,以"谬悠之说,荒唐之言,无端崖之辞"与人分享一个万物一体、众生平等的精神家园。在那里,"禽兽可系羁而游,鸟雀之巢可攀援而窥"(《马蹄》),"物"与"我"都不是一种占有、利用的关系,而是互相涵摄、互相欣赏的关系。在那里,"人兽不乱群,入鸟不乱行"(《山木》),人与万物不再处于紧张对立的状态。在那里,"无问其名,无窥其情,物故自生"(《在宥》)。去除了知识的困扰,意义的生发反而更加自然和丰富。

寻找精神家园,是人类历史上一代又一代哲学家、文学家、艺术家的共同的呼唤,最具有长久而普遍的哲理价值。闻一多说,庄子的思想和著作,乃是"眺望故乡",是"客中思家的哀呼",是"神圣的客愁"。陶渊明的诗说:"羁鸟恋旧林,池鱼思故渊。"这也是眺望精神之故乡,要从"樊笼"中超脱出来,返归"自然"。西方哲学家、文学家,特别是近现代的很多思想家也都把寻找精神家园作为自己的主题。德国浪漫派诗人的先驱者荷尔德林在诗中问道:"何处是人类/高深莫测的归宿?"他不断呼喊要"返回故园"。德国另一位浪漫派诗人诺瓦利斯说:"哲学就是乡愁——一种回归家园的渴望。"("Philosophy is actually homesickness — the urge to be everywhere at home.")①

在先秦诸子中,《庄子》较重人心与精神,对当今时代仍有持久而新的思想启迪。庄子思想之有长久影响者,其一是对欲望、技术、知识的反思;其二是无为思想,即对于"自然""天然"的尊重;其三是有关精神自由的问题,即精神如何摆脱欲望和知识的限制而明了生命的意义。《天下》篇评说庄子思想是"其理不竭,其来不蜕,芒乎昧乎,未之尽者"。庄子的思想在今天能显露出多大的势能,就看今人能在多深的层面上继续探索存在的意义。

---

① 以上陶渊明、荷尔德林、诺瓦利斯等材料皆转引自叶朗《美学原理》,第79页。

三、庄子的哲学及其美学内涵

美学思想的诞生,起于思想家对美学问题的哲学追问。西方美学的奠基者柏拉图要从"美的瓦罐""美的小姐"开始,追问"美本身"这样一个哲学问题。庄子追问的,也涉及了一些哲学层面的问题,如"孰知天下之正色"(《齐物论》),又如"天下有至乐无有哉"(《至乐》)。用美学的理论语言来表述,也就是问:天下有没有一种判断美丑的确定标准? 有没有一种彻底的、不会改易的精神享受?

庄子对这些问题给出了明确的回答。他认为,"正色"是没有的,因为凡评判正与不正的时候,总不免杂入了"我"的有限的意识,不免各是其是,各非其非,"樊然淆乱"。但"至乐"的确又是可能的。最高的乐,不存在于通常人所追求的感性享受当中,也不是一般的喜好厌憎的情绪和是非的判断,而恰恰来自对那些流逝易变的精神状态的否定。这是一种"哀乐不能入""不以好恶内伤其身"的境界。庄子用"无用""无情"来概括这种境界。从美学上看,"哀乐不入"传达了一种独特的审美观念。正是这一观念塑造了庄子美学思想的面貌。

庄子美学的核心内容是对于"自由"的观念的讨论,以及对于"自由"和审美的关系的讨论。这种"自由"主要是指内心的自由,即不受制于内心的欲望、外部的环境和恶劣的命运,自由地为人生、世界赋予意义。精神自由就是内心里没有限隔,没有挂碍,用庄子的话说就是"无待于物"。人本来处于与世界万物的一体之中,本来就是自由的,但是在世俗生活中,我们习惯于用分别和对立的眼光看待世界,世界上的一切事物都被看成可利用的或供评判的对象,人与人之间,人与万物之间,就有了间隔,有了对待。产生间隔和对待的根本原因还是人的内心不能安宁,自己给自己设置了种种障碍,如陆象山所说:"宇宙不曾限隔人,人自限隔宇宙。"(《象山全集》卷一)所谓追求精神的自由,就是打破我与人、我与物之间的间隔,解开自心的纠结,回归存在的本原。用庄子的话说,就是"齐",齐是非,齐物。

《庄子》内七篇的内容显示了庄子探索精神自由的两大方向。

其一，以审美的心胸来摆脱精神的困境。美的反面不是丑，而是对于意义的桎梏，或者说，是对审美意象生成过程的阻遏。这种阻遏有很多种表现，主要归为两种类型，一个是功利欲望，另一个是所谓"小知"，即二元对立的思维造成的僵化的是非心，其中也包括对于"美"和"丑"的判断。庄子把有限的美丑善恶统一于"气"（"通天下一气"），主张"照之于天"（《齐物论》），并提出用"忘"来和解是非，涵养生命。庄子还通过"象罔得玄珠"的寓言阐释了超越有限知识的必要性。总之，庄子的审美心胸论是以超越而得精神上的自由，即超越于功利欲望的自由、超越于有限知识和是非判断的自由、超越于生命最根本的有限性的自由。

其二，回归当下的体验而领略"道"的"大美"与"大乐"。庄子用大量的篇幅描绘了那些摆脱日常存在的困境、自由地掌握生命意义的"真人"。他们与天地的大化合一，与大自然的生命共存。他们"德有所长而形有所忘"（《德充符》），"喜怒通四时，与物有宜"（《大宗师》），"游心于淡"（《应帝王》）。从美学的角度看，"真人"的特点就是其心灵与天地万象的交通，以及由此成就的意象世界的丰富与廓大。形成这种意象世界的前提，就是尊重自然万物各自的秩序，以欣赏的态度相与往还。庄子提出的"以鸟养养鸟"的思想与当今时代的生态观念相互辉映。

真人的意象世界来自"用心若镜"的心性工夫。安于当下的体验，使得心能够彻底摆脱苦乐、得失、生死的忧患，所以真人能够"死生亦大矣，而不得与之变"（《德充符》）。庄子由此提出的"安之若命"（《人间世》）、"安时而处顺，哀乐不能入"（《养生主》）等命题，造成了中国人一系列别具特色的审美心理和美学观念：其一，以"无情"的态度面对"物"的引诱，形成了中国美学对快感保持淡漠的思想传统；其二，飘风振海而心平不起的"大人"观念，造就了中国人特有的观照"壮美"的态度；其三，真人的意象世界是在有限中寄寓着无限，后世美学将之凝为"意境"的观念，其中蕴涵着超越生死的宗教感。

最后，超越阻碍与回归大道这两个方面统一在一起，其表现形式是

"游",其存在状态则为"逸"。"游"有两个内容,一是精神的自由超脱,就是人的精神从实用功利和知识是非的束缚中超脱出来。"游"的又一个内容是与大道合一的自由体验。"逸"则是超脱浊世的生活形态和精神境界。在"游"与"逸"观念的影响下,中国古典美学形成了"飘逸"的文化大风格。

庄子的思想与文风是高度一致的。闻一多说,庄子是"最真实的诗人","他的思想的本身就是一首绝妙的诗"。释德清说:"庄子心胸广大,故其为文真似长风鼓窍,不知所自。立言之间,举意构思,即包括始终,但言不顿彰,且又笔端鼓舞,故观者茫然不知其脉络耳。"(《庄子内篇注·齐物论》)刘熙载评论《庄子》说:"文之神妙,莫过能飞。庄子言鹏曰'怒而飞',今观其文,无端而来,无端而去,殆得'飞'之机者。"(《艺概·文概》)乘着春天的大风,大鹏怒而飞,《庄子》也乘着诸子争鸣的运势而飞,还屡与名家的代表人物惠施辩论。但庄子无意于辩。他自称"寓言十九,重言十七,卮言日出,和以天倪"(《寓言》),就是不用逻辑的、理论的、论辩的方式言说,而是用随手拈来的譬喻、寓言或者假托的名人来与读者分享思想和经验。这种新的言说方式不仅让人易于接受("叔诡可观"),而且不会陷入到作茧自缚的是非界限中,可以随着各种角度的解读而现出层层新意("其理不竭")。

闻一多说庄子的思想带有浓浓的诗意:"他那婴儿哭着要捉月亮似的天真,那神秘的怅惘,圣睿的憧憬,无边际的企慕,无涯岸的艳羡,便使他成为最真实的诗人。"①所谓"神秘的怅惘"大概最集中地体现于庄子对于终极问题的思索当中。本篇虽不能完全避免理论上的斧凿,却也力求挽留这种诗意。

第二节 处物不伤

老子说:"天下皆知美之为美,斯恶已。"(《老子·二章》)在道家看

① 叶朗:《中国美学史大纲》,第110页。

来,通常所谓的美与恶总是相伴相随,一体两面。人无法从美的事物、现象中分析缔绎出一个与丑无关的"绝对的美"。庄子发挥了这一思想。在庄子看来,被通常人看作是"乐"的"身安、厚味、美服、好色、音声"等纯感官的享受不足为"至乐",因为它们都有待于外在条件的配合,有待于对外物的获得和占有,"若不得者,则大忧以惧"(《至乐》)。所以,这种快乐是有局限的、不自由的。

审美的反面,不是"丑",而正是这种由炽烈的欲求、僵硬而贫瘠的知识等导致的意象世界的狭隘僵化。审美活动则是通过清理杂草丛生的心田(也就是庄子所谓的"有蓬之心"),将人的神志从外驰的道路引向内在的广阔天地。对此,《庄子》中的思考大致有两个方向:一个是消解欲望、情绪的方面,另一个则是和解知识、是非的方面。在本节与下一节,将分别讨论庄子的这两方面的思想。

一、驰心不足以为乐

庄子美学思想的重要部分是对于世俗所谓"美"的否定。他指出,世俗之美乃是攀附于外物之上、寄托于感官之中的倏忽来去的幻觉。

> 山林与,皋壤与,使我欣欣然而乐与! 乐未毕也,哀又继之。哀乐之来,吾不能御,其去弗能止。悲夫,世人直为物逆旅耳! 夫知遇而不知所不遇,知能能而不能所不能。无知不能者,固人之所不免也。夫务免乎人之所不免者,岂不亦悲哉!(《知北游》)

《庄子》当中描写了许多得道之人盘桓游弋于山林、大泽的故事,大多可以作为广义的审美活动来看待,但此处山林皋壤的游乐却不属于审美的范围。在这里,人对于自然景物的喜乐不是自由的体验,而是依托在人不能把握的外物上面。虚假的"乐"总是"快"的,来去并不为人所掌握,也就是"不能御""弗能止"。为了不断找寻快乐,人内心当中充溢着"驰"的冲动,要寻求刺激,要"驰骋畋猎",永不满足地追求那些自己知识和能力范围之外的事物。人的精神寄寓于外物之中,最终把自己也化成了与自己的生命存在毫无关系的"物"。驰心与物欲,实际是一体两面的现象,所以庄子把它们联系在一起看待:"驰其形性,潜之万物,终身不反,悲夫!"(《徐无鬼》)

表面上,山林、皋壤都是客观的外物,但它们呈现出来的存在样态却常常不同,因为它们在不同的精神世界里,对不同的人的意义其实不一样。在纵游大化的真人那里,烟霞飘逸的自然景致与其宁静的内心不相搅扰,相互辉映;而在不能驾驭内心情绪的人这里,倏忽即过的"外物"不过是无法控制的内心情绪的变相而已,徒增其哀乐,挑拨其欲求。后世王阳明说"意之所在便是物"(《传习录》上),学人以为惊世之语。其实早在战国时代,庄子、孟子思想所涉及的"物",即已不是与人无关的"客观物",而是就每一个特定心灵境界而言的意义承载体。

"物"之所以被当作陷溺的诱因,是因为就普遍的情况而言,其承载的意义无非是人的情绪。对普通人的复杂情绪,庄子有着细致的观察:"喜、怒、哀、乐、虑、叹、变、慹、姚、佚、启、态。乐出虚,蒸成菌,日夜相代乎前而莫知其所萌。"(《齐物论》)举凡高兴、愤怒、悲哀、欢乐、思虑、感怀、犹疑、委曲、躁动、奢靡、放纵、做作,所有这些情绪所化现的"物",都不过是虚空当中的幻影、转瞬即逝的声响。对外物形色的贪恋往往被误认为是审美,而理论家则要从"审美对象"那里分析"美"的意义。在道家看来,这都是缘木求鱼的做法。庄子说:"其嗜欲深者,其天机浅。"(《大宗师》)意思是,追逐欲望的满足与真正的精神享受是水火不容的。

庄子把心的茫然感、空虚感描述为"悬空":"混沌不得成,心若县于天地之间,慰暋沈屯,利害相摩,生火甚多。"(《外物》)只要人处于悬空的状态,他跟生存的实际欢愉就是隔膜的。被形躯奴役的人,由追求感官满足开始,拼命地追求远远超乎自己形躯实际需要的感性刺激和物质占有,然而如影随形的忧愁让这"快乐"显得那样短暂和虚假。悬空中的人永远不能把握情绪的起伏,不知其由来,不明其所以,也就在"物"的永恒流转当中沉浮,役役不见成功。在这样的状态中,景物的形象可能是权力或财富的象征,可能是追寻回忆的凭藉,唯独不复是自由的意象,人的心胸成了物象

(实际却是其情绪)的旅馆。"今已为物也,欲复归根,不亦难乎!"(《知北游》)结果是"丧己于物,失性于俗"(《缮性》),心灵的自主性完全丧失,成为所谓"倒置之民"。让外物主宰心灵,享乐就走向了审美的反面。

中国先秦的思想家都极端重视审美心胸对于人的心性塑造的意义,战国时代的思想家则进一步把问题引向了"物"的概念。相比之下,儒家更多从修德去奢的社会伦理的意义看,如孟子对"小体"与"大体"的区分,是为了说明人的善良本性不应为物欲所"茅塞"。大致同时代的庄子所宣扬的心灵自由则排除了一切物色、观念、标准的不可动摇性,于伦理之外,别有美学上的价值。

二、无用之用

《庄子》一方面呼吁世人警惕"物"的挤压,另一方面又描述了一种和谐的关系,比如"乘物以游心"(《人间世》)、"与物为春"(《德充符》)、"顺物自然"(《应帝王》)等等。人与物究竟处于哪种关系,主导在于人。庄子说"不物故能物物"(《在宥》),只有自己已经不再是"物",获得自由之身,方能驾驭外物。这既是体验"道"的前提,也是审美活动的前提。

人要获得自由之身,需超离那种工具化、实用化的思维习惯。《天地》篇提到了一个故事。"子贡"在汉阴遇到一位老人,抱着一只罐子取水灌田,笨拙又辛苦。"子贡"问他为何不用"用力甚寡而见功甚多"的提水机械来做事。老者说,机械诚然省力,但使用了机械就难免会有取巧投机的"机心"。机心存于胸中会破坏心神的安宁,以至"功利机巧必忘夫人之心"。在外求的人看来,借助强大的工具来"征服自然"是显示了人类的力量,很是尊荣,但在道家看来,实在是得不偿失。技术给人带来巨大利益的同时,却同时培植了机心,刺激了野心,让人在虚幻的权力感当中忘记了自身的渺小。人总想要把一切物、一切他人都工具化,最后自己也变成了工具,落入了别人的工具箱。所以灌田老者说,他不是不知道这种让人取巧的机械,而是恐怕开了这个头,最终让功利机巧遮蔽了自己内心,所以"羞而不为也"。道家的思想家不会把制造工具作为人之为人的规定,因为他们从最简单的机巧中就已经察觉到了知识、技术可能给心灵造成的戕害。

无功利之追求并不意味着无益于人生。在中国古代思想中,越是看似"无用"之物,越可能有大用。这个意识也是从老庄那里发源的。《庄子》用一个形象的故事来揭示"无用之用":

> 惠子曰:"吾有大树,人谓之樗。其大本臃肿而不中绳墨,其小枝卷曲而不中规矩。立之途,匠者不顾。今子之言,大而无用,众所同去也。"庄子曰:"子独不见狸狌乎? 卑身而伏,以候敖者,东西跳梁,不辟高下,中于机辟,死于网罟。今夫斄牛,其大若垂天之云,此能为大矣,而不能执鼠。今子有大树,患其无用,何不树之于无何有之乡,广莫之野,彷徨乎无为其侧,逍遥乎寝卧其下。不夭斤斧,物无害者。无所可用,安所困苦哉!"(《逍遥游》)

哲学与艺术经常要面对一种质询,就是"它有什么用"。如果你不能在三句话之内说明它有经济上的、名声上的好处,人们多半会像惠子对待大樗那样,把它丢到垃圾堆里去。古希腊的第一位哲学家,为了证明他的学问有大用,通过预测天气来搞投资,来年捞了一大笔外快。庄子却不然。他用最擅长的"卮言"来解释什么才叫做"大用"。他说,斄牛没有捕捉老鼠的本事,却免于网罟之忧,这是斄牛之所以为大。"大"的意义就是不能被规定、利用和宰割。生命的本相如同大樗,无需受绳墨规矩的限制,故不夭于斤斧之下。世间中人却总要在把捉和寻觅当中求取安全感,所以总不能避免绳墨规矩的束缚。奔忙渐久,心智既老,反把桎梏作安居,错认他乡是故乡。没有一片广漠之野可供树植,更丧失了彷徨其侧、寝卧其下的闲心,操劳一生,自欺一世,实在可悲!

庄子的思考彰显了中国古人对人之为人的意义的思考。不论古今中外,人都把自己高扬为"万物之灵"、万物的主人。但在中国古代思想家那里,这句话意味着人要爱养万物,赋予万物以丰富的意义,而不是以人类中心,以强力去奴役自然,以工具去改造万物,用以满足无止境的欲望。庄子说："圣人处物不伤物。不伤物者,物亦不能伤也。唯无所伤者,为能与人相将迎。"(《知北游》)外物本不伤人,人先以斧斤伤物,物才伤人。而人一旦摆脱了对于工具、知识、力量的迷信,把自己从作为"物"的"存在者"当中解救出来,"外物"也随之转变,不再是焦灼的渊薮。

"安所困苦"意味着一种积极的愉悦。摈除功利,安享"无用",免除了"与物相刃相靡"给人的伤害,普通的外物就会给人呈现出千百倍丰富的面貌。道家的这种观念发展成了中国思想家、艺术家的一种心理倾向。"美秀的稻麦招展在阳光之下,分明自有其生的使命,何尝是供人充饥的? 玲珑而洁白的山羊、白兔,点缀在青草地上,分明是好生好美的神的手迹,何尝是供人杀食的? 草屋的烟囱里的青烟,自己在表现他自己的轻妙的姿态,何尝是烧饭的偶然的结果? 池塘里的楼台的倒影自成一种美丽的现象,何尝是反映的物理作用而已?"①物的自得,反映着人内心的自得。王夫之指出:"就当境一直写出,而远近正旁情无不届。"②朱光潜说:"在观赏的一刹那中,观赏者的意识只被一个完整而单纯的意象占住,微尘对于他便是大千;他忘记时光的飞驰,刹那对于他便是终古。"③宗白华认为审美的人生态度就是"把玩'现在',在刹那的现量的生活里求极量的丰富和充实",不为将来或过去而放弃现在价值的体味和创造,如王子猷暂寄人空宅住,也马上令人种竹,申言"何可一日无此君"。④

"巧者劳而知者忧,无能者无所求,饱食而敖游,泛若不系之舟,虚而敖游者也!"(《列御寇》)这是庄子本人对于"无用"之"大用"的解释。钱穆认为:"循庄子之修养论,而循至于极,可以使人达至于一无上之艺术境界。庄生之所谓无用之用,此惟当于艺术境界中求之,乃有以见其真实之义也。"⑤庄子思想的最大功用不在于长生久视、和光同尘,也不在

① 丰子恺:《艺术鉴赏的态度》,《丰子恺文集》第二卷,转引自叶朗《美学原理》,第102页。
② 王夫之:杜甫《初月》评语,《唐诗评选》卷三。
③ 朱光潜:《文艺心理学》,《朱光潜美学文集》第一卷,第17页,上海:上海文艺出版社,1982年。
④ 宗白华:《论〈世说新语〉和晋人的美》,《宗白华全集》第二卷,第279页。
⑤ 钱穆:《庄老通辨》,第249页,北京:三联书店,2005年。

于内圣外王、无为而治天下,而在于安顿心灵,在于免除精神的焦灼、困苦。这恰是兴于魏晋、盛于唐宋、熟于明清的中国艺术的终极价值。在后世一些对道家思想的解读当中,"无为""无用"被当作权谋的法则,或有一定的功利效验,但跟道家的精神追求相比,似是而非,南辕北辙。

尽管庄子的时代还没有产生严格意义上的中国艺术和美学理论,但庄子的处物不伤的理念却是中国艺术、中国美学的精神源头,也是中国思想之于人类文明的最富有生命力的贡献之一。中国艺术在庄子思想的影响下,逐渐形成了一个根深蒂固的传统,即对技术的警醒和对机巧用心的抵制。在《庄子》当中,有许多让人惊叹的工艺作品和技艺展示。它们的作者全都否认自己出神入化的创作是由于技艺的娴熟,而恰恰是忘怀万物、摒除机巧的结果。后世的书法、绘画、园林、文学,以至烹饪、制陶,"能品"的位阶都远远低于"神品""妙品",反映的就是超越工巧机心的道家美学观念。

三、"以鸟养养鸟"

庄子对机巧的质疑,主要是为了提醒人们尊重生命、自然本有的秩序。人无伤物之心,才能不被物所伤。

《庄子》里面用了许多小动物的比喻来说明:对于多元的、自发的意义世界而言,人世的名位、人为的规制经常不会起到好的作用。比如,沼泽里的小雀,十步一啄,百步一饮,一旦被关在笼子里面,表面上像不可一世的王者,却实在是可怜的(《养生主》);旷野中的马,蹄可以践霜雪,毛可以御风寒,食草饮水,高兴的时候相互摩擦脖颈,发怒时则转身踢踏,这都是马的真性。不幸遇到伯乐来选拔,用一套理性的、功利的手段"整之齐之"(《马蹄》),固然训练出了马中翘楚,生命的自由和尊严也被标准化、工具化的人为规整破坏了。动物尚且如此,何况处在社会关系中的人呢?"名缰利锁"这个成语就是从庄子的思想中化出来的。庄子尤其要人警惕那些"躬服仁义而明言是非"的道德家。道德家们把仁义立为是非品评的固定标准，反而有可能败坏道德的根基，伤害人的真性。庄子形象地把是非毁誉比喻为刑罚，"黥汝以仁义，而劓汝以是非"（《大宗师》）。

庄子的思想"破"中有"立"。他指出："鱼处水而生，人处水而死。彼必相与异其好恶，故异也。故先圣不一其能，不同其事。"（《至乐》）由此，提出了他自己对于物我关系的认识：

> 彼正正者，不失其性命之情。故合者不为骈，而枝者不为歧，长者不为有余，短者不为不足。是故凫胫虽短，续之则忧，鹤胫虽长，断之则悲。故性长非所断，性短非所续，我所去忧也。（《骈拇》）

天之生物不齐，人对道德、是非的理解也不尽相同，就如有的鸟儿的腿短，有的腿长，这是宇宙、天地、社会的本然状态。统一的是非、美丑标准一旦树立，掌握生杀的人就有一种欲望要去绝长续短。整齐划一的形式美，满足的只是人的权力欲，助长的只是人自己的傲慢，大大地伤害了万物众生的"性命之情"。他们还用堂皇的理由自欺，以为自己粗暴的行径出于仁爱之情。针对这种理由，庄子提出了"以鸟养养鸟"的观点。《至乐》篇比喻说，从前有一只珍奇的海鸟栖息在鲁国的郊外，鲁侯很珍重它，派车把它迎接到庙堂之上，为它演奏《九韶》以为娱乐，奉上太牢作为它的膳食。而那只可怜的鸟儿呢？它眼目晕眩、心中恐惧，不敢吃也不敢喝，三天就死了。庄子说，鲁侯这是以自己的给养来供奉海鸟，而不是"以鸟养养鸟"。如果是以符合鸟的天性的做法来养护它，就应该让它住在茂密的森林里或者辽旷的江湖，由它觅食泥鳅之类的东西，任它寻找自己的队伍，自由自在地生活。

"以鸟养养鸟"的观点并非直接是针对审美活动讲的，但我们在其中看到了中国人审美意识的精髓，即以广大的包容心来尊重、欣赏天然的秩序，从自然的《生意》中获得生存的欣悦。清代郑板桥在一封家书中也说，他反对笼中养鸟："我图娱悦，彼在囚牢，何情何理，而必屈物之性以适吾性乎！"所以，他希望家人多种树，使之成为鸟国鸟家。早上起来，一片鸟叫声,鸟与人都很愉快。① "我图娱悦,彼在囚牢"是对象化的"审美",把自己的欢愉建立在对他人、他物的宰制上面。以树养鸟则把自己的爱美之心与万物的好生之意放在平等的位置。在这种主客不分的审美活动里,欣赏的内容也有所改变:人不仅仅是欣赏鸟的色泽、叫声,更是通过鸟儿的悠游雀跃来欣赏"生"本身。这既是对物之美的欣赏,也是对己之美的发现。郑板桥的"各适其天"的解释与庄子"以鸟养养鸟"的精神是相通的。

庄子表面上反对"美",实际上只针对着自私狭隘的"属人之美",而同时高悬起理想的"从天之美"。为了这个理想,他要教会后世人跳出自己的审美趣味、价值标准,去发现、承认、尊重以至接纳其他人或物的标准。

他还用诗意的文字为我们描绘了道家思想家心中那个承载了美的理想的世界:

> 至德之世,其行填填,其视颠颠。当是时也,山无蹊隧,泽无舟梁,万物群生,连属其乡,禽兽成群,草木遂长。是故禽兽可系羁而游,鸟雀之巢可攀援而窥。夫至德之世,同与禽兽居,族与万物并,恶乎知君子小人哉!同乎无知,其德不离,同乎无欲,是谓素朴。素朴而民性得矣。(《马蹄》)

这段话刻画了一个"万物一体"的理想景象。如同《老子》中的"小国寡民"一样,这不是对所谓"原始社会"的美化或怀念,而是寄寓了道家理想的一种存在状态。至德之世,自然而已。人安居在天地之中,免除一切人工的痕迹,也没有是非美恶的判断把人与人、人与物隔离起来。没有人的巧取、规制去伤害生命之本然,所以鸟兽与人类之间都没有提防。你可以牵着小动物们游荡,它们并不抗拒,你还可以攀到鸟雀的巢边上看它们的小崽,它们也不会紧张。后世的文学当中常有对这种万物与人

---

① 引自叶朗《美学原理》,第198页。

一体的美感的憧憬。如"山鸟山花吾友于"(杜甫)、"人鸟不相乱,见兽皆相亲"(王维)、"一松一竹真朋友,山鸟山花好兄弟"(辛弃疾)。有的诗歌还体现着对自然界的感恩之情,如杜甫《题桃树》:"高秋总馈贫人实,来岁还舒满眼花"——自然之物不仅供人以生命必需的食品物品,而且人还应当真诚地欣赏它们的美。宋代道学家提出的"窗前草不除"、"观万物之生意"反映了儒家的"仁"扩大到了天地的层面,与此处的"万物群生"、"草木遂长"也有相似。在这种理想的存在状态里,怎能设想是非美丑对人心的伤害呢?

中国美学、艺术当中的理想世界深受庄子思想的影响。一般而言,艺术创作要有人工的参与(即郑板桥所谓从"胸中之竹"到"手中之竹"的飞跃),但中国人总要追求"虽由人作,宛自天开"。以盆景艺术为例,中国盆景的理想,不是像龚自珍批评的那样,将鲜活的树木弄成病木,而是要使一段病木恢复其生命的活力,将没有魅力的枯木变成有韵味的艺术形式。这里面的道理,就是顺应自然的造化。中国盆景是艺术家的创造,诚然是人"做"出来的,但正在"做"的过程中体现了自然的生意和活力。①

马克思说过:"动物只是按照它所属的那个种的尺度和需要来建造,而人懂得按照任何一个种的尺度来进行生产,并且懂得处处都把内在的尺度运用于对象,因此,人也按照美的规律来构造。"②用这个观点来分析鲁侯养鸟的例子,可以知道他失败的教训就是以自己这个种的尺度,而不是以鸟儿的尺度去对待海鸟。所以,马克思所谓的"按照美的规律来构造"并非是以人来"化"自然,而是以尊重万物、欣赏多样的态度来扩大"人"的内涵,并通过这种扩大的过程来创造美。《庄子》当中的平等观念不仅属于中国,也合于西方,不仅属于古代,也适用于近代,更属于人类思想文化交融共生的未来。

① 朱良志:《真水无香》,第263—265页。
② 马克思:《马克思恩格斯文集》第一卷,第163页,北京:人民出版社,2009年。

第三节　无知之知

在庄子的时代，名利、物欲固然伤生害命，但对于《庄子》所面对的读者而言，困境不仅限于驰骋物欲，还有知识、是非造成的争斗。庄子指出这个事实，无意于新建立一个是非体系，而是试图证明一切是非标准都是有限的。庄子不是要混淆是非，搞所谓的"相对主义"，而是呼吁人们由语词的世界返回真实的经验、情感、道德本身。他说："无以人灭天，无以故灭命，无以得殉名。"（《秋水》）就是要把"仁"从"为仁"当中解救出来，把"道"从"修道"当中解救出来，把"美"从"审美判断"当中解救出来。

庄子主张"不以好恶内伤其身，常因自然而不益生"（《德充符》），这是其"知识论"的重点，在中国思想史上影响很大，对后世美学、艺术的意义也更加直接。由此涉及美丑判断问题、艺术批评的方式、道家美学对于形体、语言、情感的态度以及自然无为的美学理想，等等。这些都是我们关注的重点。

一、突破小知

《庄子》面向的读者主要是有知识的人。这些人在古代社会多属于从事管理工作的社会中上阶层，相对体面的生活和受人尊敬的社会地位是对其社会贡献的回馈。然而，一旦承平的局面不再，他们跌落的痛苦也较平民为甚。战国时代，社会陵替，士人的地位朝不保夕。他们唯有抓住自己的知识专长、言辩词章作为自保和自勉的手段，同时又因为知识的相互攻评冲突而陷入到更深的焦虑当中。道家思想家们敏锐地认识到知识文化积累当中的某些悖谬。庄子是其中的代表。

庄子说："吾生也有涯，而知也无涯，以有涯随无涯，殆已！已而为知者，殆而已矣！"（《养生主》）庄子在这里说，人用有限的生命去追求永无止境的知识，是一件愚蠢的事。表面上看，他反对"求知"，这一点跟儒家标榜的"好学"似乎截然对立。但实际上，庄子不一概地反对"知"。他提倡"大知",反对追求"小知"。大知是智慧,让人的内心和生活变得更加自由。小知则建立在狭隘的定义、判断、辩论的基础上,表现为固执于自己的立场而相互攻讦。在道家看来,虚假不实的界限、标准、禁忌,徒令生命变得僵硬、逼仄,让社会冲突四起。

"小知"是片面的、有限的。大鹏乘着春天的大风,九万里之外的南冥,这是小鸟经验与想象范围之外的事情。寿命短暂的菌类和小虫子不知道年月的更替,与人类的知识相比是狭小的;然而人类的知识,与以千年为春秋、千里为尺寸的生物相比,又是渺小的。庄子在这里并非在价值上肯定"大"、以大为美,而是指出大小都是相对的,任何尺度都不能成为确定大小、是非、善恶的绝对标准。

"小知"是争斗的渊薮。在庄子的时代,主张仁义的"孔子之徒"与鼓吹兼爱的墨家都希望救世济民。但由于他们思想的来源、观察的角度、所取的路径大相径庭,形成了各执己见、相互攻讦的局面。在中国人的语言里,"是非"既意味着"是这个/不是这个"(事实),也意味着"赞同/反对"(价值)。① 在分辨事实的同时,也常常隐含着价值上的评判。评判就是拿着自己的尺子去衡量别人,《庄子》称之为"以是非相薺"(《知北游》)。它对生命的伤害,对真、善、美的遮蔽反而比这些知识原本要解决的问题更加严重。所以庄子把名、知都看作是"凶器"②。

"小知"是生命的枷锁。人以有涯之生,追随无涯之知,多是由于生命没有安顿之处。是非的成见、礼法的规矩、是非的品评,一旦固化为意识当中的框架,又会进一步遮蔽人的眼目心胸,"小夫之知……敝精神乎蹇浅"(《列御寇》);会让人的生命力、创造力变得枯萎,"其杀若秋冬"(《齐物论》);更可悲的是,这种知识的追求破坏了内心的安稳,"为知在毫毛,而不知大宁"(《列御寇》)。庄子说固守绝对是非标准的人是遭受

---

① 安乐哲:《中庸新论:哲学与宗教性的诠释》,《中国哲学史》,2002 年第 3 期。
② "德荡乎名,知出乎争。名也者,相轧也;知也者,争之器也。二者凶器,非所以尽行也。"(《人间世》)"圣人以必不必,故无兵;众人以不必必之,故多兵。顺于兵,故行有求。兵,恃之则亡。"(《列御寇》)

了"天刑"(《德充符》)。

庄子对小知的批判出于眼见的现实:礼法逐渐由贵族的精雅文明蜕变为逞欲的手段和统治的工具。这些工具凭藉着社会化的名、知而成立。名、知的依据是逻辑化、概念化的语言,是非的对立即在于此。《庄子》里面最具有哲学意味(在当时是名家辩士的风度)的《齐物论》,恰恰为了要破除人对语言的迷信。

对于真理,西方人的传统信念是"真理越辩越明",而在庄子看来,"辩也者,有不见也"。他认为,凭藉语言的辩论不仅不能达到真理,反而让自己的偏见更加坚固。《齐物论》指出,有与无、大与小、是与非、美与丑都是在语言当中相对待而成立的。这些对立乃是人的设定,而非世界的本然。真知即是认识到事物本身及它们之间边界的短暂不实。《齐物论》把人对世界真相的认识分为三等:意识到一切事物都是暂定的假名("未始有物"),这是最接近世界之真相的;其次是认识到事物之间的边界的虚假("未始有封");再次是认识到是非的标准是虚假的("未始有是非")。人一旦把事物名谓的边界当真,让是非的标准确定化,对"道"的把握就会残缺不全,好恶的情绪也随之而来("是非之彰也,道之所以亏也。道之所以亏,爱之所以成")。这时,"道"的真相就被遮蔽了。

《庄子》内篇的结尾讲了一个寓言:中央之帝浑沌款待了来访的南海之帝倏与北海之帝忽。倏与忽想要报答这个礼遇。他们发现浑沌没有七窍,不能像常人那样享受声色美食的欢愉,于是就尝试给浑沌凿出七窍。七天后,待耳目口鼻具备之时,浑沌死了。

浑沌死于倏忽之手。倏忽即是流变无常的代称。人一旦在形窍的引导下,有了南北上下的分别,有了好恶美丑的意识,有了对于动听的音乐、眩目的形色的向往,恬愉自得的原初体验就不复存在了。浑融一片的原创体验一旦被打破,人就只能听命于耳目口腹的号令,沿着一条追逐声色臭味的不归路越滑越远。人生的常态就是心随形转,情为物移。庄子痛切地指出:

> 其寐也魂交,其觉也形开,与接为构,日以心斗。……一受其成
> 形,不亡以待尽。与物相刃相靡,其行尽如驰,而莫之能止,不亦悲
> 乎!终身役役,而不见其成功,苶然疲役,而不知其所归,可不哀邪!
> 人谓之不死,奚益?其形化,其心与之然,可不谓大哀乎?人之生
> 也,固若是芒乎?其我独芒,而人亦有不芒者乎?(《齐物论》)

浑沌被凿出七窍,就是一个"形开"的过程。外界的形色刺激随着形
窍的开放,在人心当中刻下印迹。日夜辗转,这些印迹在外物的摩擦中
变得坚固,而人心则逐渐变得粗砺、麻木,需要更多、更坚硬的事物来满
足它。在这种心物关系当中,心在一片茫然之中不再敏锐。它放弃了主
动权,被动地由物来支使,即使疲惫不堪,也永无停止之时,不知哪里是
安歇之地。如果生命注定是这个样子,实在是一件悲哀的事情!

还有一个"玄珠"的寓言:

> 黄帝游乎赤水之北,登乎昆仑之丘,而南望还归,遗其玄珠,使
> 知索之而不得,使离朱索之而不得,使喫诟索之而不得也。乃使象
> 罔,象罔得之。黄帝曰:"异哉,象罔乃可以得之乎?"

黄帝是得道的君王,玄珠是其道行的象征。黄帝在盘桓流连山水的
时候,暂时迷失了对于"道"的把握,希望能够找回。他派了象征智巧的
"知"去找,无功而返;又派了眼力超群的"离朱"去找,也是无功而返;又
派了能言善辩的"喫诟"去找,还是无功而返。最后派了混沌朴拙的"象
罔",终于找到了。《说文》解释"玄"是"黑而有赤色",象幽远之貌。老子
以"玄之又玄"来描述"道"。从小知的角度来看,"玄珠"昧黯不明,无法
经由确定的知识、是非标准或逻辑辩论察知。玄珠只能由大智若愚的象
罔找回。如同《老子》所谓的"大象",象罔模糊了言象的边界,虽然仍然
是有限的存在,却是包蕴着无限的有限。

庄子心性修养的方法是"徇耳目内通,而外于心知"(《人间世》)。这
也是庄子提出的超越"小知"的途径。耳目是人接受信息的最主要的渠
道,"心知"则是处理信息的过程和结果。现成的、片面的信息滋长了有

限的小知,蒙蔽了人对于生命本身的领悟。庄子指出,只有将所有知识的凭据、依恃悉皆去之、外之,才能"同于大通"。这也涉及庄子哲学对于身体的态度。我们在前几章提过,先秦时代,无论老子、孔子、孟子还是楚简当中的思想,都特别重视"身"对于尽性知天的意义。在论述《中庸》的美学思想的时候,我们也提到过"身"的两面性,即一方面敞开了世界的深广的意义,另一方面也给人的智慧带来了诸多局限。老子说"贵大患若身",欲望的根源在于不可摆脱的有限形躯。浑沌死于形躯孔窍,为返回天地的至美,应该"塞其兑,闭其门",把有限的形体对人的限制降到最低。到了庄子这里,我们已经可以看到中国本土思想对于"身体"的进一步的突破与超越。他说:"堕肢体,黜聪明,离形去知,同于大通。"(《大宗师》)不仅要关闭耳目门户,而且要将身体意识彻底损去,才能与无生无灭的天地相通。

"知道易,勿言难。"(《列御寇》)先秦时代的是非论战让思想家们对于小知、言辩的局限有了透彻的洞察。《庄子》发挥了《老子》当中"知者不言,言者不知"的思想,指出:"天地有大美而不言,四时有明法而不议,万物有成理而不说。"(《知北游》)言语总有其边界、有其局限,不足以发明宇宙的深邃道理,不足以范围天地全体之美。有限的"知"要依托于广大无垠的"不知"方有意义。① 安于"无知",才能向更大的"知"的可能性开放。"孰知不言之辩,不道之道。若有能知,此之谓天府。注焉而不满,酌焉而不竭,而不知其所由来。此之谓葆光。"(《齐物论》)没有被语言、智巧宰割的世界是完整的,其意义源源不绝。无言、无知的人,永远不会"理屈辞穷"。所以,守护住意义的源头,比无谓的探求、交流更为重要。

中国美学理论的建树、中国文学与艺术批评的风格特点,都或多或少地通达"不言之辩"的思想渊源。中国的艺术批评倾向于用蕴藉丰富、简洁有力的言辞来评析作品、表达思想,而不是先建立一套严整的概念

① "人皆尊其知之所知,而莫知恃其知之所不知而后知。"(《则阳》)庄子还把具有生发功能的"不知"称作"恬":"古之治道者,以恬养知。知生而无以知为也,谓之以知养恬。知与恬交相养,而和理出其性。"(《缮性》)

系统或理论模型。有些批评，比如"以诗解诗"的《二十四诗品》，本身也就是艺术作品。

二、孰知美恶

庄子思想对中国哲学、美学有一个独特的贡献，就是对于普通美丑标准的颠覆。我们今天站在美学理论的角度，把庄子里面重点突出的"丑"作为一个问题提出来，可以有助于理解庄子思想的深层关怀，也有助于把握中国美学、中国哲学的一些核心特征和问题。我们从三个方面展开对《庄子》中"丑"的讨论。

其一，审美与实用功利的关系。苏格拉底认为实用性决定了美，他说："盾从防御看是美的，矛则从射击的敏捷和力量看是美的。"休谟对于"美"的定义也是有用。他说："美有很大一部分起于便利和效用的观念。"例如"一片荆棘丛生的平原，就它本身来说，可能和一座栽满葡萄和橄榄的山冈一样美，但对熟悉这两类果木价值的人来说，它们就不会是一样美"[①]。庄子的角度不同。他对功利化、工具化的"用"一直是警惕和抵制的，因而也质疑一切具有直接功利属性的"美"的价值。在《人间世》当中，所有外形修美、材质优良的事物都不值得肯定，因为它们难逃悲惨的命运：

> 山木自寇也，膏火自煎也。桂可食，故伐之。漆可用，故割之。
>
> 梨橘柚果瓜之属，实熟则剥，剥则辱，大枝折，小枝泄。
>
> 宜楸柏桑，其拱把而上者，求狙猴之弋者斩之。三围四围，求高名之丽者斩之。七围八围，贵人富商之家求禅傍者斩之。

与之相对，幸免于斧斤的，都是些不能被利用的"散木""不材之木"，甚至公认的"不祥之物"：

[①] 苏格拉底和休谟的话，引自朱光潜《西方美学史》上卷，第 37、228 页，北京：人民文学出版社，1962 年。

以为舟则沉，以为棺椁则速腐，以为器则速毁，以为门户则液樠，以为柱则蠹。是不材之木也，无所可用，故能若是之寿。

仰而视其细枝，则拳曲而不可以为栋梁。俯而见其大根，则轴解而不肯可为棺椁。舐其叶，则口烂而为伤，嗅之，则使人狂酲三日而不已。

解之以牛之白颡者，与豚之亢鼻者，与人之有痔病者，不可以适河。此皆巫祝以知之矣，所以为不祥也，此乃神人之所以为大祥也。

从实用功利的角度来看，不成材的树木、有毒的枝叶、畸形或有病的身体显然都是"丑"的，却因而能够在相互斩斫的世界里幸存，所以庄子以它们为有道者的象征。与之相比，"既有此内美兮，又重之以修能"（《离骚》）的香草芝兰，难免"饰知以惊愚，修身以明污，昭昭乎若揭日月而行"（《达生》），所以木秀风摧，不见容于世。庄子一针见血地指出，他们的弊病在于好名自高。阳子到宋国去，发现客栈老板冷落漂亮的妾而宠爱丑陋的那个。此人的解释是：漂亮的那个，自认为漂亮，我却不以为她漂亮；丑陋的那个，自以为丑陋，我也不看她丑。阳子因此告诫他的学生，行贤而不要自以为贤，才不会让人生厌。（《山木》）

如果人们把实用功利的角度换成无功利的角度，所谓丑的事物，也许会呈现出被世俗人忽略的一面。被匠人称为散木的栎社树，"其大蔽数千牛，絜之百围，其高临山十仞而后有枝，其可以为舟者旁十数，观者如市。"（《人间世》）散木虽然不中世用，但能够庇荫万物，使人休憩赏玩，自有一种自得庄严的形象。无用之大樗只有栽种在无何有之乡，广漠之野，一二知音无为逍遥乎寝卧其下，方得其所。

其二，审美与是非判断的关系。康德认为，审美的本质是一种判断，审美过程以命题的形式出现："这是/不是美的。"庄子思想恰恰是以对一切"判断"的质疑而展开的，其美学思想的出发点也是对"审美判断"的质疑。

凡"判断"皆有其依据，需立一标准。庄子在思想上对判断有效性的质疑,正针对着判断标准的最终可靠性。《齐物论》指出,人到树顶上会恐惧,猴子不然;人吃粮食,乌鸦以老鼠为美食;人间的美人,动物见了都会躲避……这些现象说明天下没有正确的居处、口味、形态美丑的标准。人与人之间的好恶差别虽不似这般显著,然而"彼人之佳肴,此人之毒药"实在是常有的现象。庄子由这种情况得出了一个看似极端的结论:人人都从"我"的角度来判断是非善恶,所以道德、审美其实没有一个统一的标准。

庄子因此常被人当成一个不讲任何是非概念、美丑善恶不分的"相对主义者"。这是一个很大的误解。《齐物论》明确地指出:"有左有右,有伦有义,有分有辩,有竞有争,此之谓八德。六合之外,圣人存而不论;六合之内,圣人论而不议;春秋经世先王之志,圣人议而不辩。故分也者,有不分也;辩也者,有不辩也。曰何也? 圣人怀之,众人辩之以相示也。"庄子理想的圣人,并不一概否定所有的分别和判断,而是了解人的分别、分歧来自各自立场的不同。"莫若以明"就是对各种冲突背后的标准上的歧异有所自觉,让人明了分别和判断的由来所自,在合适的限度内运用之。庄子允许不得已的分别,但能够以最广大的心来"怀之",即包容、体谅不同的标准。这就是庄子提倡的"照之于天"。

人生当中最多的是无关紧要的"小是小非",一般人的美恶判断经常不自觉地受片面的好恶左右。茵歧支离和瓮盎大瘿都是脖子肿大的异人,分别得到卫灵公和齐桓公的赏识。两位国君因为太欣赏他们,看到健全人,反而觉得"正常的"头颈十分难看。对于这种是非美丑的判断,庄子认为没有必要花心思去争议,最好的态度是"和之以天倪""不用而寓诸庸"(《齐物论》),通过打破人对于"美"的固定看法,把人从是非、美丑的标准之争当中解放出来。

其三,审美与道德修养以及形式、秩序的关系。儒家经常把美与人性的善联系在一起,认为"有诸内必形诸外"。庄子却认为丑陋的形体与完满的德性可以并存,这与他对形躯的厌离是一致的。

《德充符》里集中描绘了形形色色的肢残、丑陋的人。他们有一个共同点,就是虽然长相不堪,活得却比一般人潇洒自在,有些还颇受别人的尊敬和喜欢。兀者(腿有残疾的人)王骀的德性高尚,学生与"孔子"①的一样多,甚至"孔子"本人都想拜他为师;申徒嘉也是兀者,以一席话折服了傲慢的"子产";卫国有一个哀骀它,相貌"恶骇天下",然而男子与他相处,都因为愉快而不愿离开,女子见了,都一心想要嫁给他,哪怕做妾也可以。鲁哀公把他召来,不久也被这个样子丑陋的人深深吸引,以至想要把国家交给他管理。鲁哀公想不通他为何这样可爱,就去咨询"孔子"。"孔子"打了一个比喻。小猪们趴在死的母猪身上吃奶,忽然发现它们的母亲已经死了,就纷纷从尸体旁边跑掉,因为它们所爱的母亲并不是这个躯体,而是"使其形者"。"使其形者"是精神,是躯体的主宰。同样的道理,哀骀它的形体虽然丑陋,但他内心的"德"却十分健全。如果把外形的修美与内在的全德相比,人们当然更倾向于喜爱后者。

哀骀它的例子,并不是意在指出外形丑的人就一定具有内在美,而是要把内心的德性与外形的美恶分开。在第四章,我们提到,以孟子为代表的先秦儒家思想家极其重视"威仪",即内心的道德光辉由内心向外表的渐次发露,"君子"的身体乃至周遭的环境化入内外统一的人性的秩序当中。具有高度身心修养的君子,也可以通过由外知内的相学实践,对他人的道德状态做出品评。表面上看,儒家是坚持形与德、内与外的连贯性,而庄子却提出"德有所长而形有所忘",有意识地质疑、打破这种连贯性。实际上,更深的分歧来自两家对于"德"有不同的理解。儒家的"德"以一定文化、时代背景下的人伦秩序为首要的关怀,他们对是非美丑有明确的标准和坚强的自信,并因而坚持世间"威仪"的修养磨炼;道家并非不重视形体与心性的联结与转化,但他们的"德"并不限于人间的秩序,而且常常从宇宙大化的角度来看待人类文化的局限性。道家认为,对于人间某些规范的固持会壅塞灵明之心,使人无法对更广大、更活

①《庄子》中多有以孔子和他的学生(主要有颜回、子贡等)为主人公的寓言故事,常借孔子、颜回之口展开对话。为区别于真实的孔门师徒,这里涉及有关人物时都打引号。

泼的天地开放。庄子提出"畸于人而侔于天",意思是,以人的视角观之,是畸零,是丑陋,而以天的视角观之,则是整全,是完美。这个说法揭示了"人"与"天"的对立。① 由此,庄子对秩序体认与形体美恶之间的对应相当地有保留。在他看来,对美好文质的勉力追求,不仅有局限,而且还有落入自欺的危险。

在庄子这里,实用功利、审美判断以及道德、秩序的追求都可能戕害人的生命,所以不能被看作真正意义上的美。这一思想在美学上颇具有警醒世人的意义。世路上的人,日趋圆熟,有足够的本事掩盖、逃避自己的弱点。他们以乡愿的伪巧,固能苟存于世,唯独不可以深夜自处,不能面对更无法突破自己的软弱与局限。一个社会的风气乃至道德的、审美的、信仰的观念亦然。过于"美"的事物会遮蔽人的心目,反令精神狭隘,压抑了精神的创造性。乾隆朝的玩物,美到了顶点,巧得让人窒息,却蒙着一层烂熟而衰的阴影。古代罗马的、近代洛可可的风尚,莫不是带着苦闷的纵情、疲态尽显的繁华。当一个人的修养,一个民族、时代的文化艺术过于追求"美",以至失去了丑的勇气、丑的能耐,恐怕也就到了江郎才尽的时日。当是时,此种文化中自会生出一种反动的力量。西方的艺术在美得熟烂之后,自有中世纪的狞峻、20 世纪的荒原与破碎反动其道。中国人则不倾向以彼极端纠正此极端。在中国艺术当中,"丑"常常表现为"拙""散""生"等独特风格的美,如郑板桥曰:"四十年来画竹枝,日间挥洒夜间思。冗繁消尽留清瘦,画到生时是熟时。"董其昌也说:"画须熟后生。"而在思想上、理论上第一个发挥丑的价值的,即是庄子。在《庄子》中的一大批兀者、支离者的批判性反思,促成了一种和儒家的"文质彬彬"的主张很不相同的审美观,在中国艺术史上则出现了整整一个系

---

① 杨儒宾认为,《德充符》里大量描述相貌奇丑的人,"是针对方内君子'威仪棣棣'的人格美标准而言的。庄子认为传统儒家提倡的这种人格美,因为不是内在阴阳气化自我的体现,而是强制性的礼仪规范长期在人身体上的约束模铸的结果,所以它本身并不具备正面的价值,毋宁相反,它是人异化的一种象征"。杨儒宾编:《中国古代思想中的气论及身体观》,序言,第 23 页,台北:巨流图书公司,1993 年。

列的奇特的审美形象。

三、小大之辨

在《孟子》中,我们看到了儒家所标举的"充实而有光辉"的"大人"形象,这种形象给后人展示了一种人格美。《庄子》里,心量广大、胜物不伤的"至人""真人"也是一种"大人"的形象。与儒家相比,道家的关注范围跳脱了人世,其所崇尚的"大"可以说河汉无极,不可思议。

《庄子》的《内篇》就是从"大"的形象展开的:隐没于北冥的鲲,不知几千里广大,化而为鹏,"其翼若垂天之云"。它乘着春天的大风,远徙于南冥,"水击三千里,抟扶摇而上者九万里"。与之相对照的是蜩与学鸠两个小动物,它们"决起而飞,抢榆枋,时则不至,而控于地而已矣",甚至连稍高一点的树梢都不一定飞得过。就飞行的时空尺度来看,小大之殊自不待言。但是,《逍遥游》中的这个故事却不在赞美鲲鹏的令人瞠目结舌的"大"。以人类的尺度观之,鹏大而雀小,若换一视角,鲲鹏又何尝不似蜩鸠,蜩鸠何尝不似鲲鹏? 庄子放言:"天下莫大于秋毫之末,而太山为小,莫寿于殇子,而彭祖为夭。"(《齐物论》)以极大与极小事物的对举来打破人对于特定认识范围和标准的固执,正是庄子的拿手好戏。

在这个故事中,蜩鸠之不及鲲鹏处,并不是其生活世界的狭小,而是它们以狭小的眼界妄评讥议自己见识之外的事物。它们认为,飞行的意义,仅限于"时则不至,而控于地而已矣",以此来质疑鹏鸟"奚以之九万里而南为"。在庄子看来,"水击三千里"与"抢榆枋"的大小之别无足计较,而囿于狭隘见识而妄下是非评判才是真正的局限。从另一方面说,小鸟们的妄自讥议固然可笑,庄子也不提倡高境界的人们去评判和规制低小境界的人的世界。"饰智以惊愚"(《山木》)的结果往往是悲剧性的。可见,庄子"逍遥""齐物"之意,并非主张美丑不分,而在强调境界、世界的多样性,让人用大鹏的标准看待大鹏,用小鸟的标准看待小鸟。这种包容多种境界、多样标准的能力,才是"大"。庄子说:"夫道,覆载万物者也。洋洋乎大哉! 君子不可以不剖心焉。无为为之之谓天,无为言之之谓德,爱人利物之谓仁,不同同之之谓大,行不崖异之谓宽,有万不同之谓富。"(《天地》)在道家的价值体系里,"大""仁""宽""富"等近于德目的概念在此得到了一个正面的展示,其核心就在于广泛的包容。

《秋水》篇有一段河伯与北海若的对话,也描述了一种"大"。秋水时至,百川灌河,不辨牛马,一派烟波浩渺的景致。河神欣然自喜,以为自己的领地已是美的极致了。直到他顺流东行,看见了无边无际的大海,这才笑自己见识浅薄。海神若对他说:

> 井蛙不可以语于海者,拘于虚也;夏虫不可以语于冰者,笃于时也;曲士不可以语于道者,束于教也。今尔出于崖涘,观于大海,乃知尔丑,尔将可与语大理矣。天下之水,莫大于海:万川归之,不知何时止而不盈;尾闾泄之,不知何时已而不虚;春秋不变,水旱不知。此其过江河之流,不可为量数。而吾未尝以此自多者,自以比形于天地,而受气于阴阳,吾在于天地之间,犹小石小木之在大山也。方存乎见少,又奚以自多!

这段话是庄子针对自恃于有限的知识、是非的辩士、儒生而发的。人经常拘束于自己的固有尺度,对天下万物进行衡量,大之,小之,是之,非之,美之,丑之。但从河伯到北海若,从井蛙到东海之鳖,换一个角度就会看出似是而非,似美而丑。那么有没有一种绝对意义上的"大"(就像柏拉图追问的"大本身")呢? 庄子认为是有的。《秋水》篇中,北海若的意思是,有对待、有增减、有边界、与"小"相对的都不可谓"大",观于"春秋不变,水旱不知"的大海,方可言大道大理。但大海也不过是为了说明"千里之远,不足以举其大;千仞之高,不足以极其深","不为顷久推移,不以多少进退"的一个喻象而已。这种"大"超乎一切衡量标准之上,"无所畛域",没有边界。天地的"大美"不能凭思议来把握,只能待人的体验与此契合。庄子对此体验的描述是"无南无北,奭然四解,沦于不测;无东无西,始于玄冥,反于大通"(《秋水》)。

北海若接下来的总结可以看作是庄子美学与境界论的联合宣言:能

够体"大"的圣人,没有贵贱的界隔、多少的分别,能够广泛地包容这个万有不齐的世界里的形形色色,不强求,不恐慌,"兼怀万物","万物一齐,孰短孰长"。以此角度,我们来看庄子美学中的"道在屎溺"的公案。在庄子这里,"道"虽然是至美、至善的代称,但并不像柏拉图的"善本身""美本身"一样拒斥被人认为是丑恶、肮脏的事物。道之美首先在于"大",在于"无乎逃物"(《知北游》),超乎美恶净秽的对待之上。道家标榜的"大"或"大美"寄托在这没有增减的,廓大如天地一般的心量当中,是谓"大人"。① 庄子之标举"大人",体现了其思想的一贯追求:"无以人灭天,无以故灭命,无以得殉名。谨守而勿失,是谓反其真。"(《秋水》)

道家思想的境界极其高妙,而领会这种思想也有很高的门槛。庄子思想的精彩处是展示语言、规范、标准的不确定性。批评庄子思想者,则以其"相对主义"作为主要的靶子。道家思想的双重面目贯穿在其流传过程的始终。一方面,"无为""无言""无知"等主张有助于打破人们对于是非规矩的僵化理解,引人渐入毋意毋必的妙境,随心所欲而无有不当。但这个效果要建立在此人熟练地掌握了基本的是非规矩的前提之上,而且还要求有相当的天资悟性。然而,谈虚论无也会成为一种高士的标签,世上更多的是连基本规范都没有掌握却又爱走捷径的人。这样,道家的"无为而为""妙不可言"之类话语就走向另一面,成了伪高士们伪饰浅陋、欺世盗名的工具。这种弊病体现在一切涉及规则和评价标准的问题上,在道德上是如此,在艺术创作和品评上也颇为多见,比如与明末狂禅风气相应和的某些所谓写意书画。在道家思想的两面性影响下的中国古代工艺、艺术、思想,要么极尽高明,要么流于口说甚至蒙骗,让人不辨真伪。同时,由于鄙薄技能,各种技艺经验也不易积累。这些流弊固然不能归咎于庄子的思想,但他对技巧、逻辑、规则的有力批判,的确也让学疏躲懒的人找到了自饰的借口。

---

① 在《庄子》中,"大人""真人""圣人""至人"等多在等量的意义上使用,有时并用不分。如:"圣人并包天地,泽及天下,而不知其谁氏。是故生无爵,死无谥,实不聚,名不立,此之谓大人。……知大备者,无求,无失,无弃,不以物易己也。"(《徐无鬼》)

第四节　适者忘言

庄子认为真正的"知"的价值在于使人"终其天年而不中道夭",其条件是"有真人而后有真知"。真人"不以心捐道,不以人助天"。而要免除已有知识、成见的羁绊,协调"知"与"不知"的两难,莫过于"忘"。"忘"即把知识化入实际的生存体验之中。能忘,所以能突破"小知"而合于道,所以能"自适其适"。能忘,才能知。

《庄子》中的"忘"是对体验活动的回归,既蕴涵着知识论的哲学见解,也具有美学的意义,还代表着先秦思想家在心性修养领域所达到的深度。"相忘于江湖"是庄子哲学对人世间秩序的期望。"适"也是中国美学、艺术的理想之一。

得意忘言的思想也造就了《庄子》独特的文风。庄子看到知识是非对于生命的伤害,进而反对虚假的"知",但他的反对,又不能抛弃语言的争辩。大凡论证语言之局限性的哲学思想,总要遇到这个困境。庄子用一种独特的文风来应对这一困境。在《庄子》中,理无一定,言亦无一定。寓言式的说理方式本身就是庄子哲学、美学思想的一部分。

一、忘于江湖

庄子质疑基于语言名相的"审美判断",也展开了一个有关于"真知"的哲学问题。

> 知天之所为,知人之所为者,至矣。知天之所为者,天而生也。知人之所为者,以其知之所知,以养其知之所不知,终其天年而不中道夭者,是知之盛也。虽然,有患。夫知有所待而后当,其所待者特未定也。庸讵知吾所谓天之非人乎?所谓人之非天乎?(《大宗师》)

庄子对何谓真正的知识的提问包含了两个层次。首先,人为何需要有知识?在庄子看来,理解世界、改造世界远不及平和而自在地走完一生重要。所以,庄子意义上的"真知"就是知晓天与人的行为方式,以此来提高生命的质量——从这点看,庄子对"真知"的理解,与其说是知识论的,不如说是境界论的。其次,人如何获得真知? 任何知识总是被人为限定的边界规定的。人之所以设定种种边界,也是因为内心里"有所待"。然而真知的边界却并不固定,而且人无从靠着自己已有的知识去把握这个边界。那么,我如何知道自己理解的天地宇宙的真理不是出于我个人的妄想? 又如何断定别人看似妄想的知识不是得道的表现?

庄子不认为单纯通过语言、文字就可以把握、传达对"道"的理解。他说,世人崇敬的古代经典的文本都是"先王之陈迹",人不会单单藉由语言符号就能理解"其所以迹"(《天运》)。庄子用一个例子解释这个道理。齐桓公在堂上读书,轮扁在堂下制作车轮。轮扁忍不住对齐桓公说,您捧读的先王之言,不过是古人的糟粕而已。轮扁给出的理由是:用木头制作一个车轮所需的技艺都不能为语言所概括,我甚至无法将这种"得之于手而应于心"的知识传给我的儿子,您怎能期望通过读古人的书而领受先王治国的经验呢? 由此,庄子指出了语言在传达经验上的局限:"意之所随者,不可以言传也……形色名声,果不足以得彼之情,则知者不言,言者不知,而世岂知之哉!"(《天道》)

还有一个著名的故事:

> 庄子与惠子游于濠梁之上。庄子曰:"儵鱼出游从容,是鱼之乐也。"惠子曰:"子非鱼,安知鱼之乐?"庄子曰:"子非我,安知我不知鱼之乐?"惠子曰:"我非子,固不知子矣;子固非鱼也,子之不知鱼之乐,全矣!"庄子曰:"请循其本。子曰'汝安知鱼之乐'云者,既已知吾知之而问我。我知之濠上也。"(《秋水》)

庄子在濠梁之上游玩,看到水里的鱼儿也在从容地游玩,忽然觉得鱼儿很欢乐。惠子偏要靠逻辑推理辩出一个所以然:我与你不能相知,你与鱼儿同样不能相知,所以你不能说你知道鱼儿是欢乐的。从辩论的角度,惠子占了上风,庄子被迫用偷换"安知"的意思来诡辩。然而庄子的诡辩却另有一层深意:"乐"之所在,唯由体认,无法辩得。庄子对鱼乐的"知",乃是游于濠梁而观鱼出游的一念之间。在当时的一念之乐中,我与鱼、庄子与惠子都没有区隔。他心即我心,鱼儿之乐也就是我的真实体验。但到了后来辩论"子非我"的情境时,人已经离开了当时的体验,再用语言、逻辑去追索,当然徒劳无功。

濠梁之辩对"知"的探讨触及了审美体验的特点。正如朱光潜所说:"我们对于一件艺术品或是一幅自然风景,欣赏的浓度愈大,就愈不觉得自己在欣赏它,愈不觉得它所生的感觉是愉快的。如果自己觉到快感,就好比提灯寻影,灯到影灭,美感的态度便已消失了。"①"鱼之乐"就在这里,当下即成,没有道理可讲。欲辩忘言、无话可说之处,才是人的经验之"本"。

《庄子》里面有许多例子呈现了超越语言的交往境界。子祀、子舆、子犁、子来四人是好朋友,因为他们都把生死存亡看成一体;子桑户、孟子反、子琴张三人也是好朋友,他们共同的志向是"孰能相与于无相与,相为于无相为?孰能登天游雾,挠挑无极,相忘以生,无所终穷"(《大宗师》)。这些人对于生命有同等境界的理解,而这种理解超越了语言交流的层次,所以他们能够"相视而笑,莫逆于心,遂相与为友"。最完满的体验和交流,莫过于"相视而笑,莫逆于心"。

我们一直强调破除"小知"的阻遏对于"真知"或意象世界的生成至关重要。然而,这并不意味着人要消解掉一切善恶美丑的差别。简而无文意味着人心的粗陋和干瘪,甚至难以脱离浑浑噩噩的动物状态。《庄子》里面出神入化的技艺、洋洋大观的心游,都不是愚钝人能够体验的状态。庄子并不否定必要的规矩、约束、人为修养以及对于是非美丑的辨别,只是强调知识的、道德的、审美的修养和积累不能对人的当下体验造成干扰。这里就有一个两难:"知",还是"不知"?庄子说,最好就是"其解之也似不解之者,其知之也似不知之也,不知而后知之"(《徐无鬼》)。

---

① 朱光潜:《文艺心理学》,第77页,合肥:安徽教育出版社,1996年。

但如何把"知"与"不知"统一起来,使得虽然"知",却又好似"不知"?

这个难题,朱光潜在论述艺术的道德功能时,也明确地提出来过。他说,一方面,审美是整体人生的一部分,不能与道德、知识割裂开来。有了道德的修养才能陶冶审美的趣味,有了丰富的知识储备才能成就联想,使得美感经验变得充实。但另一方面,审美的创造和欣赏过程,都是直觉到一个"孤立的形象"。道德修养和知识储备都不能羼杂进"形象的直觉"当中,只能作为审美直觉的"前因后果"来看待。① 这样,朱光潜把审美与非审美的关系,处理为在广义上的审美过程中的不同心理状态、不同意识阶段的时间相续过程。但在这个解释中,他并未说明这些状态、阶段之间是如何联结的。

我们在前面曾用"深层意识"的概念讨论过儒家美学中的"诚",这里也可以用此概念解释"知"与"不知"的统一。"孤立的形象"与道德的关怀、知识上的积累以及批评的意识之间不仅是时间先后的区分,也是结构性的区分,即审美与非审美的因素处在不同的意识层次:在审美的过程中,露出意识表面的是"孤立绝缘的形象",而平日的修养、学习的积累则在意识的深层,暗中为这个形象赋予意义。在人意识的浅层,道德、知识等非审美的因素是隐而不显的,但这并不意味着它们无足轻重。相反,人与人的眼目所见如此不同,对美丑的领略千差万别,总归都是由于人在潜隐的层面各各不同。

深层意识的作用使得某些信息从表层意识中褪去,表现出来的状态就是"忘"。"忘"又分为两种,一种是日常状态的"遗忘",一种是审美状态的"忘情"。遗忘是意识层面的知识、技能或道德修养抵挡不住深层意识的反方向的冲动,有用的信息被积习埋没掉了。子夏说:"日知其所

---

① 朱光潜《文艺心理学》第六、七、八章,尤其体现在这段论述中:"在美感经验之中,精神需专注于孤立绝缘的意象,不容有联想,有联想则离开欣赏对象而旁迁他涉。但是这个意象的产生不能不借助于联想,联想愈丰富则愈深广,愈明晰。一言以蔽之,联想虽不能与美感经验同时并存,但是可以来在美感经验之前,使美感经验愈加充实。"朱光潜:《文艺心理学》,第 94 页。

亡,月不忘其所能,可谓好学也已。"(《论语·子张》)就是说平日里的所学要经常巩固,免得被惰性抵消掉。这是指的日常状态的遗忘。审美状态的"忘情"则不同。经由长期的熏陶、深入的领会,知识的积累、是非的抉择与美丑的辨别有可能沉入人格的深层。一个技艺纯熟的创作者,可能背诵不来初入门时的口诀,然而,一旦临机触发,素日所学即应身上手,如有神助。知识因而已经不再是行为动作的外在标准,而是化成了行动本身。这种"忘"是生涩之知向"不思而能"的飞跃,是知的升华。① 庄子用"忘"化解了"知之似不知之"的两难,也回答了知识在何种条件下才真正为人所用,同时又不构成创造性活动的障碍。

审美意义上的"忘"帮助人规避是非判断对于本真存在的宰割。泉水干涸了,塘里的鱼搁浅在陆地上,互相把嘴里的水吐给对方,希望自己的同伴不要渴死。就鱼儿的生命而言,可怜巴巴地"相濡以沫",实在不如盘桓在自然大道的广阔江湖之中,忘记对方的好处。水塘是否干涸,鱼儿不能选择。人是否陷于是非交争的处境,却全存乎一心。固守仁义的观念和形式,以知识、论说的方式是尧而非桀,唾液横飞,不如让仁义隐入意识的底层,大家一同化入无限的"道"中,体会自然情性的美好。这其间的差别,正如同口水和汪洋的对比。

"忘"的最终目的在于重归"存在"之江湖,使人"适"。庄子说,最好的鞋子,让你忘掉脚的感觉;最好的衣带,让你忘掉腰的感觉;心的安适,是忘掉有是非的存在。内心不游移,也不感到外在的拘束,这是做事情时的安适;时时刻刻都处在安适的状态里,连"适"都忘掉了,是"忘适之适"。② 生命之情的妥帖与否,只能自己体会得来,而一旦进入真的体会,也就无暇顾及是非了。如果整天把仁义挂在口边,不能自得其意,那就

---

① 张世英将这种意义的"忘"概括为"思致"。他说:"'思致'是思想—认识在人心中沉积日久已经转化(超越)为感情和直接性的东西。"张世英《哲学导论》,第 125—126 页。

② "忘足,履之适也;忘腰,带之适也;知忘是非,心之适也;不内变,不外从,事会之适也;始乎适而未尝不适者,忘适之适也。"(《达生》)从这一点也可以看出,庄子并没有把持一个"忘"的主体,"忘"最后是指向自身的。后来的儒家学者张载发挥了这一思考,说:"由象识心,徇象丧心,知象者心。存象之心,亦象而已,谓之心可乎?"(《正蒙·大心》)

是"适人之适，而不自适其适"。艺术欣赏何尝不是如此？朱光潜说："我们对于一件艺术品或是一幅自然风景，欣赏的浓度愈大，就愈不觉得自己在欣赏它，愈不觉得它所生的感觉是愉快的。……比如读一首诗或是看一幕戏，当时我们只是心领神会，如鱼得水，无暇他及。后来回想，才觉得这一番经验很愉快。"[①]在艺术欣赏的最投入之处，"如鱼得水，无暇他及"就是庄子所谓"忘"与"适"，这就是我们普通人对于审美的直觉性的经验。忘言之言，无意于审美，却与审美相得。

在《庄子》里，"忘"有不同的层面。

一是去除名利层面的障碍。

> 宋元君将画图，众史皆至，受揖而立，舐笔和墨，在外者半。有一史后至者，儃儃然不趋，受揖不立，因之舍。公使人视之，则解衣般礴，臝。君曰："可矣，是真画者也。"（《田子方》）

在庄子的时代，还没有个人艺术创作意义上的画家，当时作画的人都是"画史"，也就是政府里面的专业技术人员。作为职业画匠，他们不免带有职业人重视等级、制度、奖惩的习惯。这种习惯表现在行为上，就是谨小慎微，不敢越雷池一步。看他们被宋元君召来，都小步快跑，然后规规矩矩地站定，小心翼翼地备好笔墨。唯独有一位后到的画史，反而步履舒缓地走上前来。他领了君命也不站在队中，转身回馆舍去了。国君好奇地派人前去窥视，发现这位画史脱掉上衣，盘腿而坐（当时是无礼的姿势），赤裸着身体开始作画。宋元君听了汇报，感慨地说："不错，这才是真画师啊！"此人能够超脱职业习惯和名利观念的束缚，画的图也必定出众。

> 梓庆削木为锯。锯成，见者惊犹鬼神。鲁侯见而问焉，曰："子何术以为焉？"对曰："臣，工人，何术之有！虽然，有一焉：臣将为锯，未尝敢以耗气也，必齐以静心。齐三日，而不敢怀庆赏爵禄；齐五

---

① 朱光潜：《文艺心理学》，第 77 页。

日,不敢怀非誉巧拙;齐七日,辄然忘吾有四肢形体也。当是时也,无公朝,其巧专而外骨消,然后入山林,观天性形躯。至矣,然后成。见锯,然后加手焉,不然则已。则以天合天,器之所以疑神者,其是与!"(《达生》)

"锯"("鐻")是悬挂钟鼓的木架,有特定的形制并雕有精美的花纹。一位名叫梓庆的人,为鲁侯制作这种木架。他在动手之前,要先斋戒以"静心"。这有三个阶段,依次要排除功利的欲望、是非评判的习惯和身体的意识。这三阶段是一个越来越深地去除"自我"的过程。直到梓庆到达了"巧专而外骨消"的"无我"的状态,方才进入山林里观木材的天性。待到他直接在木材中"看到"了锯的形象,才动手制作。其实,在梓庆进入山林选材的那一刻,作为艺术意象的锯就已完成了:他从众多的树木当中看到的不是木材,而直接就是完整的锯的形象,正如希腊人说他们不是把石头雕刻成为天神的形状,而是把天神从石料当中"请"出来一样。

梓庆是用一种真正的艺术家的方式来制作一件实用物品,就他自己的体验而言,也可以说是完成了一件艺术品。梓庆削木为锯,让人惊犹鬼神,关键在于他排除了一切因素对心神的干扰,能够依据自由生成的审美意象来"创作",而非一个工匠依据客户的任务勉强为之的"制作"。通过意象的生成,人做的每一件事都通于最为精妙的艺术创作,并伴随着旁人难以领略的大快乐。朱光潜强调审美活动中的"形象"(我们今天称作"意象")是"孤立绝缘"的,也正是为了用审美的专注来培养、磨炼人的心神,使之免除寻常生活的欲求、评判、操心以至恐慌对内心的扰动。梓庆通过"斋以静心"把赏罚名利、非誉巧拙乃至四肢形体全部忘掉,去除是非杂念,涵养自己的审美心胸,使得精神专注于雕刻本身之上,其作品因此而"以天合天",达到了"疑神"的程度。

第二层是超越外在的规则、典范对创造力的束缚。

"颜回"是"孔子"的好学生,但他困惑地问老师:您怎样走,我也怎样走,您怎样做,我都跟着做,但您无为而为,不知道怎样做成的,就像脚掌离开地面般奔跑,让我根本无法追随啊!"孔子"说,最悲哀的事情就是心死,身体的死亡倒在其次。万物没有停留不变的地方,我们一旦被固定的"成形"限制住心灵,就失去了随天地自然而"化"的机会,只能眼睁睁地等死。你看到的、追随的,都是我已经显露成形的做法。它们一旦成形,马上就开始了新的变化。你要把这些已然过时的东西认作实有,岂不就像在已经散去的集市上寻求马匹一样毫无所得吗? 所以,不如忘记这些成形的规矩。忘掉了过去的"我",但我还有不可被忘记的东西呢!(《田子方》)

"颜回"的问题揭示出了"学习"的两难:要学习,不能离开摹习典范,但典范一旦成立,就已经脱离了它当初所以为典范的环境,已经难保其创造的活力了。复由此陈陈相因,必然走向僵化。"孔子"反对学习已成形的形迹,而是希望以未死之心学习典范的心迹,给出的建议还是"忘"。有"忘"有"不忘",这是"忘"的妙处。

艺术最忌死板模仿。中国人对于艺术传承,有一句经验之谈:"学我者生,似我者死。"这生死之间,也是有没有学得心迹的问题。明代董其昌等论当时绘画的南北宗的特点,即从"化工"与"画工"的区别着眼。朱简论治印,也提出了"文人之印"与"工人之印"的区别。[1] "画工"与"工人之印"谨守法度,不敢有任何创造,所以常被讥评为"匠气",而"化工"与"文人之印"都是在规矩基础上的活变创造。中国古人相信,人在法度之内活变创造的能力是可以推广的:任何技巧,由熟练而达于高妙灵变的境界,往往也都被尊为"艺术",比如"管理的艺术""经商的艺术""谈判的艺术"。这些"艺术"的说法,都是在"运用之妙,存乎一心"的意义上用的。

第三层是"忘我",由此可以突破"我"与物、"我"与人的一切隔膜,把人生都变成了高妙的艺术作品。

---

① 朱良志:《真水无香》,第 301 页。

"忘我"突破了人与物之间的隔膜。《达生》里提到一位能在险滩激流里嬉游的人。"孔子"前去请教"蹈水之道",那人说,我没有道,只是顺从水的冲击回环,"从水之道而不为私"罢了。此人从小就与悬崖水流相伴,对他而言,水并不是危害身命的对立物,所以能够"安于水","不知吾所以然而然"。也就是说,他与水没有对待和紧张,忘我兼忘水,所以能在常人眼中犹如鬼神,在鱼鳖都无法存身的激流里,披发行歌而游。

"忘我"还能突破人与人之间交流的有限性。

> 圣人其穷也,使家人忘其贫;其达也,使王公忘爵禄而化卑;其于物也,与之为娱矣;其于人也,乐物之通而保己焉。故或不言而饮人以和,与人并立而使人化,夫子之宜。彼其乎归居,而一闲其所施。其于人心者,若是其远也。(《则阳》)

圣人境界的"忘"是不论穷达,都能无变于心,以至不仅自己忘怀尊卑,而且令他人也忘掉名利。到了这个层次,人可以与外物和他人愉悦地相处。不用说话,就能让人如沐春风,如饮醇和的甘露,仅仅跟别人站在一起,就有化育之功,使人的心习得潜移默化的影响。这种"忘"是对于老子"损之又损,以至于无为"的发挥,也是道家教化理想的表露。

"与人并立而使人化"的境界也与孟子所谓"大而化之"的圣人气象很相似。不过,道家的"忘",最后的目的是"至人无己,神人无功,圣人无名"(《逍遥游》)。他们的圣人不是圣主,而定会"归居";他的施受必定要"闲";他之于人心,必定能"远"。这样的圣人在化育万物的道德境界之外,还有一种闲趣,有一种"心远地自偏"的美的意味。冯友兰将这种理想化的"天人合一"称为"天地境界",张世英则发挥为"审美境界"。①

---

① 张世英说:"婴儿在其天人合一境界中,尚无主客之分,根本没有自我意识,这种原始的天人合一,我把它叫做'无我之境';有了主客二分,从而也有了自我意识之后,这种状态,我称之为'有我之境';超越主客二分所达到的更高一级的天人合一,应该是一种'忘我之境'。审美意识都是一种忘我之境,也可以说是一种物我两忘之境。"张世英:《天人之际——中西哲学的困惑与选择》,第232—233页。

二、言无言

庄子说："狗不以善吠为良，人不以善言为贤。"(《徐无鬼》)他十分警惕语言对存在的遮蔽。然而，与"去知"一样，所有主张"无言"的说法都会面对自相矛盾的指摘。《老子》五千言，人尚讥其多，《庄子》汪洋恣肆数万字，如何回应这种质问呢？《寓言》篇给出的回答是"终始言，未尝言；终始不言，未尝不言"。庄子并非一概否定语言，恰恰要转换言说的方式，使人成为言的主人。在语言面前，庄子为我们展示了真自由，所以鲁迅在《汉文学史纲要》中称赞庄子的著作是"晚周诸子之作，莫能先也"。《庄子》能够如此，是因为它有一种幻梦般的、寓言的文风。庄子说理，却不是逻辑的、概念的，"不象寻常那一种矜严的、峻刻的、料峭的一味皱眉头、绞脑子的东西；他的思想的本身便是一首绝妙的诗"。"读庄子本分不出哪是思想的美哪是文学的美。那思想与文字、外形与本质的极端的调和，那种不可捉摸的浑圆的机体，便是文章家的极致；只那一点，便足注定庄子在文学中的地位。朱熹说庄子'是他见得方说到'，一句极平淡极敷泛的断语。严格地讲，古今有几个人当得起？ 其实在庄子，'见'与'说'之间并无因果的关系。那譬如一面花，一面字，原来只是一颗钱币。"①《庄子》洋洋数万言，本身就是对"不言之辩"的实践。其独特的言语方式，这里勉强列举几种。

其一，"荒唐之言"。

庄子说，父亲夸自己的儿子，效果就不如让别人来夸为好，所以他经常假托古圣贤来说自己的话。最常出现的就是孔子和他的弟子颜回，其次还有黄帝、尧、舜，以及道家传说中的真人，如许由、啮缺、王倪、长梧子、女禹等等。不仅如此，《庄子》还是一个童话般的世界，杂着瑰丽的好奇。不仅大树是得道高人的形象，鸟兽经常发表高见，蛇能与风对话，甚至影子会跟影子的影子辩论，骷髅也可以托梦把庄子本人教训一番。

① 闻一多：《古典新义》，第 252 页。

庄子自谓:"寓言十九,重言十七,卮言日出,和以天倪。"(《寓言》)寓言、重言都是假借数不清的形形色色、虚虚实实的人物替自己说话;卮是一种"满则倾,空则仰"的器皿,可以"随物而变,非执一守"(郭注),所以"卮言"就是用灵活不拘的说法表达意思,不执守某一固定的主张,还可以打破别人的定见。《庄子》自称的"谬悠之说,荒唐之言,无端崖之辞"(《天下》),多属于此类"卮言"。举一个例子。齐桓公在大泽里田猎时见到了鬼,受惊吓而生病了。齐国有一位士人叫做皇子告敖,先对桓公讲说道理:你这是愤愤之气导致的心病,跟鬼没有关系。桓公不理会,还是追问鬼的事情。皇子就说真的有鬼:污水聚积处、灶台上、堆放垃圾处、墙角里都有各种小鬼,还有水中之鬼叫罔象,土丘之鬼叫峷,山中之鬼叫夔,旷野之鬼叫彷徨,沼泽之鬼叫委蛇。桓公赶紧问,委蛇是什么样的?皇子说,委蛇像车轮一般粗细,车辕一般长短,身体是紫色的,头是红色的。它形象丑陋,听到战车的轰鸣声就捧着脑袋站在那里。有幸见到这种怪物的人多半可以做霸主。桓公听了大笑,说这正是我见到的鬼啊!当天他的病就好了。

孟子因为圣人之道受到"邪说"的冲击,出于"不得已"而辩论。庄子却说,天下的人沉溺得太深太久,无法用郑重的、直接的方式述说大道,否则反倒增加了他们的疑惑。[1] 所以,同样出于"不得已",庄子一面鼓吹"和是非""无物不然,无物不可"的观念,另一面则用说故事的"卮言"给人启发。相对于用概念、命题的方式来表述见解,故事较不会因为语义的游移甚至传抄的讹误而失真。各文明的古经典,多以譬喻言理,并非偶然。

有人说:"在《庄子》中的每一个寓言后面都站着一个哲学结论,蕴涵着一种哲学思想。"[2]中国古人的理论表述的形式固然不像西方哲学那样严整,但不等于说他们没有哲学思维。也许正是由于对言辩限度的洞

---

[1] "于天下为沈浊,不可与庄语。"(《天下》)"与齐侯言尧、舜、黄帝之道,而重以燧人、神农之言。彼将内求于己而不得,不得则惑,人惑则死。"(《至乐》)
[2] 崔大华:《庄学研究》,第 312 页。

察，中国古人及早地发现了逻辑推衍的局限，才有意地回避在理论形式里面的钻研（所以名家的路子没有走下去），发展出了更加精妙的思维方式和言说方式。《庄子》本身就是最好的用寓言说理的榜样。"谐趣和想象打成一片，设想愈奇幻，趣味愈滑稽，结果便愈能发人深省——这才是庄子的寓言。"①

其二，"大言"。

庄子具有漫无端涯的想象力，常以奇伟的意象来打破小知的牢笼。

有一位任公子要钓大鱼。他用五十头阉牛做饵，蹲在会稽山上，把鱼竿投到东海里面，一年也钓不到一条鱼。然而大鱼一旦咬钩，时而牵动大钩深陷，时而翻腾巨鳍，掀起像山丘样的白浪。海水震荡，巨响达于鬼神，千里之外都觉得震撼。任公子把这条大鱼做成了腊干，从江浙以东到广西苍梧以北的人，没有不饱餐一顿的。在小水沟里垂钓的人无法想象这样的场面。庄子借此说，仰仗一点小才谋取名利的人与真正有大智慧的人之间，距离也有这么远。（《外物》）庄子还描绘了"水击三千里，抟扶摇而上者九万里"的大鹏、"八千岁为春、八千岁为秋"的大椿树等等"犹河汉而无极"的事物，都是为了发挥其哲学思考。

"大言"并不一定意味着时空的尺度特别大，"大"还有另一个极端。还有这样的寓言：一只蜗牛的左右触角上各有一个国家，两国争地而战，伏尸数万，追逐溃军都用了十五天的时间。（《则阳》）无论极大还是极小，都大大地冲击了常人对于空间和时间的固有尺度，难怪人们要"惊怖其言"（《逍遥游》）。庄子就是用这种"大言"的方式来凸显人的有限知识、标准的渺小。

"大言"既是一种说理的形式，也是一种别样的文学。佛经中常有"恒河沙数"的说法，而中国古文学中，《庄子》最能呼应其妙。在浩渺的宇宙之中，四海、九州尚如"豪末之在于马体"，遑论"五帝之所连，三王之所争，仁人之所忧，任士之所劳"（《秋水》）！魏君听了蜗角之国的比喻

---

① 闻一多：《古典新义》，第 256 页。

后,顿生一种虚幻感。一切野心家的追求和骄傲,在广大无垠的时空尺度之下顿时失去了意义,令人"怳然若有亡"。但同时,人也因此开展了心胸,当下即可以跨越功利的、道德的境界,以无得失之心来观看人世的悲欢离合。①

其三,"吊诡"。

主张凡物皆流,莫执一定者,常以幻梦示人。庄子是说梦的高手,他以梦来喻示万物的暂与变、知识的虚幻、生死的不足虑。《齐物论》的主题是破除知识是非的定见,对梦的描述也最为精彩。丽姬悔泣,正是时间的"不透明"产生了今是昨非之感,又怎能肯定当前的"知"是正确的?人可以辩说:无妨,随着时间的推移,我积累的知识会越来越接近一个"绝对真理"。然而,庄子说,"梦饮酒者,旦而哭泣,梦哭泣者,旦而田猎",梦中人不知他在做梦,梦醒了,存在与知识亦已改变,而所谓觉醒是否又不知不觉地切换到了另一层梦中?梦戳穿了连续性存在(continuous existence)的幻象,质疑了关于时空、自我这类最为人确信的、作为理性的哲学思考之基础的知识。庄子的幻梦观与后世传入的佛家思想汇合,在美学、艺术上产生极大影响,比如王维即以"雪中芭蕉"的幻象警人心目。这是对中国古人牢不可破的岁时秩序的反动,开启了一种新的艺术观念。

"梦言"也指向人们对于语言的固执。网状的因果联系给非此即彼的线性逻辑思维造成了无数纠结,常常表现为"自反"的困境。比如中国的"以子之矛,攻子之盾",又如西方的"说谎者悖论"("我现在说的是谎话")。不可解的诡论多由普遍性的命题的自我指涉而生。庄子说,我与你都在梦中,我在梦中说你在梦中。这样的梦话,就叫做"吊诡"。② 所

---

① 《庄子》里还有一个故事。曾子再仕而心再化,曰:"吾及亲仕,三釜而心乐;后仕,三千钟而不洎,吾心悲。"弟子问于仲尼曰:"若参者,可谓无所县其罪乎?"曰:"既已县矣!夫无所县者,可以有哀乎?彼视三釜、三千钟,如观雀蚊虻相过乎前也。"(《寓言》)

② "丘也与汝皆梦也,予谓汝梦亦梦也。是其言也,其名为吊诡。"(《齐物论》)"不识今之言者,其觉乎,梦者乎?"(《大宗师》)

以，无需要"以子之矛，攻子之盾"，因为在语词的迷津里，说理者本身并不做真，"予尝为汝妄言之，汝亦以妄听之。"（《齐物论》）犹如"太虚幻境"门口的警句："假作真时真亦假。"人若于此盘桓流连，则永不能入游其美。所以，"人生如梦"的说法不一定是消极的。借用庄子的理路，所谓"积极""消极"，谁能言之，谁能断之？庄子以吊诡为桩，拴住了不安分的理性。

《庄子》常跟圣人开玩笑，所以"叔诡可观"。有人评他摹写之妙："'儒以诗书发冢'一段，极言儒术之坏，无不可为。或当世实有此事，或庄子随手生波。读者毋庸拘泥，但觉得腐儒行径摹写入神。忽而胪传踊跃，忽而欣喜着忙，忽用韵语彼此商量，忽引诗词讥诮死者，层层搜剥，件件斯文。虽为盗窃之时，亦满口嚼字咬文，真绘影绘声之极笔。"（刘凤苞《南华雪心编》）然而，庄子却又不是一个玩世的"相对主义者"。他寓立于破，并没有一味地破坏。在"吊诡"与"厄言"当中，还寄寓着他对于颠倒浮生的悲悯和觉解的希望。他说，我们都在梦中说梦，但待万世之后遇到了彻底觉解的大圣人，这长久的荒唐、错乱和疏离不过好似一瞬间的迷乱而已。"参万岁而一成纯，万物尽然而以是相蕴。"（《齐物论》）在普遍包容的意义世界里，没有时空的阻隔。体悟大道的真人、遥世相望的真知总是可以"相视而笑，莫逆于心"。世界可以不是我们众人眼前的样子。

《庄子》的时代，智巧弥天而人心纷杂淆乱，"荒唐之言""大言""吊诡"等言说方式摆脱了空泛辩论的"言"，而诉诸灵动的"象"。"《庄子》之文，长于譬喻。其玄映空明，解脱变化，有水月镜花之妙。且喻后出喻，喻中设喻，不啻峡云层起，海市幻生，从来无人及得。"（宣颖《庄解小言》）然而，《庄子》的价值却不在以汪洋恣肆的文字悦人心目，其文学不为"不朽之盛事"（曹丕）而作。章太炎云：《庄子》之文的特点在于"飞"，然而，庄文之飞又超乎鹏鸟"水击三千里，抟扶摇而上者九万里"的"飞"。庄子说：

闻以有翼飞者矣，未闻以无翼飞者也。闻以有知知矣，未闻以

无知知者也。(《人间世》)

有象斯有对。两仪既判,象分阴阳,对待之中自有精妙的思想、绚丽的文辞,但另一面也是惑乱、斗争的渊薮。"无知知"就是超越有"对"之"象",立于"道枢"之中而和解其仇。庄子以辩破辩,因象超象,使人超越是非分别的"小知"。他的文章就是无翼之飞。"筌者所以在鱼,得鱼而忘筌;蹄者所以在兔,得兔而忘蹄;言者所以在意,得意而忘言。吾安得夫忘言之人而与之言哉!"(《外物》)人贵在"得意",相忘于江湖,体贴自己的存在。

第五节 "游"与"逸":道家的大人境界

精神自由是庄子思想的核心。庄子一方面主张从一切实用功利和知识是非的束缚中超脱出来,另一方面也从积极的角度展示了与大道合一的自由体验。此积极的角度有一个一以贯之的核心观念,就是"游"。"游"的境界,就是一己之生命和"道"融浑为一的自由超脱的精神体验。[①]

"游"是道家思想为中国美学贡献的一个理念,在中国艺术及美学里逐渐形成了"逸"的风格。这是一种带有浓厚的道家色彩的"兴"。"游""逸"以及庄子对"大人"的描述,体现了道家的境界论的特点,也为我们思考"大""崇高"等一般美学概念提供了一个中国美学的视角。

一、游刃有余

《庄子》内篇之中,对"游"的最集中、最精彩的描述就是《养生主》中的"庖丁解牛"。

> 庖丁为文惠君解牛,手之所触,肩之所倚,足之所履,膝之所倚,砉然响然,奏刀騞然。莫不中音,合于桑林之舞,乃中经首之会。文惠君曰:"嘻,善哉! 技盖至乎此乎?"庖丁释刀对曰:"臣之所好者,

---

① 叶朗:《美学原理》,第381页。

道也,进乎技矣。始臣之解牛之时,所见无非牛者。三年之后,未尝见全牛也。方今之时,臣以神遇,而不以目视。官知止而神欲行,依乎天理,批大郤,导大窾,因其固然。技经肯綮之未尝,而况大軱乎?良庖岁更刀,割也。族庖月更刀,折也。今臣之刀,十九年矣,所解数千牛矣,而刀刃若新发于硎。彼节者有间,而刀刃者无厚,以无厚入有间,恢恢乎其于游刃必有余地矣。是以十九年而刀刃若新发于硎。虽然,每至于族,吾见其难为,怵然为戒,视为止,行为迟,动刀甚微,谍然已解,如土委地,提刀而立,为之四顾,为之踌躇满志,善刀而藏之。"文惠君曰:"善哉!吾闻庖丁之言,得养生焉。"

庖丁把屠宰切肉这样一种辛苦乏味的工作发挥成了高超的舞蹈艺术,并从中体会到了高度的精神享受("踌躇满志"),依靠的是对于"道"的领会。这种领会超乎主客二分的知识和单纯的技艺纯熟,而臻于无为无不为的自由创造,所以文惠君感叹其通于生命的至理。

庄子在这里强调了"天理"的概念。庄子对俗儒把持的礼乐制度、五音六律常常抱有冷嘲热讽的姿态,而庖丁一篇方见出他对于上古文化的尊崇。庖丁的身体动作乃至切割皮肉所发出的音响,"莫不中音",就是符合音律,而且如同神圣的乐舞一般——"桑林之舞"是传自殷商的古乐舞,是天子之舞。庄子笔下的得道之人,无心于音律与乐舞,动作却自然合于音律与乐舞。这颇有孔夫子所谓"从心所欲,不逾矩"的意味。庖丁面对难解的筋节,又十分谨慎,丝毫没有放旷疏简的风气。可见,庄子的"游""自由"等观念,并不意味着肆意妄为,涂抹欺世,其精神与后世儒家宣扬的"活泼泼地"境界相通。

庖丁对于"道"的把握方式仍有较强的道家色彩:要把握和依从天理,需要停用有限的耳目之官而"以神遇"——眼睛无法突破皮毛的阻碍而洞悉骨节筋络的复杂组织,而"神"则可以。作为解牛的准备工作,"官知止而神欲行"与《人间世》中的"无听之以耳,而听之以心,无听之以心,而听之以气"的"心斋"工夫是一致的,都是通过摒除有限的功利、技巧,让人心本自具有的潜能发挥出来,敏锐地觉知情境的特点。人由此可以灵活地掌握常与变、正与奇的尺度,既最大限度地调动既有知识、技术的储备,又最合理地应对任何一个独一无二的情境。

"游"可以给人带来高度的精神享受,但"游"本身却是无外在目的的,即朱光潜说的"无所为而为"的态度。"浮游不知所求,猖狂不知所往。游者鞅掌,以观无妄。"(《在宥》)唯有随兴而往,兴尽而归,才是真能游者。在这里我们可以把庖丁解牛的例子和前面提到的灌园叟抱瓮的例子做一个对比:两者都涉及到了"技"的问题,但庄子的态度截然不同。在庖丁这里,出神入化的"技"不是邀功求禄的手段,而是以解决一个难题之后的"诇然已解,如土委地"的体验为乐。在这种由技艺本身激发的快乐当中,庖丁得到了一种乐道的体验。而灌园叟严厉批判的提水机则不然,它的目的仅仅是最高效率地获取现实功利的效能,至于这种大规模的功利效用是否可能超出人心的驾驭范围则不在考虑范围内。

在分析孔子的"游于艺"时,我们已经把"技"区分为二:一个是"技艺",另一个是"技术"。"技艺"是通达高度的精神成就和享受("乐道")的必要途径,"技术"则是追求现实功利、效能的手段。"技艺"主于身,化入音乐之道,为游戏,为审美的体验;"技术"则施于外物,令人心驰不返,远离了生命的本真。庄子高扬技艺而贬斥技术,近于孔子说的"君子上达,小人下达"的意思。所以,是否以"无为"的态度来运用"技",正是能游与不能游的分界。能游与不能游,区分了审美与功利、道与器、君子与小人。在对待"技"的态度上,儒家与道家也分享着相似的认识。

我们在第二章分析老子的"当其无,有器之用"(《老子》十一章)的时候提到了心灵空间对于人的精神世界的重要性。庄子的思想深化了关于心灵空间的思考,其中就有庖丁解牛的寓言给中国文化贡献的"游刃有余"的思想。游刃有余所体现的自由,绝不仅仅是艺术性的劳动这样简单,文惠君点出的"养生"才是其价值所在。这里的"养生"主要是涵养生命的意义,不使其伤于外物,"终其天年而不中道夭"(《大宗师》),进一步还能"虚己以游世"(《山木》)。在庖丁的寓言里,骨头和肌肉象征着坚硬的、具有伤害性的"物",而锋利的刀刃则代表了进入世间的"我"。《老子》云"有无相生",游行于事物尚未成形的虚无之地,方不被坚硬的物所伤,才可以体会世界的生生之气。表面上,是"物"与"物"之间有空隙,有余地,但实际上,最关键的是人的心有余地。当人心被功利和是非充塞,面对外物时,眼前就会是莽然一块的"全牛",根本无从下手。

留有余地,是中国哲学、美学当中一个特别重要的观念。中国人的伦理与审美,常常要创造余地,保留余地。无论多么小的空间,即便在一方小小的印章上,也要巧妙地留出气息流转的通路。这其中体现的精神,就是"游"的精神。

二、游于一

"游"还有一层意思是人与自然的生命融为一体,人在这种"一体"中体验着一种积极的自由和至高的愉悦,庄子谓之"天乐"。

《天道》云:"与天和者,谓之天乐。"天乐来自最彻底的无我、最广大的包容,也是最高度的愉悦。"知天乐者,其生也天行,其死也物化。静而与阴同德,动而与阳同波。故知天乐者,无天怨,无人非,无物累,无鬼责。故曰:其动也天,其静也地,一心定而王天下;其鬼不祟,其魂不疲,一心定而万物服。言以虚静推于天地,通于万物,此之谓天乐。天乐者,圣人之心以畜天下也。"(《天道》)体验天乐的人,虚空自身而随大化俯仰,无怨责与牵挂,心定而专一,不论如何行动都不会耗竭心力,因而获得自由。得享"天乐"的关键是"推""通"。"通"是物我不分,是完全投入的体验,这就是"游"之区别于主客二分的"审美判断"的关键处。①

庄子的寓言故事善于用看似普通的劳作事务来阐释心灵自由的境

① 马斯洛的"高峰体验"理论可与之参照。马斯洛指出,处于高峰体验中的人有一种比任何其他任何时候都更加整合(统一、完整、浑然一体)的自我感觉。同时,他也就更能与世界、与各种"非我"的东西融合,例如,创造者与他的产品合二而一,母亲与她的孩子合为一体,艺术观赏者化为音乐、绘画、舞蹈,而音乐、绘画、舞蹈也就变成了他,等等。马斯洛:《自我实现的人》,《动机与人格》,第179页,北京:中国人民大学出版社,2007年。

界,并以其效果上的出神入化来说明心定持静的内心境界在现于外境时的神奇表现。《达生》中提到,有一个人在用长杆捉蝉时,即便别人拿全天下来换这只蝉的翅膀,他都不会为之动心,所以捉高高的树上的蝉犹如探囊。庄子的解释是"用志不分,乃凝于神",即在没有任何杂念能够扰动心志的时候,人的行为动作就会因"神"的凝定而调动起常人不可思议的潜能。《田子方》提到,最高层次的射箭不是在射箭场上百发百中,而是大半只脚悬空在百仞深渊之上的时候还能操弓自如,神色不变。《达生》里还提到一个在深渊中"操舟若神"的人。他说善于潜水的人会忘记水的存在,把船的倾覆看成车子退坡,一般人恐惧的溺水根本没有进入他考虑的范围。一般人所以达不到这样的大自由的境界,是对外界的事物有所"矜"。而作为《庄子》之理想人格的"真人"①,不仅名利是非不足以动心,连生死怖畏都难以扰动他的专注,以至"上窥青天,下潜黄泉,挥斥八极,神气不变"(《田子方》)。这样的真人,不仅能够在做一件事情、一个作品上通于艺术,更可以把整个人生都变成神妙的艺术品。这种以人生为艺术的态度,在魏晋名士那里得到响应。《世说新语》里就有不少这类事迹。

老子的"抱一"、《中庸》的"为物不贰"、孟子的"持其志",都主张精神的专一无杂。庄子则把精神的专一不杂作为更新生命、通达于"道"的法门。

> 啮缺问道乎被衣,被衣曰:"若正汝形,一汝视,天和将至;摄汝知,一汝度,神将来舍。德将为汝美,道将为汝居。汝瞳焉如新生之犊,而无求其故。"言未卒,啮缺睡寐。被衣大说,行歌而去之。曰:"形若槁骸,心若死灰,真其实知,不以故自持。媒媒晦晦,无心而不可与谋。彼何人哉!"(《知北游》)

"道"是存在之家园,是生命安居之所,"德"是至善至美的行为方式,

---

① "素也者,谓其无所与杂也;纯也者,谓其不亏其神也。能体纯素,谓之真人。"(《刻意》)

两者不可分离。要具备"德",回归"道",需要有两个条件,一是收摄心知,专一精神,二是去除"故"的妨碍,使得"当下"得以自由地展开。这两方面又是相辅相成的。

修道的关键在于"一若志",使精神自由地贯注于当下的活动中。由于排除了"知"与"故"的干扰,人得以用澄明的心目彻照虚灵不拘的整个天地,而不是集中于某一个具体的物象。《大宗师》谓之"用心若镜",这里则将此虚灵之心比作新生之犊的眼睛、婴儿的眼睛。在婴儿的尘滓不染的眼目中,没有覆盖世间功利、是非的有色眼镜,也没有欲望、恐惧、怨恨导致的折射。庄子同时又反复申言"形如槁木,心如死灰"的观念。①乍看起来,新生之犊与槁木死灰并列,似乎喻示着"丑"与"美"、"死"与"生"两个极端的奇妙化合。但其实两者并没有冲突。这个语境下的"形"与"心",与庄子论"心斋"时所谓"耳止于听,心止于符"一样,都是小知的工具,它们都是存在认知的障碍。庄子认为,属于通常的标准的"美""好",都要一一除掉,到了最后,形体的美恶尺度也要扬弃掉,所以才说"形若槁骸,心若死灰"。槁木死灰的含义是破除一切定见,达到"无心",这样才能做到"真其实知,不以故自持"。所以,它是"新生"(《达生》还提到"更生")的必要条件。枯槁不是对生的否定,只是否定了生命当中僵死的成分,反而是对生命、存在之意义的肯定。如同蝉蜕,它本身是枯槁的,但我们从中看到的却是一个成熟的生命已然破壳而出,它是生命的祝福。中国美学关于"外枯槁而内丰腴"的观念就是从庄子这里发源的。

在《齐物论》中,也有一处"槁木死灰"。南郭子綦提出的"吾丧我",与"堕肢体,黜聪明"一样,消解掉了与物相对的"主体",是釜底抽薪的方法。心如死灰,就是不被外界声色的煽风点火干扰内心的平静。这并不

---

① 除了《知北游》这里之外,还有以下几处:"形固可使如槁木,而心固可使如死灰乎?"(《齐物论》《徐无鬼》)"吾执臂也,若槁木之枝。"(《达生》)"向者先生形体掘若槁木,似遗物离人而立于独也。"(《田子方》)"儿子动不知所为,行不知所之,身若槁木之枝而心若死灰。"(《庚桑楚》)

意味着丧失了生命存在的意义，反而由于停止了被动的外驰，使人获得精神自由。这是免于陷溺于物的根本，保障了修道者"心未尝死"（《德充符》）。人一旦真切地体认到这一点，大概就不会对由此小小的形窍所激发的物欲过于迷恋，进而也不会对这个被有限形躯所规定的小"我"，及其一切喜怒、傲慢、希冀过分看重了。

三、大人之游

"游"在后世的文学艺术里实现为"逸"的审美大风格。如果我们把中国美学中的"兴"概括为精神的昂扬提升的状态，那么"逸"就是一种带有道家思想色调的"兴"。宗白华说，庄子"要游于无穷，寓于无境。他的意境是广漠无边的大空间。在这大空间里作逍遥游是空间和时间的合一。而能够传达这个境界的正是他所描写的，在洞庭之野所展开的咸池之乐"。[1]《庄子·天运》里的"咸池之乐"是一种"天乐"："奏之以阴阳之和，烛之以日月之明"；"四时迭起，万物循生"；"其声能短能长，能柔能刚；变化齐一，不主故常"；"其卒无尾，其始无首"；"其声挥绰，其名高明"。从庄子的这些描绘可以看到，"天乐"乃是一种"充满天地，苞裹六极"的雄浑阔大的交响乐。借用司空图《二十四诗品》中的一些话来描绘，就是"荒荒油云，寥寥长风""具备万物，横绝太空""行神如空，行气如虹。巫峡千寻，走云连风""天风浪浪，海水苍苍。真力弥满，万象在旁""前招三辰，后引凤凰。晓策六鳌，濯足扶桑"。李白在《代寿山答孟少府移文书》中自称"逸人"。"逸"在何处？就是"将欲倚剑天外，挂弓扶桑，浮四海，横八荒，出宇宙之寥廓，登云天之渺茫"[2]。我们在前面几章提过，中国美学里的"兴"是存在意义的扩容和提升，直至与天地的大化合一的体验。"天乐"所呈现的神幻瑰丽的"逸"，可以看作是带有道家色彩的"兴"，是"大人""逸人"的博大心灵的反照。

---

[1] 宗白华：《中国古代的音乐寓言与音乐思想》，《宗白华全集》第三卷，第 440 页。
[2] 李白：《代寿山答孟少府移文书》。

　　庄子对"大人"的描述,对中国美学影响深远的是其境界论的方面。道家的大人境界是一种纵浪大化、祸福不入其心的超越之力。《秋水》中说,"孔子"处于危难之中,为学生区分了不同的"勇":渔夫、猎人的勇使其不怕蛟龙、猛虎,壮士的勇使其不避兵刃,圣人的勇不同,能够让人勇敢地面对时势、命运的拨弄。① 这种内心的力量推至极致,天崩地陷亦不为所动:"大泽焚而不能热,河汉冱而不能寒,疾雷破山,风振海,而不能惊。若然者,乘云气,骑日月,而游乎四海之外。死生无变于己,而况利害之端乎?"(《齐物论》)我们不妨将之与康德在《判断力批判》当中分析的"崇高"作一比较。泽焚、河冱、疾雷、飘风与康德所谓"力量的崇高"较相近,它引起的精神超越的结果,也同是打破日常趋利避害的心习,达到死生利害无变于己。不同之处有二。其一,康德所说的"崇高",是就普通人的审美欣赏而言的,它要求欣赏者与可怖的自然对象之间存在一个安全的距离,使之不至于引起人的自保本能。而在《庄子》这里,至人投身大化,并不要求预设主客之间的屏障,对人心的定力提出了更高的要求。其二,康德所说的崇高感,来源于人的精神力量找到条件"和自然界的全能威力的假象较量一下"②,人和对象之间是敌对的关系,是一场征服与反征服的较量。《庄子》的至人却并不以水火风雷为对手,他体会的不是战胜的喜悦,而是从容地与自然嬉戏之乐,"乘云气,骑日月,而游乎四海之外"。一个"游"字,揭示了道家美学里的"崇高"在天人关系上的特点和对欣赏者的人生境界的认识。

　　《庄子》的这类描述还通向道家境界论中特有的神化层面。《大宗师》里的"真人"可以"登高不栗,入水不濡,入火不热","其寝不梦,其觉无忧,其食不甘,其息深深",他们的心志已经与天合一("凄然似秋,暖然似春。喜怒通四时,与物有宜,而莫知其极")。《逍遥游》里的"姑射山四子"可称"神人":他们有着超凡的体貌("肌肤若冰雪,绰约若处子,不食

---

① "知穷之有命,知通之有时,临大难而不惧者,圣人之勇也。"(《秋水》)
② 康德:《判断力的批判》上卷,中译本,第101页。

五谷,吸风饮露"),专精的心神可以化育万物("其神凝,使物不疵厉而年谷熟"),而"物"对他们自身而言已经没有任何分别("磅礴万物以为一"),所以万物的变动不能伤害他们("大浸稽天而不溺,大旱金石流土山焦而不热"),他们只是随性为这个世界播撒一点福利而已("其尘垢秕糠,将犹陶铸尧舜")。尧是平治天下的圣君,但在见识了这种更高的生命境界之后,连天下都忘掉了。庄子承认,这种"不近人情"的描述很难被一般人接受,因为超出了常人的想象力的极限。我们无足以讨论这种真人、神人的生命状态,但可以肯定的是,他们的内心与行为都体现了一种比一般人更高的自由。在我们看来,这种自由一方面是"不以物为事"的出世态度,另一方面则是入世圣人所具有的勇气、洒脱与济世功业。

"游心"体现了中国古人审美活动的独特精神,包含有精神超越的价值。《在宥》里的广成子说:"今夫百昌,皆生于土,而反于土。故余将去汝,入无穷之门,以游无极之野。吾与日月参光,吾与天地为常。"《大宗师》云:"特犯人之形,而犹喜之,若人之形者,万化而未始有极也,其为乐可胜计邪?故圣人将游于物之所不得遁而皆存。"这里的意思是说,我的形体与万物都随大化而生灭无常,但我生命的意义并不随之消泯,在"游"中得到了提升——能游者不是沉重的躯体,所游之处不是物质世界的园囿,能游与所游统一于"大我"之存在当中。马斯洛认为,人在物我合一的整合感中可以体验到一种"属于存在价值的欢悦"[①]。这种欢悦具有一种遍及宇宙或超凡的性质:自由自在,悠然自得,洒脱出尘,无往不适,不为压抑、约束和怀疑所囿,以存在认知为乐,超越自我中心和手段中心,超越时空,超越历史和地域,凡此种种,皆与上述存在的欢悦密不可分。人由此"存在之欢悦"而一时卸下人生中的各种忧患,是"乐以忘忧"。庄子的"游"与马斯洛的"高峰体验"有诸多相似之处,都通向一种与宇宙合一的天地感。

庄子的这种"游"的精神境界,不仅令寻常的生活富有意趣,更能造

① 马斯洛:《自我实现的人》,《动机与人格》,第173页。

就一种特殊的生活形态,就是"逸"。庄子"以天下为沉浊","上与造物者游,而下与外死生无终始者为友"(《天下》),就是对于"逸"的生活态度的一个说明。庄子的精神是超脱浊世的"逸"的精神。所以有学者说庄子的哲学就是"逸"的哲学。后世崇尚庄子哲学的人莫不追求"逸"的生活形态和精神境界。魏晋时代,庄学大兴,所以人们都"嗤笑徇务之志,崇盛忘机之谈",就是要超脱世俗的事务,追求"逸"的人生("清逸""超逸""高逸""飘逸")。这种"逸"的生活态度和精神境界,渗透到审美活动中,就出现了"逸"的艺术。在唐代诗人李白的作品里,凝成了一种体现道家"游"的文化内涵的审美意象大风格,就是"飘逸"。①

然而,庄子的"游"并不能完全归结为登天游物的极乐体验,或者对于飘风振海的壮美观照。就道家美学的价值系统而言,对"美"的热烈追求,并不及内心的安宁重要。庄子认为,最充分的"游"是"无待"的,即排除了对于一切外在触发点的要求。《逍遥游》云:"夫列子御风而行,泠然善也,旬有五日而后反。彼于致福,未数数然也。此虽免乎行,犹有所待者也。若夫乘天地之正,而御六气之辩,以游无穷者,彼且恶乎待哉!"游戏天地的神仙之乐尚不足以言"游",因为任何依凭于外在条件的"游"都是有局限("有所待")的,真正的"游心"则不受任何外在美恶的影响。"无待"的表现是"游心于淡"(《应帝王》),"游乎无何有之宫"(《知北游》),"甘瞑乎无何有之乡"(《列御寇》)。"淡"作为中国艺术与美学的理想,已经在讲老子的部分提过了,庄子将之置于极乐体验之上,更突出其尊贵。

为了理论分析,在此暂把"淡"视为外物的情状特点,而人心主观上不为外物扰动的安宁则为"定"。"相造乎道者,无事而生定。"(《大宗师》)"宇泰定者,发乎天光。"(《庚桑楚》)"定"可以让人的精神突破小我的局限,与天地大化相感应。完全不受情绪干扰的人可以说是"天人":"胥靡登高而不惧,遗死生也。夫复习不愧而忘人,忘人,因以为天人矣!故敬之而不喜,侮之而不怒者,唯同乎天和者为然。"(《庚桑楚》)虚静无

①　叶朗:《美学原理》,第381、382页。

为给人的愉悦感受是"俞俞","俞俞者,忧患不能处,年寿长矣"(《天道》)。内心安宁、恬静,摆脱了生存的忧患,生命得到涵养,这是更深远的愉悦。

第六节　庄子思想的宗教感

"惚漠无形,变化无常,死与? 生与? 天地并与? 神明往与? 芒乎何之? 忽乎何适? 万物毕罗,莫足以归。古之道术有在于是者,庄周闻其风而悦之。"(《天下》)这是《天下》篇对庄子思想主旨的概括。庄子思想的最终指向是宇宙大化、万物生死的根本问题。庄子的美学思想亦以此类问题为旨归。

举凡大的哲学家,都有一种指向宇宙、生命之根本问题的"天问"的精神。对这些问题的思考,常常超出世俗的范围,带有广义的信仰色彩,我们把它称为宗教感。[①] 在儒家学派的创始人孔子那里,可以看到由道德修养和提升境界的内在要求而引生的宗教感,而在先秦的思想巨作中,《庄子》最为独特的地方是直面生死问题,宗教感更为突出。从美学的角度,我们主要关注《庄子》所蕴涵的宗教感当中的以下几个问题:其一,命运以及生死问题;其二,世界的整体意义问题;其三,时间感与自我意识的问题。庄子在这些问题上提出的诸如"通天下一气""喜怒哀乐不入于胸次""独与道游"等,对我们思考深层次的美学问题很有启发。

---

① "宗教感"并不是一个宗教研究的严格术语,而是对与信仰相关的诸体验、情感、思想的概括。怀特海曾把宗教分为四个因素:"宗教在人类历史上得到了外在的表现,它展示了它的四个因素或四个方面。这四者为:仪式、情感、信念、理性化。所谓仪式,即宗教中确定的程序;情感则指宗教中存在的表达情感的诸种方式;信念则指确切表达出的各类信念;而理性化则意味着将诸多信念调整成一体系,使之内部贯通一致,同时也与其他信念保持一致。"怀特海:《宗教的形成/符号的意义及效果》,周邦宪译,贵阳:贵州人民出版社,2007 年。这里所谓"宗教感"略等于宗教的情感、信念、理性化等方面,并着重从美学的角度来认识。叶朗说,宗教感是"一种超理性的精神活动和超越个体生命有限存在的精神活动"。它表现为"一种庄严感,一种神圣感,一种初窥宇宙奥秘的畏惧感",所以宗教感可以与美感相通。叶朗:《美学原理》,第 132、134 页。

庄子进一步发展了老子"涤除""虚其心"的思想,由虚静的原则,生发出一系列具有道家美学特色的命题,如"不以好恶内伤其身""外重者内拙""不将不迎"等。这些命题将道家美学的"无象"归为"无情",充实了中国美学的审美心胸论。庄子总结的"用心若镜"的修养方法,给意象的生成赋予了心性工夫论的意味。"用心若镜"的思想与后世禅宗思想颇能契合,并为宋明道学吸收和发扬。

一、超越生死

庄子的时代有助于勘破人世的真相:世界变动莫测,人的吉凶祸福以至生死都只是随世浮沉而已。《人间世》里充满了进退不得、动辄得咎的险难,《德充符》里触目皆是遭受刖足之刑的人,哪怕与"孔子"齐名的贤者王骀也不能幸免。险恶的情势,逼迫敏锐好思之人从日常的疲态中振作,思考存在的意义。对于人类文明史、思想史的演进而言,大哲学家、大宗教家多出于忧患穷极之境、无奈呼天之际,也是被反复验证的道理。庄子的思想中特别显著的就是其深沉而积极的命运感。

《德充符》里受刖刑的申徒嘉对自矜名高的"子产"说,大家都像生活在射箭好手羿的射程范围内,自己中箭还是不中箭,完全是命运的安排。自己能够左右的不是"形骸之外"的穷达,而只是"形骸之内"对于命运的态度。同样遭受刖刑的王骀说,把万物看成一体,就没有什么可以丢失的,"虽天地覆坠,亦将不与之遗"。达者对于命运的态度是"贵在于我而不失于变"(《田子方》),最需要关注的是内心不受逆境的干扰。[①] 有人认为,这种对待命运的态度会导致逆来顺受。庄子的意思却恰恰相反。他借"孔子"之口对处于进退两难中的人说:"自事其心者,哀乐不易施乎前。知其不可奈何而安之若命,德之至也。为人臣子者,固有所得已。

---

① 与道家的达者相比,叔本华刻画出了常人的命运感:"在舞台上,有人扮演王子,有人扮演大臣,有人扮演仆役,有人扮演士兵或军等等。这一切都只是外表的不同,脱下这些装束,骨子里大家都不过是一些对于命运充满了忧虑的可怜演员而已。"叔本华:《悲喜人生:叔本华论说文集》,第4页。

行事之情而忘其身,何暇至于悦生而恶死。"(《人间世》)正因为能把祸福生死的遭际当作不可改变的东西接受下来,人才能对之置而不理,才能从容地承担起人臣、人子的责任。真入世者,方知真自由;有真自由,方能真入世。这就是《庄子》的命运感中呈现的"自由"的意义。我们从中看到了一种对于命运的态度——不是盲目地抗争,也不是被动地忍受,而是平静地面对。

命运感的最高体现是人对待死亡的态度。先秦的儒家哲学秉承孔子"未知生,焉知死"的态度,对死亡的话题保持着"敬而远之"的态度。在道家哲学里,庄子有大量关于死亡的思考。他提出了"善夭善老,善始善终"(《大宗师》)的主张。

庄子用知识的不可靠性来质疑好生恶死的人间"常识"。《齐物论》里有一个故事:丽戎国有个美女,是一位戍边人的女儿。当得知要嫁给晋国国君时,她哭得泪水湿透了衣襟。后来,当她在王宫里安享尊荣的时候,才觉得当初的哭泣实在愚蠢。庄子借此发问:谁知道死后的人不会像丽姬悔泣一样,自笑当初怕死的无谓呢?

庄子还以中国人熟知的阴阳宇宙观来解释生死现象。他把生死联系于自然的昼夜交替:"死生,命也;其有夜旦之常,天也;人之有所不得与,皆物之情也。"(《大宗师》)他又把生死联系于一昼夜里的劳作和休息:"大块载我以形,劳我以生,佚我以老,息我以死。故善吾生者,乃所以善吾死也。"(《大宗师》)死亡,是整个生命过程的不可或缺的部分,正如黑夜是一天光阴的一部分,就像睡眠是一天生活的一部分。作为宋代道学生死观的源头,张载提出了"生,吾顺事;没,吾宁也"(《西铭》),跟庄子的气化观也有渊源关系。

不过,庄子对于疾病与死亡,除了这种斯多亚式的理性观照之外,还特有一种诗意的态度。

庄子把死亡看作是一场壮丽的谢幕。庄子的妻子死了,他敲打着盆子为"偃然寝于巨室"的伴侣唱歌(《至乐》)。待到他自己要死了,也谢绝厚葬。他说:"吾以天地为棺椁,以日月为连璧,星辰为珠玑,万物为赍送。吾葬具岂不备邪？何以加此！"（《列御寇》）死亡，使人终于能够卸去礼貌文饰的束缚，回归那装点着星辰日月的广大富庶的家园。这不仅是一般的理性的"达观"，还是常人难以企及的审美境界。

《大宗师》里也有一个故事：

> 　　子祀、子舆、子犁、子来，四人相与语曰："孰能以无为首，以生为脊，以死为尻，孰知生死存亡之一体者，吾与之友矣。"四人相视而笑，莫逆于心，遂相与为友。俄而子舆有病，子祀往问之。曰："伟哉！夫造物者将以予为此拘拘也。曲偻发背，上有五管，颐隐于齐，肩高于项，句赘指天，阴阳之气有沴。"其心闲而无事，跰𨇤而鉴于井，曰："嗟乎，夫造物者又将以予为此拘拘也。"子祀曰："汝恶之乎？"曰："亡，予何恶！浸假而化予之左臂以为鸡，予因以求时夜。浸假而化予之右臂以为弹，予因以求鸮炙。浸假而化予之尻以为轮，以神为马，予因以乘之，岂更驾哉！且夫得者，时也；失者，顺也。安时而处顺，哀乐不能入也，此古之所谓悬解也。而不能自解者，物有结之。且夫物不胜天久矣，吾又何恶焉？"（《大宗师》）

子舆和他的朋友们由"知生死存亡之一体"而互为知音，"相视而笑，莫逆于心"，不仅由于这种沟通经验超越了一切外在的言辞和交际手段，也由于他们在宗教感的层面上领会了默契：在对于生死的觉解上，也在对于存在体验的分享当中，人超越了个体的有限性。就外在的躯壳来看，子舆弯腰驼背、五官上翻、腮帮子贴在肚脐上、双肩高过了头顶，身体已经被病痛折磨得严重变形了，这是阴阳之气严重不和的结果。但子舆的"闲心"却没有受到丝毫影响。他还蹒跚着挪到井边，欣赏自己在水中的倒影。他不以为这种扭曲的形体是丑恶的，因为这是天地造化的宏伟进程的一部分。他兴致勃勃地设想如何让接下来的过程变得更为有趣：如果自己死后，左臂化成了鸡而右臂化成弹弓，不妨打来吃烤肉；如果臀部化成了轮子，那就可以以神志为马，驾车遨游也不错。子舆像一出戏的导演一样期待着创作的惊喜，像一个不知生死为何物的顽童一样，等待着盼望中的游戏，全然没有病中人所面对的死亡的那种忧苦的、幽暗的，甚至是恐怖的色彩。这是一个形残德全的人独有的意象世界。他在这个奇伟的意象世界当中心闲以观，欣然待化，平静地走完了也许困苦却无忧无惧以至意趣盎然的人生。

庄子把"丧己于物"的不自由状态称为"倒置"（《缮性》）或"心死"（《田子方》）。人被各种"物"所缠绕，所以不能够从倒置的状态里自我解救。子舆心闲无事，是因为安时处顺、哀乐不入的心胸解开了捆缚生命的绳索。这就是庄子多次提到的"悬解"。由此，我们不同意一种关于庄子的流行的看法，即认为他是一个消极的、逃世的，甚至是滑头的相对主义者。庄子对于躯体、祸福、名利常常抱有无所谓的态度，但对于自由、意义的彰显、价值的实现却抱有十分积极的态度。庄子是一个尝过了世间百味之后仍然没有心死的人。

命定不可改变的祸福寿夭恰恰能彰显出人心的自由和尊贵。"受命于地，唯松柏独也在，冬夏青青。受命于天，唯舜独也正，幸能正生，以正众生。"（《德充符》）庄子以松柏比德，重在其无惧于外在环境的戕害，凸显其独立不屈的尊严。大凡具备宗教感的思想家，都有独面生死、独行其道的勇气。[①] 孔子曰"莫我知"，孟子曰"独行其道"，老子曰"我独若匮"，庄子说："出入六合，游乎九州，独往独来，是谓独有。独有之人，是谓至贵。"（《在宥》）自由的心面对着群物的羁绊，犹如雄入九军的勇士，有着万夫不当的气概。圣人以此心"正生"，也就是彰显自己生命的意义。圣人还以此心"正众生"，是为天下后世知心之人开显生命的意义。

庄子的"独"还特有一层怅惘的诗意。《山木》篇里，有人给鲁侯讲述了一个"其生可乐，其死可葬"的理想国度，有如下的对话：

---

① 怀特海说："宗教，实在是人幽居独处时的经验。……幽居独处的孤独感构成了宗教价值的核心。那些萦绕于文明人类想象的重要的宗教观，无一不是孤独时的产物：被锁于岩石的普罗米修斯、在沙漠里潜思的穆罕默德、佛的沉思冥想以及耶稣，那个十字架上的孤独者。感到被遗弃了，甚至被上帝遗弃了，这种感觉就是深层次的宗教精神。"怀特海：《宗教的形成》，第2、4页，贵阳：贵州人民出版社，2007年。

君曰:"彼其道远而险,又有江山,我无舟车,奈何?"市南子曰:"君无形倨,无留居,以为君车。"君曰:"彼其道幽远而无人,吾谁与为邻? 吾无粮,我无食,安得而至焉?"市南子曰:"少君之费,寡君之欲,虽无粮而乃足。君其涉于江而浮于海,望之而不见其崖,愈往而不知其所穷。送君者皆自崖而反,君自此远矣! 故有人者累,见有于人者忧。故尧非有人,非见有于人也。吾愿去君之累,除君之忧,而独与道游于大莫之国。"

理想的世界,道阻且长,总是由于人背负的担子太重,牵制的仆妾太多,而人犹惴惴以为不足。现实的此岸与理想的彼岸由此江海横绝,越来越远。市南子说,减少对于外物和他人的依赖,才是自我解缚道路上的舟车与粮食。浮于江海,缘在身轻,放下了对物的依赖,心才会得到真正的自由。从前,你由于软弱而躲藏在众人之中,此刻,送行的人已离你而去。牵挂和被牵挂,操心和担忧,至此都应决然抛弃,人终归要独自承担存在的意义。

二、道通一气

人的思想具有向着更深与更广不断拓展的性质。由思考小我的生死问题进一步扩大,就到了对于世界意义的哲学追问。

在人类的思想史上,对于宇宙起源、时空边界、造物者与生死等"大问题"的追问绵延不绝。[1] 从古希腊人追问"驮着全世界的大海龟站在何处"开始,到围绕着"第一推动力"的辩难,哲学家们对这类问题的追索矢志不渝。相比较而言,一般人认为中国人不擅思考涉及世界本原的大问题——就连"与天为徒"的道家,也宣称"六合之外,圣人存而不论"(《齐

---

[1] 罗伯特·所罗门从哲学思辨的问题入手来定义哲学:"简单地说,哲学就是对诸如生命、我们知道什么、我们应当怎样做或应当相信什么这样一些重大问题的探究。它是一种对事物寻根究底的过程,一种对那些在大部分时间里被认为是理所当然、从未有过疑问或从未明确表达出来的想法提出根本质疑的过程。"罗伯特·所罗门:《大问题:简明哲学导论》,张卜天译,第 42 页,桂林:广西师范大学出版社,2011 年。

物论》），或者仅用一些大而化之的概念应付了事。这是一个误解。庄子对"大问题"的哲学思考已经相当深入，其思考的方式和思考的结果，又多有美学的意味。

《知北游》里有一段假托的孔门师徒的对话。"冉求"问：人能否知晓"未有天地"的情况？"孔子"回答说"古犹今"。次日，"冉求"又问：您昨天刚答"古犹今"的时候，我还明白，怎么今天又糊涂了？"孔子"说："昔之昭然也，神者先受之；今之昧然也，且又为不神者求邪！"就是说，你能够接受古今同一的道理，是得自当下的直觉的领会，而一旦运用了理智去搜求，反而糊涂了。直觉的领会就是"神者"，而理智的反思是"不神者"。"孔子"接着指出，"有先天地生者物邪？物物者非物。"意思是：如果有所谓先天地而生的、使物成为物的"造物者"，那么它一定不是通常我们认为的"物"。由于理智擅长处理的乃是对象化的"物"，因而对于"大问题"而言，"神者先受"的当下领悟更加可靠。

这里显露出可以与西方哲学对话的两个理论问题。其一是理性思辨的限度。康德通过艰难的"纯粹理性批判"，为人类的知识、理智划了一条边界：人依靠思辨理性无法探究诸如世界起源、灵魂、上帝等等"大概念"，否则必定无果而终。庄子在《秋水》中借北海若之口说："夫物，量无穷，时无止，分无常，终始无故。……计人之所知，不若其所不知；其生之时，不若未生之时；以其至小，求穷其至大之域，是故迷乱而不能自得也。"他同样否定了依凭有限的小知而把握此类大概念、大问题的可能性。其二是所谓"大问题"的根源问题。庄子不仅指出了小知不能用于把握宇宙与生命的整体，而且指出了人们何以孜孜不倦地追问这类问题。海德格尔指出，两千年来哲学家对"存在"的追问都落在"存在者"上面，难怪始终无法理清头绪，哲学真正要追问的是那为存在者赋予意义的"存在"本身。① 在庄子这里，"物物者非物"也是类似的区分。"物"是被给予意义的"存在者"，而作为其意义来源的"存在"却不是"物"，而是

---

① 海德格尔：《存在与时间》，陈嘉映修订译本，第 3 页，北京：三联书店，1999 年。

"物物者"。

"冉求"对"古犹今"的疑问，代表了"不神"的理智对于直觉的遮蔽，而"孔子"则把这一问题直接引向了有关于"生"的根本问题上去。作为有生命的理性存在者，关注"生"的意义，就是关注存在的意义。"不以生生死，不以死死生。死生有待邪？皆有所一体。"生死乃是相互对待、相互转换的变化之象，而使变化得以可能的，却不生不死——《大宗师》谓"生生者不生"。既不能以"生"来超越"死"，则当把生死作为"一体"，在这个"一体"当中彰显存在的意义。如果人能体认这一点，存在者（"物"）的意义也会转化。"道行之而成，物谓之而然"（《齐物论》），万物的区分最终都是在意义的层面上方才成立。然而，意义本身又是不断生成、变化、融通的。所以，在有道者的世界里，"举莛与楹，厉与西施，恢诡谲怪，道通为一。其分也，成也。其成也，毁也。凡物无成与毁，复通为一"（《齐物论》）。美丑善恶，以及负载这些标签的事物，都不是绝对的存在。一切的区别，最终只有朝三暮四和朝四暮三的区别。

《天地》云："万物一府，死生同状。"世界的本相是"一体"，生死是一体，万物也是一体，而人却偏偏要打破一体，总要通过对存在物的攫取、占有、保藏来求得短暂的安宁。庄子指出，表面上坚实的"物"都不过是暂时寄寓的过客，"其来不可圉，其去不可止"（《缮性》）。《大宗师》里有一个故事：有一个人把船藏在大山沟里，把山藏在大泽里，觉得这样很保险了，然而半夜有一个大力士把它们整个地背走了。庄子指出，要免除永无止境的恐慌和攫取，唯有主动地消解"我"与世界的隔膜。"藏天下于天下，而不得所遁，是恒物之大情也。"《知北游》假托的孔门师徒的对话最终就达到这样一个结论："圣人之爱人也终无已。"生死既为一体，"物"既为流变过程当中的幻象、假名，人能够体悟此理，则能够"无已""圣人不仁"。庄子以刨根起底的方式施行了中国道家哲学的"理性批判"，并把问题导向了生死心结，而其结论就是"无已"。

在道家哲学中，超越了存在者之"大限"，返归天地的大生命过程，人即得领略存在之美："夫天地者，古之所大也，而黄帝、尧、舜之所共美也。

故古之王天下者,奚为哉？天地而已矣!"(《天道》)天地是此世间的美感源泉,"夫春气发而百草生,正得秋而万宝成"(《庚桑楚》),这种"大美"并不呈现于固定的、有限的形色,而在于具有无限的意义生发功能的"气"。

在先秦思想中,"气"首先不是一个用来辩论的哲学概念,而多是圣人传心的符契。与孟子的"浩然之气"一样,庄子的"气"也不是在物质/精神二分的意义上用的,勉强用现代的词语说,它毋宁是意义,是过程。庄子用这个概念表达的是存在(意义),而非存在者(对象)。

庄子用"气"来描述万物一体却又万象毕现的意义世界。他以气之聚散象征大化之迁流,浇灭生死之忧患。他说:"人之生,气之聚也。聚则为生,散则为死。若死生为徒,吾又何患! 故万物一也。是其所美者为神奇,其所恶者为臭腐。臭腐化为神奇,神奇复化为臭腐。故曰通天下一气耳。圣人故贵一。"(《知北游》)人以生为一切正面价值(善、美、神奇)的源泉,以死为一切负面价值(恶、丑、臭腐)的源泉,一旦生死的差别被归为"气"的不同呈现方式,那么与生死相随的一切价值之间也不复再有不可逾越的鸿沟。这并非否认生与死、美与丑、神奇与臭腐的分际,只是强调它们的暂时性和片面性,强调它们在"存在"意义上的融通。在庄子的思想里,美丑善恶之所以能打通,根本在于生死之间能打通。

庄子用"气"概括人与天的沟通条件。他提出了著名的"心斋"说。"仲尼曰:'一若志,无听之以耳,而听之以心,无听之以心,而听之以气。听止于耳,心止于符,气也者,虚而待物者也。唯道集虚,虚者,心斋也。'"(《人间世》)耳代表感官,心代表理智。感官与理智都不能让人把握意义生成的枢机,"气"则是一种比感官和心智更精敏的接收意义的途径,是人心在"虚而待物"时对于永恒流变的敏感觉知。斋戒通常具有敬神的意味。"心斋"所敬者,顾名思义,并不是特定的神祇,而是神奇而尊贵的心地。

以气观物,万物虽有分而能齐。然而,能观之"我"岂非一物？ 我的心知(笛卡尔的"我思")若随气而化,存在之意义寄托何处？ 这里面隐藏着"我是谁?"的大问题、大忧患。对此,人类的共同智慧是"乐以忘忧",

其中又有理性宗教的文化与审美的文化之间的分际。西方哲人为"自我的连续性"穷极思辨——行到水穷处,康德还要把这理性无能为力的问题托付给所谓的"预设",这是以思为乐。相对于西方人用纯理性的方式来思辨"生"的意义,中国哲学更倾向于用"象"的思维探索,用诗意的方式表达。《庄子》乃其顶峰之作。

《养生主》开篇云"吾生也有涯,而知也无涯,以有涯随无涯,殆已",终结于"指穷于为薪,火传也,不知其尽也",正概括了对于生死忧惧的两种态度。无需像浮士德般无休止地追求,任这有限的脂膏燃尽吧,确定的形体必将逝于虚空,心地却有无限光明,没有穷尽的时日。

《齐物论》的结尾还有一个譬喻"物化"之理的故事:

> 昔者庄周梦为蝴蝶,栩栩然蝴蝶也,自喻适志与,不知周也。俄然觉,则遽遽然周也。不知周之梦为蝴蝶与? 蝴蝶之梦为周与? 周与蝴蝶,则必有分矣。此之谓物化。

蝴蝶与庄周的区别,对于人世而言是至关重要的。儒家致力于为人和禽兽(更不要说虫子了)划清界限,但道家偏偏要破解一切强力而为的事业。在随物迁化的过程中,如果说蝴蝶和庄周存在着区别,也只是在于"栩栩然"和"遽遽然"两种不同的"适"的状态而已。在这种观念里,单单"适"的体会是真实的,究竟"谁适"反而并不需要认真追究。在《应帝王》中,得道高人也是"一以己为马,一以己为牛"。庄子的"无己"破除了附加在体验之上的"我"的幻象,把"我是谁"的问题高高搁起了。

在寓言中,"庄周"与"蝴蝶"只能安处于自己的体验中,不能进入到另一方的存在中去,所以两者"必有分"。然而,我们还面对着一个作为寓言叙述者的庄周。他平等地观照着物化的过程,超离出了那个做梦的庄周和那个梦蝴蝶的境界。他了知"栩栩然"和"遽遽然"之分,又暗示出这种分别也无非是暂时的、假定的。作为寓言叙述者的庄周用说梦的方式启发着我们思考何谓醒觉、何谓安适。

《庄子》的绝大部分寓言都是这样,既能启发哲学思辨,又有着诗的妙处,留给我们无限的探索和回味的空间。

三、"无情"与"心镜"

庄子思想的关怀是精神的自主和自由,摆脱物欲、情欲的奴役。在庄子看来,真正的"美"能帮助人在扰攘交争的世界里平静下来,而不是相反地去撩拨欲求。这样,庄子的美学就走上一条标举"无情"的独特道路。"无情"是庄子美学在解决物欲、知识、生死等问题方面的最终指向。

战国时代,"情"多指日常生活中的各类情绪。长期形成的习惯、欲望与知识训练形成了固定的是非标准。人执此标准,一旦接触到外界相应的情境、事物,就会不自觉地生出喜好、留恋、憎恶、轻蔑等等情绪。当这些情绪发露于形色,就被认作"情"。这种情多半是人不能自主的,就像柏拉图用烈马比喻的那种难以驾驭的力量。为了避免情绪对人的伤害,庄子主张"有人之形,无人之情"。

这里的"无情"并不是我们今人说的"薄情寡义",而接近于通常"心平气和"的意思。庄子解释说:"吾所谓无情者,言人之不以好恶内伤其身,常因自然而不益生也。"(《德充符》)即人不因为好恶的情绪而伤害自己,常顺应自然而不揠苗助长。生命诚然需要养护,但文化给人带来的困扰常常是养护过多:由要求饱暖而追求膏粱纨绔,由要求繁衍而追求美色,由追求膏粱美色而追求更加虚妄的名利符号……总之一切超出自然需要的追求都是"益生"。正因此,庄子不仅批评儒墨末流固执是非的做法,而且也并不认同一味避世养生、追求长生不老的隐士派。他针对"假至言以修心"的说法,明确地提出"不修而物不能离"(《田子方》);庄子还提到,正如不会鸣叫的家禽先被宰杀,"无用""不材"也不是存生保命的准则(《山木》)。他还举了一个例子:鲁国的单豹,与世无争地生活在山林当中,保养得非常好,七十岁了还犹有婴儿般的色泽,有一天却不幸遇上了一只饿虎,就被吃掉了。(《达生》)可见,过于执著养生、追求长生的观念也是"益生",同样是危险的。这是庄子对于杨朱"贵生"思想的突破,也是跟后世某些道教修炼思想不同的地方。

在庄子看来，人之所以能够被扰动和伤害，表面上看是由于外物的引诱，即"感于物而后动""物引之"，但归根结底是由于人的心里有"隙"。《达生》中有一个例子说明什么叫做"隙"。庄子说，喝酒喝到烂醉的人从车子上跌下来，虽然会摔伤，但不会死，而一般清醒的人反而会摔死。因为只要身体保持放松，肌肉筋膜就能够自动防卫，而心神失措则会引起身体的紧张，反而会受到严重的伤害。醉酒的人乘车时没有意识，坠车也没有意识，没有惊恐、慌张对心的扰动，他的"神"就不会因为惊吓而破坏，这就是"神全"。庄子进而指出，醉酒者的"神全"得自于酒，是不自觉的、偶然的，而圣人却能得自于对天道的把握，能够时时事事处于"全""无隙"的状态，没有什么事情可以惊吓、烦扰、挑拨、引诱他。

在《达生》中，庄子还讲了一个故事来说明如何逐步达到神全无隙的"无情"状态。有一个人为国王训练斗鸡。一开始，鸡还有一般骄傲好斗的样子，后来虽然不表现为好斗，但面对其他鸡的挑动，还是有很快的反应速度，最后，这只鸡对任何挑动都无动于衷，以致看起来像木头雕的。这时，别的鸡反而没有敢向它挑战的，都纷纷逃避，训练成功了。这就是所谓"德全"。这个故事有特别的美学意义。现代美学有一条科学主义的路线，即把美学问题消解到心理实验当中。走这条路线的人认为，审美活动的实质是一种面对特定刺激的心理反应。所以，审美过程就是一个心理学研究的对象。科学家们只要根据受试者的心跳、血压、瞳孔等生理反应，依靠设计"刺激—反应"的模型和统计学的方法，就可以精细地研究诸如"什么形状最美""什么比例最美""什么样的颜色搭配最美""哪些情节设计最能吸引人"等等问题。这种方法在某些应用领域是比较实用的。[①] 然而，要说明丰富而精微的审美活动，尤其是跟精神修养密切相关的那些审美活动，或者面对一个"呆若木鸡"的受试者，心理实验的理论和方法实在无能为力。

---

① 比如生产厂商为开发一种新产品而先期进行市场调查的活动中，心理实验及统计量表的设计都能起到很好的辅助作用。

庄子认为,人所以能在外物面前做到"神全",是因为能以平等之心对待一切物色。用美学的角度来看,就是把"实在"的"物"虚化为"象"。"凡有貌、象、声、色者,皆物也,物与物何以相远!……壹其性,养其气,合其德,以通乎物之所造。夫若是者,其天守全,其神无隙,物奚自入焉!"(《达生》)意象可以让人以自由之身与物相处。在"象"的层面上,一切外物都是平等的形色,并无是非优劣之别,所以了无差别。人如果能够体认这一点,则可以自由地驾驭自己与外物的关系。可以说,把"物"化为"象",进而观照到"象"的不实之性,是神全无隙的关键环节。

庄子还提出一个"心镜"的说法:

> 尽其所受于天,而无见得,亦虚而已。至人之用心若镜,不将不迎,应而不藏,故能胜物而不伤。(《应帝王》)

此处的"虚"不是空虚、虚无,而是不留滞。至人能接纳万物,内心却不会任其堆积、相互缠绕。这就像一面镜子:外物来到其面前,它不拣选、不拒绝,只是映出此物的形象,外物离开,也就任其形象消失。与之相比,寻常人的内心正如照相的底片:过去的影子留在上面,挥之不去,更经反复曝光而重叠模糊,沆瀣一气。① 镜子与照相底片都可以承受影像,最大的不同就是镜子只映照"现在",不受"过去"的干扰。现象学的"意向性"理论指出,人的意识通常处于一种动态的构成过程当中,所谓"现在",总是收摄了"将来"与"过去",甚至是以对于"将来"的先行理解而把握"现在"、重构"过去"。② 寻常人总是处于不确定的"将来"的压迫之下,患得患失的情绪把"现在"挤压得干瘪无味。马丁·布伯指出:"当人沉湎于他所经验所利用的物之时,他其实生活在过去里。在他的时间中没有现时。除了对象,他一无所有,而对象滞留于已逝的时光。"③人总

---

① 塔塔尔凯维奇用这样的比喻来说明美学观念的积累:"连续形成的观念,相互重叠,这种情形好比在同一张照相的底片上多次感光,其结果自然使影像的轮廓不清不楚了。"塔塔尔凯维奇:《西方六大美学观念史》,第 11 页。
② 海德格尔:《存在与时间》,第四十二、四十三节。
③ 马丁·布伯:《我与你》,第 28 页,北京:三联书店,1986 年。

在"物是人非"的体会中唏嘘,却对面前的音容笑貌视而不见。"至人之用心"则不然。镜子既不会在外物没有到来之前预先投射,也不会在外物离开以后还保持着它的影子,所以能"胜物而不伤"。"胜"是容纳、承载的意思。就镜子而言,不论多么纷乱的事物来来去去,形象都不会淆乱,更不会对镜子本身造成任何影响。

前面提到,免除生死忧患的原则是"无我""无己"。没有一个生死的主体,也就解决了生死的忧患。"我"的主要表征是外物在内心中撩拨起的各种情绪。"用心若镜"的效果是"无情",即是对"无我""无己"的原则作了一种方法上的说明。

庄子的"无情"与"心镜"思想对后世的美学观念产生了不可忽视的影响。下面举几个例子。

一是王夫之的"广心"。

王夫之在解释《诗·小雅·采薇》中"昔我往矣,杨柳依依;今我来思,雨雪霏霏"这几句诗时,提出了一个"导天下以广心"的诗歌美学命题。王夫之说:

> 往戍,悲也,来归,愉也。往而咏杨柳之依依,来而叹雨雪之霏霏。善用其情者,不敛天物之荣凋、以益己之悲愉而已矣。夫物其何定哉?当吾之悲,有迎吾以悲者焉;当吾之愉,有迎吾以愉者焉;浅人以其褊衷而捷于相取也。当吾之悲,有未尝不可愉者焉;当吾之愉,有未尝不可悲者焉;目营于一方者之所不见也。故吾以知不穷于情者之言矣:其悲也,不失物之可愉者焉,虽然,不失悲也;其愉也,不失物之可悲者焉,虽然,不失愉也。导天下以广心,而不奔注于一情之发,是以其思不困,其言不穷,而天下之人心和平矣。(《诗广传·论采薇二》)

王夫之把日常之情与审美之情作了对比。他说,一般而言,人的喜怒哀乐的情绪("己之悲愉")会投射到所见的景物上去,悲时见哀景,喜时闻乐声,于是"感时花溅泪,恨别鸟惊心"。然而,天地万物却并不真的迎合人的情绪,正如离别路上仍有杨柳依依的风光,归家之时雨雪霏霏一样。通常人在被强烈的情绪拘束住的时候,视野变得浅小狭隘,看不到与自己的内心氛围不相容的风景。王夫之说,"善用其情"的艺术家则不然。他们能把心中的悲喜与景物的通常意蕴区分开,乐以写哀,哀以衬乐,反而更增加了艺术的感染力。从美学的角度分析,这种审美意象的成功是因为"情"与"景"之间拉开了一个距离,意象的结构就变大了,能承载更加丰厚的情感。

王夫之对艺术意象的分析集中于"情"的方面。他主张艺术家要"善用其情",不要"奔注于一情之发"。这跟庄子提出的"不以好恶内伤其身"的"无情"观念是相近的。王夫之的分析,始于艺术创作与欣赏而终归于人生境界。他提出"广心",指出诗教的作用是使人超越小我的悲喜,扩展内心的空间,最终指向心灵的完善——首先是个人的"其思不困,其言不穷",推而为"天下之人心和平"。王夫之的"导天下以广心"基本是儒家的诗学命题,但在对于"情"的理解上却有着庄子美学的印记。

二是王国维的"以物观物"。

> 有我之境,以我观物,故物皆着我之色彩;无我之境,以物观物,故不知何者为我,何者为物。(《人间词话》)

"有我之境"中的审美意象,是作者个人情绪的投射。"有我之境"中不乏杰作,却往往是作者与读者的个人情绪通过意象而相互感召的结果。"无我之境"则尽量地排除了情绪对人心的扰动。这种意象仍然是"情"与"景"的统一。但此时的"情"已然不是各个"小我"的哀伤、欣喜、愁怨或思慕,而是"喜怒通四时"的"无情之情",由此情而投射的景,不令人心动,却自有阔达广远的气象。王国维认为,无我之境,"在豪杰之士能自树立耳"。唯有"豪杰",也就是庄子所谓的"至人",才能有此公情、大情。

三是宗白华对中国画艺术特质的总结。

> 中国画的境界似乎主观而实为一片客观的全整宇宙,和中国哲

学及其他精神方面一样。"荒寒"、"洒落"是心襟超脱的中国画家所认为的最高的境界，其体悟自然生命之深透，可称空前绝后。①

宗白华在这里所谓的"客观"，其实就是庄子主张的去除功利欲与是非心的"无己"的态度。无己的态度开展出一个全整的宇宙，这时体验的"情"就不再是私己的情绪，而是天地的大情。在审美活动中，人与自然、天地的关系，是"有我"之对待，还是"无我"之投入，直接影响了审美的取向以及艺术风格的特质。宗白华对中国画的论述，是由审美情感、艺术意象的特点而及于本民族精神世界的整体面貌。

庄子的"用心若镜"是他的心性修养论的最高层面，也是他的美学的最高理想。前面提到，神仙境界是道家美学的独特方面，是一种高度自由、愉悦的状态。然而道家美学的最高处，却又扬弃了神仙式的精神享受，而进入到一种平静的、无喜无悲的状态。"上神乘光，与形灭亡，是谓照旷。致命尽情，天地乐而万事销亡。"（《天地》）这是一种更高层次的心灵自由。同样，"心镜"的最终指向也不是欣赏美景时的喜悦，而是心平不起的"无情"。《天道》中说，由于圣人的心是"天地之鉴，万物之镜"，所以"万物无足以铙心"。名利是非不足以动其心，甚至审美的快乐也不会让他沉醉，"大"的壮美、"游"的逸趣、"气"的变化，也都不过是倏来倏往的影子而已。在这个境界里，"为物无不将也，无不迎也，无不毁也，无不成也"，而一无可预其精神。此境界看似消灭了审美，却是中国美学中最高级的审美状态。

心若明镜，乃是针对人生困苦的现实而提出一种智性的解脱方案。某些哲学的、宗教的方式，也有相似的境界。庄子的这种思想尤其能与佛家相应，后来汇入到禅宗"安住当下"的主张里。后世的儒家，尤其是宋明道学，对"不将不迎"的提法也极为肯定，将之吸收为儒家修养论的

---

① 宗白华：《论中西画法的渊源与基础》，《宗白华全集》第二卷，第110—111页。

内容。①

　　《庄子》体现了道家思想中出世的一支。庄子以人世为沉浊，"畸于人而牟于天""独与天地精神往来"等主张反映了一种宗教解脱的渴望。这在追求现世安乐的中国思想文化中是一个逸枝。庄子思想并非完全不干人事，比如大小之辨，用了令人惊怖的比喻打破人的惯性思维，凸显境界的殊异，拓宽人的心胸。不过，庄子有时看得过于破了。在有些篇章中，他显得不再对人间的苦难抱有同情，以至根本否定了人世的价值。因此，庄子的出世思想被荀子批评为"蔽于天而不知人"，并被后来的道学家批评为"虚寂"。

---

① 如朱熹云："事未至则迎之，事已过则将之，全掉脱不下。今人皆病于无公平之心。"（《朱子语类》卷七二）陈白沙云："夫道无动静也，得之者，动亦定，静亦定，无将迎，无内外。"（《明儒学案》卷五，白沙学案上）

第六章　《易传》的美学思想

不可测的变动是人类生活和思考的永恒主题。我们熟知的一些哲学思考是在其"变"背后寻找"不变",而《易传》却并不逃离变,而是坦然地接纳变,甚至主动进入变,《易传》曰:"易,穷则变,变则通,通则久。是以'自天佑之,吉无不利'。"(《系辞下》)①所以,《易传》可以看作是后世人为承传自上古的《易》写的一部序,用以阐发其幽深的天人之学,发挥圣人立德的意旨。

在哲学上,《易传》代表着先秦士人在理论抽象方面达到的高度。他们用清晰而不失蕴致的哲理语言讨论那些神秘而模棱的卦辞。人类永不间断、永不重复的活动为隐喻性的易象赋予了无限丰富的内涵,而《易传》则进而借助易象系统的组织条理,阐释各种人世活动之间的规律和关联。这种互动再借助卦象、爻辞以及后人的解释,传达给后世的学易者。

在美学上,《易传》主要有两方面的积极贡献,其一是对于"立象以尽意"的积极阐释。以多义的"象"指涉深微之"意",乃是卜筮活动中的易象与审美意象最能相通的地方,而《易传》的作者(们)对于这种思维方式

① 宗白华:《形上学》,《宗白华全集》第一卷,第 621 页。

和表达方式所具有的高度自觉,使得《易传》的反思具备了美学上的价值。其二是提出了"无思、无为""寂然不动,感而遂通"等观物取象的原则,打破了人们对于易象的功利化的理解,充实了先秦美学的审美心胸论。这两方面的贡献,也显示出战国儒家和道家的美学思想的一种会通,即"象"与"无象"、"情(兴)"与"无情(不动心)"的某种结合。

第一节 《易传》概说

现存的《易传》包括《文言》《彖传》《象传》《系辞传》《说卦传》《序卦传》《杂卦传》七种,凡十篇。这十篇的创作宗旨都是解释《周易》的经文大义。《文言》分别解说《乾》《坤》两卦的象征意义;《彖传》分释六十四卦的卦名、卦辞及一卦大旨;《象传》旨在阐释卦、爻的象征意蕴,联系人事伦常说明吉凶利弊的原理,并为"君子"的选择提供建议;《系辞传》阐述易理通论,在哲学上总结了《易》中蕴含的幽微道理;《说卦传》总结了八卦取象的特点及推展过程;《序卦传》解说了六十四卦的编排原理;《杂卦传》则打乱原有卦序,展示了各卦象之间错综复杂的多向度的联系。可见,《易传》诸篇从宏观和微观、取象本意和相互联系、推演等多角度阐释发挥了易理,所以被称作"十翼",意思是用作经典的辅翼。汉代以后,《易传》的重要性大大提高。今天所谓的《周易》,已经包括了经和传两部分。

就美学思想的发展而言,《易经》暗示有余而辨析阙如,《易传》则立足于春秋战国的思想积累,在概念的提炼和观点的推导方面更见条理。

一、《易传》的思想史定位

《易传》指出,古代作《易》者观象察变乃是出于对生存、命运和家国存续的忧患感。"《易》之兴也,其当殷之末世,周之盛德邪?当文王与纣之事邪?是故其辞危。危者使平,易者使倾。其道甚大,百物不废。惧以终始,其要无咎,此之谓易之道也。"(《系辞下》)这个说法中,既有对上古圣人作《易》之动机的揣测,也体现了《易传》的作者(们)基于当时的时代问题的新思索。这也体现出《易经》与《易传》的同异。《易经》与《易传》在性质、目的和面对的读者等方面都有所不同。

《易经》是中国最古老的经典之一,创制过程已杳不可考。作为一部以勘察吉凶为目的的卜筮手册,它从人的生存与命运出发,观察万事万物的内在统一性,并从中找出生命(人生)的意义和来源。《易经》向人显示出:世界万物都与人的生存和命运有着内在的联系,人需要察知这些联系以便更自主地生存。

《易传》的性质则是一部思想著作,是战国时代的士人对《易经》中所蕴涵的天人之理的概括性解释。在《易传》产生的时代,上下陵替、祸福无常的情形给人造成了极大的冲击和困扰。我们从《左传》中看到,在这前所未有的大变动中,上古局限于庙堂范围内的卜筮之术全面地进入到诸侯大夫以至士人的生活中,指引着他们的决断。少数思想敏锐的大夫士人却已不满足于被动地接受卜筮的暗示,开始深究吉凶祸福背后的"天人之理"。"知变化之道者,其知神之所为乎。"(《系辞上》)《易传》最关注的是变化的"道",而不是变化所导致的吉凶祸福的结果。在这个背景下,原本面向专业卜筮工作者的《易经》,就被思精察微的士人作为系统的思想文献加以传播。所以,就哲学史和美学史的意义而言,《易传》反映了先秦士人关于《易》的态度的一个重大的转变,其重要性要大于易经。

《易传》是体现儒道两家思想汇聚的一部思想经典。在知识来源上,象数占筮的技术是道家的专长,而它在价值观念上则更接近儒家。《易传》对易象的阐释带有儒家的价值倾向和话语特点,比如卦爻辞凡出现"龙"的地方,《象》传与《彖》传多指向君子、大人。《易传》中还有不少冠以"子曰"的言论,而且与《论语》《礼记》等文献给我们呈现出的孔子的思想相当接近。当然,像这样公开地大书特书"性与天道"的做法却与孔子本人的教学风格不符,更接近于战国时代儒者的做派。《易传》的文本大概成于战国儒生之手,但其关注天命、重视自修德性的思想渊源却仍可归于孔子。

在价值追求方面,《易传》与《易经》有所不同。《易》的《经》与《传》虽然都以吉凶悔吝来认识"命",但两者对待吉凶的态度却有差异:卜筮的目的是察知吉凶以便趋吉避凶,而《易传》演德的目的则是知晓吉凶之理,也就是儒家所谓"知命"。这所谓"知",不仅意味着知晓如何在不同的天时条件下出处进退,而且还要从"道"的层面俯瞰自己的命运。"知命"就是君子以"德"为自己遭遇的"天命"赋予意义。"德"并不随着命运而迁移,如孟子说的"我固有之",所以能够使人克服命运动荡之忧。《易传》的《系辞》还用了很大的篇幅,以卦象来阐释"德之基""德之柄"等等。由这种追求逐渐发展出一种越来越自觉的"深于易者不占"意识。

在长沙马王堆帛书本《周易·要》中记载了子贡与孔子关于《易》的对话。子贡问:"夫子亦信其筮乎?"孔子回答:"我观其德义耳。"《易传》的《象传》鲜明地体现了这种"观德"的倾向。《象传》以八卦卦象为主,讲上、下两卦的合象,不论其爻位。《象传》常用"君子以⋯⋯""先王以⋯⋯"的句式来阐发有关自然、人生、政治的哲理。这其实是把每一个卦象都作为一类境遇的象征,而《传》的解释则提供一些更加明确的指引,帮助人们了解某类境遇下应该具备何种德行,应该做出什么抉择。

"不占"的易学不仅为儒家所主张,也是先秦道家思想家的主张。前面指出,《老子》的"抱一为天下式"就是对占察卜测的传统史官职掌的扬弃。宗白华说:"《易》云'圣人神道设教',其'神道'即'形上学'上之最高原理,并非人格化、偶像化、迷信化之神⋯⋯而为观天象、察地理时发现'好万物而为言'之'生生宇宙'之原理。"[1]把象数思维从巫筮迷信中解放出来,使之成为开启智慧的凭借,也正是从主张"不占"的《易传》开始的。

与大致同时代的《中庸》《大学》等经典一样,《易传》也以"天下"作为运思的指向。"子曰:'夫易,何为者也?夫易,开物成务,冒天下之道,如斯而已者也。'是故圣人以通天下之志,以定天下之业,以断天下之疑。"

---

① 宗白华:《形上学》,《宗白华全集》第一卷,第586页。

《系辞上》)《易传》的这段话指出占察吉凶的目的,不是为了一己身家之祸福,而是要为天下的公利筹划,即"以前民用""与民同患"。以"民"为事业的指向,既是个人功业的价值所在,也是文化繁盛和文明积累的价值所在。孔子正是从这个方面赞颂了尧的功德:"巍巍乎,其有成功也。焕乎,其有文章。"(《论语·泰伯》)

　　总之,春秋战国的士人作《易传》的意图是"立德",以便士君子能够在祸福无常的世界中合理地自处,也为"大人"成就利益万民的功德给出一个"天道"的解释。

二、《易传》的主题与思想史意义

　　《易传》讨论的主题是"天文"与"人文"的关系。这也是中国思想的永恒主题。先秦士人对一切"天经地义"之法则的追问,以"天人关系"为核心的自觉反思,为中国美学奠定了哲学的基础。[①]

　　中国古人并不把"文"仅仅看作是一套人为的约定,而认为它们是天地自然垂现的神圣事物。"天文"最早来自上古先人观星制历的伟业。农业的生产特别重视"农时",领受了"天命"的王朝统治者要指派一批专家来厘定历法,让耕作者知晓播种收获的时节。这就是《周礼》所谓的"授民时"。除了辨正方位和把握农时这样明显的功用之外,星历还为人的精神世界建立了时空的坐标和秩序。[②] 与当今受到近代自然科学重塑的"天文学"不同,中国古代的"天文"并不是研究"天体"的学科,而是探究天地之"文"的学问。中国的"天文"是以"天"作为人世间的"文"的范

[①] "中国古典美学范畴,往往不限于概括具体的审美对象或审美过程的某种特点,而是同古代思想家对于整个宇宙的看法密切相关,因而往往包含有形而上的涵义。如果脱离古代思想家的宇宙观,这些美学范畴就会失去深刻的、丰富的内涵,变成一个空壳。"叶朗:《中国美学史大纲》,第 37 页。

[②] "中国哲学既非'几何空间'之哲学,亦非'纯粹时间'之哲学,乃'四时自成岁'之历律哲学也。"所以,"'授民时'之'律历'为中国哲学之根基点"。宗白华:《形上学》,《宗白华全集》第一卷,第 611、587 页。作为一个民族哲学思想的根基点,其来源必在漫不可考的上古,战国后期以至汉代方才成熟起来的"月令模型"只是对这种来源久远的"天文"的一种细化。

本，以使人世更加有序和安宁的一种观念体系。久远的神话、符号结合在这种"天文"之中，成为古人精神家园的基础，也是其哲学思考和艺术创作的渊源。

《易》是"律历哲学"的产物。顾名思义，"易"的基本意义是"变易"，人世的变易意味着成败利害的消长。建立在反思基础上的《易传》以"知命"作为宗旨，"知变"则是其直接的目的。《易传》的"知变"，就是以"立象尽意"的方式把握变易对于人世的意义。把握变易，并不是从变动当中索取功利的好处，而是为了让人对于祸福有一种理性而达观的认识。这跟儒家和道家的思想都有契合之处。孔子被誉为"圣之时者"，大概也跟他精研易学有关。

易的象数体系所模拟的，是在无数具体情境中实现的"常"与"变"的统一。《易传》指出："易有太极，是生两仪，两仪生四象，四象生八卦，八卦定吉凶，吉凶生大业。"（《系辞上》）同前面分析老子的"三生万物"一样，"生"意味着自组织、自创造。在《易传》的理论中，这种自组织、自创造是阴阳之间相互激荡的产物。《说卦传》云"天地定位，山泽通气，雷风相薄，水火不相射"，在相反相成的各种因素之间，阴阳的动能成就了不同的情境，借助各种爻变、卦变，易象的推演可千可万，以至于无穷。所有变动的总概括，就是"乾"，其内涵是"健"，即永恒的运动、创化。

"易"同时还意味着"简易"，灵变之中，寓有条理。也就是说，不论事物的变动多么纷繁复杂，总是具有一定之规可为人把握。《易传》以庄严宏大的笔触描绘了天地间的交响乐："刚柔相摩，八卦相荡，鼓之以雷霆，润之以风雨，日月运行，一寒一暑。"（《系辞上》）"日往则月来，月往则日来，日月相推而明生焉；寒往则暑来，暑往则寒来，寒暑相推而岁成焉。"（《系辞下》）易所呈现的变动，并不是一片令人畏惧的混乱（chaos），而是一幅有条理、有生机而又壮丽磅礴的画卷。《易传》以"变"为主题，推崇阳健之"变"即是张扬"其命维新"的意义创造，所以尊天而卑地，但与此同时，"变"已蕴于"常"的作用之中了。总之，没有"变"的"常"是守旧僵化，而不尊重"常"的"变"则是胡作非为。

　　《易传》是战国哲学思想交汇的产物，与儒家和道家思想都有交集。虽然我们目前还没有十分确凿的证据说《易传》与孔门传人以及《老子》的作者（们）有直接的关系，但在那个思想交流活跃的时代，人们思考的问题以及运思的路径具有相通性，却是不争的事实。老子学派对作为意义世界之"名"的生灭流通、思孟学派对"情"与"心"的讨论都达到了精微的层次；在《易传》中，广大的仁心与虚静的境界、敬畏怵惕的态度与观几察变的方法、对于人事与自然的把握，兼具了精深与广大的面目。《易传》在先秦思想的发展史上还具有承上启下的地位。《易传》以"象"喻德，上承古代史官的占筮之术和春秋时代的孔子易教，并吸收了战国时代对于"情"与"心"的深入讨论。《易传》由精微而广大，启发了后人对"天"的讨论，以至于晚周至汉代的宏大宇宙框架的奠定也可以从《易传》中见出端倪。

　　从价值关怀的方面看，《易传》从"天"的角度概括了"人"的规律，以无欲、无为的心态俯察世间的分合治乱，这是一种道家的旁观态度；另一方面，《易传》又十分强调条理秩序，以及人对于世界意义的主动参与。这一点又反映了儒家的入世担当的精神。在《易传》中，儒的刚健仁德与道的无为旁观结合得十分自然，以"神"作为理想的"大人"境界的一个代称，也是儒道共通的观念。在不同的思想倾向和价值理念相互激荡的背景下，《易传》做出了一个初步整合的尝试，以此而奠定了中国人的宇宙论、人生观的基础。

三、《易传》的美学意义

　　宗白华说："象即中国形而上之道也。象具丰富之内涵意义（立象以尽意），于是所制之器，亦能尽意，意义丰富，价值多方。宗教的，道德的，审美的，实用的溶于一象。"[①]从美学史的角度看《易传》，其美学思想乃是基于"易象"与"意象"的关系，重在"象"在无功利状态下的生成方式和独

---

① 宗白华：《形上学》，《宗白华全集》第一卷，第 611 页。

特的意义。

《易传》曰:"一阴一阳之谓道,继之者善也,成之者性也。仁者见之谓之仁,知者见之谓之知,百姓日用而不知,故君子之道鲜矣。"(《系辞上》)《易传》所标举的"道"是属于"仁"还是属于"知",或者用今人的话说,是"科学"还是"美""善",都是站在不同角度的人特意标举的概念,而"道"本身却不能被限定于"仁""知""科学"和"美"——它们全都是,又全不是。然而,在我们今人的知识体系中来看,美学意义上的"意象"对于"易象"又具有着奠基性的意义。汉学界对"关联性思维"概念的强调大概与此有关。有学者指出,这种思维"涉及由富有意味的配置而不是由物质性因果关系连接在一起的意象或概念群之间的相互关联",而"基于关联性思维的概念是意象群,其中,复杂的语义联想能够相互发生作用……美学联想支配了逻辑上前后一致的需要"。①《易》开创的立象尽意的思想传统将"外部的"自然与"内在的"心灵、"认识性的"科学与"体验性的"艺术通过"意象群"而贯穿为一,遵循着一条反观身心、由内知外的路径。《易经》是这条路径的源头,《易传》则意在阐明其理,其中尤以《系辞》为著。

以《系辞》为主体的《易传》美学文本的关键词是:观、象、辞、感、通。

《易传》以"仰观俯察"解释"易象"之由来,并成为其美学思想的基础。观物取象的过程是在动态的意义创造中展开的。观象并非主客对立的认识行为,也不囿于固定的范畴和角度,而与审美活动更加接近。《系辞》以《易经》中纲领性的"乾"与"坤"两卦作为总括性的"象",以"弥纶天地之道"(《系辞上》),统摄一切阳动阴静的自然和人事之象以及相应的审美意象。这也喻示着中国古人首先是寄寓在所观取的"象"中而展开审美活动的。

本章的重点是展开分析《易传》对于"立象以尽意"之理的解说。这分为两个方面。一方面是《易传》"观象""立象"的原则。《易传》用"象"

---

① 安乐哲:《自我的圆成:中西互镜下的古典儒学与道家》,第180、174页。

的方式来思考和验证世界的条理、变动，其实质是以隐喻的方法摹画出事物之间幽微的联系，勾勒"阴阳不测"的创生图景。另一方面，易象所尽之"意"也值得详细分析。《易传》指出了作《易》者、解《易》者当以超越功利的态度面对吉凶悔吝之象，这是自由地观取世间万象而领会其"德"的前提条件。

《易传》以一种系统化的世界观，为中国古人的"天道"信仰奠定了哲学观念的基石。而与出世信仰相较，《易传》的哲学中对"生"的标榜凸显了中国文化注重现世的特点。《系辞》提出的"生生之谓易""天地之大德曰生"等命题，把意义创造的重点放在了涵养天地之生机方面。《易传》由此整合了儒家和道家的价值追求，一方面提出"旁行而不流，乐天知命，故不忧；安土敦乎仁，故能爱"（《系辞上》），把儒家的"仁"纳入到天地人统一的世界观当中，另一方面，又提出了"易，无思也，无为也，寂然不动，感而遂通天下之故"（《系辞上》）。《易传》把道家关于"知"的睿见置入到利益众生的价值指向之下，也指出了灵感思维的条件（"寂然不动"）和运行方式（"感而遂通"）。《易传》提倡范围天下的"大利""大业"，超越一己之小功利；提倡灵感式的"知"，摒弃功利化、概念化的"知"。由此，《易传》成了儒道美学思想初次合流的纽带。

《易传》虽然在本质上是一部哲学著作，但在"以象立德"的同时，其运思的方式并没有脱离"象"。《易传》的语言是多义的、丰富的，供后人从不同的角度给以阐释发挥。《易传》曰"《易》之为书也不可远，为道也屡迁，变动不居，周流六虚，上下无常"（《系辞下》），这个主张也反映了中国古代思想家对于哲学思想文本的态度。

第二节　乾坤之象

《易传》以一种系统化的世界观承载了、具象化了古代的"天道"信仰。《易·贲·彖传》曰："观乎天文，以察时变；观乎人文，以化成天下。""乾坤"是"天文"与"人文"的交汇点。在《易传》对《易经》的理论阐述中，最重要的莫过于"乾"与"坤"这一对概念。

《系辞》曰"一阴一阳之谓道",易的传统把"阴阳"作为把握世界的总纲。在中国古人的世界观念里,最大的阴阳是由自然气候、天象彰显出来的,如天与地、寒与暑,"法象莫大乎天地;变通莫大乎四时"(《系辞上》);人世间的阴阳,在自然的方面是夫妇,在人事的方面是君臣。"乾"与"坤"既指代着自然的天地、昼夜,也象征了家庭中的夫妇、社会生活中的君臣,并广及一切组织体系当中带有动和静、主动和被动、主导和配合等关系的事物,正如《中庸》云:"天地之大也,人犹有所憾,故君子语大,天下莫能载焉,语小,天下莫能破焉。"乾坤这两个卦象是六十四卦的总纲,也是《易传》所奠定的美学传统的总纲。

就乾坤之象的美学意义而言,一个是"位"与"时"的意识,及在"数"当中体现出来的秩序感,另一个是阳刚与阴柔的配合所实现的"生",以及在其中包含着的家园感。这两方面也是天人之"文"的基本特征。

乾坤之象,是阳刚与阴柔两种性质、趋向、风格的总概括。《易传》谓"刚柔相推而生变化"(《系辞上》)。"推"一方面意味着此消彼长的节奏化的更替关系,寒来暑往之韵律即是阴静与阳健、乾刚与坤柔交相运动的产物。另一方面,正如富于中国文化特色的"推手""推拿"等富含身体感的词语所暗示的,"推"还意味着阴阳、柔刚两方面的密切配合、互相渗透。"刚中有柔""柔中带刚"是带有生机的理想状态。若阴阳互动、刚柔互渗的关系被破坏,"刚"就变成"强""硬",意味着失去了灵变的可能而逐渐走向衰败、枯槁;而"柔"则流于"懦"或"软",也意味着生机的涣散和退化。乾与坤的对举与配合,标明了中国古人"尚简"的思维特点。他们以"阴阳"这个最简的范畴来把握一切运动、状态、属性以及它们相互之间的关系,所以"乾以易知,坤以简能"(《系辞上》)。从今天的宇宙观来看,乾与坤的范围甚至可以大于古人所见的天与地:即便超出了地球的范围,只要有阴阳对待之理的地方,《易传》的原理就依然适用。

"阳刚"与"阴柔"的互动、互渗关系普遍地贯彻在审美、艺术的领域,并在美学的理论思考中反映出来。在中国美学的语汇里,带有阳刚之气的"豪"与带有阴柔之气的"秀"可以大概地相应于西方美学里的"壮美"与"优美"。"豪"与"壮美"都含有强大的力量感,让人的精神在审美活动中获得振奋和提升,而"秀"与"优美"则偏向于女性的柔媚、婉约,讲究小巧、优雅的形式等,让欣赏者心生爱怜和乐于亲近之感。然而,中国的"豪"与"秀"与西方的"壮美"和"优美"之间还存在差别,在中国的美学范畴中,阳刚与阴柔是互渗的,所以壮美与优美之间并没有鸿沟,甚至可以随时转化,艺术的韵味也就体现在它们之间的参差和转换之中。叶朗说:"它们[壮美和优美]常常互相连接,互相渗透,融合成统一的艺术形象。在中国古典美学的系统中,壮美的形象不仅要雄伟、劲健,而且同时要表现出内在的韵味;优美的形象不仅要秀丽、柔婉,而且同时要表现出内在的骨力。中国古典美学论书法时讲究'书要兼备阴阳二气',讲究'力'和'韵'的互相渗透;论画时讲究'寓刚健于婀娜之中,行遒劲于婉媚之内';论词时讲究'壮语要有韵,秀语要有骨',讲究'豪放'和'妩媚'的互相渗透;论小说时讲究'疾雷之余,忽观好月','山摇地撼之后,忽又柳丝花朵',讲究'龙争虎斗'之后,'忽写燕语莺声,温柔旖旎',讲究要有'笙箫夹鼓,琴瑟间钟'之妙,等等,都反映了中国古典美学的这种观点。"①

"位"的观念也是《易传》对乾坤之易理的发挥。《易传》的《系辞》首章云:"天尊地卑,乾坤定矣。卑高以陈,贵贱位矣。"(《系辞上》)所谓"定",就是指"定位",《说卦传》更明确地提出了"天地定位"。"位"不独指空间性的"方位""位置",更主要的是一种系统、结构对于个体存在的规定。在一切良好运转的组织里必然有主有从,绝对的"平等"不能造就任何有意义的局面。中国古人看到由"位"的失序而造成的现实的混乱,遂以天地为法度,确立起了因德立位、以位正名的观念。所以《易传》说:"圣人之大宝,曰位。"(《系辞下》)"崇效天,卑法地,天地设位,而易行乎其中矣。"(《系辞上》)

---

① 叶朗:《中国美学史大纲》,第80页。

　　"天尊地卑"是《易传》对于"位"的集中概括。这里的尊与卑并非价值上的高下,而主要是在化育万物过程当中的功能的不同。乾(父)意味着风云不测、沧海桑田的变动,表现出强烈的个性、创造性,其教化之功显得更明显、宏大一些,故为"尊",而坤(母)则以昼夜、四季、十二月等构建出来的稳定秩序,象征着每日衣食住行的妥帖安排,在大量的默默支持的工作中实现了养护之德。坤虽曰"卑",对于生命的存续、秩序的稳定却功莫大焉。在"变"中有"常"道,人在变中知晓其节奏化、韵律化的"常",方能避免妄作之凶。可见,在"乾坤合德""父教母养"的配合当中体现了一种性别平等的意识:这种平等不是体现在事务上的一致,而是体现在两性平等地承担起实现天地之"生"的责任,以平等的机会来"尽"自己这一方面的"性"。在中国思想看来,无视以至于否认"天命之谓性"所造成的乾阳坤阴的差别而鼓吹性别平等,反而是极不自然的。

　　《易传》还指出,"变通者,趣时者也"(《系辞下》)。"时"与"位"也是统一的。时间造就了"位",如俗语谓"多年媳妇熬成婆";"天时"也促动着"位"的变动,所谓"风水轮流转"。宗白华尤其拈出"鼎"与"革"这两个易象来解说"位"的时空属性。他说:"革,打破既济平衡之僵局。推陈出新,日进无已,自强不息。鼎,于未济全部失正之中,独持其正,拨乱世反之正。"[1]"革与鼎,生命时空之谓象也。'革'有观于四时之变革,以治历时!'鼎'有观于空间鼎象之'正位'以凝命。""'正位凝命'四字,人之行为鹄的法则,尽于此矣。此中国空间意识之最具体最真确之表现也。……是即生命之空间化,法则化,典型化。亦为空间之生命化,意义化,表情化。空间与生命打通,亦即与时间打通矣。"[2]

　　《易传》对天地变易的道理的概括,并非一个笼统的抽象原则,而尤以承载着丰富意义的"数"来解说。"二多誉,四多惧""三多凶,五多功"(《系辞下》)等皆就"时"与"位"的不同情势而言爻位之数,把人事中的各

① 宗白华:《形上学》,《宗白华全集》第一卷,第618页。
② 同上书,第616、612页。

种"过"与"不及"具体地落实于"数",并为"数"注入了人文的内涵。"中国从三代鼎彝到八卦易理,是以象示象,而数在其中,数为立象尽意之数,非构形明理之数学也。"①

《易传》首倡乾坤之理,以之为"易之门",因为一切"变数"都孳生于"一阴一阳"的参合过程。如四季、四方、八节、十二月、三百六十日等以偶数为主的数字多是属于自然时空的"数";北京天坛祈年殿的柱子有三十六根,即是"四季""十二月""十二时辰"与"八方"的数字之和。还有社会意义更强烈的奇数系统——依据上、中、下的社会性的位置分为三、六、九等,《易传》将之对应为天、地、人"三材";另外还有依生克的法则而生五成十之数,如河图十数,即是从五颗行星(木火土金水)出现于天空的方位和时间记录下来的符号,是一张阴阳与五行、奇数与偶数协调配合的图像。②

由奇偶的配合则衍生出了不可限量的数字组合。《易传》曰:"天数二十有五,地数三十,凡天地之数五十有五,此所以成变化而行鬼神也。乾之策二百一十有六,坤之策百四十有四,凡三百有六十,当期之日。二篇之策,万有一千五百二十,当万物之数也。是故四营而成易,十有八变而成卦。"(《系辞上》)通过数的推衍,《易传》把世界万物都纳入到统一的解释系统当中来,《易传》的思想因而兼具了理论抽象与实践操作的色彩。

与我们今天熟悉的近代数学的思维相比,《易传》的象数观念有如下的特点。

首先,易之"数"不是简单的计数单位,而是包蕴有多重意义的意象。由简单的一阴一阳而推衍到千万,并非简单地叠加,而必定要考虑到它们如何与人世的意义相匹配。宗白华认为,西方几何与数学的特点是"构形以明理,立数以定量,完成一个合乎逻辑理想,毕于一、定于一之数理系统的宇宙(Cosmos),即空间之抽象化,同一化,理化,数化",而"中国

① 宗白华:《形上学》,《宗白华全集》第一卷,第 621 页。
② 邹学熹:《易经易学教材六种》,106 页。

从三代鼎彝到八卦易理,是以象示象,而数在其中,数为立象尽意之数,非构形明理之数学也"。所以,"中国之数,遂成为生命变化妙理之'象'矣"。① 同样,就中国美学的角度,我们也可以在"数"中打开出一个艺术妙理的宝库。

其次,《易传》所概括的"数"是一个有机的阐释系统,既具有无限的可扩展性,又是一个统一的整体。《易传》对于易象之认识功能的认识是"范围天地之化而不过,曲成万物而不遗,通乎昼夜之道而知"(《系辞上》)。这个系统通过意义的勾连而灵活地进入任一具体的知识、价值系统,调整着人对于道德的理解和对于美的领会。《易传》曰:"夫易,广矣大矣,以言乎远则不御,以言乎迩则静而正,以言乎天地之间则备矣。"(《系辞上》)即所谓"至大无外,至小无内"。《中庸》里也有一段文字,铺陈了"广矣大矣"之意:"天地之道,可一言而尽也。其为物不二,则其生物不测。天地之道,博也,厚也,高也,明也,悠也,久也。今夫天,斯昭昭之多,及其无穷也,日月星辰系焉,万物覆焉。今夫地,一撮土之多,及其广厚,载华岳而不重,振河海而不泄。今夫山,一卷石之多,及其广大,草木生之,禽兽居之,宝藏兴焉。今夫水,一勺之多,及其不测,鼋鼍蛟龙鱼鳖生焉,货财殖焉。"创生的活动如果足够丰富,会在量的增加的同时,引起不同程度的质变。这里描绘的天空、大地、山岳、江海,都以其广大的容量而包纳了世界万物的存在。通过对阴阳之道的领会,特定事件的成败、个别组织的盛衰存亡,每个人、每个家庭在时间的流逝中遭遇到的独特的欢欣和忧患,以至各种审美欣赏、艺术创造的范型,都可以找到相应的易象作为解释。所以"其道甚大,百物不废"(《系辞下》)。但另一方面,易之象数的简洁与灵活性,既避免流散不收之弊,又保证了和会激荡的丰富性,即所谓"放则弥纶四海,收则退藏于密"。之所以有这般特性,还是要回到"乾坤之象"来理解。

在《易传》的阐释中,"乾"与"坤"除了象征着阳动和阴静的状态,还

---

① 宗白华:《形上学》,《宗白华全集》第一卷,第598页。

意味着象数的"放"与"收"的功能:"乾"指代着趋向分化的功能,朴散而画,以此概括创生、发展、繁盛等过程或状态;而"坤"则意指趋向收束的功能,由繁入简,如此则描画出了一个稳定可靠、可知的秩序。"分化"是向着广大的可能性开放,而秩序条理则寓于时令、方位,将变化收束于一个可把握的架构之中。多样组合的动态和功能共同成就了"生"的创造力。《易传》用"开"与"阖"这种意象化的表述方式阐明了分化与收敛之间的关系:"阖户谓之坤,辟户谓之乾,一阖一辟谓之变,往来不穷谓之通。"(《系辞上》)一开一阖之间,收放之妙用无穷,蕴藏有万物生成与变化的枢机。所以《易传》的作者感叹:"乾坤,其易之门邪? 乾坤成列,而易立乎其中矣。乾坤毁,则无以见易。"(《系辞上》)人居于天地之间,兼备动静、开阖的能力,其知者与仁者还可以进一步通过体察易道而知常达变,效法天地而有生养之功。所以,"夫易,圣人所以崇德而广业也"(《系辞上》)。

中国哲学的特点是不仅"知天""知人",而且能盘桓优游,是谓"同天"。《易传》的"乾坤之道"对于中国哲学、美学的发展的另一意义,就是把"鼓之以雷霆,润之以风雨,日月运行,一寒一暑"的自然现象给意象化了,使之成为人世秩序的宏大投射,以此凸显了天地宇宙作为精神家园的意味。在富有节奏韵律的审美活动中,人对"时"与"位"的领会是活泼的、有创造力的。由活泼的审美化的领会,人得以更好地与天地万物共处。

在中国古代思想的语境中,最亲切可感的关系模式是家庭关系,因此带有人伦色彩的父母兄弟等概念最适合于用作喻象,以便于让人把握自然与人事各种复杂系统的统一规律。《易传》曰:"天地氤氲,万物化醇。男女构精,万物化生。"(《系辞下》)乾坤之理在人事中的实现,正是从夫妇之道开始的。孔子把《关雎》置于《诗》之首章,以明男女之义;《易传》提出"乾道成男,坤道成女"(《系辞上》),男女因为进入了家庭的关系中而成为夫妇。"成家立业"使得男女两性之间的情爱关系、人伦关系转入了蕴涵着责任、仁爱、尊重等道德意味的天伦关系。在后世的哲学解释中,阴爻与阳爻排列组合成的八个卦象,也被赋予了生息繁衍的意义:乾坤因

"合德"而"生",渐次形成了一个由父(乾)、母(坤)和长男(震)、中男(坎)、少男(艮)、长女(巽)、中女(离)、少女(兑)组成的理想的大家庭,并通过进一步的叠合而不断丰富着人事的意义。可以说,卦象的涵盖范围有多大,其蕴涵的"家庭意象"的覆盖面就有多大。《中庸》云:"君子之道,造端乎夫妇,及其至也,察乎天地。"从认识的角度看,易象为人的意义世界确立了一个自然而丰富的参照系;而从情感体验的角度看,"家"是人们在人世的范围内获取稳定感的源泉,家庭模式的意象化正是中国独有的审美意识的源泉。乾父坤母的对应关系奠定于《易传》,并在宋代思想家张载的《西铭》当中得到明确的阐述——也正是张载明确地提出了"民吾同胞,物吾与也"(《正蒙·乾称》)的主张,将儒家的仁爱赋予了形而上的色彩。

易象之立,来自以人观天;而易象既立,则可将人提升到天的层次,俯瞰世间的兴衰悲欢。《易经》是站在人的角度领会天地万物之意义的产物,而《易传》则是对于如此丰富的意义进行理论概括的初步尝试。《易传》曰:"天生神物,圣人则之;天地变化,圣人效之;天垂象,见吉凶,圣人象之。"(《系辞上》)在"天"与"地"两个最大的物象之中,囊括了大量的自然事物,它们指向的却都是人事之理,图解的是常与变之道,为的是给动荡的人世指示安宁。圣人由天地运行规律的启发而为人事立象,以卦、爻、象、数的有机体系来彰显理想的秩序,所以《易传》谓"黄帝、尧、舜垂衣裳而天下治,盖取诸乾、坤"(《系辞下》)。奠基于"乾坤之道"的"家庭意象"则更凸显了审美的意味:它不仅提示人们善待天地以及其所生养的万物,而且让中国人从天地万物当中寻找到一种亲切的家园感,一定程度上缓解了存在之忧。

第三节　立象以尽意

在作为卜筮之书的《易经》当中,"象""卦""爻"等都是用来指示人的生存活动、描摹各种行为与功能的符号,它们的用途是呈现人在不同境遇中的吉凶祸福。而作为一部阐释性的哲学著作,《易传》则基于易象,通过理论性地分析人心之情、人事之理,彰显那些符号所蕴涵的多方面的意义。通过这种反思性的分析,《易传》详尽地阐发易象之理,象之义所以能立,圣人之意所以能尽,中国的艺术创作与审美之道亦所以能明。

> 子曰:"书不尽言,言不尽意。"然则圣人之意,其不可见乎? 子曰:"圣人立象以尽意,设卦以尽情伪,系辞焉以尽其言,变而通之以尽利,鼓之舞之以尽神。"(《系辞上》)

《易经》的象数和卦爻辞处处皆"象",然而其义隐微难见,《易传》的《彖传》《象传》和《系辞》以概括性的语言,把易象的那些比较隐幽的意思与人世活动更明确地联系了起来,如"刳木为舟,剡木为楫,舟楫之利,以济不通,致远以利天下,盖取诸涣"(《系辞下》)这类"取诸……"的表述还有很多。其实,就历史的实情而言,不可能因为先有了卦,而后才有了相应的器物。《易传》的"取诸……"之意,实际是以卦象立德。经此发挥过的卦象,更能开显和提升社会生活中的这些人事行为的意义,并进而与一个整体的秩序相联系。

我们在解说易象的时候,已指出其主要功能在于为人事"立象",使得人的活动不至于粗俗狭隘。这里不妨结合《易传》的表述再回顾一下。《易传》曰:"见乃谓之象,形乃谓之器,制而用之谓之法,利用出入、民咸用之谓之神。"(《系辞上》)"象"彰显出人世生活中必需的某种功能,"器"即是承载了此种功用、效能的具体器物,而此功能所体现的相关规律就是"法",将规律运用得巧妙,圆满地改善了人们的生活,则为"神"。比如作为载人工具,古代的"器"是驿马,在我们今天则主要是汽车、火车等,它们的具体形态可以有很大的不同,但它们的功用和意义则是相似的,所以今天可以把用于载运的汽车之类与驿马归到一个"象"里面。因为有了"象"的沟通,可以从一个宏大的角度观察交通运输的规律,也可以为新的交通工具的出现提供借鉴。更进一步,因为"器"与"象"与包纳万物之理的"道"打通了,人们还可以从整个社会生活的角度理解运输的意义。"是故形而上者谓之道,形而下者谓之器,化而裁之谓之变,推而行之谓之通,举而错之天下之民谓之事业。"(《系辞上》)"道"之于人的价值即在于以"变""通"的能力周流人世的各个领域,把各种"象"统一在一个一以贯之的世界观、价值观中,为不同的"器"赋予恰当的意义。因此,不仅《易经》的隐喻化的语言体系可以"立象",《易传》的理论化的阐释,也是"象"所以能"立"的条件。

就人的日常生活而言,作为具体用物的"器"最容易为人把握,涵摄众器的"象"则不为常人所见,而统合万象、无迹可求的"道"则隐然难闻。中国哲学的永恒关怀,就是以"器"观"象",因"象"求"道"。这是《易传》的主旨,也是后来中国艺术的最高目标。在器—象—法—道—气贯通的思想影响下,礼乐、艺术等活动都不是在具体的器物层面上进行的,而是致力于打破器物之间的边界,在有限的用物中见出无限的精神。宗白华特别强调礼器在打通"器"与"道"方面的价值,并由此见其美学意义。他说:"礼器里的三代彝鼎,是中国古典文学与艺术的观摩对象。铜器的端庄流丽,是中国建筑风格,汉赋唐律,四六文体,以至于八股文的理想型范。"①正是由于"礼器"的意义与"礼文"完全一致,所以器物与文学之间才没有任何鸿沟。这种"文以载道"的意识体现在中国艺术的特点中:不以描摹具体的器物、事件为鹄的,而重在器物之于整体环境和人生价值的配合;甚至在对于"艺术品"的处理上,也多于线纹、镂空之中,将沉甸甸的"实体"给虚化掉,以暗示其由"器"入"道"的可能性。

《易传》曰:"爻也者,效此者也;象也者,像此者也。"(《系辞下》)"效"与"像"近乎亚里士多德对于悲剧的规定:借助一定的形式来模仿一个完整的行动。② 观一卦一爻,也如看一出严肃的戏剧。然而,中国古人作易像事的用意却不仅仅是令观者的情绪得到"净化",还要在静观其变中知

---

① 宗白华:《艺术与中国社会》(1947),《宗白华全集》第二卷,第 416 页。
② "悲剧是对于一个严肃、完整、有一定长度的行动的摹仿;它的媒介是语言,具有各种悦耳之音,分别在剧的各部分使用;摹仿方式是借人物的动作来表达,而不是采取叙述法;借引起怜悯与恐惧来使这种情感得到陶冶。"亚里士多德、贺拉斯:《诗学诗艺》,第 19 页,北京:人民文学出版社,1962 年。

天明理。"'亢龙有悔。'子曰:'贵而无位,高而无民,贤人在下位而无辅,是以动而有悔也。'"(《系辞上》)——卦象(乾)、爻象(上九)喻示了不同境遇的大致模式,吉凶悔吝表明各个事物发展过程当中的价值趋向,而《易传》则进一步解释吉凶之"所以然"。这些解释都是先秦士人从对人事的观察中凝练出来的,"以卦演德"的重点在于说明卦象爻辞与"君子"的出处进退之间的关系。这种做法与中国人的"善为易者不占"的认识一致,可以令观者从繁琐神秘的占筮操作中跳脱出来,以把玩的态度来领悟人世之理。

"象"之能"立",在于人能把眼前个别的、实物的形象虚化为某一功能、情境的总类。这个取象的过程则是"观"。"观"虽然也是一种抽象概括,但不是概念式的理论抽象,而是众多角度、意义的辐辏和勾连。

> 古者包牺氏之王天下也,仰则观象于天,俯则观法于地,观鸟兽之文与地之宜,近取诸身,远取诸物,于是始作八卦,以通神明之德,以类万物之情。(《系辞下》)

中国古人对于世界万物的认识,都是从自己的身体出发,逐渐推至"天地"的框架。在甲骨文象形字的创造中,基于人身的造字元素扮演着重要的角色,如两足先后为"出",两手为"友",以手执杖为"父",手握权柄则为"尹"。又如"昃",像人在偏斜日光中投下的影子,用形象来指示午后的时间。[①] 姜亮夫说:"整个汉字的精神,是从人(更确切地说,是人的身体全部)出发的。"[②]《易传》把易象的取用也归诸最切近的"身",并用富有身体感的"俯仰"来概括拓展意义的方式。

仰观俯察意味着一种动态的参与。《易传》的作者指出,古圣人在作易象的时候,首先是从整体上、动态中观察事物,俯瞰事物的变动倾向或潜能,把握其创造性转化的"机";其次,倾向于将事物置于关系网络中观察,综合地评价其和谐或者冲突的状态;最后,这种"观"还带有一定的价

---

① 李圃:《甲骨文字学》,第 256 页,上海:学林出版社,1995 年。
② 姜亮夫:《古文字学》,第 69 页,杭州:浙江人民出版社,1984 年。

值导向,使人的思维和行为得到宇宙万象的启示,从而得到优化。① 可见,易之观并不是认识论意义上的"反映",而是一种高度综合的心物交接的形式。

仰观俯察最贴近艺术创作和美学思考的特征。宗白华以中国艺术里的"空间意识"来概括俯仰往还的观取方式:"俯仰往还,远近取与,是中国哲人的观照法,也是诗人的观照法。而这观照法表现在我们的诗中画中,构成我们诗画中空间意识的特质。诗人对宇宙的俯仰观照由来已久,例证不胜枚举。汉苏武诗:'俯观江汉流,仰视浮云翔。'魏文帝诗:'俯视清水波,仰看明月光。'曹子建诗:'俯降千仞,仰登天阻。'晋王羲之《兰亭诗》:'仰视碧天际,俯瞰绿水滨。'又《兰亭集序》:'仰观宇宙之大,俯察品类之盛,所以游目骋怀,足以极视听之娱,信可乐也。'谢灵运诗:'仰视乔木杪,俯聆大壑淙。'而左太冲的名句'振衣千仞岗,濯足万里流',也是俯仰宇宙的气概。诗人虽不必直用俯仰字样,而他的意境是俯仰自得,游目骋怀的。诗人、画家最爱登山临水。'欲穷千里目,更上一层楼',是唐诗人王之涣名句。所以杜甫尤爱用'俯'字以表现他的'乾坤万里眼,时序百年心'。他的名句如'游目俯大江','层台俯风渚','扶杖俯沙渚','四顾俯层颠','展席俯长流','傲睨俯峭壁','此邦俯要冲','江缆俯鸳鸯','缘江路熟俯青郊','俯视但一气,焉能辨皇州'等,用'俯'字不下十数处。'俯'不但联系上下远近,且有笼罩一切的气度。古人说:赋家之心,包括宇宙。诗人对世界是抚爱的、关切的,虽然他的立场是超脱的、洒落的。"②

俯仰不仅是空间当中的目光游移,而且还跟生命存在的过程相关,因而具有时间的意味。③ 中国的艺术创作和美学反思都自觉到了时间化的"观"。宗白华说:"中国画的透视法是提神太虚,从世外鸟瞰的立场观

---

① 上述概括参考了成中英《易学本体论》,第 81 页,北京:北京大学出版社,2006 年。

② 宗白华:《中国诗画中所表现的空间意识》,《宗白华全集》第二卷,第 436 页。

③ 成中英认为,在时间中展开的"观""见"等都是对世界意义的彰显,跟海德格尔对"存在"的解释或有相通之处。见成中英《易学本体论》,第 90 页。

照全整的律动的大自然,他的空间立场是在时间中徘徊移动,游目周览,集合数层与多方的视点谱成一幅超象虚灵的诗情画境。……一片明暗的节奏表象着全幅宇宙的絪缊的气韵,正符合中国心灵蓬松潇洒的意境。"①

《易传》所概括的"仰观俯察,远近取与",不仅是一种具体的观取方法,而且还是处理观者与所观者之间关系的原则,也涉及先秦美学有关"自然美"的欣赏和评价问题。《易传》的"仰观俯察,远近取与"的观取法给我们呈现了不同于将自然作为"审美对象(客体)"的思路。首先,在这种"观"的过程中,天地、鸟兽、物我,都是处于同一个平面上,启发着君子对于世界的智慧领悟,而不是将众多的事物纳入到一些人为设定的范畴中进行认识和评判。其次,《易传》之"观"没有"观者"与"所观者"的对立,因而也消除了"人"与"自然"的割裂和对立。前面提到,"采诗观风"是体察民情与移风易俗的统一,是"观"与"被观"的统一。《易·观》"九五"爻辞为"观我生",有如美学之"以我观物"(或"以物观我");而"上九"为"观其生",则如"以物观物",消解掉了能观与所观之两方,朗照万象之生与灭,这是中国美学独有的境界,我们在后文还会展开说明。再次,《易传》的"观"也不是一个静态的、对象化的"打量"的过程。"君子所居而安者,易之序也;所乐而玩者,爻之辞也。是故君子居则观其象而玩其辞,动则观其变而玩其占,是以'自天佑之,吉无不利'。"(《系辞上》)较之"俯仰往还"的"观",这里所谓的"玩"更进一步地投入到变动之中,令体验在多角度的回旋跳跃中逐渐深入,令智慧在富有启发性的爻辞中得到充分的涵养。人以"出乎其外"的态度"入乎其内",不涉利害因而"吉无不利",所以"玩"是高度自由的。后世美学思考中经常出现的"把玩""玩味",以及相关的"琢磨""涵咏"等,都是在活动中观照,在体认中创新,实现并丰富了经典所蕴涵的多种可能性。

在《易》所反映的世界观中,人与动物是平等的,甚至有些动物(比如

---

① 宗白华:《论中西画法的渊源与基础》,《宗白华全集》第二卷,第 110 页。

龙)具有比人更强大的能力。但是唯有人能够与天地并列"三材"。人之所以贵为"万物之灵",大概就在于能够自觉地把握意义的生成过程,并以灵活的方式观象、取象,凭借为万物赋予意义而"赞天地之化育"。这种赋予意义的过程当中可以分析出认识的方面、道德的方面、审美的方面,但在《易传》当中,所有这些方面都是处于一个整体之中。各个方面在后世逐渐分化,魏晋时期出现了相对独立的对于"自然美"的欣赏和反思,中国美学是以进入了新的阶段。

人类思维的共性,乃是从最切近的理解开始,推展到未知的事物与时空。"观象"凭借"文"的联系,由近知远以至天地。《易传》将此推展的过程概括为"触类而长":

> 八卦而小成。引而伸之,触类而长之,天下之能事毕矣。显道神德行,是故可与酬酢,可与佑神矣。(《系辞上》)

"触类"是建立联系、推展其"象"的独特方式。《易传》以八个基本卦象作为纲要,通过推陈出新的阐释发挥而与万事万物的名实联系起来。"类"的确立,主要依据特定事物的功能、动势,《说卦传》谓:"乾,健也。坤,顺也。震,动也。巽,入也。坎,陷也。离,丽也。艮,止也。兑,说也。"也就是说,跟"乾"卦相应的事物,应该都与"健动"的性质有关。然而,由"触类"所建立的联系却不是基于逻辑的、科学范畴的而成立的。《说卦传》特别为八个基本卦象列举的一些解释性的例子,比如与"艮"卦相联系的事物有手、少男、狗、山、小石、门阙、阍寺等,与"兑"联系的有口、舌、少女、羊、巫、毁折等,大多不能直接地纳入到"止"和"说(悦)"的意义涵盖范围中去。在后来更加常用的五行系统当中也是如此,如与"水"相联系的,就有北方、猪、黑色、肾、骨头等,也难用任何确定的属性统贯之。在观物取象的意义勾连游戏中,网络状的"触类而长"虽疏于严密精确,却长于打开人的思路。取象比类的思维方式激发了人们创新的灵感,也为中国人的审美联想提供了取之不尽的宝藏。

《易传》对"触类"的取象方式还提出了一种理论上的概括,即"隐"。

> 夫易,彰往而察来,而微显阐幽。开而当名,辨物正言,断辞则备矣。其称名也小,其取类也大,其旨远,其辞文,其言曲而中,其事肆而隐。(《系辞下》)

这里的"幽""小""远""文""曲"等都是"隐"的别称,借以说明《易》以具体的但又富含包孕性的"象"作为意义网络的纽结,涵摄与之具有"家族相似"关系的众多事物。用现代的学术概括来说,用"象"的方式言说,是借助于"隐喻"而实现的。从"彰""察""显""开""辨""中"等说法可以看出,"隐"并不是对于意义的遮蔽,反而是意义的最佳呈现方式,"立象"的隐喻式言说把蕴涵的东西以有蕴致的方式清楚地呈现了出来。①

其实,在我们的自然语言当中也广泛存在着"百姓日用而不知"隐喻,这是艺术意象的深厚根基。朱光潜说:"语言文字的创造和发展往往与艺术很类似。照克罗齐看,语言自身便是一种艺术,语言学和美学根本只是一件东西。不说别的,单说语言文字的引申义。在各国语言文字中,引申义大半都比原意用得更广。引申义大半起源于类似联想和移情作用,尤其是在动词方面。例如'吹'、'打'、'行'、'走'、'站'、'诱'等原来都表示人或其他动物的动作,现在我们可以说'风吹雨打'、'这个办法行'、'电走了'、'车站住了'、'花香诱蝶'等等。古文中引申义更多,例如'子路拱之'的'拱'引申为'众星拱北辰'的'拱','招我以弓'的'招'引申为'言易招尤'的'招','鲤趋而过庭'的'趋'引申为'世风愈趋愈下'的'趋','我欲仁斯仁至矣'的'欲'引申为'星影摇摇欲坠'的'欲'。这些引申义现在已用成习惯,我们不复觉其新鲜,但是创始者创一个引申义时,大半都带有几分艺术的创造性。整个语言的生展就可以看成一种艺

---

① 陈嘉映指出了隐喻与明喻的区别:明喻是两个并排的、现成的事物之间的比较,比如张三像(是)条狗,这是某种属性上的相似;而隐喻则是基于结构上的相似,比如:你的论证跳跃太大,我的论证一步步很扎实,我看清了他的动机,生活是一场赌博,翻开尘封的历史……所以,隐喻是借喻体使所喻形式化,成为可谈论的东西。陈嘉映:《艺术札记》,《视觉的思想:"现象学与艺术"国际学术研讨会论文集》,第95、96页,北京:中国美术学院出版社,2003年。

术。"①钟嵘称:"言有尽而意有余,兴也。"这不是感叹深意无法言说,而是让不曾明言的意味以最饱满的形态蕴含在意象化的明言之中。

在《易》中,隐喻的思维被用到了高妙的地步,它以"立象"的方式开显人事之理,又不令这开显出来的意义被干枯的概念束缚住。闻一多说:"隐语的作用,不仅是消极地解决困难,而且是积极地增加兴趣,困难愈大,活动愈秘密,兴趣愈浓厚,这里便是隐语的,也便是《易》与《诗》的魔力的源泉。"②这种"隐"体现了审美意象多义性,《易传》则通过多种形式,为这些略显隐晦的易象提供解说。《易传》的解说,目的不是解释各个易象的具体意义(因为这是无法穷尽的),而且更要通过"演卦""说卦"和"系辞",让后人进入到《易》的隐喻思维当中,以便后人建立起自己的"立象以尽意"的方法。所以,如果我们说《易经》中的每一个卦象都是一出动人的戏剧,那么,《易传》当中的《象传》《彖传》就可以看作是后人对于该戏剧的评论和发挥,而《系辞》《说卦》等则已经是比较抽象概括的哲学和美学理论了。

第四节　不测之谓神

中国古人以"天下之人"自居,"天"不仅笼罩了可见的物质世界,也是秩序的源泉和精神生活的归宿。从"天有不测风云"这句俗语中,我们可以看到古人对于知识限度的理解,以及当中包含的关于宇宙秩序的忧患感。人内心的广大空间,也充满了"不测"的情感、念头,并与"旦夕祸福"的生存处境缠绕在一起,甚至比广袤的宇宙时空、多变的模糊系统更加难以确知和预见。《易传》对于"不测"的反思,涉及我们在美学问题上经常会涉及的"常"与"变"的关系。"不测"意味着"变",而"变"中亦寓有"常","常"与"变"的统一即是"易",知常达变则通于至神。

《易传》曰:"广大配天地,变通配四时,阴阳之义配日月,易简之善配

---

① 朱光潜:《文艺心理学》,第44页,合肥:安徽教育出版社,1996年。
② 闻一多:《说鱼》,《神话与诗》,105页,武汉:武汉大学出版社,2009年。

至德。"(《系辞上》)天地,是古时人能够觉知的最大范围的世界。中国古人对天地的观察,重在把握世界的"常"与"变"的奥秘,是为"易"。"天"的"不测风云"固然呈现了变化多端的一面,但在更宏观的层面,昼夜、四时、节气的有序轮转却也是最可把握的"常"。"地"以稳定可靠的面貌示人,放在较大的时空尺度里看,"沧海桑田"却是不可移易的规律。变中自有常道的"天"和不变中又不断有变的"地"配合起来,成就了广矣大矣的世间万象。古人为把握这个复杂的世界而发明了"易":易是变化,也是简易、平易的应变之道。《易》的创作者用一个庞大的象数体系和爻辞的语汇系统以描述这种最广大的"常"与"变"的统一体。"参伍以变,错综其数。通其变,遂成天下之文;极其数,遂定天下之象。"(《系辞上》)

"易"是"常"与"变"的统一,但《易》对两者并非平均对待。"常"是基础,重点是要了解"变"。"常"的韵律贯彻了自然的秩序,却同时隐藏着从不重复的关键性的细节。这些细节预示了一次风云突变的时机、方向和规模,古人谓之"大风起于青萍之末",今人则曰"蝴蝶效应""多米诺效应"。能够在万千细节当中准确地察知引起巨变的第一张倒下的骨牌,即《老子》所说的"见小曰明"(《五十二章》),这在《易传》里称作"见几":

> 几者,动之微,吉凶之先见者也。君子见几而作,不俟终日。
> (《系辞下》)

《易传》认为,人在多大的程度上把握了作为事物发展初始阶段的那些关键性细节,即"几""隐""微",也就在多大的程度上把握了"不测"中的常道。见微而知著,"极深而研几"(《系辞上》),可以使人"不疾而速,不行而至"(《系辞上》),在做事的时候"图难于其易,为大于其细"(老子,六十三章),这就是"神"的表现和成就。在《易传》的思想中,上古流传下来的易象和爻辞系统正是帮助人"见天下之赜"(《系辞上》)的工具,"赜"就是"几"。一般"几""微"露头的地方,多绽露于通向未知的歧路口,在任何现成的公式不能处理的模糊地带。与近代还原论科学追求尽可能地消灭这种模糊地带不同,易象、卦爻辞的多义性恰恰保留了充分的空间,以便让临机

("几")发动的洞察力来决定思想进一步延展的道路("道")。

中国的审美化的认识方式常在变动不测和人的生活之间拉开一个相对超脱的距离,让人坦然地欣赏自然的不测,克服命运意识中的忧患感。上古的占卜依据不可测的龟甲裂纹来感应鬼神的暗示,固然有着功利的指向,后世的工艺制作却主动地借用了这种自然造化之美。哥窑瓷器的"冰裂纹"广受士人的推崇,民间的蜡染工艺也以随机铺展的花纹为最优美的装饰。

洞察几微的能力与创造性的"灵感"有密切的关联。人永远不知道它什么时候来、从什么角度来以及来了以后是什么状态,而一旦灵感来了,却总能让人清晰地觉察到——所有的线索突然贯通,所有的疑难豁然冰释,正如庖丁解牛,肯綮之微一旦突破,则大块顿解,如土委地,人同时感到莫大的快乐。人不知道自己的直觉、洞察力如何将杂乱的思绪整合为如此精妙的思想洞见或者艺术品,只能归因于上天或神灵的垂爱。所以,东方以"天赐",西方以"降临"来描述灵感。《易传》说"天垂象",即是这个意思。

《系辞》云:"阴阳不测之谓神。"风云不测的偶然性是生发一切信仰的土壤。正是信仰,为流变无常的世界提供一种可信的解释,消除人们由于生存在短暂性而引发的焦虑之感,让孱弱的、渺小的个人为自己的存在找到一个意义的来源和归宿。在拥有任何一种信仰的人看来,唯有"神"可以知晓"不测",而"神"的作为,在普通人看来,也是"不测"的。

在古代中东、北非、地中海的文明当中,能够承担人世信仰的,多是与动荡不居的此世完全隔离的绝对不变的"理念"或者"上帝",同样,近代西方科学理性所追求的秩序也意味着与人类情感的疏离,也体现着一种将诸神和鬼神从自然中驱逐出去、只和抽象的"理性实体"(entries rationis)打交道的态度。[1] 这些都造就了一种此岸与彼岸相互隔离的"二元世界观",衍生出了诸如理性/感性、精神/物质、形式/质料、灵魂/

---

① 史华兹:《古代中国的思想世界》,第32页。

肉体、宗教/世俗等一系列概念对子,并且需要在理论和实践上弥合它们之间的鸿沟。① 美学中也出现了一种思维惯性:"理性"必须辅以"感性",道德必须佐以艺术等,人们忘记了原本可以没有这些区分。

与之相比,东亚农业文明的"天"遵循着比较有章可循的模式,体现在人的生活以及与之息息相关的气象与物候的变易当中。日月的运行、四季的交替、草木的枯荣、人畜的生死都遵循着稳定可靠的规则,不以任何神灵的意志为转移。然而,具体到每一个特殊时空当中,"曾经沧海难为水""天有不测风云,人有旦夕祸福"又是通常的经验。就其风云不测而言,"天命"意味着变易,就其四季流转的更迭有序而言,这种变易的背后又是相对稳定的"天道",是简易的、可以把握的不易之法。"天"意味着"常"与"变"、"此岸"与"彼岸"的统一。所有人类的、神灵的、自然的事物,所有理性的、情感的、灵悟的体验都被整合进一个"至大无外"的解释与实践体系里面,不再支持一个与此世隔离的"超越性"的宗教体系。所以,在中国古代的士人看来,"神"并不是一个宗教崇拜的对象,而是自然造化的代称,也是个人修养可以达到的一种境界。②

孟子的圣人人格修养的最高层次是"神",庄子常以"神人"作为得道者的代称,"神"也是古代作《易》者追求的目标。《易传》云:"易,无思也,无为也,寂然不动,感而遂通天下之故。非天下之至神,其孰能与于此?"(《系辞上》)这里的"神",一种意思即是以高度的精神修养来面对和驾驭

① 西方文艺复兴之后兴起的"人文主义"是一种以世俗之人为万物尺度的思潮,与之对立的"西亚一神教"传统则是以(1)存在着超越并决定着人类世界的人格神(2)有宗教组织机构(3)崇奉唯一神学经典作为"宗教"的规定。史华兹从文化比较的视角指出,不仅在柏拉图那里有两个世界的分裂。笛卡尔以后的西方"人文主义"也认为存在着两个世界,一个是以人类主体为中心的,并且以人类主体作为意义的唯一来源的人类世界,另一个是冷漠无情的"价值中立"的甚至是对人含有敌意的宇宙世界,这两个世界之间存在着尖锐的甚至是敌对的分裂。史华兹:《古代中国的思想世界》,第 118 页。
② 钱穆认为,儒家把自然宇宙的终极归为"神","此所谓神者,虽仍不脱形气,虽非主张在形气之外别有神,而仅谓此宇宙大形气之自身内部即包孕有神性。故此神则非创出宇宙之神,而成为此宇宙本身内涵之一德性"。见钱穆《灵魂与心》,第 60 页,桂林:广西师范大学出版社,2004 年。

"不测",既保持了有机系统的延续,又永不停息地生成每个系统(及其每个部分或阶段)自己质的规定性,即一种富有意义的新变。"穷神知化,德之盛也"(《系辞下》),一棵树上的叶子大致相似却绝不相同,君子袭常法古又以日新为盛德。这是"神"的表征。

对于"神"的追求也体现出中国人的信仰与审美之间的关联。在《易传》对于"感"的部分论述涉及了灵感体验的发生机理。我们认为,这是易理与美学相通的一大关节。下面先从创造力的角度分析"感"的机理,然后再讨论促生灵感的条件。

《易传》指出:"方以类聚,物以群分,吉凶生矣。"(《系辞上》)这是一种在日常状态下的与祸福直接联系的"感"。[①] 人在日常状态中,吉凶悔吝的境遇与人心中的"情"之间存在着幽微而确定不移的联系。这是《易》之"感"的主要形式,良善的念头(如"贞")可感得"吉""亨""固",即便在险恶的处境下也可"无咎""悔亡"。骄狂失德则导致"凶""吝"等。《易传》通过理论化的解释,将这些感应式联系归纳为人心善恶的效应。各卦的象传常分两段,前段解释上下卦之象,后段紧接"君子以……"的句式,以说明其修德的指向,如《升》的象传为"地中生木,升;君子以顺德,积小以高大";各爻的象传则主要依据当位与不当位来解释爻辞,如《家人》六四爻之象传为"富家大吉,顺在位也"。仁义礼智信的精神通过意象的呈露而变得可触可感,因而可信可行。立象演德的方式颇得孔门之风,所以《易传》的思想被归为孔子,至于其文本是否为孔子本人所作,反不是最重要的问题。

《易传》还讨论了超越于善恶吉凶直接感召之上的圣人之"感"。仰观俯察的圣人跳脱出小我的吉凶利害,故不受"物以类聚"的局限,自然因而对人敞开了另外的面目,"问焉而以言,其受命也如响,无有远近幽深,遂知来物"。"感"是"物"与"我"的相通,也是万象之间的相通。"感"

[①]《系辞》还引述了孔子的解释:"鸣鹤在阴,其子和之。我有好爵,吾与尔靡之。"子曰:"君子居其室,出其言善,则千里之外应之,况其迩者乎? 居其室,出其言不善,则千里之外违之,况其迩者乎?"(《系辞上》)在中国"同类相感"思想的语境中,"感"与"应"是意思是一致的。

是意义的消长和自由流动,让人看到了打破"物"与"我"、此物与彼物之间壁垒的可能性。朱光潜以艺术创作中的"意象旁通"现象解释了创作灵感的发生。他说:"剑术的意象和图画在表面上本不相谋,但是实在默相汇通。画家可以从剑的飞舞中得到一种特殊的筋肉感觉,把他移来助笔力,可以得到一种特殊的胸襟,把它用来增进图画的神韵和气势。唐朝草书大家张旭尝自道经验说:'始吾见公主担夫争路而得笔法之意,后见公孙氏舞剑器而得其神。'王羲之看鹅掌拨水的姿势,取其意为书法;司马子长遍游名山大川之后,文章的气势日益浩壮,都是由于意象旁通的道理。意象可旁通,所以艺术家如果想得深厚的修养,不宜专在'本行'之内做功夫,应该处处玩索。云飞日耀,风起水涌,花香鸟语,以至于樵叟的行歌,蓬妇的野哭,当其接触感官时,我们常不自觉其在心灵中可生若何影响,但是一遇挥弦走笔,它们都会涌到手腕上来,在无形中驱遣它动作。在作品的表面上虽不必看出这些意象的痕迹,但是一笔一划之中都会潜寓它们的神韵和气魄。这些意象的蕴蓄就是灵感的培养。"①

物类相感及意象旁通的灵感都揭示了意义生成的条理。福柯说:"凭着这一把类似的物凑在一起、使相似的物靠近的'适合',世界像一根链条一样被联系在一起了。""在仿效中,存在着某种映像和镜子:它是散布在世界上的物借以能彼此应答的工具。"②借助这种"彼此应答的工具",人们可以不通过声色的感觉和逻辑的分析,直接发现两个或多个事物之间的联系,并用"象"的方式将之外化出来。宗白华说:"'在天成象,在地成形。'成者,结构,创构也。象是有井然秩序之结构,可以取正者也。故'以制器者尚其象。'以象为有结构之型范也。"③从不严格的意义上说,易象系统的作用近于康德所说的"人为自然立法",而最大的不同却在于这个"法"已经不是装在严密规整的"范畴"当中的法则,而是把"不可测"纳入到把握范围之后的、艺术化的"活法"。所以,能"通"之灵

① 朱光潜:《文艺心理学》,第201页,合肥:安徽教育出版社,1996年。
② 福柯:《词与物——人文科学考古学》,第26页。
③ 宗白华:《形上学》,《宗白华全集》第一卷,第591页。

感可以纵横天地万象而无有阻隔,《易传》谓:"范围天地之化而不过,曲成万物而不遗,通乎昼夜之道而知。"(《易传·系辞上》)

《易传》当中的"成象"与"成形"或宗白华指出的"结构",强调了"变化见矣",并不是那种超离于时空的、"永恒的"形式(form)或结构(structure)。《易传》之"象"的实质是音乐性的、时间性的,"'象'由仰观天象,反身而诚以得之生命范型,如音乐家静聆其胸中之乐奏"①。中国后世的艺术,肇自上古的巫术、技艺、礼仪等,源与流的联结点正在于"不测",即把广大的"不测"纳入到清晰简洁的韵律之中。基于此,中国艺术长于在高度形式化的框架中出新求变,诗词的格律、书画的"笔墨"、戏曲的程式,无一不高度强调"法度""家法",但杰出的作者又无一不在"法度之外"勘破天趣。这种寓于"常"中的"变",非识者不能得其妙。所以,对于中国艺术的欣赏,也是一种具有高度创造性的活动,是艺术意象的实现和对创造力的嘉许。"高山流水觅知音"就表露了中国人对于这种经由艺术意象之创构而令心灵相"感"的期待。

《易传》还对"感"的条件作出了说明:灵感的到来是绝不可设计和规划的;要达到"见机而神""感而遂通"的境界,必定以意识的疏朗、心灵的澄明为前提条件。这就要求人们除了在基本训练方面有扎实的积累之外,还需要在心灵的方面具备两个条件,一是心境的平稳,二是对于天地的敬畏。这两个方面都使得审美活动和美学观念带有了信仰的意义。以下分别论之。

在《易传》中有两种"感"的状态,一种是"动",一种是"不动"。在日常状态中,"感"与"动"往往交织在一起。"爱恶相攻而吉凶生,远近相取而悔吝生,情伪相感而利害生。"(《系辞下》)"吉凶悔吝者,生乎动者也。"(《系辞下》)"爻象动乎内,吉凶见乎外。"(《系辞下》)在日常功利状态中,自然与人事的变动会对人的身心状态造成扰动,使之不知不觉地被利害、祸福的境遇所支配,遮蔽了观象的自由和"感而遂通"的灵感。这个

---

① 宗白华:《形上学》,《宗白华全集》第一卷,第628页。

道理在易象中也有形象的例证。比如"睽"卦之上九,爻辞曰:"睽孤,见豕负涂,载鬼一车,先张之弧,后说之弧,匪寇,婚媾,往遇雨则吉。"一个独行的人突然见到前面道路上有一头满身污泥的猪,后面还跟着一车鬼怪,这人马上要搭弓射箭,但定睛一看,才发现前面并不是凶恶的妖怪,而是来娶亲的亲家。"睽"所涉的人事现象是猜忌、怀疑的心态,"上九"又处于"离"卦之终,正是患得患失而焦躁不安、疑神疑鬼的时候。当是时,恐惧和疑惑扭曲了人的意义世界,产生了美丑莫辨的幻象。《象传》点出"遇雨之吉,群疑亡也",就是说,要等到清凉的雨水浇灭了焦躁、疑惧的火焰,让人冷静下来,人也才会感到吉祥平安,该卦也由一部惊险悬疑剧转成了一出喜剧。这个例子提示我们:圣人要在世界万象中"感而遂通",必须跳出趋吉避凶的功利态度——自己的情绪先要"不动",才能自由地观"动"。

《易传》曰"寂然不动,感而遂通"(《系辞上》)。所谓"不动",并不是心如死水,而是彻底地去除各种情绪、知识直至"自我意识"对于心灵的遮蔽,这样,人不论处于多么激烈的变动当中,内心都保持着澄明稳定的状态。"寂然不动"还意味着不预先设定成见,依据情势的变化而自由地观象。《易传》的作者感叹道:"非天下之至精,其孰能与于此?"(《系辞上》)这种"寂然不动"的主张与孟子所谓"不动心"和庄子的"用心若镜""生生者不生"等,都体现了中国人对于意义生成过程的独特理解,在美学上则表现为以"不动心"为特点的审美心胸观念。

与一般儒家经典一样,《易传》也强调敬畏感之于人的认识活动、审美活动的意义。与其他经典不同的是,《易传》把敬畏放在"唯变所适"的"易"的世界观和方法论当中,并与"寂然不动"联系起来说。前面我们曾以"敬畏"来解释孔子"祭如在"的意义,即把"不在场"的存在纳入到君子的存在体验中,以此激发出人的"无中生有"的创造力。同样,在"易"的阴阳激荡、上下往复的永恒流变中,人要时时以怵惕危惧之心面对这个世界变迁中的无限可能。《易传》曰"外内使知惧""惧以终始,其要无咎"(《系辞下》)。既然任何既成的功业、德行都终将归于"无",圣人就需要不为一己的利害所动，并且不断地突破自己的既有成就，"圣人以此斋戒，以神明其德"（《系辞上》）。神者，申也，是人的延伸、伸展，是人参悟了天地的道理而突破一己利害之局限，"以通天下之志，以定天下之业，以断天下之疑"（《系辞上》）。这已经不仅是儒者以事功入世的宣言，而且也彰显了信仰的意义和审美的精神。

在美学上，"知惧"的意义是概括了一种面对广大宇宙而生的敬畏感、庄严感和崇高感。叶朗指出："崇高的意象世界的核心意蕴是追求无限，而崇高的'形式语言'的灵魂则是'空间意识'，是一种宏伟深远的空间感。这种空间感同时也是一种历史感，是对于命运、时间、生命的内在体验。"①此时的审美活动就不再是对象化的"欣赏自然"，而是一种由自然物象而激发出的知天达命的精神体验。

---

① 叶朗：《美学原理》，第 339 页。

第七章　战国末期的美学

第一节　战国末期的学术合流

战国末期的社会特点是"合流"，在军政方面的表现是列国兼并，在思想方面则是诸家整合，其共同的指向是"天下归一"。思想家们越来越多地以"天下"作为发言的对象，他们在学术观点、方法以至文风上，也都表现为一种"合流"的趋势。这个时代在思想上几无创见，却为天下的"大一统"奠定了思想文化上的基础。在这个背景下，此时期的美学思想虽与以往的儒家、道家思想都有关联，但用意取向却迥乎不同。战国后期的美学的主题，已经从审美对于境界修养的精神效应转向了艺术对于社会治理的现实功用。

一、战国末期的"一统"要求和诸子思想的"入海口"

战国末期，小国纷纷被大国兼并，并且大国之间也出现了你死我活的竞争，虽然还不知鹿死谁手，但"天下归一"的势头已然不可抵挡。时代从不同的方面提出了"归一"的要求，在列强国君方面，表现为建立功业、一统天下的雄心；在为列强出谋划策的游士方面，表现为布衣平民出人头地的欲求;在百姓方面,则表现为结束战乱的渴望。这几方面的力量汇合起来促成了一个时代的呼声,就是让一股强势的力量出来建立秩序,把天下从纷乱中解救出来。人们已经没有耐心等待孟子所呼吁的良心觉醒,而开始攘臂响应这个压倒性的社会需要:"推礼义之统,分是非之分,总天下之要,治海内之众,若使一人。"(《荀子·不苟》)思想探索的重点移向了整合诸子争鸣期间提出的治平之策,为即将诞生的大帝国设计出一套可行的政教思想的系统。"车同轨,书同文"的文化局势在秦的强力推行之前就已具备了观念上的基础。

思想界既已多半放弃了自由的理想,士民对人性、人心的兴趣就从境界修养转向了"内圣"与"外王"的联结之道。这在思想史上有两个突出的效应:

其一是"理想时代"的设定出现了扭转,"法古"开始被"尚今"所取代。

在战国末期之前的漫长历史中,思想家们根深蒂固地以"古"为真、善和美的标准。我们在前面陆续分析过早期儒家和道家的美学思想,比如孔子的美学,是以"述而不作"的精神,希望重建一种基于君子人格的艺术化的政教传统,孟子关于人性之美、大人风化的论述,表达了农业社会的中间阶层对于富裕和教化的憧憬。老子的"小国寡民"和庄子"相忘于道术"则意味着令社会结构消隐于人与人的真淳共处、无言而心应的关系中。在此,早期的儒家(孔孟)和道家(老庄)有一个共同点:都强调社会的存在、文化的积累乃是为养护人生而服务,也都诉诸自由的审美体验来达到其理想。它们把理想设定于已逝而不可追的古代,区别只在"古"的程度不同而已。"古"不仅仅是一个历史时代的概念,还意味着一种人与社会不相对立的社会结构和生活秩序。"古"所指代的浑朴的生活和社会结构长于精神的陶养、民风的培护,却短于军政效率的提高和有力的治理。与之相对照,细致的分工和严密的组织能有效率地调动众力、威服天下,却无法兼顾人的精神世界的丰富和自由。对同一事实,人有厚古薄今和厚今薄古两种态度,蕴涵着不同的价值取向。春秋的大夫士子为整全的精神生活的远逝而哀叹"道术为天下裂"，战国末期的游士们却热情地迎接这一变化。他们汲汲然为呼之欲出的帝国设计政教结构和意识形态体系，陶醉于那种撼天动地的权力感。从荀子的"法后王"到法家的"法时王"，用世建功的要求愈显著，"古"的魅力则愈剥落。这一心态上的反转也决定了战国末期普遍的审美取向和美学思考的基调。

其二是思想完全服从于现实的需要，诸子趋向合流而渐失创造的活力。

战国末期的"一统"需要直接影响到了思想创造活动的面目。最突出的表现之一是"诸子思想"的主体已有不同：早期的"诸子"多表现为独立思考的个人或者围绕着核心个人的小型派别，而战国后期的"诸子"则带有体制性的色彩，背后有国家力量的支持。如齐国的"稷下派"就是一个有代表性的学术团体。司马迁说"齐宣王喜文学游说之士"，高调延揽各国才士，给以很高的待遇，还为他们在稷下这个地方修建了"学宫"。这些"不治而议论"的士人既为齐国出谋划策，同时也承揽一些体系性的写作任务。齐国的稷下就成了当时的一个"国际学术中心"，为学术合流提供了体制的保障。在《荀子》《管子》等著作中，都可以看到稷下学术杂合儒、法、黄老的作风。

此时期的学术合流，与《易传》融汇儒道而立天人之学的做法有明显的不同。早期的"诸子"多有棱角，其思考和主张大多深刻而偏激，《易传》和《庄子》的外杂篇等皆求其挫锐解纷的一贯之道，以便更进一步地创造。到了天下归一的前夜，国君的最大企图是富国强兵，思想上的创造则已经不是首要的问题。官办学术的目的是摘取各家思想中可以为我所用的现成结论，而非求取其中的一贯之道以了解其立论的依据。另外，"学宫"中的学术人员在整合众论的同时也进行了取舍：他们只收束跟治术有关的建议，如儒家的尊卑之分和社会教化思想、道家的无为政治等，所有有碍于提高统治效率和军政实力的言行、所有鼓励个体的精神追求且与大一统的要求格格不入的思想，如儒家思想中有关境界修养的方面，和道家思想中崇尚精神自由和自然无为的方面，都成了不受欢迎的废物,都在他们的否决之列。

当各派学术观点在军国利益的整合下最终达到完全合流的时候,就倾向于四平八稳,甚或没有观点。这也就丧失掉了所有学派的特征,人只能以"杂家"名之。冯友兰说:"凡是一个大哲学家,都能够在自然、社会、人生中发现问题、解决问题。虽然他们所发现的不一定都是真正的问题,他们的解决虽然不一定都正确,但是,他们都是对于自然、社会、人生有所认识,有所了解,有所体会。因此他们的思想都能成为体系,都不失为第一流的哲学家。杂家不是这样,他们不在自然、社会、人生中发现问题,而是在别人的体系中看别人怎么样解决问题。他们徘徊于别人的体系之间,企图发现他们所认为是精华的一部分,摘取下来,拼凑成为自己的体系。……他们没有创造性,他们的体系也没有生命力。一个时代的第二流哲学的出现,表示这个时代的创造力已经将要发挥尽致了,再也不能往前发展了。在百花争艳的春天里,荼蘼花最后开。它的开放,表示春天已经快完结了。'开到荼蘼花事了。'在先秦,百家争鸣、百花齐放中,杂家是一棵荼蘼花。"①

战国末期的整个思想史,已不再是一幅万川奔流的面貌,而好似到了一个平稳而宽大的"入海口",将人们的思想和生活缓缓地送到无所不包的大海中去。杂家学术的前方,就是冯友兰所谓的"经学时代"。

二、战国末期的美学思想概述

讨论战国末期的思想史,首先遇到的是文献材料的时代归属问题。帝国意识形态的奠定过程历时百余年,战国末的"杂家"是其开端,汉代的经学则是其总结。这个跨时代历程的演变细节有待于更多材料的发现,有些材料也许永远无法补足,因之难以确定某些过渡性的文献的时代。不过,时代问题牵动着思想的进展,思想的方法反映了时代的面貌,

---

① 冯友兰:《中国哲学史新编·上卷》,第 805 页,北京:人民出版社,2004 年。

它们也都可以作为划分文献材料时代的参考。① 本卷以《荀子》作为这个时期的美学文本的主要代表,并涉及《管子》的部分内容,而诸如《吕氏春秋》等文献则归于汉代美学史的部分。

荀子是学术合流运动中一位具有代表性的思想家,也是从儒家走出而开启杂家风气的人物。荀子思想所面向的现实问题跟儒家相似,但其思考的角度和解决的思路又不尽属于儒家的范围,反而有明显的法家和黄老的色调。但与后来团队化的著述相比,他的融汇工作还带有一些个人创造的成分,表现为提出了一些新颖的主张,或对一些问题提出了新的思考角度。

荀子美学的重点是对礼乐功能的讨论。在他看来,礼乐的用途是限制人情以防争乱。战国乱世,人们对"情"的认识早已不是早期儒家向往的《诗》的淳良风情,或在君子的周旋仪容中陶冶的"美情""深情",而更多地是偏重于带有消极色彩的"情欲"。愈益膨胀的欲望令人心拥挤、狭隘,而由倾轧导致的冲突复又进一步引动尖锐情仇,所以思想家大都主张限制乃至消灭"情"。荀子就是一个典型的代表,他对礼乐的态度、在身心修养方面的主张,都以约束情欲为目的。在自身修养的层面,荀子也讲"心",但与孟子有很大的不同。孟子的"心"是家族伦理之心、亲亲而善推之心,指向的是独善的士子;荀子的"心"则是国家体制之心、虚静不动之心,指向的是驭臣独尊的国君。要用离欲静观的心把自己从情欲的蒙蔽中拯救出来。在社会教化的层面,荀子也强调"礼"和"乐"的重要性,但他修改了礼乐的定义和功能。荀子所强调的礼,已不再像孔子和孟子提倡的那样,以"亲亲"的情感为本,而以"贤贤"的功利考量为主。同样,荀子的"乐"也不是基于内心深情的"爱"的愉悦,而是来自理性筹

---

① 学术的发展阶段并不一定要严格地按照政治朝代的更替来划分,理论的旨趣、立说的意图也是重要的依据。大致而言,战国末期的学术意图是梳理、调和"百家争鸣"时期的诸多矛盾,为思想整合奠定基础;而汉代的问题则是在学术合流的基础上,为一个统一的朝代建立一个无所不包的意识形态体系。所以,战国末期思想的"调和"色彩强一些,而汉代的"建设"色彩则强一些。当然,调和本身也是一个建设的过程。学术史的划分必定是人为的、勉强的,事实并不会如此简捷干净。

划的"情绪疏导",是对人的欲望的驯化和引导。

荀子美学吸收了道家虚静治心的内容,其修身去欲的部分转入黄老,而峭厉威治的部分则归于法家。战国末期是黄老之学的成长期,其特点是从用世的方面发挥了道家的无为思想,其在美学上的主要表现是"虚静"思想。相比于《庄子》的"无情"更多地偏重于个人精神修养的方面,《荀子》的"虚壹而静"与《管子》的"精舍""静因"等观念则把"无情"的修养工夫由治心、治身(即所谓"治气养心")推到了治世的领域,也就是从"内圣"推向"外王"。"无情"总是"冷色调"的。在精神境界的修养方面,这种"冷"通常意味着"冷静"和旁观的人生态度,而在治国的事业上,这种"冷"则有可能导向"冷酷"。吕思勉说:"法家精义,在于释情而任法。"①从儒家走出的荀子之所以竟成了韩非、李斯等法家中坚的老师,也在于他削刈了礼乐当中的温情的、敬畏的部分而倚重礼法的制度和权威。

本章的最后一节,还将对阴阳五行的观念发展略做概述。战国末期,各强国在军政竞争的同时,还积极地引导天人观念,以便为豪取天下寻找一个政治正当性的依据。此时的黄老之学所开发的以阴阳五行为核心的"天人模型"就是一类可明确把握的操作系统。较之先前的术数体系,这套自组织的象数架构有一个鲜明的特点,就是把万事万物纳入到比较整齐的解释架构中,并依据一套相对确定的法则进行演算。这个术数系统极大地拓展了象数推演体系的运用范围。它是炎汉帝国意识形态的奠基石,也是汉代美学的思想基础之一。

学术综合的势头为一个新生的、庞大的帝国政治奠定了文化的框架,功利的需求取代了人性的探索、精神的解放而成为时代的强大声浪。这也压抑了独立的人格、自由的创造和心灵境界的学问。在孤独冷僻之地,先秦士人为精神家园的远逝发出了最后的叹息。本卷的末尾,我们把庞大的、功利化的天人术数体系和以屈原的"天问"为代表的意象化的

---

① 吕思勉:《先秦学术概论》,第99页。

哲学批判放在一起,意在呈现先秦美学史上的"象"与"无象"之间关系的最后一次回响。

第二节　荀子论人性与礼的功能

荀子名况,字卿,亦称孙卿子,战国末期赵国人。《史记·孟子荀卿列传》记载,荀子曾在齐国游学,做过"稷下先生"们的领袖("祭酒")。他也到过秦国、楚国推行他的政治主张,但终未得用。就思想史的源流而言,荀子乃儒家之歧出、法家之肇始。他把人性定义为追求欲望,而把社会秩序的建设归为圣人君主对于欲望的理性化的管理。荀子对于礼乐的理解,都是这种管理人欲的手段。

荀子影响最大的观点就是"性恶说",由此基础性的观点出发,他从社会功能的角度对礼的起源提出了一个"养人之欲"的假说。《荀子》中对此有一段集中的概括:

> 礼起于何也? 曰:人生而有欲;欲而不得,则不能无求;求而无度量分界,则不能不争;争则乱,乱则穷。先王恶其乱也,故制礼义以分之,以养人之欲,给人之求,使欲必不穷乎物,物必不屈于欲,两者相持而长。是礼之所起也。……故礼者,养也。君子既得其养,又好其别。曷谓别? 曰:贵贱有等,长幼有差,贫富轻重皆有称者也。(《荀子·礼论》)

荀子认为,任何人天生都具有同样的欲望追求。《荀子》的另一处指出,人的欲望主要分为两种,一种是追求生理性的满足,"饥而欲食,寒而欲暖,劳而欲息,好利而恶害",还有一种是知识性的分别和追求,"目辨白黑美恶,耳辨音声清浊,口辨酸咸甘苦,鼻辨芬芳腥臊,骨体肤理辨寒暑疾养",这两种欲望都是"人之所生而有也,是无待而然者也,是禹、桀之所同也"。(《荀子·荣辱》)这样的追求都有一个无限扩张的冲动,比如人服从生理的需求而要吃饭,但人又不满足于仅仅填饱肚子,他还要享受美味,进而还看重吃饭的规格,甚至要吃到别人吃不到的东西才能满意。如果这种追求没有一个"度量分界"来限制，那么不论物质多么丰富，都无法满足人的贪心，人与人必然陷入争斗，"争"在社会的层面就导致了"乱"。因为"乱"而导致了资源匮乏的现象，就是"穷"。荀子的思想，就是探讨如何建立结构、秩序以免"争""乱""穷"的学问。

荀子的这个见地是十分深刻的：社会在物质生产不足的时候，固然有匮乏之忧；但物质极大丰富的时候，仍然可能因为人与人之间的"争"而匮乏。这时，摆脱匮乏的途径就不再是像墨家提倡的那样一味扩大物质上的积累，而在社会的管理者为人的欲求设定一个合理的规则和秩序以限制之。荀子指出，"群而无分则争"（《荀子·王制》），而"先王"异于常人之处就在于明辨利害，他能为保障整个社会的利益最大化提供一个理性的设计，所以"君者，善群也"（《荀子·王制》）。荀子认为群而有分的基本原则是贵贱各安其位，"贵贱有等，长幼有差，贫富轻重皆有称者也"。人人各守其"分"（去声），社会自然就没有"争"了，其理想的结果是"或禄天下，而不自以为多；或监门、御旅、抱关、击柝，而不自以为寡"（《荀子·荣辱》）。这种以系统的、组织结构的角度来看待社会秩序和物质生产之间的关系，已超出了简单的物质财富的眼光。

"制礼以分"的思路有着悠久的传统，中国古人并不陌生。在第一章提到，周代的宗法制度和礼乐文化的要义正是在"分"。宗法制之精义为尊卑有序的等级制，主要包括嫡长子继承制、畿服制、爵谥制、分封制等，"是古代社会以家庭为中心，按血统、嫡庶来组织、维系社会，分配财产、权力，以维护贵族世袭统治的一项制度"。[①] 而号称"经礼三百，威仪三千"的礼乐规则和仪节就是这个宗法制度的"文"的层面。《周礼》有"九仪之命"（《春官·大宗伯》）的规定，即天子对贵族的九等赐命在宫室、车旗、衣服、礼仪等器物方面的外观差别中表现出来。《左传》谓"分之采物"（文公六年），孔疏云："采物谓采章物色。旌旗衣服，尊卑不同，各位高下，各有品制。天子所有，分而与之，故云'分之'。"统治阶级内部的尊

---

① 李学勤主编：《西周史与西周文明》，第 145 页。

卑等级需要落实在一系列的繁文缛节之中,这是保障统治者之"德"的条件,"衮、冕、黻、珽,带、裳、幅、舄,衡、紞、紘、綖,昭其度也。藻、率、鞞、鞛,鞶、厉、游、缨,昭其数也。……夫德,俭而有度,登降有数。文物以纪之,声明以发之,以临照百官。百官于是乎戒惧而不敢易纪律"(《左传·桓公二年》)。孔疏云"度谓限制,数谓多少",仅就衣裳佩饰而言,在颜色、质地、数量、大小、纹样、组合、名号等方面,每一用物都承载了丰富的意义符号以显示等级差别。比如,上公的衮无升龙,而天子有升龙,有降龙;紞、藻,人君五色,臣三色;天子朱绂,诸侯青绂。文章赫赫,不能具征,然而礼之繁复严格,于此可见一斑。故王国维谓"周之制度典礼,乃道德之器械"。①

周礼当中彰明可见的"文—物"乃是一套严格规范人之"本分"的符号系统,荀子以"养人之欲"的理论对之作了阐释发挥。他说:"夫为人主上者,不美不饰之不足以一民也,不富不厚之不足以管下也,不威不强之不足以禁暴胜悍也。故必将撞大钟、击鸣鼓、吹笙竽、弹琴瑟以塞其耳,必将雕琢刻镂、黼黻文章以塞其目,必将刍豢稻粱、五味芬芳以塞其口;然后,众人徒、备官职、渐庆赏、严刑罚以戒其心。"(《荀子·富国》)"塞"就是以意义来源的丰富性和规范性来调动和引导人的功利追求,使之纳入到一个有序的组织当中,使人的思想和行为不逾越自己的本分。这可以看作是对"养人之欲"的一个解释。荀子还指出,丰富的仪典还可以让那些对人生与社会具有重大意义的事件显得更有震慑人心的效果,他将此作用概括为"饰":"凡礼,事生,饰欢也;送死,饰哀也;祭祀,饰敬也;师旅,饰威也。"(《荀子·礼论》)"乐者,先王之所以饰喜也;军旅铁钺者,先王之所以饰怒也。先王喜怒皆得其齐焉。是故喜而天下和之,怒而暴乱畏之。"(《荀子·乐论》)情感因为有了文采的"饰"而变得有条有理,不再

---

① 王国维指出:就政权继替而言,道德之核心乃是"任天息争":"使有恩以相洽,有义以相分,而国家之基定,争夺之祸泯焉,民之所求者,莫先于此矣。且古之所谓国家者,非徒政治之枢机,亦道德之枢机也。使天子、诸侯、卿、大夫、士各奉其所制度典礼,以亲亲、尊尊、贤贤明男女之别于上,而民风化于下,此之谓治,反是则谓之乱。"(《殷周制度论》)

像无法驯服的洪水一样泛滥难收。这正是礼乐之"文"之于个人与社会两方面功用的统一。

礼乐声色修饰人情的目的是驯服人欲,所以华美的衣饰、器具、车马仅仅具有维护社会秩序的意义,而不是为了让人享乐用的。荀子说:"古者先王分割而等异之也,故使或美、或恶、或厚、或薄、或逸乐、或劬劳,非特以为淫泰、夸丽之声,将以明仁之文,通仁之顺也。故为之雕琢、刻镂、黼黻、文章,使足以辨贵贱而已,不求其观;为之钟鼓、管磬、琴瑟、竽笙,使足以辨吉凶、合欢定和而已,不求其余;为之宫室台榭,使足以避燥湿、养德、辨轻重而已,不求其外。《诗》曰:'雕琢其章,金玉其相,亹亹我王,纲纪四方。'此之谓也。"(《荀子·富国》)荀子理想的圣人就是一个条理秩序的化身:"井井兮其有理也,严严兮其能敬己也,分分兮其有终始也,猒猒兮其能长久也,乐乐兮其执道不殆也,炤炤兮其用知之明也,修修兮其用统类之行也,绥绥兮其有文章也,熙熙兮其乐人之臧也,隐隐兮其恐人之不当也:如是,则可谓圣人矣。"(《荀子·儒效》)

虽然荀子用了一套理论解释了繁复的"礼"的社会功用,但荀子所谓的"分"又与周礼的"分"有着根本的不同。战国学者论礼之"分",已不再依据宗法血缘的身份,也不再首肯"天"在信仰层面的支持,而是心理学意义的情绪调节功能。殷人借助鬼神的权威,西周借助宗法血缘的身份规定来确立"分"的依据,其文物制度总是笼罩着一层"天意"的神圣色彩。春秋至战国时代,"人"的才能和独立人格首次得到了广泛的承认,外在于人的"天"已经受到了普遍的质疑。当士人把作为崇拜对象的鬼神从信仰领域剔除出去以后,儒家思想家仍然在情感的领域为自己保留了"天",如孔子的"敬天",孟子的"尽性知天"。荀子则不然,他根本不相信一种信仰意义上的"天"。在《天论》中,他说"天行有常",跟人事没有关系,所以君子要"明于天人之分",不要妄想人与天有什么沟通。"天旱而雩,卜筮然后决大事,非以为得求也,以文之也。故君子以为文,而百姓以为神。"(《荀子·天论》)祭祀等活动的意义,只是在老百姓面前装点一下等级尊卑的秩序,统治者自己是不需要相信的。荀子将"天"等同为人可以依靠理性去认识和利用的"自然规律",只是当做一种对待百姓的统治手段而已。

自此,我们可以分析一下荀子论人性与礼的特点,并与孟子的性善说和教化说作一个对比。荀子强调以礼来为社会确立秩序,在这一点上似乎遵从了儒家的一贯原则,但荀子对于礼的认识与孔子、孟子很不相同。孔子和孟子首先是站在君子自我修养的角度来认识礼,所以他们所坚守的礼带着信仰和情感的色彩,体现着对于"天"的敬意和对生民万物的仁爱。孟子承认欲望的存在,但他努力证明无限度的欲求不是人之本性,并希望通过"乐道"的体验激发人们超越物欲的信心。荀子则不同,他先把"人欲"作为一个事实接受下来,然后站在社会管理者的角度看待礼的制欲免争的效用。孟子和荀子不约而同地都提出了"养"的观念,但所养护的对象却完全不同:孟子培养人的无私的情感,而荀子则驯养人的功利欲望。那么,人性究竟是否能够以欲望来定义呢? 孟子认为,如果肯定了"人生而有欲",那么人和禽兽就不再有本质的区别了;荀子则指出,人异于禽兽的地方不是没有欲求,而是有强大的理性以限制自己的欲求。① 他进而批评孟子陈义甚高,在理论上把对人性的期许和现实的描述混为一谈,在实践上也不利于以可操作的方式来约束情欲。

从广义的美学角度来看,荀子与孟子在人性论上的对立,并不是性恶与性善的对立,而是对"善"的理解不同:"善"在本质上是理性的,还是情感的? 如果善可以通过"理性"达到,那么它也就是"可学而能"的;反之,如果善主要地是一种天然的自发向善的心态,那么它就是情感的。孟子希望在展露善端的"非常态"中,激发起人对于更加充实的人生意义的向往之情,并自然地消减对于声色名利等欲望对象的追逐企图。荀子则坚定地认为,人对于情欲的限制和对于礼义的爱好,都是在生活的庸常态中诉诸理性主动限制的结果。他说:"今人之性,固无礼义,故强学

---

① "学数有终,若其义则不可须臾舍也。为之,人也;舍之,禽兽也。"(《荀子·劝学》)"人之所以为人者,何已也? 曰:以其有辨也。……人之所以为人者,非特以二足而无毛也,以其有辨也。"(《荀子·非相》)

而求有之也;性不知礼义,故思虑而求知之也。"(《荀子·性恶》)荀子爱用给马安上笼头、矫揉木材、磨砺刀剑等比喻来说明强制规范对于成器的重要性。他对君子的要求也是勤苦地磨炼自己,而对"小人"和"民"则诉诸强制性的法制手段。他不相信任何人所固有的情感可资为善行之助力,他说:"古者圣王以人之性恶,以为偏险而不正、悖乱而不治,是以为之起礼义、制法度,以矫饰人之情性而正之,以扰化人之情性而导之也。"(《荀子·性恶》)

荀子的道路是难行的。他认为,人对于礼义规范的坚守,要做到"使目非是无欲见也,使耳非是无欲闻也,使口非是无欲言也,使心非是无欲虑也"(《荀子·劝学》)。而这种刻苦的状态要持续一生之久,"真积力久则入,学至乎没而后止也"(《荀子·劝学》)。荀子特别强调"积"的观念。他说:"圣人也者,人之所积也。"(《荀子·儒效》)一般人之所以不能成为圣人君子,就在于不能长期地"积"其对于欲望的克制,往往半途而废。从心理学的角度看,对内心愿望的长期压抑势必会引起人的深层情感的抵制,正如威廉·詹姆斯所言:"道德家一定要使劲、屏息,紧缩他的肌肉;在可以维持这种运动家似的姿势的期间内,一切顺利——道德就够了。然而运动家的姿势总有懈弛的倾向;并且就是最坚强的人,到了身体开始衰朽,或是病态的恐怖侵入到心内之时,就不得不懈弛。"[1]一味诉诸理性的强力是"积学"难成的重要原因,也是荀子基于性恶论的修养方式的困境之一。

荀子修身理论的歧途是由张扬权力所导致的异化现象。荀子的性恶与化伪理论本为管理人的欲求而设,但由于管理之权威也系于人好赏恶罚的心理,人的欲望也就成了"驭下"和"牧民"的前提而获得某种正面的价值。荀子甚至带着赞颂的口吻来描述人的声色和功利欲望:"人之情,口好味而臭味莫美焉;耳好声而声乐莫大焉;目好色而文章致繁、妇女莫众焉;形体好佚而安重闲静莫愉焉;心好利而谷禄莫厚焉。合天下

---

[1] 威廉·詹姆斯:《宗教经验之种种》,唐钺译,第43页,北京:商务印书馆,2002年。

之所同愿兼而有之,皋牢天下而制之若制子孙,人苟不狂惑戆陋者,其谁能睹是而不乐也哉!"(《荀子·王霸》)正是因为人喜好这些外在的利益符号,才能为"圣王"很好地管理起来。为此,荀子特别批判了子宋子的"寡欲"说,认为墨家或道家提倡的清心寡欲之论质疑了圣王和礼法存在的必要性,因而"乱莫大焉"(《荀子·正论》)。这样,荀子对于欲望的态度,就由接受和管理,转向了利用以至依赖,最后通向了韩非的"二柄"之术。

在这里,顺便提一下作为荀子后学的法家思想。法家思想可以追溯到春秋末期的子产铸刑鼎、商鞅变法等事件,并大兴于赤裸裸地追逐功利的战国时代。为最大限度地提高军政效率,信奉法家思想的谋士们要求君王撕破一切人情的羁绊,对人与人之间的一切温情与善意都采取了冷酷到底的怀疑态度。他们利用了人际间的敌对心理,把社会的"分"推向了极致,"法家从不放过指出社会上各种矛盾的机会,尤其善于在常人认为一致的地方将它指出,并使之归结于功利上的冲突,以确证对立的'势不两立'。……更多的时候,法家也谈同一,只是他们所追求的是严禁'二心私学',反对'兼礼'、'兼听',要求'独断'独行"①。这样,儒家的许多制衡权力的理念也遭到了废黜。比如,荀子的"化伪"观念特别强调"文"的意义,而韩非则认为礼文乐教也是不必要的,"君子取情而去貌,好质而恶饰"(《韩非子·解老》)。又如,荀子本人特别重视不为利害所动的儒者气度,而韩非则明确地说:"赏之誉之不劝,罚之毁之不畏,四者加焉不变,则其除之。"(《韩非子·外储说右上》)韩非还指出,就对人的思想和行为的影响效果而言,罚大于赏。当军政竞争日趋白热化的时候,国君无暇再去照顾人的情欲的满足,而开始用基于唤起人心之恐惧的刑罚来敲扑臣属和万民。这样,儒家的基于人情、人心的"乐"就被全面取消了,"礼"也就彻底蜕化为"法",而变为单纯的君主"驭下""使民"的工具。这个结果虽然不是荀子乐见的,却已埋伏在他"养人之欲"的理路里了。

最后,我们从儒家美学的角度评价一下荀子对于人性与礼之关系的

---

① 庞朴:《儒家辨证法研究》,第9—12页,北京:中华书局,1984年。

认识。我们认为,审美的对立面不是"丑",而是无止境的欲望所导致的人生意义的贫瘠和浅薄。荀子洞悉人的欲望,并强调了限制人欲的必要性,这是对审美世界外部条件的一种保护。荀子思想的特点是十分重视理性的力量。其长处在于提示了人在欲望面前要有主动的、清醒的意识,不能顺着自己的惰性和习气,而要以绝不妥协的态度来积累修身治心的成果。然而,过于强调和倚重理性也成为荀子思想的短处:既然没有了信仰的支持和情感的激励,要达到自我超越,就要完全依靠高度冷静的理性力量,长期地、刻苦地约束自己。这也许在一定的程度上,对某些人来说,可以取得一些效果,但从人的存在的普遍状况而言,只诉诸理性的"学"与"积",并采取了与人情、人性决绝对抗的态度,必然事倍功半、难进而易退。这是荀子"积学成圣"的薄弱之处。另外,荀子只见到了理性、利益,而没有情感的配合与滋养;只见到了人被社会体制所塑造的一面,而不承认逸出体制管束的那一面的合理性;只是一味地倚重权力的强制,而不信任人的自由和自觉,其教化理论也就很有可能导致异化。异化表现为:在上催化了重刑尚势的取向,在下则滋生虚伪乡愿的风气——这些都是道德修养与审美境界的对立面。

前面提过,孟子的教化学说的思想方式是农业式的,讲究培植、水土、天时地利的配合,而荀子提倡的教化方式则是机械的、类工业的,倚重理性的规则、分类化的管理。在中国文化的背景中,荀子的性伪教化论看似比孟子的心性修养论更加具有可操作性,但其实更难实施,也更容易走向偏颇。孟子在对告子的批评中曾指出这种"戕贼杞柳而以为杯"的思路是"率天下之人而祸仁义"(《孟子·告子上》),是有先见之明的。

第三节 "血气和平"与"移风易俗"

荀子礼教思想的主旨是凭借理性的强力来约束和引导人的感官欲求,将人的"恶"的本性进行一番改造。荀子对这个过程的最精炼的概括就是"伪"和"化":"圣人化性而起伪,伪起而生礼义,礼义生而制法度。"

《荀子·性恶》)在"伪"的手段里,除了在上节提到的,被荀子概括为"饰""文"的意义符号之外,直接作用于人的情绪的"乐"也在其教化思想中占有重要的地位。

荀子的"化性起伪"思想不仅强调对欲求的积极限制,而且还涉及对于情欲的引导和改造。"性也者,吾所不能为也,然而可化也;情也者,非吾所有也,然而可为也。注错习俗,所以化性也;并一而不二,所以成积也。"(《荀子·儒效》)在荀子看来,人的性情欲求虽然是先天固有的,但在发露和表达的过程中,却可以受到施教者的因势利导的影响。这种影响要发挥作用,一方面要借助日久成习的力量,另一方面还要足够的专一,不可为其他的因素掺杂扰乱。这种影响之所以可能,是借助了物与物之间的相互作用。

物象感应的观念由来已久,在战国末期直至汉代则达到了登峰造极的地步。人们普遍相信自然万物(包括人身在内)和各种功能之间广泛地存在着"同类相感"的联系。荀子说:"物类之起,必有所始;荣辱之来,必象其德。肉腐出虫,鱼枯生蠹。怠慢忘身,祸灾乃作。强自取柱,柔自取束。邪秽在身,怨之所构。施薪若一,火就燥也;平地若一,水就湿也。草木畴生,禽兽群焉,物各从其类也。"(《荀子·劝学》)不论是自然事物中的那些没有价值色彩的功能,比如燥湿、寒热等,还是人事中贤愚、正邪的品质,都并不具有独立自存的属性,而是特定时空当中各因素之间的广泛而紧密的互动作用的结果。人也总处于与世界万物的互动当中,其存在的方式也不能不受到与之接近的"物"的影响。儒家学者尤其重视艺术活动对于人心的影响。他们认为,要维护人心的安稳与和谐,不能不高度重视那些引动心念的事物的作用。

荀子把物类相感的原理联系到了教化活动。他认为人应当凭借理性来主导这个物类相感的过程,即利用外物与人的身心的相互作用而达到限制和引导情绪、欲求的目的。这也就是荀子对于"礼"和"乐"的教化功能的理解。他对人的情感与外界声音之间的互动关系有如下的概括:

　　　　夫乐者,乐也,人情之所必不免也。故人不能无乐;乐则必发于
　　声音,形于动静;而人之道,声音、动静、性术之变,尽是矣。故人不
　　能不乐,乐则不能无形,形而不为道,则不能无乱。先王恶其乱也,
　　故制《雅》《颂》之声以道之,使其声足以乐而不流,使其文足以辨而
　　不諰,使其曲直、繁省、廉肉、节奏,足以感动人之善心,使夫邪污之
　　气无由得接焉。是先王立乐之方也。(《荀子·乐论》)

　　荀子在这里指出,人的情感一定会呈现于一种特定的意象:人有恐
惧之情,凡物皆可怖,有欣悦之情,事事都可喜……事物的意义,尤其它
们的价值色彩,都是人在特定的情感状态中涂抹上去的。荀子将这个因
内心之情而造就"外物"之意义的过程称为"形",他把礼乐制度所涉及的
一切事物都归为人情的发露之"形":"故说豫娩泽,忧戚萃恶,是吉凶忧
愉之情发于颜色者也;歌谣謸笑,哭泣谛号,是吉凶忧愉之情发于声音者
也。刍豢、稻粱、酒醴、宴鬻,鱼肉、菽藿、酒浆,是吉凶忧愉之情发于食饮
者也。卑絻、黼黻、文织,资粗、衰绖、菲繐、菅屦,是吉凶忧愉之情发于衣
服者也。疏房、檖貌、越席、床笫、几筵,属茨、倚庐、席薪、枕块,是吉凶忧
愉之情发于居处者也。两情者,人生固有端焉。"(《荀子·礼论》)依这种
解释,酒醴、宴鬻、卑絻、黼黻、越席、床笫等等都不过是人情的外显。

　　我们在第一章指出,在周代的礼乐文化中,丰富而系统的"文"赋予
了"物"以超乎其实用功能的意义。同样,荀子在这里列举的生活用物一
旦被纳入到礼乐文化的范畴,占据了礼乐系统当中的某一位置,它们也
已不单单是器物意义上的卧具、饮食或生活用具,而成了规训人情的意
义符号系统的一部分。就其非实体化的意义而言,这些符号极大地扩展
了人的精神世界的广度和深度,近于我们今天美学讨论中的广义上的
"意象"。

　　荀子特别以音乐为例指出,礼乐系统中的那些"意象"并不是被动地
"表现"人的内心情感,而且还会反作用于人的情性。他说:"凡奸声感人
而逆气应之,逆气成象而乱生焉。正声感人而顺气应之,顺气成象而治

生焉。唱和有应,善恶相象,故君子慎其所去就也。"(《荀子·乐论》)钟鼓竹弦之音携有或正或逆的"气",并同时在人的意义世界当中呈现为不同的"象","治"与"乱"则是其之于人心的效果。荀子认为,美善的音乐能够借由"曲直、繁省、廉肉、节奏"来为人的情感建立"度量分界",使之"发而中节",并且屏蔽那些过于缠绵悱恻的旋律,"使夫邪污之气无由得接"。在其中,"气"之"接"是心物交感的关键,指示了一种心与物的直接共振的状态。荀子指出,礼乐的有序形式("其清明象天,其广大象地,其俯仰周旋有似于四时")可以直接作用于人的身心,令其"耳目聪明,血气和平",并进而"乐行而志清,礼修而行成"。所以,"移风易俗,天下皆宁,莫善于乐"。(《荀子·乐论》)

作为以音导情观念的理论基础,以"气"为中介的心物感应观念由来已久并不断发展。

"观风知俗"是早自《诗》的时代就为人普遍认同的艺术观念。"风"("风俗""风气""风尚"等等)既与各地的气候、物产有关,又概括了各地的社会文化面貌。在个人意识开始萌发的春秋战国时代,"风"的这种统一自然风物与社会风气的涵义进一步抽象而为"气"(后来发展出"血气""气度""气象"等等概念)。不严格地说,"血气"与当今生理学所谓的荷尔蒙、酶、多巴胺等物质具有部分功能上的相似。它们既是生命活动过程所不可少的物质表达形式,又密切地作用于人的情绪、思虑的走向。有些极端的研究者甚至倾向于把人类的一切认知活动、情绪和情感都还原为神经元的传导和激素水平的变化。中国古人也许具有与之相似的某些解释思路,但他们并不从物质结构和属性上探讨血气的本质,而把关注的重点放在可操作的调治之法。孔子曾经以"血气"的旺衰说明人在少年、壮年和老年的身心状态的特点以及相应的戒慎要点。[1]

到了战国时代,身心交关的观念得到了极大的发挥,思想家们开始

---

[1] 孔子曰:"君子有三戒:少之时,血气未定,戒之在色;及其壮也,血气方刚,戒之在斗;及其老也,血气既衰,戒之在得。"(《论语·季氏》)

以"气"来对人的心智状态和人格品性进行解释和分类,并谋求以身心的互动来改变人的性情。荀子称之为"治气养心之术":"血气刚强,则柔之以调和;知虑渐深,则一之以易良;勇胆猛戾,则辅之以道顺;齐给便利,则节之以动止;狭隘褊小,则廓之以广大;卑湿重迟贪利,则抗之以高志;庸众驽散,则劫之以师友;怠慢僄弃,则炤之以祸灾;愚款端悫,则合之以礼乐,通之以思索。凡治气、养心之术,莫径由礼,莫要得师,莫神一好。夫是之谓治气养心之术也。"(《荀子·修身》)

从战国末期到汉代,人们还将血气的调和与自然界的气候、时令的法度直接联系在一起。在《荀子》中,已经有了这样的表述:"鼓似天,钟似地,磬似水,竽、笙、箫、和、筦、籥似星辰日月,鞉、柷、拊、鞷、椌、楬似万物。星辰日月,鞉、柷、拊、鞷、椌、楬似万物。"(《荀子·乐论》)"上取象于天,下取象于地,中取则于人,人所以群居和一之理尽矣。"(《荀子·礼论》)这种以天地的物象和秩序来为人的意义世界立法的天人感应观念在汉代得到了极大的发扬。

不论自然界的气象物候还是人身的"血气",都以"中和"为贵。荀子说:"齐衰之服,哭泣之声,使人之心悲;带甲婴冑,歌于行伍,使人之心伤;姚冶之容,郑、卫之音,使人之心淫;绅、端、章甫,舞《韶》歌《武》,使人之心庄。"(《荀子·乐论》)悲、伤、淫都是邪僻不正的音声容色产生的心理效果,唯有无过不及的雅乐才能使人心归于平正。所以,明智的先王为了拨乱反正,特别注意以中正的意象来"导(导)"人心,使之渐合于"道"。

荀子指出,礼乐之所以能够有效地引导人情,是因为它以中和的形式作用于人的心志:"礼者,断长续短,损有余、益不足,达爱敬之文,而滋成行义之美者也,故文饰、粗恶,声乐、哭泣,恬愉、忧戚,是反也;然而礼兼而用之,时举而代御。故文饰、声乐、恬愉,所以持平奉吉也;粗衰、哭泣、忧戚,所以持险奉凶也。故其立文饰也,不至于窕冶;其立粗衰也,不至于瘠弃;其立声乐、恬愉也,不至于流淫惰慢;其立哭泣、哀戚也,不至于隘慑伤生。是礼之中流也。"(《荀子·礼论》)所谓"中流",一方面为合理的情感表露提供充足的舞台,另一方面则遏止那些过分的情欲表达,也就是《论语》所谓"乐而不淫,哀而不伤"的意思。

在荀子的思想体系里,礼乐的作用是让人的情感"发而中节",从而保障了人生和社会的良好秩序。就其对于中国美学的意义而言,则是借助社会文化的积累,将粗俗的、混乱的生活,逐渐转变为文雅的、有序的生活。荀子说:"性者,本始材朴也;伪者;文理隆盛也。无性,则伪之无所加;无伪,则性不能自美。性、伪合,然后成圣人之名,一天下之功于是就也。"(《荀子·礼论》)良好的后天教养,在丰富人的意义世界("文理隆盛")的同时,也将其天性中的某些潜能加以约束和引导,把"人欲"引导到善与美的方向。这一点引人深思:即使像孟子说的,人本来是诚善的,但人也不是一生下来就足够优雅的。孔子曾说:"恭而无礼则劳,慎而无礼则思,勇而无礼则乱,直而无礼则绞。"(《论语·泰伯》)即使良善的用心也可能因为质野而走向偏颇,正如一位艺术家,不论其天资多么高,也不能抛开一切技巧的训练而成就伟大的作品。"文"的作用就是从打磨人的外在的行为举止、辞令容貌入手,逐渐转变人的习惯,进而影响人的内心世界。

从后天训练的角度,我们可以认识到"伪"的功用。荀子所谓"伪",即通过外在形式(礼)的训导而转变人的存在方式,使人是其所未曾是,成其所不易成。也许在一开始接受礼文训练的时候,人并不能遽然领会其真精神,文雅的仪态言辞不过都是"装样子"而已,但时间久了,礼的规范就会随着身心的互动而进入人的潜意识,不再需要思虑伪装了。"文理隆盛"意指一种后天的教化过程,其目的是将人塑造为文质彬彬的君子,其理想的状态是人的身心俱"化"。这在个人的层面上,就是后来宋明道学家们宣扬的"变化气质",而放到社会的层面,则是儒家提倡的"化民成俗"。

就"伪"的效果而言,荀子特别强调了音乐对于人的巨大影响力。他说:"夫声乐之入人也深,其化人也速,故先王谨为之文。"(《荀子·乐论》)治国者对于音乐为代表的艺术应该特别谨慎,是因为其对人的"入"与"化"的影响有"治"与"乱"两个方向:"乐中平,则民和而不流;乐肃庄,则民齐而不乱。民和齐,则兵劲城固,敌国不敢婴也。……乐姚冶以险,则民流僈鄙贱矣。流僈则乱,鄙贱则争。乱争,则兵弱城犯,敌国危之。……故先王贵礼乐而贱邪音。"(《荀子·乐论》)荀子在这里直接把音乐意象的特征与民众的心态联系在一起,并最终落实在国家安危存亡的重大利益上面。

荀子认为,淫逸之音之所以威胁到国家的治理和安全,就在于它刺激了一种不健康的审美情趣,过分的美态导致了人的血气偏邪不正。他说:"世俗之乱君,乡曲之儇子,莫不美丽姚冶,奇衣妇饰,血气态度拟于女子。"(《荀子·非相》)他还归纳了乱世的一系列风尚趣味:在这样的社会里,人们的服饰装束追求华丽,时尚的仪态拟于女子,其风俗多淫邪;人们的心志唯利是图,而行为举止则纷杂淆乱;这种社会的艺术欣赏的取向是追求刺激,其文风则华而不实、掩恶饰非;民众勤于养生却疏于丧葬,践踏礼义而崇尚勇力。在这样的社会里,贫穷的人易为盗,而富有的人则巧取豪夺。[①] 荀子认为,社会的乱象与艺术的淫靡互为因果,所以,为人广泛欣赏的艺术是否合乎中和之道,也就成了国家的管理者需要特别关注的事情。

荀子还提到了以艺术来改良社会风气以至增强战斗力的思想,如"听其《雅》《颂》之声,百志意得广焉;执其干戚,习其俯仰屈伸,而容貌得庄焉;行其缀兆,要其节奏,而行列得正焉,进退得齐焉。故乐者,出所以征诛也,入所以揖让也"(《荀子·乐论》)。"雅"即"夏",其本义即具有"正"的内涵。柏拉图关于"护国者"的音乐教育主张与此大略可参。

在《荀子》当中,《礼论》与《乐论》一前一后编排在一起,而且经常"礼乐"并提,这显示出荀子教化思想中的"礼"与"乐"之间的密切关系。礼、乐联用的情况多是在规则、秩序的语境中,这个意义上的"礼"包含了"乐"。管子说:"礼者,因人之情,缘义之理,而为之节文者也,故礼者谓

[①] "乱世之征:其服组,其容妇,其俗淫,其志利,其行杂,其声乐险,其文章匿而采,其养生无度,其送死瘠墨,贱礼义而贵勇力,贫则为盗,富则为贼。"(《荀子·乐论》)

有理也。"(《管子·心术上》)"理"就是事物的条理、秩序,它意味着人情的起伏和表达都要有所节制,这就是礼乐的功能。荀子也在这个意义上把"礼"作为一切情绪、情感、行为的秩序代称。他说:"凡用血气、志意、知虑,由礼则治通,不由礼则勃乱提僈;食饮、衣服、居处、动静,由礼则和节,不由礼则触陷生疾;容貌、态度、进退、趋行,由礼则雅,不由礼则夷固僻违,庸众而野。故人无礼则不生,事无礼则不成,国家无礼则不宁。"(《荀子·修身》)礼乐文化是"化性起伪"的凭据,是塑造人、成就人的唯一途径,也被认为是"美"与"善"的唯一标准。

在影响和塑造人情的功能方面,荀子有时把"乐"单独地提出来,与"礼"对举。他说:"乐合同,礼别异。礼乐之统,管乎人心矣。"(《荀子·乐论》)这个意义上的"礼"重在凸显人与人之间的尊卑与分工,以维护社会结构的规则,而"乐"则可以暂时地打破强硬的"分"给人心带来的压迫感,由"合"而"一"。荀子说:"乐者,审一以定和者也,比物以饰节者也,合奏以成文者也;足以率一道,足以治万变。是先王立乐之术也。""乐者,天下之大齐也。"(《荀子·乐论》)音乐把所有聆听的人都整合到一个统一的情绪场中,并让人能够从整体上把握和欣赏秩序之美,其社会效益则正如宗白华说的:"'乐'滋润着群体内心的和谐与团结力。"[1]礼的"分"与乐的"合"相互配合,共同造就了"和"的状态。这就是儒家所谓的"礼乐相济"的思想。

最后,我们从美学理论的角度来分析和评价一下荀子的礼乐教化的思想。

荀子指出了人情的欲乐[le]与文雅的礼乐[yue]之间的区别和联系,并用"导"的概念概括了他对于审美的社会属性和社会责任的认识。他说:"乐者,乐也。君子乐得其道,小人乐得其欲。以道制欲,则乐而不乱;以欲忘道,则惑而不乐。故乐者,所以道乐也。金石丝竹,所以道德也。乐行而民向方矣。故乐者,治人之盛者也。"(《荀子·乐论》)君子通

---

① 宗白华:《艺术与中国社会》(1947),《宗白华全集》第二卷,第 414 页。

过乐[yue]而扬弃了无餍的人欲,从而可以享受合乎"道"的乐[le],小人追求欲望的满足,看似快乐,其实"惑而不乐"。所以,音乐的功用就是引导人的欲求,这种"导"具有一个明确的指向:在治国实践的方面,就是良好的社会秩序,而在精神的、审美的方面,则是一种高雅、纯正的审美趣味。

只要承认艺术与道德人心具有相关性,高雅和低俗的区别就是文学艺术价值评判的主要方面。荀子与多数儒家学者一样,把社会秩序的改善最终归为人心、人情的淳正。以音乐为代表的艺术作品之所以引起治国者的高度重视,就是因为它们对人心、人情有引导的作用,而引导的方向是雅正还是淫邪,直接关系到社会的治乱安危。"乐者,圣人之所乐也,而可以善民心,其感人深,其移风易俗,故先王导之以礼乐而民和睦。"(《荀子·乐论》)由此,中国古代美学就有了一个一以贯之的反对"乱世之音"的传统。

"化性起伪"的观念在中国美学的思想创造方面也具有不可忽视的影响。

其一,"形"与"情"的双向互动的关系促成了中国人对于艺术"导向"的重视。近代西方的艺术学更多地讨论艺术作品的形象如何"表现"人内心的情感,20世纪兴起的现象学提出了"意向作用"的概念,把"对象"的意义归为人的"意向活动"当中,这与荀子所谓的"乐则不能无形"的思想有一定的共鸣。"化"的说法暗含了这样的观念:不仅"审美对象"的意义是由人的审美过程(意向活动)赋予的,而且人的意义生成的习惯也受到审美意象("形")的反作用:那些合乎"道"的意象有利于人收束自己的情欲,使内心的情思归于正道,反之,不合"道"的声色宴飨则刺激了人的欲求,使人的心理和行为逐渐走向"乱"。所以,中国的艺术教化学说特别强调导向的作用。在荀子的美学思想中,"导情"乃是"养欲"的补充和深化,即在让人获得感官满足的同时,给那种粗率的、泛滥的情欲套上笼头,用文化教养的丰富性来引导之,驯化之,矫正之。这是"化性起伪"思想的深刻之处。这种思想在汉代的《毛诗序》中被提炼为"发乎情,止乎礼义",影响了中国两千余年来的艺术创作观念和艺术欣赏、批评的观念。

其二,以"气"为中介的身心互动观念使得中国的艺术从其萌芽阶段就具备了十足的"身体感"。宗白华指出,中国艺术的极致是"舞",是后世的书法、绘画、戏曲等艺术门类的灵魂。渊源久远的"礼",本就是诗、乐一体的"舞蹈",《论语·乡党》所记录的"孔子行礼图"给我们展示了一种包纳了身体动作、神态、语言、音乐、衣饰、器物等因素的高度综合的"艺术"。早在荀子这里,先秦思想家就已经从理论的层面上专门讨论"舞"了。他说:"曷以知舞之意?曰:目不自见,耳不自闻也,然而治。俯仰、诎信、进退、迟速莫不廉制,尽筋骨之力以要钟鼓俯会之节,而靡有悖逆者。"(《荀子·乐论》)在舞蹈当中,人即使没有强大的理性观照,其耳目感官也能够"治",其行为举止也能够自然地合乎节制。这是因为当人的筋骨活动被纳入到一套井井有条的韵律中时,生命本有的秩序感就会引导着人"发而中节",避免了悖逆妄作的倾向。这样,荀子对于"舞"的解释,也纳入到他的"治气养心之术"的范围中去了。

在这里,我们可以把荀子的"血气和平"的思想跟孟子的"养吾浩然之气"作一个对比。孟子根据"大体""小体"的分别提出了"以志帅气"的观念,强调心灵的、精神的力量对生命活动的驾驭能力,也十分肯定"春风化雨"的人格魅力给人的情感产生的"兴"的效果;荀子则把人心直接归为情绪,又把情绪归结为"血气"。血气的动与止,都跟外界声色的引动息息相关,所以荀子最终要从"物"的角度来度量意义和建立秩序。他说:"君子生非异也,善假于物也。"(《荀子·劝学》)"假于物"的观念影响了汉代艺术理论的"物感说"。如果荀子生于今天,那么他很可能会用诸如荷尔蒙、基因等概念来解释音乐与人之间的互动原理。荀子对"情"的理解基本是负面的,所以他对于"乐"的功能的见解,并不是激发情感,而是平抑情感。这就使得他的思想与一般儒家讲的"兴"的传统有了分歧。

"化性起伪"在推行当中有可能产生虚伪的流弊。如何把握"化伪"和"虚伪"之间的界限是所有教化学说的难题。凡需要在社会中普遍推广的言行规范,都需要设定一套价值评判的原则。价值评判有两种思路：在政治、法律的领域内，是非判断的依据是"论迹不论心"，而在道德、艺术的领域，价值高下的判断却常常要"论心不论迹"。教化的理想，是把"论迹"与"论心"统一起来。如果"论迹"与"论心"两者不能一致，以孟子为代表的儒家学者倾向于以"心"（意义）为主，而荀子的"伪"则以行为的外在结果为主。侧重外在表现的价值评判鼓励了一种"装样子"的做法。"装样子"有两种可能的方向：如果人"装样子"的目的是将自身的存在引导到一种比较有价值的方向上去，"习惯成自然"的结果就是"弄假成真"，这是具有积极效果的"化伪"；然而，如果"装样子"更多地是为了博取别人的肯定和赞扬，或者为了求得评判权力的认可，自己内心却并不真的接受，就会导致虚伪。

一切文采、文饰、文化的美好样子都属于儒家美学鼓吹的"文"。人在追求美好外观的时候，一旦忽略了承载文采的精神实质，就会蜕变为孔子和孟子都严厉谴责的"居之似忠信，行之似廉洁，众皆悦之"的"乡愿"。乡愿之人把美善的外在表征用作粉饰自己欲望的工具，所以是"德之贼"。老子和庄子激烈地批评"礼者，忠信之薄而乱之首"，也旨在强调评判权力让一切外在指标变得不再可靠。在艺术领域，强制性的评价标准常常成为艺术创作的障碍，也多因为虚伪的"装样子"成了主流而窒息了真正的创造。所以，如何在"化伪"的同时摒除"虚伪"，是儒家的艺术观念和教化理论所要面对的重大课题。

第四节　稷下学派的"精气"与"虚静"观念

荀子以"血气"为基础的"治气养心之术"最终要归结到"虚静"的观念。因为对人而言，血气与外物的感应是被动的，而君子圣王要主动地把握天地人事的秩序，就要跳出外界声色、形象的牵涉，这就需要引入道家的虚静无为的思想。大兴于汉初而形成于战国末的黄老之学在这方面有深入的思考和论述。黄老之学是道家思想在现实生活中应用的产物，早期以齐国的稷下学派为代表。道家思想的现实应用主要有两个方面,一是修养身心,统称为"养生";一是治国之术,正如后人以"君人南面之术"解释《老子》。在黄老之学当中,养生和治国是相通的,治国的基础在于治心,"心安,是国安也;心治,是国治也"(《管子·心术下》)。理想的君主,同时是修身之圣人和治国之明王。

"治",用今天的话说就是"管理",黄老之学长于研究人如何管理自己的情绪、机能,使心智保持平稳灵动的状态,进而将这种能力推广到管理属下和民众,使天下归于治平。这种以"心"为核心,统合"身"与"国"的思想对于中国的哲学思想的发展有着重要的影响,也塑造了中国美学中的身心观念和审美取向。《管子》和《荀子》都对心身关系作了系统的总结性的阐述,并由此进一步发挥了儒家的"中和"观念和道家的"虚静"观念。儒道两家在这里所针对的问题和讨论的思路都相当接近,所以本节将这两部著作放在一起讨论。

荀子和《管子》都把心身、心物关系比附为政治上的君臣关系。他们认为,"心"对于感官、躯体的驾驭应该秉承"无为而治"的精神,以便自由地应对外物,而不为物欲所牵引。[①] 这也是庄子"物物而不物于物"的意思。"心"的"无为"主要是指不受情绪的遮蔽,保持绝对的清净,以维护其观照万物的能力。《管子》说,情绪是最能遮蔽"道"的力量,"忧悲喜怒,道乃无处"(《管子·内业》)。荀子在《解蔽》篇中也指出,好恶之情会让人"偏"而不能全面地认识事理和考虑问题,"观物有疑,中心不定"也会让人的意识发生扭曲,他举了许多例子:人在昏暗之中会把巨石看作伏虎,把树木看作人;醉酒的人出城门的时候还要俯下身子,因为他误以为这是家中低矮的小门;感官的毛病、观察的位置远近等等因素都会让人产生错觉。所以,人心应当像静止的水那样,才能够明察事理。《管子》亦谓:"耳目不淫,心无他图,正心在中,万物得度。"(《管子·内业》)

为彻底摆脱人的固有欲望对于判断力的遮蔽,荀子和《管子》都以

---

① "心之在体,君之位也;九窍之有职,官之分也。……心术者,无为而制窍者也。"(《管子·心术上》)"心者,形之君也,而神明之主也;出令而无所受令。"(《荀子·解蔽》)"圣人裁物,不为物使。"(《管子·心术下》)"无以物乱官,毋以官乱心,此之谓内德。"(《管子·心术下》)

"静"作为修养身心的方法。荀子提出了"虚壹而静"的观点,并给出了详细的解释。

> 圣人知心术之患,见蔽塞之祸,故无欲、无恶,无始、无终,无近、无远,无博、无浅,无古、无今,兼陈万物而中县衡焉。是故众异不得相蔽以乱其伦也。何谓衡?曰:道。……人何以知道?曰:心。心何以知?曰:虚壹而静。心未尝不藏也,然而有所谓虚;心未尝不满也,然而有所谓一;心未尝不动也,然而有所谓静。(《荀子·解蔽》)

好恶的情感、时间和空间的意识、一切划定边界和判定性质的范畴都会给人的思想和认识带来局限、蔽塞,所以荀子主张"无"之。因为心中无物,只有周流不拘的"衡"或曰"道"来承载一切意义的生灭,所以万物能够"兼陈",即如《中庸》所谓"万物并育而不相害,道并行而不相悖"。"虚壹而静"就是达到"道"的方法。"不以所已藏害所将受谓之虚","虚"是指人不使固有的知识、见解(荀子称之为"藏")成为吸收新知的障碍;"壹"与"贰"相对,是指人的众多知识、见解之间不相互冲突,否则即疑惑而不知所措("心枝则无知,倾则不精,贰则疑惑");"不以梦剧乱知谓之静",人的心智不被种种颠倒梦想所扰乱,就是"静"的表现。荀子总结说:"虚壹而静,谓之大清明。万物莫形而不见,莫见而不论,莫论而失位。坐于室而见四海,处于今而论久远,疏观万物而知其情,参稽治乱而通其度,经纬天地而材官万物,制割大理而宇宙里矣。"(《荀子·解蔽》)在《管子》当中也有一段十分相似的话:"人能正静,皮肤裕宽,耳目聪明,筋信而骨强。乃能戴大圜,而履大方,鉴于大清,视于大明。"(《管子·内业》)"大圜"是天,"大方"是地,这里不仅同样把智慧上的"清明"归为人心的正静,而且还将之与人身(皮肤、耳目、筋骨)的条达稳健联系在一起了。

荀子和《管子》都意识到了普通的好恶情感和认知过程给人的心智带来的局限,因而提出了以"虚静"来打破知识概念的僵硬界限。这是带有鲜明的道家思想特点的应对方式。从老子提出"有无相生"开始,意义的生成和流动就是道家思想探索的重点之一。从庄子的"心斋"到战国末期稷下学派的"虚静"观念,先秦思想家已经越来越深入地讨论了人如何突破意义的藩篱,"复归于无"。"有无相生""心斋""虚静"等命题都没有直接涉及美学的问题,但其打破概念的边界、去除意义之遮蔽的目标,与中国美学所追求的境界是一致的。

相对于荀子而言,《管子》更重视身心的互动过程对于生命力的维护,《心术上》《内业》等篇提出了"精"的概念,从生命动力的角度阐发了"静"的原理。"精"的本义是精挑细选、不含杂质的上等米,后来泛指事物当中最优等的部分,如"精华""精兵强将"等。战国和汉代的宇宙论以"精"指称天地之中的最有创造力的要素,圣人因为能够把握"精"而能掌握天地的奥秘和人间的权柄。①《管子》还把"精"跟"气"联系在一起,他说:"精也者,气之精者也"(《管子·内业》),"一气能变曰精"(《管子·心术下》)。"气"是中国古代哲学对于生命力的一般概括,"气"有各种不同的类型,也各有其偏至之处,而"精"则是其最核心、最基础的部分,是对于"气"能够周流运行的核心要素的概括。"精气"也成为后来的中国美学用来解释审美欣赏和艺术创造活动的一个概念。

在《管子》的思想中,"精"还像能量一样,可以集聚和丧失。精的集聚可以令生命力、创造力大大增强,《管子》这样描述其理想的境界:"精存自生,其外安荣,内藏以为泉原,浩然和平,以为气渊。渊之不涸,四体乃固;泉之不竭,九窍遂通,乃能穷天地,被四海。"(《管子·内业》)"精"是"气"的源泉,可以令其源源不断地"自生",体现为身体机能的健旺和智慧的通达,人的智力、直觉力会因此究极天地。反过来,"精"的丧失则会使人变得昏沉,如果"精"完全退出了人的身体,生命力就没有了,人也就死了。《管子》随之提出了"精舍"的概念来阐释如何养护生命力:"能正能静,然后能定。定心在中,耳目聪明,四肢坚固,可以为精舍。"(《管子·内业》)"灵气在心,一来一逝,其细无内,其大无外。所以失之,以躁

---

① 《庄子·在宥》有"吾欲取天地之精,以佐五谷,以养民人"的说法,《管子》称:"凡物之精,此则为生。下生五谷,上为列星。流于天地之间,谓之鬼神;藏于胸中,谓之圣人。"(《管子·内业》)

为害。"(《管子·内业》)意思是：如果人的身心足够地洁净，人的身体（"形"）就会成为"精"的住所（"精舍"），而"躁"（心神的躁动、意念的烦扰）则让"精"不能安住。聚集"精"的原则就是防止各种欲望对"精舍"的污损，这个原理也决定了人不能有意识地去追求、收集"精"，因为那样反而刺激了躁动之欲；最好的方法就是虚静其意念，打扫干净心灵的屋舍，生命的活力会自然而然地生发出来，《管子》谓："敬除其舍，精将自来。"（《管子·内业》）"虚其欲，神将入舍；扫除不洁，神乃留处。"（《管子·心术上》）

《管子》提出的清扫心宅、引精自来的观念是战国后期道家修养论和审美观的重要方面。这种思想上承老子的"涤除玄鉴"、庄子的"心斋""疏瀹而心，澡雪而精神"等命题，并将它们做了形象化的发挥；下启汉代的形神之辨，点出了"神"驾驭"形"的必要性。中国人将养生观念纳入美学观念的独特传统也与此有关：中医经典将养生的最基本的原则概括为"恬淡虚无，真气从之，精神内守，病安从来"（《黄帝内经·上古天真论》），大意是，人将欲望、思虑减少到最低的程度，生命本有的"真气"就能按照自然的方式合理地流动，"精"也就可以安住于身形的舍宅之内，使得病邪没有机会侵入。从审美的角度看，那种恬淡和愉的状态才是真正的享受，而令人目眩神迷的声色刺激只会污染"精"的住所，伤身害命，所以是审美愉悦的反面。

《管子》以"精"概括生命的本质的同时，也以"和"作为生命的表现和维护生命的一般原则。"凡人之生也，天出其精，地出其形，合此以为人。和乃生，不和不生。"（《管子·内业》）生命的原动力（"精"）与相应配合的物质形式（"形"）相和合，成就了人的生命存在的系统，"和"是这个系统顺利运转的必要条件。

"和"在行为上的表现是身体调养的适度和搭配有道。《管子》指出："凡食之道：大充，伤而形不臧；大摄，骨枯而血沍。充摄之间，此谓和成。"（《管子·内业》）指出了满足生理需要的中庸原则。在《论语》的《乡党》篇里，我们可以见到孔子对于饮食的时令、数量、搭配乃至烹饪、进食方式的讲究，这既是合礼之举动，也是长久相袭的保健之道。"礼"的这个方面,在理论上被荀子概括为"治气养心之术",在实践上则逐渐充实为中国古代洋洋大观的饮食文化、养生文化等等。

比中庸适度更为根本的"和"则是心神的平静,"勿烦勿乱,和乃自成"(《管子·内业》)。《管子》把这个观点用于解释礼乐文化的不同层面之间的关系:

> 凡人之生也,必以平正。所以失之,必以喜怒忧患。是故止怒莫若《诗》,去忧莫若乐。节乐莫若礼,守礼莫若敬,守敬莫若静。内静外敬,能反其性,性将大定。(《管子·内业》)

这种将"乐""礼""敬""静"置于层层深入的关系中的做法是解决荀子"化性起伪"与"虚壹而静"的矛盾的关键。虽然荀子的"化性"与"虚静"都意在消除先天固有的欲望对人的思想和行为的阻滞,但在实施的层面却存在着巨大的分歧。"化伪说"依据的是心物感应的观念,其主旨是利用心物感应的原理来调治血气,以身治心。这种做法的前提条件是荀子指出的"善假于物",就是利用外在的物质手段或者既有的文化条件(如《诗》《乐》等)来节制和驯导人情(如"止怒""去忧"等),使之归于平正。这相当于"治气养心"层次上的"和",是中国美学的一大特色。而"虚静说"则强调摆脱任何现成事物的影响,也就是直接超越"因物而感"的机制,使人可以把握万象的整体流变,而不是陷入到具体物象的牵引当中去。这近于"勿烦勿乱"意义上的"和",是中国美学的另一大特色。两者的对立映射了中国美学思想中的"象"与"无象"的互补与消长。在《管子》这里,"象"与"无象"则被归于不同的修养阶段和层次:《诗》与乐是直接节制喜怒之情绪的较浅层次的文化教养手段,它们复又被较深层次的"礼"来节制,而最深层次的则是"敬"和"静"这样的心性修养的观念。这些观念是"礼"的本质。

在讨论孔子美学的时候,我们注意到"敬"的观念的沿革:"敬"最开始是对鬼神等崇拜对象或具体的人或事的敬畏,而在孔子的"祭如在""敬而远之"等思想的推动下,"敬"逐渐成为君子人格的自我提升的一种情感助力,它指向的是一种无对象、无形象的存在可能性,引导人不断地超越自己在道德、智慧、技能等方面的局限,使人从一切僵死的知见中解放出来,"毋意、毋必、毋固、毋我"(《论语・子罕》),"毋"即相当于道家思想里那个悬搁了一切固有原则的、让人随时应变的"无"。《管子》的"内静外敬"的命题清晰地指明了这一意蕴。"敬"或"静",都不是绝对的静止不动,而是不为任何成见、欲望扰乱的清明状态,是随顺万物而又不留滞于物的一种心智能力。《管子》中还为此提出了一个"因"的概念:

> 君子不休乎好,不迫乎恶,恬愉无为,去智与故。其应也,非所设也;其动也,非所取也。……其处也,若无知,其应物也,若偶之。静因之道也。(《管子・心术上》)

> 无为之道,因也。因也者,无益无损也。……因也者,舍己而以物为法者也。感而后应,非所设也;缘理而动,非所取也,若影之象形,响之应声也。故物至则应,过则舍矣。(《管子・心术上》)

"因"比"静"更准确地传达这样的意思:君子的虚静心胸并不在于"不动",而在"无意而动"。人在变动的世界里若是坚持思想意念和行为举止的"不动",也是一种固执不化的做法。"静因之道"在于抛弃人为损益事物之意义的意图,以"非设"(去除成见)、"非取"(去除欲求)的无功利的态度面对这个世界。"因"的表现是"舍己而以物为法"。这并不是认识论意义上的"客观、如实地反映事物",因为所谓"客观"的态度、"反映"的行为模式也都是基于认识论观念的预先设定。"舍己"意味着把自己的好恶和是非标准都放在一边,不发动任何属于"我的"意向(intentionailty),从而不为患得患失的心态所伤害——这是庄子"应物不藏,胜物不伤"的意旨;并且还能够通达事物意义的丰富性和流动性——亦即《易传》所谓"寂然不动,感而遂通"。《管子》谓"虚者,无藏也"(《管子・心术上》),"因"正是对于"虚"的实现。

《管子》谓:"毋先物动,以观其则。动则失位,静乃自得。"(《管子・心术上》)"毋先物动"即是"非设""非取""无藏","以观其则"即是"以物为法"。这里的与"静""自得"相并提的"观"与前面讨论的庄子的"用心若镜"颇为相似。王国维的"以物观物"思接千载,将此"静观"之理剖露无遗:"有有我之境,有无我之境。'泪眼问花花不语,乱红飞过秋千去','可堪孤馆闭春寒,杜鹃声里斜阳暮',有我之境也;'采菊东篱下,悠然见南山','寒波澹澹起,白鸟悠悠下',无我之境也。有我之境,以我观物,故物我皆著我之色彩。"(《人间词话》)"以物观物"并没有否定审美意象的"情(我)景(物)交融"的原理,但这里的"情"并不出自一时一地的私己的情愫,"景"也非有限之意向活动的投射,其创作"若影之象形,响之应声",把此种文化传统内有关"南山""寒波"之类意象的丰富意义充分地调取出来了。

"有我"与"无我"在审美欣赏方面的最直接的区别是:"有我之境"中的审美意象比较容易探得作者的"意图"(intention),而"无我之境"的意象则因为作者的"舍己"而最大限度地保持了意义的开放性。开放性的阐释空间使人在一个广大的意境范围内,自由地盘桓于"物"的存在。王国维指出,这种艺术作品是极难得的,一方面因为"无我"本身就难以做到,另一方面,将此"感而后应""缘理而动"的情形诉诸意象,并使得千载之后的读者仍然有所领悟,更为难得。

《管子》说:"虚之与人也无间,唯圣人得虚道。"(《管子·心术上》)无我之情境不是神秘不可达到的圣域,而是一般人都可以体察到的平易境界,所谓"道不可须臾离"。但我们通常并不能留意到"悠然见南山"之美,是谓"百姓日用而不知"。成功的意象唯有在艺术经典里呈现出来,常人方才油然而生"先得我心"的感慨。《管子》这里的"圣人"或者王国维所说的"豪杰之士",就是这种能够"得虚道",创造出"无我之境"的大艺术家。

中国的思想常常具有"殊途同归"的特点,就是允许不同立场的解释者从不同的角度得出相通的结论。作为后世《四书》之一的《大学》也以"定""静"作为"虑""得"的前提,《管子》则在调心养生的方面提出"意气定,然后反正"(《管子·心术下》),"静则精。精则独立矣"(《管子·心术上》》等观点。荀子从守护天道秩序的角度肯定了儒者"穷处而荣,独居而乐"的独立气概①,《管子》中也有同样的赞美:"见利不诱,见害不俱,宽舒而仁,独乐其身,是谓云气,意行似天。"(《管子·内业》)儒家与道家的思想尽管存在着一些价值指向的不同,但它们都重视从身心关系的角度来建立自己的理论体系,这也是它们在一些关键问题上取得一致的基础。

以身体的领会来开启反思性的哲学、美学的思考,至少有两处要点:

其一,高度重视身体对于思想的双重意义。《老子》中即提出了这种双重性:"贵大患若身"的遮蔽性和"修之于身,其德乃真"的敞开性。在荀子和《管子》这里,身体既是遮蔽的根源,又是"神"或"精"的舍宅;意念既可以像躁动的火焰,也可以像平静的湖水。战国后期的"精"的概念,既继承了先秦道家的虚静无为的一贯主张,也将中国人特别注重的养生观念与精神修养联系在了一起。在美学的领域,中国士人美学对于"静"的偏好也是从这个扰攘不宁的时代开始奠定的。《管子》说:"心静气理,道乃可止。……彼道之情,恶音与声,修心静音,道乃可得。"(《管子·内业》)在这种观念的影响下,喧闹的声响、纷繁的色彩、浓烈的口味往往不受士人趣味的欢迎,虽然这并不妨碍它们在民间有相当的市场。

其二,身体的自然属性也给精神修养的原则提出了一种彻底的"无为"的要求。身体的生长、养护乃至修养、导引,都是不能以理性的规划来强求的,人必须根据自己的独特的身心状态来选择修养的方式,并且耐心地等待时机。《管子》提出的"勿引勿推,福将自归"(《管子·内业》),承接了孟子的"勿助勿忘"、庄子的"不将不迎"等原则,都强调了只有打破一切现成标准的"无为"才是究极的原则,其成就则是"恬愉"所意味的无忧无惧的状态。"恬愉"扬弃了一般意义上的"静"的趣味和追求,使人对自身存在的把握、对美的体认都进入到一个更加自由的境界。

---

① "君子无爵而贵,无禄而富,不言而信,不怒而威,穷处而荣,独居而乐,岂不至尊、至富、至重、至严之情举积此哉?"(《荀子·儒效》)

第五节　术数构架中的"天"与"人"

战国末期,"统一"成为时代的主题,逐渐取代了各诸侯国之间军政争夺和诸子思想的"争鸣"。强国国君觊觎大位,百姓也向往有一个统一、安定的局面结束苦难,士人则纷纷为平治海内出谋划策,"一天下"的意识成了压倒性的力量。与之相应,一个"天下一统"的帝国意识形态也乘着学术合流的大势,呼之欲出了。

统一的农业帝国所需要的秩序,已经远远超出了"小国寡民"式的乡土社会本身所能提供的限度。战国时代的末期,无论是以稷下派为代表的学术集团,还是单打独斗的游士说客,大都致力于为"天下"设计一个空前组织化的统治方案。在这个时代要求之下,士人们对于天象、律历、五行等术数模型的兴趣大增,统治者在赤裸裸的军政较量的同时,也十分热衷于"谈天"。

前面提到,来源于星历授时的"天文"自始就具有政治、文教的功能,西周贵族的礼乐文化也以"天"为一切秩序的根据,而战国诸子热衷讨论的却是一套囊括天人的更为细密复杂的术数推演模型,并终于在汉代的政治实践中得到一定程度的实现。

术数推演模型具备一种自洽的结构,模拟着天地人事中的自组织现象。这种模型将人世中的和合与冲突都纳入到一个可计量的、自成体系的公式当中,帮助人解释那不可测的"天意",进而也将"天"本身纳入到一个可以推演的结构里。今人以科学的眼光看,似乎这类模型所勾连的事物联系过于牵强,但对于当时人来说,最重要的事情并不是联系的准确和精确,而是解释体系本身的规整和强大。《易传》提出"通其变,使民不倦,神而化之,使民宜之"(《易传·系辞下》);直到汉武帝的时代,司马迁仍然把"究天人之际,通古今之变"作为他治史的至高理想。

错综往复的"八卦""十二宫"以及有生有克的"三统""五德"等模型都是战国时人探索"天人模型"的成果。大国的国君们,非常重视这套高度专业化的公式演算，因为他们都希望自己处在生旺得气的位置，也希望用"客观规律"来为政权的归属寻找一个"天意"的背书。《史记》记载，国君们一提到鼓吹"五德终始"的邹衍（人称"谈天衍"），就崇敬得无以复加。邹衍宣称，政权的更替规律是"五德转移"，即每一个朝代禀受一种五行（水、火、木、金、土）之"德"，朝代的更迭是按照木胜土，金胜木，火胜金，水胜火，土胜水的次序进行的。到了汉代，政权流转的一面不再被人提及，但"五德转移"所依据的阴阳五行的思维方式却进一步发扬光大了，成为一个涵盖一切可能的人事、自然事件的观念体系，塑造了中国文化的面貌。我们在这里有必要追溯一下它在先秦时代的源流。

《汉书·艺文志》指出，"敬顺昊天，历象日月星辰"是阴阳家的专长，他们"出于羲和之官"，也就是古朝廷里观星制历的专职官员。在上古，羲和之官属于与天意直接沟通的职守，具有专门的传承和崇高的地位，而到了战国时代，能够熟练地运用术数思维来阐发思想的却并不限于阴阳家。道家自不必论，即便儒家士人也不乏精于此道者，比如，大谈心性义理的孟子就曾用五行来阐释道德。①

葛瑞汉曾将这种在事物、现象之间横向联系的思维方式概括为"关联性思维"。一般意义上的关联性思维并不是中国文化的专利。福柯曾描述过西方中古时代的人们对于"天人相应"的理解："由于笔直站在宇宙的表面之间，他就与天空联系起来了（他的脸之于他的身体，如同天空的面貌之于以太；他的脉搏在静脉中跳动，恰如星星按照自己的固定轨道循行在天空中；他头部的七个口子之于他的脸，如同七颗行星之于天空），但是，他还是所有这些关系都要依靠的支点，所以，我们又在人类动物与所居住的地球的类比中发现它们：他的肌肉是土块，他的骨头是岩石，他的血管是大河，他的膀胱是大海，他的七个主要器官是隐没在矿场

---

① 思孟的道德五行说参见李景林《教化的哲学》，第 233 页，哈尔滨：黑龙江人民出版社，2006 年。

深处的金属。"①由此可见，不论古今东西，人们不约而同地以"身"作为理解世界的起点和枢纽。

然而，中国古代的关联性思维却不是事物、现象之间的简单对应，阴阳五行系统乃是对于系统功能的指称。这种观念可能在周代以前就已成形。现有的文献中，五行的提法最早见于《尚书》的《洪范》篇："水曰润下，火曰炎上，木曰曲直，金曰从革，土爰稼穑。"从这个现存最早的描述性的定义中可以看出，润下、炎上、曲直等特性都是动态的，都着眼于生长变化的功能，并不关心水火金木作为"物体"的"本质"。② 正因为水火木金土这"五材"乃是基于不同功能、职务而作出的设定——与作为"富有包孕性的意象核"的易象（见第一章第二节的解释）类似，五行理论才能够概括从人体、社会到自然界等任何复杂组织的功能运转的状态。"五行"既是自成一体的、描画五种功能的"象"，就不像近代人依据实体化的思维所误解的那样，认为以五行配人体的五藏就意味着肺里有金属、肝里有木头。

阴阳五行的观念包括了两个稍有不同的思想来源，一种是以阴阳为基础的偶数模型，一种是以五行为代表的奇数模型。③

阴阳消长的观念早在《易经》里已经得到充分的贯彻，自然中的昼夜、寒暑、天地，人事中的男女、君臣、君子和小人，还有更加抽象的刚柔、进退等性质也都以阴阳来统摄。阴阳的观念为人的生活定下最主要的

---

① 福柯：《词与物——人文科学考古学》，第 30 页。

② "'五行'通常译为 Five Elements（五种元素）。我们切不可将它们看作静态的，而应当看作五种动态的互相作用的力。汉语的'行'字，意指 to act（行动），或 to do（做），所以'五行'一词。从字面上翻译，似是 Five Activities（五种活动），或 Five Agents（五种动因）。五行又叫'五德'，意指 Five Powers（五种能力）。"冯友兰：《阴阳家和先秦的宇宙发生论》，《中国哲学简史》，第 113 页，北京：北京大学出版社，2010 年。

③ "中国古代，试图解释宇宙的结构和起源的思想中有两条路线。一条见于阴阳家的著作，一条见于儒家的无名作者们所著的'易传'。这两条思想路线看来是彼此独立发展的。下面我们要讲的《洪范》和《月令》，它们强调五行而不提阴阳；'易传'却相反，阴阳它讲了很多，五行则只字未提。可是到后来，这两条思想路线互相混合了。到司马谈的时代已经如此，所以《史记》把他们合在一起称为阴阳家。"同上书，第 113 页。

轮廓,让人的思维变得有结构,行动变得有条理,比如为夫、为君者阳,主向外的开拓,为妇为臣者阴,主内部的整合。更复杂一些的阴阳关系还纳入了变动的趋势,如"春者,阳气始上,故万物生。夏者,阳气毕上,故万物长。秋者,阴气始下,故万物收。冬者,阴气毕下,故万物藏。故春夏生长,秋冬收藏,四时之节也。赏赐刑罚,主之节也"(《管子·形势解》)。四季之象反映了阴阳二象的转化过程:冬夏为阴阳之极端又各蕴有向对方转化的动势,而春升秋降则将此动势实现出来,其间则体现着阴阳的交合与激荡。前面提到,中国人的审美意识总是观此见彼,不离事物的动态转化过程,不食硕果,不求最美。术数模型则进一步为审美意识加入了象数的内容,使之与年岁、节令、物候以及个人的生活节律紧密结合在一起。

就思维方式而言,由二而四也是"一阴一阳"向着更复杂的解释系统延伸的关键:由四而八,对应着八方,以八卦配之;或由偶数之"二"与奇数之"三"相配,推到十二,这是以《月令》为代表的十二月的模式,以地支十二宫配之。在这套推演体系内的元素数量不论多寡,都是偶数的,《易》是这个模式的典型代表。

相比较而言,偶数的阴阳四象系统更加重视各种"象"本身的功能特性,而奇数的五行系统则侧重于不同的"象"之间的关系。这些关系可以概括为两种:一个是"生"(如"水生木",包括生养、扶持、贡献、成全等),另一个是"克"(如"火克金",包括压抑、约束、牵制、挫败、伤害等)。《易传》谓"参伍以变,错综其数","三"描画了奇数模式里最小的、最简单的生克扶抑的循环,游戏中的"石头、剪刀、布"(以及诸如此类的各式叫法)的循环克制就是一个例子;而"五行"则是最常用的模式,因为它可以在一个自我闭合的系统内容纳多对相生相克的关系,指示着更加复杂的互动关联。

在后代逐渐成熟起来的五行观念中,东方、春季等被设定为"木",是生发、膨胀之象;南方、夏季等被设定为"火",是繁盛、张扬之象;西方、秋季等被设定为"金",是收敛、肃杀之象;北方、冬季等被设定为"水",是含蓄、阴寒之象；"土"则位居中央、对应季节的转换①，象征着四平八稳的规则、守时有序的循环。水火金木四象所代表的四种动势在循环的周期内递升递降，此消彼长，故古人谓万象生于土，也死于土。

战国时代，阴阳五行的观念延伸到了自然、人体、人事、社会生活、政治历史的各个领域，并且倾向于把一切可以系统化把握的现象都收拢到一个整齐的表格之中。在今天的人看来，将春天、草木、东方、麦子、羊、肝胆、酸味、仁爱、数字的三和八……并列在一起，似乎过于牵强附会，但从功能的角度看，有发展，就有衰落，有滋生庶物的"仁"，就要有恪纪执法的"义"，有欢庆，也要有哀悼，不论气候的、生理的、饮食的、情感的、认识的，既是各各自足的整体，也就贯彻了大致相似的系统思维；只要生活中的各种事物都在不同的小系统当中有其位置，那么不同的系统之间的因素也就有了横向交通的可能性，而标记时空的四季与四方也就成了联系的枢纽。

五行还不仅限于从结构上描述功能系统。其象数体系既曰"行"，就不是一个物化的、静止的结构，而是通过"生"与"克"的复杂作用进行着自我调整。例如，"木"代表着扩张、生发、伸展的动向，必然刺激和导致一片繁盛的局面，这就是"木生火"的喻象；扩张、生发、伸展的动向又对稳定的规则、刻板的法度带来了冲击，这大致是"木克土"的一种意思。这时，木火的阳动就在这一个五行的体系里面占据了主流，而五行的系统也就随着时空的变迁而启动了一个自我平衡的程序：事物的繁盛既久，就要求有一个稳定的秩序来保守成果，这是"火生土"之象；稳定的秩序需以收敛、克制的方式制止那些盲目的扩张冲动，于是就有了"土生金""金克木"之象；最后，"金"也不会无限制地尅伐木气的生机。因为阳气经过了"金"的收敛，进而封藏和休养生息（"金生水"），在适当的时空条件下又必将会重振生机，引动新一轮的蓬勃发展。这就是冬去春来的

---

① 在不同的推演系统里，"土"或对应夏末，意味着一年中由阳到阴的转换；或对应每个季节的最后十八天，意味着每个季节之间的交接。

"水生木"之象。以此类推,周而复始。

在动态的平衡中自组织、自维系的五行结构还塑造了中国人知常观变的审美观。五行的模型把老子的"万物并作,吾以观复"(《老子》十六章)纳入到一个动态的结构之中。在具体的时空当中,天地的"气"总呈现出"过"或"不及"的面貌,比如木气暂时偏多,那么不论自然还是人事,不论在人身还是社会,与"土"相应的因素都要受到压制,甚至连"金"的力量也会被有力地抵制甚至挫伤;但因为每一"行"都与其他四象发生的双向乃至多重的扶抑关系,阳与阴、生与克的力量都不会在某个特定的"过"与"不及"中停留太久,该"气运"一旦完结,另一场大戏也就开启了大幕。这就为中国人奠定了一个天命有序流转的坚定观念:任何具体的、有限的美都是无常易逝的,同样,任何困塞、丑恶也终会过去,百姓谓之"风水轮流转"。微观上的不测被宏观上的稳定所抵消,唯有对流转无定的观照才使人的心灵得到安定,中国人就在这样一个统一了"常"与"变"的动态结构中俯瞰自然的秩序和万物的美。与之相对照,古希腊人对于超离于时间和空间之外的"几何"的沉迷,也是一种对于结构的追索。几何式的结构乃是超时间的"形式(form)",与动荡的俗世之间形成了一个二元分隔的鸿沟。[①] 在动态的五行结构与静态的几何结构的差别当中,蕴藏着中西哲学、艺术、美学的大分野。

自上古以来的"文"的传统中,"象"必与"数"相连。在术数传统的影响下,中国人常把"气"与"数"联用,或称作"气数"。我们在第一章有关《易》的部分已经提到了中国上古流传下来的"数"乃是一种"象"的系统;到了战国后期,同五德三统的观念一样,术数也被充分地应用到各种总结天人关系的推演模型当中。中国百姓的俗语对"风水轮流转"还有一

---

① 杜威基于对形而上学传统的批判而指出:"结构乃是手段的恒常性,用来达到某种结果的事物所具有恒常性,而不是事物本身或绝对的所具有的恒常性。……结构乃是变化所具有的一个稳定的条理。因此,如果把结构从变化中隔离开来,这将使结构变成一个神秘的东西——使它变成形而上学的(按照这个字眼的通俗意义),一种鬼影般的东西。"杜威:《经验与自然》,第48页。

个更加形象的说法："三十年河东、三十年河西"。"三十"正是以"二"为基础的偶数模型与以"三"为基础、"五"为主导的奇数模型相综合的产物；在它之上，又有"六十甲子"等作为天道循行的刻度。孟子所谓的"五百年必有王者兴"（《孟子·公孙丑下》），也可以在《史记》所谓的"天运之变"的术数理论中找到依据。① 阴阳五行的生克模型与"数"相结合，古老的"物极必反"观念变得更加精细化、系统化。宗白华指出，与自然、人事之"位"与"时"紧密相关的"数"标示着生成、变化，象征了"生命进退流动之意义"，②其美学上的意义，也即寓于汉代的"序秩理数"的音乐化的宇宙观念之中。

阴阳五行的象数体系实质上是一个对世界给出整体解释的观念系统。就其立足于整体解释而言，与西方的科学都有一定相似之处。但两者也有重大的不同。阴阳五行体系诉诸自然语言中的日常概念。日常概念的特点是因社会生活而成立，其内涵外延都带有一定的模糊性。近代科学的重要工作是系统地创设人工概念以避免日常语言的模糊性的影响③，阴阳五行体系却利用和发挥了这种模糊性。中国语言文字本就具有多义、变化、旁通的特点，阴阳五行体系为金、木、水、火、土等赋予远多于其本有内涵的意义和功能，使之成为整体解释的关键构件，也就是前面提到的"意象核"。然而，由于意义勾连角度、指向的不确定性，阴阳五行学说本身只能是解释体系的一个半成品。一种解释能否自圆其说，有待于具体的人在每一次的具体解释过程当中去完成。这种做法的长处是体系随情境而调整，特别利于激发灵感，弊端则是高度依赖于解释者的个人素养，无法支持精确量化的操作，也不利于经验的积累和传播。阴阳五行体系能否胜任解释世界的任务，取决于每一位运用它的人在生

① "夫天运三十岁一小变，百年中变，五百载大变。三大变为一纪，三纪而大备。此其大数也。"（《史记·天官书》）

② "中国之'数'为'生成的、变化的、象征意味的''流动性的、意义性、价值性的'，以构成中正中和之境为鹄的。……此'数'非与空间形体平行之符号，乃生命进退流动之意义之象征，与其'位''时'不能分出观之。"宗白华《形上学》，《宗白华全集》第一卷，第597页。

③ 陈嘉映：《哲学 科学 常识》，第37—53页、第150—177页。

成意象方面的天赋和训练。所以,同样是古代哲学的整体解释体系,古代西方的自然哲学(如毕达哥拉斯的体系、亚里士多德的体系)通向了科学,而阴阳五行体系则近乎艺术。

中国的整体解释体系立足于人世意义,与现实世事有更多的牵连。战国后期的"谈天"风潮有越来越强烈的功利指向。人们希望通过一套套推演体系来把握世界的奥秘,为自己谋取尽可能多的好处。这在个人的方面是养生之道,在政治的方面则是谋求兼并扩张,最终天下一统。荀子提倡的"隆礼义而杀诗书",已经点出了功利诉求的核心原则:为了保证一个规模庞大的社会能够有序地运转,就必须牺牲掉那些诗化的、活泼泼的成分,而建立起一个依照严密的规定运转的机器。这在政教的领域就是建立一个无所不包又不可质疑的意识形态架构。生克模式、术数结构在意识形态架构中的作用,首先是为严密的管理提供条理化的解释,而不是促进人的内心修养和意义的自由创造。这种意识形态化的观念体系在汉代达到高峰,而在先秦时代的末期就已经打下了基础。

意识形态化的解释体系垄断了对一切事物的解释,但不承诺解决任何现实的问题。社会仍然纷乱,人心依旧不安,而一套井井有条的解释体系却日渐成熟、圆滑。具有精神追求的士人,面对着一个机械地、强行地为所有人的生命存在划定框架的意识形态体系,不甘于做庞大统治机器上的螺丝钉,从而生出了彷徨苦闷的情感。屈原就是这种士人的代表。王逸说:"屈原放逐,忧心愁悴,彷徨川泽,经历陵陆,嗟号昊旻,仰天叹息。"屈原的"忧"与春秋士人的"黍离之忧"有些不同。在《诗》的时代,精神上无家可归的人们尚且有一个寻觅求索的空间,并化诸"哀而不伤"的意象。到了战国末期,在天下人汲汲然希望投向一个统一大帝国的时候,精神追求却受到空间的挤压和嘲弄。人格的尊严、精神的自由在"一统天下"的大势和井井有条的天人架构面前已经显得如此不合时宜,以至于士人的苦闷必要化为奇幻诡谲的意象和追根问底的思考。

在屈原的作品中,《天问》是锐利的、诗意的哲学思考的成果。说它是哲学思考,是因为其思考的深度直接触及"天人架构"的根基。屈原向天发问："曰遂古之初,谁传道之? 上下未形,何由考之? 冥昭瞢闇,谁能极之? 冯翼惟像,何以识之? 明明闇闇,惟时何为? 阴阳三合,何本何化? 圜则九重,孰营度之? 惟兹何功,孰初作之?"这段宏大的开篇提出了一个问题:人们如何认识天地的起始? 这不仅仅是一个宇宙发生论的问题,还质问了人是否具备认识世界、传达思想的可能性。如果这种可能性是存疑的,那么一切阴阳五行的术数模型的存在也就要置于有待审视的位置上了。屈原接着追问:"九天之际,安放安属? 隅隈多有,谁知其数? 天何所沓? 十二焉分? 日月安属? 列星安陈?"这些问题的提出,皆以战国末期的宏大宇宙观为背景。磅礴的提问,从天到地,从自然到人世,从神话到历史,一路贯穿着儿童般的彻底的质疑,刺破了那种看似凿凿有理的知识体系给人带来的安定的幻象。这种哲学追问的方式又是诗意的,既带有楚地的巫文化的印记,也成了东周文化的绝唱。

参考文献

基本典籍

杨伯峻编著:《春秋左传注》,北京:中华书局,1990 年。

孔颖达等:《毛诗正义》,北京:北京大学出版社,1999 年。

孔颖达等:《周易正义》,上海:上海古籍出版社,1990 年。

贾公彦:《周礼注疏》,北京:北京大学出版社,2000 年。

司马迁:《史记》,北京:中华书局,1982 年。

程树德:《论语集释》,北京:中华书局,1990 年。

焦循:《孟子正义》,北京:中华书局,1987 年。

朱熹:《四书章句集注》,上海:上海古籍出版社,2006 年。

朱谦之:《老子校释》,北京:中华书局,1984 年。

郭庆藩:《庄子集释》,北京:中华书局,1978 年。

王先谦:《荀子集解》,北京:中华书局,2012 年。

黎翔凤:《管子校注》,北京:中华书局,2004 年。

王先慎:《韩非子集解》,北京:中华书局,1998 年。

参考著作

[美]安乐哲:《自我的圆成:中西互镜下的古典儒学与道家》,彭国翔编译,石家庄:河北人民出版社,2006 年。

陈嘉映:《哲学 科学 常识》,北京:东方出版社,2007 年。

陈来:《古代思想文化的世界》,北京:三联书店,2002 年。

崔大华:《庄学研究》,北京:人民出版社,1992年。

邓以蛰:《邓以蛰全集》,合肥:安徽教育出版社,1998年。

[美]杜威:《经验与自然》,傅统先译,南京:江苏教育出版社,2005年。

费孝通:《乡土中国》,上海:上海人民出版社,2007年。

冯友兰:《三松堂全集》,郑州:河南人民出版社,2000年。

[德]海德格尔:《存在与时间》,陈嘉映修订译本,北京:三联书店,1999年。

[荷]赫伊津哈:《游戏的人:文化中游戏成分的研究》,何道宽译,广州:花城出版社,2007年。

侯外庐等:《中国思想通史》第一卷,北京:三联书店,1951年。

吕思勉:《先秦学术概论》,昆明:云南人民出版社,2005年。

[美]罗伯特·所罗门:《大问题:简明哲学导论》,张卜天译,桂林:广西师范大学出版社,2011年。

[奥]马丁·布伯:《我与你》,北京:三联书店,1986年。

[英]马凌诺斯基:《文化论》,费孝通译,北京:华夏出版社,2002年。

庞朴:《一分为三——中国传统思想考释》,北京:海天出版社,1995年。

彭锋:《诗可以兴:古代宗教、伦理、哲学与艺术的美学阐释》,合肥:安徽教育出版社,2003年。

彭锋:《回归:当代美学的11个问题》,北京:北京大学出版社,2009年。

钱穆:《国史大纲》,北京:商务印书馆,1996年。

钱穆:《庄老通辨》,北京:三联书店,2005年。

[美]史华兹:《古代中国的思想世界》,程钢译,南京:江苏人民出版社,2003年。

[波]塔塔尔凯维奇:《西方六大美学观念史》,刘文潭译,上海:上海译文出版社,2006年。

童书业:《春秋左传研究》,北京:中华书局,2006年。

王国维:《观堂集林》,北京:中华书局,1959年。

闻一多:《古典新义》,北京:商务印书馆,2011年。

萧公权:《中国政治思想史》,沈阳:辽宁教育出版社,1998年。

谢谦:《中国古代宗教与礼乐文化》,成都:四川人民出版社,1996年。

阎步克:《士大夫政治演生史稿》,北京:北京大学出版社,1996年。

阎步克:《乐师与史官:传统政治文化与政治制度论集》,北京:三联书店,2001年。

扬之水:《诗经名物新证》,天津:天津教育出版社,2007年。

杨向奎:《宗周社会与礼乐文明》,北京:人民出版社,1997年。

叶朗:《美学原理》,北京:北京大学出版社,2009年。

叶朗:《意象照亮人生叶朗自选集》,北京:首都师范大学出版社,2011年。

叶朗:《中国美学史大纲》,上海:上海人民出版社,1985年。

张岱年:《中国哲学大纲》,北京:中国社会科学出版社,1982 年。

张光直:《美术、神话与祭祀》,沈阳:辽宁教育出版社,2002 年。

张光直:《商代文明》,毛小雨译,北京:北京工艺美术出版社,1999 年。

张世英:《天人之际——中西哲学的困惑与选择》,北京:人民出版社,1995 年。

张世英:《哲学导论》,北京:北京大学出版社,2002 年。

张祥龙:《孔子的现象学阐释九讲——礼乐人生与哲理》,上海:华东师范大学出版社,2009 年。

张祥龙:《先秦儒家哲学九讲》,桂林:广西师范大学出版社,2010 年。

张荫麟:《中国史纲》,北京:商务印书馆,2003 年。

朱光潜:《文艺心理学》,合肥:安徽教育出版社,1996 年。

朱良志:《中国美学十五讲》,北京:北京大学出版社,2006 年。

朱良志:《真水无香》,北京:北京大学出版社,2009 年。

朱志荣:《夏商周美学思想研究》,北京:人民出版社,2009 年。

宗白华:《宗白华全集》,合肥:安徽教育出版社,1994 年。

索　引